U0320144

简体彩图版

花经

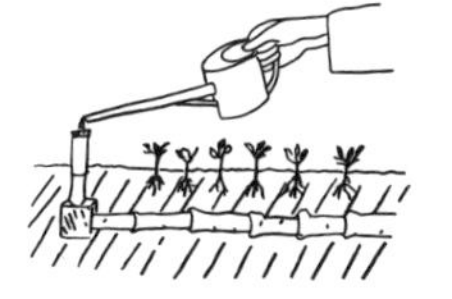

黄岳渊 黄德邻 著

新星出版社 NEW STAR PRESS

黃園主人屬題

花经

七十九叟沈恩孚

黄園主人

自强不息

葛湛侯

丘淵先生六十小像
癸未嘉平月西岳畫来楚生題

◇ 1952 年 5 月，72 岁的黄岳渊在香港养兰室，书桌上放的是初版《花经》（摄影潘胜德）

◇ 1994 年，黄德邻剪扎瓜子黄杨（摄影黄成瑜，供图黄成铎）

◇ 黄园复原图1（ 柯尧、黄成彦绘制）

◇ 黄园复原图 2（柯尧、黄成彦绘制）

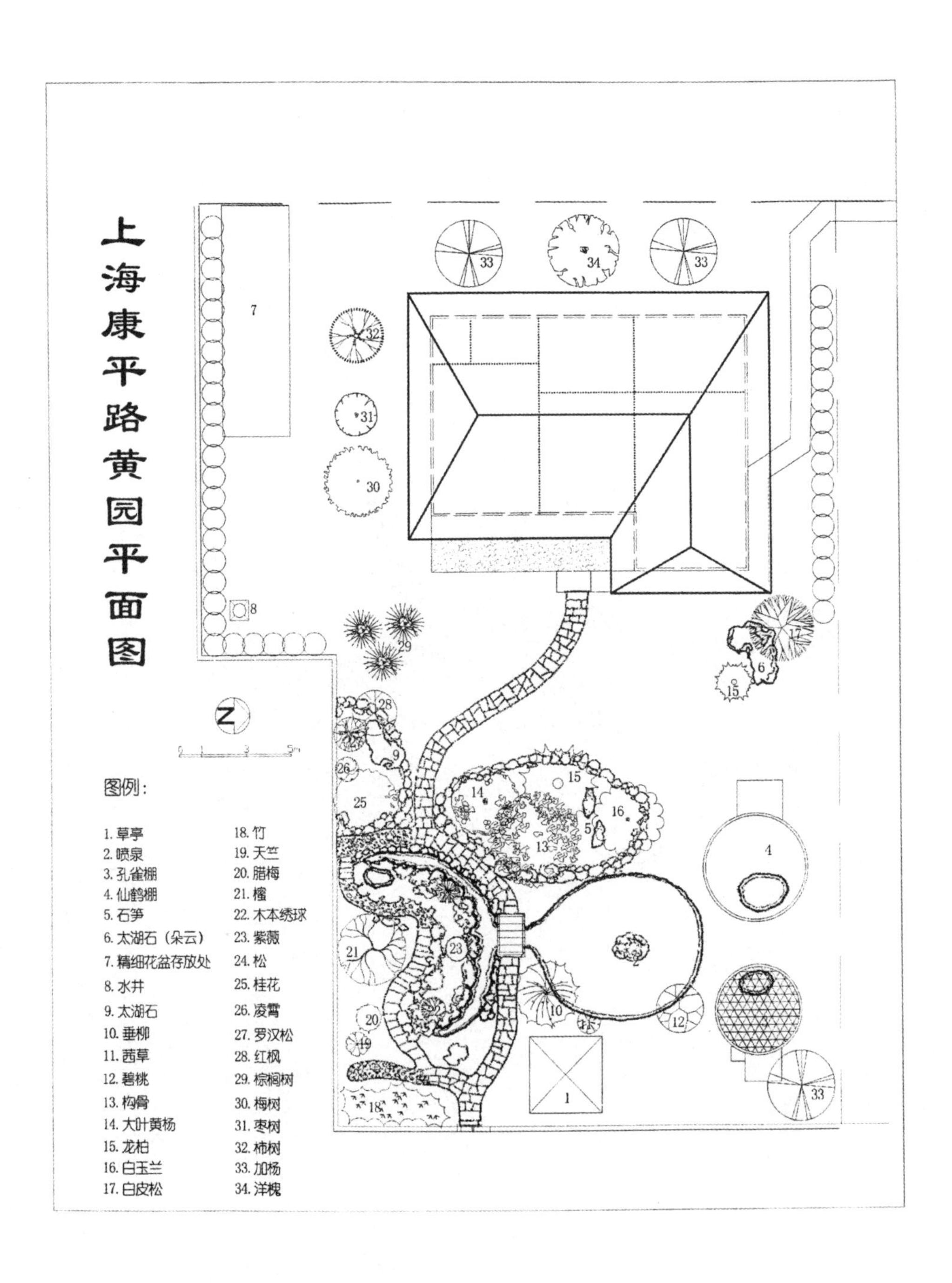

◇ 上海康平路黄园平面图（柯尧、黄成彦绘制）

题词

为《花经》题　并序

壬午秋中　陈谱眉未定稿

《清异录》载："张翊尝戏造《花经》，以九品九命升降而次第之，人以为美谈。"然不过出诸骚人墨客游戏笔墨而已。若鹤园主人之厘订《花经》，则以生平树艺经验所得，排之于书，俾归实习；与寻常之妃红俪白，随兴所写者，不可同日而语矣。读竟，聊缀俚词，以志钦佩。

旁稽花史兼花谱，仅就群芳试品题；未若剡溪黄叔度，亲扶黛耜事町畦。
抱瓮灌园高士志，未妨学圃效樊迟；卅年树艺传心得，香国于今有导师。

黄叟岳渊有道《花经》题词

壬午八月　庸叟陈夔龙拜稿年八十六

平生只以花为命，垂老拈毫尚著书；绝似平泉编草木，披红抹白兴何如。
春兰秋桂共升庭，不用开篇避尹邢；大隐堪嗤桑苎叟，埋头但解著《茶经》。
种桃道士君应是，爱菊诗人我未堪；凭借鼠姑为介绍，白头相遇在江南。
（春间入园看牡丹始识君）
花田每每旧谋新，寒暑阴晴体验真；树德务滋锄恶尽，种花人是惜花人。

题《花经》词

壬午秋[1]　张季鸾

宦海回帆日，桃溪乐卧游；塍畦展经纬，花木谱春秋；
世事幻苍狗，心期对白鸥；携琴来歇浦，林溆重绸缪；
远辱《花经》赐，开缄心赏余；灌输新树艺，式廓旧林庐；
雅比尹君录，精于氾氏书；秋容吟老圃，来访子云居。

①此处时间疑成书时有误，壬午年为1942年，张季鸾于1941年去世。——编者注

黄君岳渊邀饮黄园即题其所著《花经》

壬午重九后三日　镇海虞和钦

昔君少贫肯茹苦，即便废书学为圃，学圃已成复读书，著作《花经》人争睹；
上编通论信详核，下编各论更分剖，二十万言尽经历，绝胜群芳十二谱。
伊谁作经强命锡，我怪张翊实狂鲁，仙葩玉树本殊俗，何用署置污簪组；
孰若黄家父子贤，卅载同为名园主，播种莳艺皆实践，手成心得方记取。
桃溪云雨变烽烟，更复迁徙来歇浦，乾坤犹是困尘埃，花鸟竟已避金鼓；
移植既竣书亦成，开筵宴客城南坞，香妃艳姬承恩泽，灼烁迎风为君舞。
君身自有不凡在，愧我今与市人伍，安能日手君此编，筑傍青门弄花雨。

岳渊先生嘱题《花经》

壬午酉月　陈陶遗

诗正而葩，尔雅多识；象晋谦之，得君而四。
披裘采芝，神凝万卉；搜奇撷英，外薄四裔。
勒成一编，策励树艺；无双家世，庶几勿替。

序言

沈序

花以经名，有说乎？经者，常也；积平生莳花之经验，而岁岁以为常，则经之云尔。黄君岳渊，莳花于宝山之真如者，凡数十年；洎避寇迁沪西，又数年矣。性之所好，父子世其业；合著《花经》，周密细致，科学组织法也。

予于辛巳之秋过黄园，连畦接畛，皆为菊也，且萃嘉种于一隅；方注目赏玩间，主人以藤椅坐予；接谈之顷，吐属不凡，知其为隐君子也，恨相见晚矣！于其《花经》之镌版，叙之如此。

壬午十月　七十九老人沈恩孚

蒋序

余性喜花木，然心灵手拙，不善栽培；偶种一花，辄不久即枯萎，因之自己勿敢种植；但闻某处园庭有佳种，辄往观之，流连欣赏，以自适其适；以为在人在我，不过同一赏玩，何必定为①有耶。

十年前，闻真如有黄园，规模颇大，多植名卉；乃往寻觅得之，出刺问园主人，则一叟出见，知为黄君岳渊，初不相识也；叟短衣草履，与园丁杂作，举止坦率，谈笑甚欢；引至园中各部参观，若为某树，若为某花，无不一一指示；嗣后余逢春秋佳日，辄往赏花，园丁识余面，余亦不问主人也。

二十六年，淞沪事变，闻黄园毁于兵燹，损失不赀；而岳渊之踪迹何在，亦不能详，中心涓涓，常以为念；后二年之秋，忽见报端刊载黄园菊花展览会，知岳渊已于沪之西南，将名园恢复矣；急往访之，并赏菊花，新旧佳种，计有千余，诚洋洋大观也。

本年初夏，北京教育部旧同事，借黄园聚餐；适值牡丹盛开，集有中外名种，其中墨牡丹，尤为罕见；饮酒赋诗，其乐弥甚。岳渊为余言，近著《花经》，将脱稿，请赐一序，余应之曰“诺”；及秋，岳渊送稿来，展而读之；凡分两编，上编为通论，下编为各论；皆本其平日经验，参以科学方法而成；视昔人所著《花镜》《茶经》，殆不可同日语矣。

①此处原版文字缺失。——编者注

岳渊自叙，述其幼时，有考皇帝之语，为父贬作牧童，其事甚趣。忆余七八岁时，亦有相类之事；尝问吾父，读书应试有何用？父曰：初试得秀才，秀才虽小，宰相根苗，位高可至宰相；余曰：宰相之上何人？父曰：天子；余曰：然则何勿为天子？父曰：天子是受天命者，小子何得妄语，余默然。岳渊为父贬作牧童，因得成园艺专家；余未为父贬，终成一空谈之文人；彼此遥遥相映，岳渊闻之，得勿为之轩渠耶！

壬午仲秋　七十叟蒋维乔叙于因是斋

江序

黄歇浦头，高恩路畔，有黄园在焉；灵春之木，繇培养而向荣，岁寒之松，信盘错而弥茂；赋庾信之小园，三弓地拓，居宴婴之近市，十丈尘飞；莳花以为圃，叠石而成山；昼夜六时，春秋佳日，花鸟萦红，苹鱼漾碧。有六十二岁剡曲灌叟，餐风吸露，虽茹苦而如饴，锄月耕烟，纵含辛而自适；以遨以游，融融其乐，不染尘埃，望之如神仙中人，则为园主黄岳渊同志也；心超三古之尘，即嚣垢湔衣，人犹怀葛；境骛八荒之幻，虽空山置枕，梦萦蜗蛮。故必委心以任去留，世上无非乐境，即境而忘得失，个中别具会心；种萧兰陵之松石，构王辋川之馆庐，蛰庞鹿门之妻孥，恣陶栗里之觞咏。就树艺为津梁，编《花经》于品汇；有所谓畏热宜凉，喜燥恶湿，培植法，灌溉法；本其旧经验，参以新学识；炳炳焉，麟麟焉，粲乎隐隐，各得其所；而盆盎之位置，温室之建设，犹其余事焉。

觉斋栽花有心，不学无术；回忆癸酉、甲戌间，同鸳湖陈谱眉、孝水张季鸾、吴门陆治平诸君子，赴真如畜植场，赏菊探梅，与主人举杯话旧，犹如目前；今读《花经》一书，而知艺林科学，非专门名家不能道其只句；游其园者，叹观止矣。后乐先忧，时危道泰，觉齐更有一言以赠之曰：岳岳之天，鸢之飞也；渊渊之水，鱼之跃也；把人间富贵功名，付之一笑；算世外山林泉石，惟此最宜。

岁次壬午菊秋　七十叟古堇觉斋江修记于梦花廔

潘序

剡曲灌叟黄岳渊先生，父子合著《花经》，其自序中，有幼对塾师欲考皇帝之言，人皆为先生惜；以为有此抱负，向使不生沮抑，今日未始不大有为于天下，呜呼过矣。予壬子出居庸关，车经南口，癸丑过榆关，宿长白，道上皆明清故陵，每于夕阳西下，登高凭吊，未尝不喟然叹曰，人生不过尔尔；倘楚霸王早见及此，何必有欲取而代之思，汉高亦何必有大丈夫当如此之叹耶；盖浮生若梦，为欢几何，纵即如此，不过如此，则与其枉费马上之精神，何若早治田园，颐养精神，较为得计。陶渊明之赋归去来也，白乐天之咏池上篇也，惜皆桑榆暮景，始知误落尘网，思复自然，终老其间，盖已晚矣；故于其田园，虽得日涉成趣，不过灌花溉竹而已，至于树艺之奥秘无闻焉。

先生未冠，即背乡井，逾弱水，壮岁立功之时，独能敝屣功名，从事园圃，是尤人之难能者。桃溪之地，由十亩而百亩，若不遭兵燹，岂有止境，不幸辄逢世变，屡告中辍；然犹能于春申江上，获兹隙地，以续其志，数年之间，且将桃溪之地，渐复旧观，是又不幸中之幸也。予与先生居邻咫尺，朝夕过从，见其父子夙兴夜寐，无忘树艺；某花某树，皆萃古今中外之异同，参以一生之经验，莫不成为世界独步；其于菊为尤富。比来北地多菊，不乏珍奇，予在都十年，每逢季秋，必沽酒持螯，欣赏篱下，数年来旅食海上，方愁无此雅集；去岁过先生之园，正值丛菊敷荣，味貌奇绝，令人倾倒，其选种之胜欤，抑人巧之有以夺天工也，盖皆先生父子之力焉；回忆前此北地之所足称奇者，而在先生园中，特其常焉者耳。

园之南，筑屋三间，庭中有孔雀一，鹤一，假山曲水，无不穷极其妙；先生父子居之，夜则作述不倦，悉将已往树艺之所得，著为一经，约二十万言，分上下二编，其对于天时、地利、培植、杀虫诸法，条分缕析，因徇名辈之请，不敢自私，公诸同好。予承惠稿，欣幸无已，他日得遂南归之愿，当执此经以治吾园，较诸童子时所钓游者，必有霄壤之别，则所受先生父子之赐良多也；今将付梓，爰志数言，曷敢云序。

壬午八月中秋后　古闽潘堃拜稿

甘序

黄岳渊先生致力于园艺事业，盖自辟地真如始。予真如人，为先生友者三十年，作黄园客者亦几三十年矣；其人自壮而老，其园自微而盛，其花自萼而放而落，其田自十余亩而数十亩至百数十亩，皆予亲知而目观者也。世之谈园艺者，无不盛道先生，许为此中泰斗；而黄园花木之盛，品类之佳，春申江上，允称独步；盖三十年之经营培植，苦干实干，然后得此名与实，要非易易也。

夫科学重实验，园艺学为科学之一门，当亦宜然。先生于园艺之学，以黄园为实验室，眼耳手足，为其实验用之器械，而指挥动作者，则其脑也；兹以实验室中所得之经验，与发见之态状，著为《花经》一书，无非为自然界直接接触所得之推论与结论而已；生物学家鲍德纳有言："自事实而生者，科学也。"则是书之价值，可知之矣！

先生书中有言一花一木，足以释忧虑，去烦恼，寓养生处世之方；又曰求人不如求己，求己不如求土，春花秋实，收获足偿劳瘁而有余。昔者裨谌谋野而获，宓子弹琴而理；盖思烦则虑乱，视蔽则志销，其必有所寄托，使之清宁平夷，旷然恰然，然后始得有成。夫农为邦本，而管子亦谓富生于地；可知富国利民之道，即近在吾人脚下之一撮土，奈何世人弃之不顾焉？

我见先生之作，因知园艺之伟大与秘奥，则是书也，岂独土石水泉之适欤？花木欣荣之观欤？将使读此书者，明乎此理，视其细而知其大，因其体而得其用也。

民国三十一年重九节　宝山甘元桢

郑序

客有以《花经》一卷见示者，余读而喜之；并悉著者岳渊黄叟生平行谊梗概。因喟然曰，吾国古无树艺专书，今所传者，后魏贾思勰《齐民要术》十卷，备及天时人事之宜，不仅为莳花发也；厥后宋元明各私家著录，亦恒以是为蓝本，略事增益；近代欧西科学昌明，植物花卉一科，亦且条分缕析，研究精微。至其采取原料，制用仪器，尤能实阐理由，祛害增利，于是吾国圃学向赖历来经验荟萃成书者，益有所参考而取资焉；此岂惟花国之幸，

抑亦爱花成癖者所额手称庆者欤?

夫树艺小道耳！黄氏幼负大志，长具侠肠，亦既遭逢不偶，身世坎坷；乃率其哲嗣德邻君，避兵沪上，寄迹场师；兼采中西法所长，致力于灌园之业，不数年竟大著成绩；奇葩异卉，竞巧四时，寻芳购种之徒，咸诧为目所未睹。兹复纂辑闻见，笔之于书；盖举其生平所得，足以补农是所不及，而为后学津梁者，意顾不重可嘉耶?乃知造物生才，大用大效，小用小效；即至时丁末造，而畸人逸士，固亦无往不有以自见。虽然，吾也诵国风十亩闲闲之诗，不禁为之怃然矣；爰缀数言，归之来客。

壬午八月　默涒赘叟郑昭时年七十有一

袁序

黄园主人岳渊先生，本其三数十年培植花卉园艺之经验，笔之于书，名曰《花经》；以相示曰，为我题数字，将刊之卷首；洛于花卉虽嗜好成癖，而于园艺之道，未曾有所心得，何敢置一词；虽然，此经为发扬我国学术技能之一，又恶可以不置一词。盖在我国，若洛阳曹州之培植牡丹，扬州之培植菊花及月季，苏州广福之培植梅花，皆有专技，使此等花木，多成异观，以供我人赏览；但其人，类多不文，不能将其经验，著为专书；仅凭其口讲指授，传之其徒，故此道不能推而广之；且多墨守成法，不能作为学术研究，使之改良而进化。

洛尝于三十年前，留学东邻，二十年前，复游历欧美，研究农林之培植；曾入吉野之樱园，历秋田之杉麓，参观北海道鹿儿岛之农校，华盛顿之植物园，及英伦、巴黎、柏林之植物园，荷兰之种植园；又此等国家之大学农科、农林等专门学校。见参天之大木，彩烂之春花；在花卉园艺一门，则秋海棠科之种类达数百种，兰科之植物达数千种；菊本为我国之原产，一经德日学者之配种，现已将及十余万，而新种之产生，年年不绝也；杜鹃亦为亚陆山中之原产，经荷兰学者之改进，即有数百种，皆呈瑰异之色彩；其他若大理耶、向日葵之交配改进，形类日繁，不可屡述；观感之下，每叹我国之落后。

在民国十年归国之后，曾拟于江阴南菁学校，设一农林专门部，分设林科、农科、花卉园艺科，聊为学步；而四五年间，因经费不易筹措，至感虚愿。十六年后，数执县政，传舍公衙；若无暇晷，多栽花木。廿五年春，退居启东，购地十亩，略培花木；有菊百余种，

有梅三百株，桃杏芙蕖，葡萄梨橘，幼苗勃发，欣欣向荣，意谓可疗我嗜花之癖，而终老矣。不意二十六年秋，兵灾突发，五六年来，故园半罹浩劫；避难沪滨，深居小楼，惟偶出赴公园散步，聊舒幽愤耳。

去秋，黄园菊展盛会，得晤岳渊先生；谈次，借知先生真如园宅，亦罹兵劫，乃移居海上，向友人租得现地，复兴花树；观其所培之菊，达千余种；培植得法，花大者直径达五六寸以上，间且有及尺者，有一本而花达百余铃者；艺花若此，不让东西人士矣。则此《花经》之作，将过《群芳谱》，而示从事花卉园艺者以栽培门径，加以研究；行见花满袁公故垒，不让河阳；而俭德避难之士，能从先生游，亦可以学陶靖节之高风，不为五斗米折腰焉，是为叙。

中华民国三十一年岁在壬午九秋之日　宝山袁希洛叙于沪渎

王序

剡曲灌叟，有心人也；少年曾从事于革命，而性喜树艺，因本其革命之精神，尽力于园圃；积卅余年之经验，将老农老圃之所体验，默识而不能详言者，悉笔而出之；全书分为上下两编：上编总述气候、土壤、施肥、灌溉、种植、锄害诸方法，下编分记林木、花卉、菜蔬、谷实培植之所宜；原原本本，纤微毕具；大之可为造林者之指导，次之可为治园艺者之准绳；根据科学原理，确切示范；其有功于树艺，诚非现行坊本所能及，名为《花经》，孰曰不宜。

吾亦喜习树艺，乡居时曾小试，然为日无多，且无园地，可供试验。民国廿七年冬，闻叟设分场于沪西，特造访之，相与讨论；今订交已三年余，得识叟为诚笃君子，而毅力足以济之；其栉风沐雨，昕夕不遑之精神，有非常人所能仿效者；因知一事业之成功，非刻苦自励，积数十年之经历，固不足有为也。吾钦佩叟识见之高尚，行能之贯澈，幸预获佳作，先睹为快；特赘数语归之，以志吾识叟之始末；而期《花经》之功效，普遍于吾国之农圃焉。

壬午秋九月　古闽忆园王彦和识于沪西寓庐

钱序

天下事无阔大眼光，不能见微知著；无高深学识，不能乘势因时，农学其一也。中国自古以农立国，尽人皆知；今日农产物价高昂，士不如农，亦人所公认；然农业亦千头万绪，仅以五谷为限，他非所知，亦非言农之道；故不知园艺，百花无由生；不知果木，大利无所获，其他栽培之法，如杀虫之方，肥料成分，修剪利益，无一不应加研究，以期完善。黄岳渊先生，有心人也；三十年来，一意经营园艺果木之事；初辟黄园于真如，事变之后，别治分园于上海高恩路畔；莳花栽木之经验，为海内所罕睹，诸序言之详矣，毋庸多赘。黄君所著《花经》一书，诚为花木保姆，农业功臣；余多年所欲求此等之书而不得，今获饱览，不禁狂喜，因余亦尝研求农事也。

余幼年躬耕桐汭，习举子业，暇则赴山采樵，入林斸笋，以养老母；时感不足，幸有先严手植栗树多株，春花秋实，得魁栗而出售，借供菽水；至今追念以往深恩，不禁痛哭流涕也。余生长农村，对于花木果品，极为注意；故两游环球，时加考查，当巴拿马赛会，余兼任国际审查官，见美国水果出品，极为丰富；就中以嘉省品果黄橘为大宗，行销全球，岁入甚巨；尤以品果为卫生要品，西谚曰："每日一品果，医生无须有。"品果有红黄蓝白黑各种颜色，黄橘大如拳，其味甘；我国烟台香椒品果，其味虽佳，然出产无多；闽广蜜橘，甜味胜于美橘；其他龙眼、荔枝、莱阳梨等，更非欧美所有；如能讲求培养栽种之法，其获利之巨，当甲于全球。世界大战和平以后，各国以经济力消耗已多，当亟起而为商战，以求维持其人民生计；百货并出，工艺争衡，势所必至；但我国工艺幼稚，能与人竞争者，当以农产品为主要；设仍抱残守缺，不将农事改良，不大兴农业附品，何能与世界竞争；吾人应急起直追，早当筹备，所谓须阔大眼光，与高深学识者，此也。

夫花可悦目，果能养生，权衡轻重，仍以多种果树为宜；今黄君已著有《花经》，尚望再著《果经》，以期大成。我国多数人士，凡有一技之长，恒秘而不宣；今黄君主张公开，已属难能可贵；且又笔之于书，以告当世；此不独社会之幸，抑亦国家之幸也。《花经》书成，黄君丐余为序；余不文，不敢辞；略述世界大势，与余之期望。俟大局敉平后，尤盼黄君起而提倡农校，由黄君实地教授，不谈空理，专重实验；农校愈推愈广，人才日多，则农村自必发达；因利而利，于个人，于地方，于国家，俱得极大利益，其将以《花经》一书为嚆矢也耶?

中华民国三十一年秋八月　广德钱文选士青甫叙于春申寓庐

俞序

樊迟请学稼学圃，孔子答以不如“老农老圃”；因为农圃是专家之学，孔子虽是大圣，并非所习，故属其另行请教；后世注家，以孔子有“小人哉樊须也”的话，就以为孔子看不起农圃，这实在是大错。孔子当时是世族制度，在位为君子，平民为小人；书中往往对举，如“君子学道则爱人，小人学道则易使”，“无小人何以养君子”；“小人哉樊须”，正与“君子哉若人”，同样称许之辞；孔子盖深喜樊迟肯服劳务本，做平民的事业，分工易事，各本其性之所近而行，毫无薄视之意。若照一般注家意见，是孔子看不起平民；而后世儒家躬耕明志，耕读传家，都违背孔子的遗教；似乎有点说不过去。

幼时读书，闻古人说：“兵农礼乐，皆儒者分内事。”常以自勉；又天性喜农，阅《农政全书》等书，津津有味；闲与乡人话桑麻，问晴雨，尤有兴趣。惜人海浮沉，不专其业；垂老始买山植林，垦荒围田，稍有规画；而又毁于兵事，一无所成。睹旧同志剡曲灌叟之躬亲园艺，经营数十年，锲而不舍，卓然有成，真是艳羡不置；如照太史公货殖传的话，叟栽百亩花，胜过千户侯。今示我手著《花经》一书，参酌新旧，语语从实验中得来；足为园艺之金针，百花之护法，非他泛言种植书所可比。

叟初治圃于桃溪，继移一部分至沪租界，经兵事而转扩充，叟之幸运，亦群花之幸运。圃中奇花异木，无不备具，精至盆栽，大至乔木，名种殊产，罗致极多；市人所观赏的，春日牡丹、芍药，秋日菊花；花之时，游人杂沓，户限为穿；尤以菊为最著，大有不知黄园之菊，即不毂上海人资格。菊有千数百种，每年尚续有新种培成；花有大如盘盎，细如繁星，重叠如楼阁，纷垂如璎珞；有分瓣作针状，有平开同莲样，有簇聚攒列，殊形诡态，不胜备举；色则黄白绛紫，无所不有，绿色尤名贵；一花具两色，内绛外黄，顶白底绯，尤数见不鲜；洋洋大观，极艺菊之能事。

我曾戏言东篱处士所采之菊，黄而且瘦，故拟为高人逸士；今叟所艺菊，缤纷烂熳，大好秋容，仿佛处士出山，建大功业，极勋名富贵之盛，有如郭汾阳、文潞国一流人物，非复陶靖节孤松盘桓气象。叟真夺造化之奇，为菊花改造生命，将与牡丹争花王一席；而非“人比黄花瘦”当日之黄花，仅以嶙峋傲霜自负而已。由艺菊一事，而《花经》之价值可知；叟属我为记数言，仅以白话塞责；而以旧作冈州村居梅树整枝一绝为殿，用见我辈犹是同志，聊博叟掀髯一笑。诗曰：“百卉荣枯物理推，天工人事迭相催；新枝凌乱陈枝萎，

闲向庭前剪老梅。”

民国三十一年孟冬之月　德清俞寰澄

周序

生平无他嗜，独嗜园艺成癖；自少至长，居处屡易，每见庭前有尺寸土壤，辄以栽植花草为乐；脱无土壤，则代以盆盎若干事，朝夕搬运灌溉，列为日课；家人以为痴，弗顾也。十五年前，移家故乡吴趋里，得园地可四亩，嘉树二百余株；乃如得饼小儿，沾沾自喜，以为平昔莳花种竹之愿，于是偿矣。如是十年，几视园艺为专务，浸至屏绝交游，厌弃人事，自分将以灌园终吾生；讵八一三事变猝发，仓皇去苏，流寓浙皖半载余，卒复止于沪渎；数年来重为生活所困，抗尘走俗，百苦备尝，坐使故园花木，常萦魂梦而已。百无聊赖之余，郁郁几不欲生，则复从事盆栽以自遣，且遍走市上园圃，聊资观赏；因于无意中重逢园艺专家黄岳渊前辈，及其令子德邻兄于麦尼尼路，盖岳老真如故园已遭兵燹，方辟分园于是也；握手话旧，历数小时，道及花事，则逸兴遄飞，更亹亹忘倦。

席次，岳老慨然谓数十年献身园艺，不觉老之已至；甚欲举平生种花经验，著为专书，以示来兹，而留纪念。知儿子铮方负笈南通学院农科，日有余暇也，拟付以笔录编纂之责；予以其学识未充，覆餗堪虞，因日事策勉，期无负岳老付托之重。铮奉命感奋，日过黄园，听岳老指示讲授，一一秉笔记之，复考之异邦专籍，多所征引；历时一载，裒然成帙，予为命名曰《花经》，并与郑子逸梅，分任校订焉。昔西湖花隐陈淏子氏，有《花镜》一书之作，虽于吾国卉木，多所论列，而栽植之法，挂一漏万；且因时代关系，于科学管理诸端，瞢无所知；是以此书仅可供后学者之参考，苦未能切合实用也。今得岳老《花经》为之补充，庶灿然大备，而无复遗憾矣；杀青有日，爰以数言弁其首。

农历壬午年立秋日　吴门周瘦鹃序于海上香雪园

郑序

予不能画，却喜与丹青家论南北宗派及四王吴恽；予不能种植，却又喜与园艺家课晴话

雨，累日不稍倦；盖性之所好，聊以寄一己之趣旨耳！黄君岳渊，别号剡曲灌叟；莳花栽木凡三十余年，尤富菊种，独步海上；每逢篱菊盛开，辄折柬邀客往赏，则英英艳艳，皆傲霜之花，醉酒其傍，可傲彭泽当年。予偶读李恧伯《萝庵游赏小志》，因以吴百台其人方之；小志记百台有云："甲辰九月司马公挈予至州山吴氏园看菊花，主人吴百台者，少为关吏佣，以勤谨为吏所爱，竟得代其职。老而归营居墅，园亭极华美；喜宾客，延礼文士；莳花酿酒，尤好种菊，蓄园丁数人专司之；购求佳种，不远千里；花时则设重锦幔，许人纵观；有能诗者，即出佳楮求品题，侑以美酒。闻司马公至，屣履出迎，清谈娓娓。瞩园中厅事，四面环合，其庭皆广十余亩，列花四庭中；重金叠紫，高出檐外，计至数十万花，多罕见之本。盆盎清洁，蔽以绛幔，围以锦栏；地衣皆红锦，华丽绝尘，浓熏喷鼻，如唐宋时洛阳人家赏牡丹也。"岳渊辟黄园于真如，事变以还，别治园圃于高恩路畔；其行径与百台绝相类，然则谓岳渊为今世之吴百台，谁曰不宜！

岳渊又本其园艺经验，著《花经》一书，洋洋数十万言，晨钞暝写，历寒暑不辍；比诸西湖花隐陈淏子之《花镜》，尤属切实而详尽；至于清焦循之《艺花日记》，则小巫见大巫，更不足比拟于万一也。是书包罗万有，所述培植法，皆新颖而合于科学；予知一编问世，定必不胫而走天下；盖集农书花历、药品茶经于一书，所谓揽品汇之蕃滋，想群生之率育，其功绩不在佩文斋广《群芳谱》下也。予于课暇休沐日，足迹常至黄氏园，蒙岳渊以稿本见示，因得于鹤栏阜畔，先睹为快；付刊有日，爰缀芜言于其端，非敢云序也。

民国三十一年初秋　郑逸梅

王序

作者曰圣，述者曰明；圣、通也，于百事百物之理，无所不通也；明、照也，于幽显隐微之际，无所不照也。惟圣故能明，惟明故能照；作者，于未始有始之时而始之，所谓无名万物之始也；述者，继始始者之后，而推之绎之、演之显之、条理之、科断之、使由之者知所以由之，所谓有名万物之母也，即今世科学之道也。故曰，理定于万古以前，事征于千载以后；则所谓作者，固非圣之所能，惟明者述之、征之而已；虽然本无其物，而自我创之，自我征之，是亦一作也；是我独见之明，独知之智，为人所不及，或能及之而为所忽，则固我之所作也。故吾黄丈岳渊《花经》之作，能谓之非作乎！是作而兼述者也。

昔朱晦翁数岁时，问人曰，地之上有何物？应之曰，地上有天；乃又曰，天之上更有何物？人称其颖悟异常童，故后有朱氏之学。黄丈考皇帝之语，适与相似；故卒由商而学，因作斯述，以《花经》名。丈之自叙，谓师之怒，为未必非一生之幸，犹丈之撝谦也；又言，昔年致身革命，为革除国家之蠹，今日致力园艺，为革除花木之蠹，其事虽不同，而其义则一。右之右之，君子有之，左之左之，君子宜之；君子纵不器，顾大本既立，则自能拾之左右而逢其源；是故颐情养性，固为丈一人之幸，特不得以其革除花蠹之功，移之革除国蠹之事，亢元窃以为中国之不幸也。

至黄园之变迁沿革，花木之奇绮缤纷，则诸君子之序已详具之；亢元惟推其未尽之意，俾好读是书者，深知其意云尔。

亢元梁溪人，向在锡麓西乡之青祁，随家君从事蠡园之筑，游人诧为名胜；其中花木之栽植排比，多蒙丈亲临指教，遂克臻此；附志于篇，以示不忘。

圜历创始之次年吉旦　亢元王印叙于孔玄故里

自序

予生于浙之仁湖剡源乡，剡源世称九曲，风物绝胜。七岁入塾，十一岁习制艺；业师为予远戚赖姓，善八股，兼能拳术；课余之暇，且以武术相授，谆谆训诲，意甚乐也。一日谓予曰，汝好攻读，今年可应县试、府试，明年即可应院试；入学之后，又可应乡试、会试、殿试，后望无穷焉；予闻而欣然，因续之曰，再进，且考皇帝矣！师闻之愕然，因作色曰，皇帝世袭，父死子继，自有太子在，他人乌得考？尔安可胡言！予仍不解，因又问曰，太子苟不慧，或不肖，付以国事，国岂不危殆？师怒不应，密以告吾父。吾父亦秀才，时当洪杨之后，清廷法令森严，所谓士子者，类皆安分守己，不敢有所越轨；师因谓吾父曰，是儿意志不纯，若再攻读，将来恐有灭门之祸；遂辍学，贬为牧童。我舅父见而怜之，挈至家；舅家在新昌真诏，设一南北杂货铺；予遂进其铺中，半商半读，是时年已十四矣。由今思之，设当时师弟之间，无此小小风波者，后必沉溺于八股之中；至今即欲有此少许园艺之知识而不可得，未必非一生之幸；然在此执笔自述时，每欲有所言而苦不能达，则又未尝不使我终生抱恨于此半途之辍学也。

予居舅家数年，遂入王锡桐先生所创之平洋会；平洋会者，望文可以知义也。是时，外国教会借条约之力，急欲传教于中国，而中国自好之徒，又不愿舍己从人；于是教会所罗致者，多为中国害群之马，假外人之势，欺凌良懦；清廷以战败之余，畏洋如虎，官愈大者，畏洋愈甚；人民大愤，起而抗争，因之各地教案，时有所闻。王锡桐先生为浙东宁海人，父子皆孝廉；性豪爽，任侠尚义，每见不平，常出而相助；适有族人，与教友讼公产，县宰左袒教友；先生亲诣公廷，据理力争，宰不敢断，案遂未决；教徒愤恚甚，即怂恿教士，谒道署，撤县令职；于是一年之中，县令因不谙洋务而被撤职者二三次；教徒真目的不达，因以重金，购得平洋会名册，于是冤狱成，而王氏父子被害；浙东西优秀子弟，奔避一空，予亦不得不弃我可爱之梓里，由浙而苏矣。时年十八，至翌年与友赴东瀛，遂加入同盟会；归国后，致力革命；欲探清廷内幕，借友人之介，任上海水陆厘金机关为总巡，由光绪三十二年始至宣统元年而辞去；是时，予年已将三十，古人所谓而立之年矣；自维为吏，既乏应付之才，为商又无资本之助，时光虚掷，且垂垂老矣。回忆生平，觉儿时为牧童，以得天趣为最乐；又念管子富生于地之说，遂立志求人不如求己，求己不如求土，而务农之志遂决；因创办园圃于松滨之桃溪，购田十余亩，时田价每亩犹不逾二十金；不意开办

未几，即值辛亥革命，追随先烈陈公英士，规复上海；继又平定浙东，任职沪督府；既而园佣来报，家园中被盗，损失数百金，予即向陈公辞职，返乡料理；陈公不许曰，目前以国是为重，君之损失，由予偿之；予谓，君本寒士，何来多金，岂将取之民脂民膏乎？陈公莞尔不答；予又请谓，金钱原身外物，未足措意；惟老父幼子，不得不一探慰耳，乃许成行。嗣后即继素愿，从事园圃矣！是时又有一事，为助成我园圃之发展者，不可不记；方予之初至桃溪也，当地农民素抱闭关主义，予虽以我不欺人为宗旨，加以不屈不挠之精神，期与偕同化；但欺凌客籍之恶习，仍属难免；予时在沪督府，一日忽遇该县知事钱淦，来送公文；钱为予旧时同志，晤谈之后，知予营园圃于桃溪；因勉予曰，将来真如繁荣之日，先生即为开发真如之第一人，希善为之；因知钱君之居，与予园地为邻，相去不过数里，自后互相往还；当地之人，知予来历，乃相互融洽，不复如前此之猜忌矣。由此一意进行园事，扩充范围，渐至百亩；资财不足，不惜举债；身心虽困，而所植花果，日以向荣。往来游客渐多，予亦悉心扶植，甘为花木之保姆焉。

予本窭人子，徒恃人力而乏资力；而园圃能规模粗具，逐渐发达，得以充实而推广者，皆借我数友之力助；予至今犹系诸梦寐中也，因略记一二于此：民国十三年，由沈君楣庭之介，为陈君永清布置一庭园，翌年岁首，依俗例贺岁；寒暄之余，陈君忽以造庭园其益安在为问，予曰，庭园非以充装饰，示富有也，公余之暇，精神上非得安慰不可；若置身庭园之间，见彼一花一木，一泉一石，位置得宜，心神怡旷，足以息忧虑，而去烦恼，身体为之康强，生命可以悠久，其益诚非浅鲜；予言未毕，陈君矍然以起，握予手曰，旨哉君言，苟非深知庭园真义者，曷克言此；当此叔季之世，百无一可，惟花木差可引为知己耳；时当五卅之后，陈君之感慨，自必有触而发；而予经陈君之奖励，益奋勉于园艺，陈君知音之言，至今不敢忘也。民国十四年，又由陈君之介，为罗君纬东造庭园；时工价物质，均极低廉，七亩之园，所耗不及万金；罗君大悦，并知予安于淡泊，无他需求；因谓予曰，倘他日园事发展，或需资力，当效绵薄；予以盛情可感，逊而谢之；不料国内兵争，又值岁歉，予扩充园地，添购苗木，所费殊多；至度岁时，不敷三千金，无以应付，因走告罗君；罗君即出三千金相假，至期又不克归赵，罗君亦不之索；是诚无异淮阴少年之遇漂母，至今耿耿于怀，未敢或释也。

予尝戏谓昔年致力革命，为革除国家之蠹，今日致力园艺，为革除花木之蠹；其事虽不同，而其义则一耳；同业之人见予革除花木之蠹而有效也，因推为本业公会之主席，期满复任，至民国二十五年春，始得辞退。是时复有友人王君子崧、沈君楣庭、竹君垚生、淼

生贤昆仲、陈君永清，拟创办农村，设立农校；正在规划之际，不意八一三事变猝发，园址遂沦为战区。是时予次子德行，业律师于沪，星夜归省，坚请举家移沪避难；此时此境，实使予焦虑莫可名状，不特对此三十年来，心血造成之园场，不忍一旦抛弃；且此数十名之工友，如何安排？又有各地送来之孤儿练习生，如何处置？即以予一家而论，长子德邻，自暨南毕业后，助予树艺已有十余年，举室在园；三子德明，四子德征，幼子德润，女儿芰英，俱因学校暑假，留居园中；更有予幼弟一家，计有六口，亦留予处；以时闻如是之促，人口如是之多，而欲于此戎马仓皇之际，军警森严之中，迁避至数十里外，殊非易事；因决令长子及三四二子与数十工人留园料理，余悉分批陆续避沪，迨至国军西撤，始由长子率领，亦绕道来沪。俟至翌年，园之邻人来告，谓园中房屋虽已荡然，而花木繁荣犹昔，苟不前往照料，势必摧残无余矣；予因命工友数人返园工作，又以人少地广，殊少效验；后由长子德邻数数亲往，始稍具眉目。直至民国二十七年冬，德邻遇予老友吴君昆生，君谓园中之名贵花木，何勿迁之于沪？邻以无力租购田地以对；吴君即斥资购买宜于种植之地十亩，予感其义，爰命德邻陆续运树来沪，即今之第一分场，位于高恩路畔者是；吴君又见予朝夕往来奔走，辛劳殊惫，因于园隅建屋三椽，供予居处；孰谓世无鲍叔，特以今之管仲过多耳。年来战事绵延，欲归不得，心虽怅然，而仍得终日与花木为伴，盘桓灌溉，亦可忘忧；因于暇时，收集昔日之园艺日记，编录成册，名曰《花经》；是书为予三十余年莳花栽木之经验，藉以供研究园艺者之参考云尔。

剡曲灌叟黄岳渊识

园场工作之经过

予幼年负笈于罗店某小学，即已爱好园艺。每逢阳春时节，课后辄偕三数学友，于街头巷尾，寻觅野生小苗，携而归去，栽诸破坛旧盆中，灌之以水，惜无尺寸隙地，只可置之屋脊，悉心培植；或与一二小侣，同赴哺坊，每见雏禽，为之爱不忍释，若有余资，必购一二而返，然乏饲养之法，往往有夭折者，心中郁郁不乐。迨薰兮南风，学校暑假，即将苗木与幼禽，并携归家，然于遥遥归途中，苗木常呈干槁之状，幼禽时有饥饿之态，乃将省下之餐资，购饲料以喂之，汲清水以灌之；返诸家园，更加意饲育之，由此可见予爱好生物之心，自幼已然焉！

民国十二年秋，暨大由京迁至真如，予即考入该校中学，其时农科尚未设立；惟当中学毕业时，不幸患咯血症，遵医命，辍学静养。当时我园已稍具规模，予且性喜劳动，不耐逸居；乃助园丁种植灌溉，顿觉于身心，大有裨益，故朞年后，体已痊愈；再思入学，以冀深造，讵料园事更忙，竟不克分身，自后予即舍学而务农矣。

是时暨大设立农科，该校师生常来吾场参观实习，然指导者每多不识苗木之名，殊为诧异；予初习一二年内，亦茫无所知，惟每日与园丁为伴，花木为侣，始稍有所得；然园丁多目不识丁，只能用力而不知用脑；故彼等园中操作已有多年，墨守陈法，不知改进，良可惜也。园中最重要之作业，莫若繁殖，初由园丁任之，成绩欠佳；故家君特向苏杭二地，物色名手，专程来园，然其所能胜任者，仅属我国素有之桃梅李杏数种花木而已；效果亦欠良，而所费甚大，得不偿失也。翌春，予乃躬自行之，虽属初度之尝试，然成绩尚不弱，不必再假手他人；当时兴喜之状，溢于眉宇，有非笔墨所能形容者矣。

嗣后予深感园艺一道，虽有经验而无学识，固不克济事，如有学识而无经验，亦难于胜任，两者当相辅而行者也；自顾稍具经验而乏学识，乃向各书肆购得园艺书籍多册，以供参考，灯下诵之，兴趣盎然；日间依书中所言而行之，成败得失，记之于心，或笔之于册，专心致志，从事于园事矣。复向各地及外洋购入珍贵苗木，植之灌之，剪之壅之，花木无不向荣吐艳，娇媚绝伦；花后结实，取而繁殖之；再以同科之花木而行嫁接，接梅得梅，接松得松，随心所欲，大有兴味也；而其中最感有趣者，莫若播子：事前以同种异色之花朵，先行交配，花后自多结实，取其子而播之，旋即萌芽发叶，一二年后，可得奇花异卉；予初试菊花，再以杜鹃牡丹试之，均告成功；所得之花形花色，奇形怪状，五光十色，私心大喜，似获瑰宝。予在此十七年中，致力园艺工作，不以为苦；每逢天雨，则参阅园艺书籍，津津有味，惜书中内容，类多大同小异，不无遗憾也；若遇园艺先进来园游览，即叩以种种疑难问题，如施肥、灌水、修剪、杀虫、除病等项，记之于书；园中工作之经过，不论成败，亦作日记；如园事稍闲，复赴各地名胜古迹，庭园小筑，游览参观，以资借镜，归而一一记之于册；如是十数年如一日，未尝间断也。

民国二十五年冬，予东渡三岛，考察该国之园艺情形；举凡大家小户，无不备有庭园，树木苍翠，花卉敷荣，如入胜境，其他若农场之设备，已趋现代化，管理已合科学化，日人苦干之精神，良可钦佩；反顾我国园艺事业之落后，深觉有愧于衷也。

近年来，吾国各地农场之设立，犹如雨后春笋，此固一好现象也；尚冀有识之士加以

指导与督促，有志之士能实地工作，不辞劳苦，如此必大有贡献。予于园艺一道，具兴趣而乏学识，尚希海内园艺界先进常加指教，则不胜盼切之至。

民国三十一年八月　黄德邻识于上海黄园第一分场

剡曲灌叟传

周歧隐

剡曲灌叟，以莳菊隐于沪壖之黄园；其言有曰，吾尝学为仕矣，愤蠹政不易除，乃退而治圃，以除蠹之心，施于花木，而花木皆繁滋；柳子厚传郭橐驼，谓种树通于治道，除蠹亦治道也。叟少而倜傥，负戴奇气，清季曾投身平洋会，欲鼓民气以排外，事败走日本，入同盟会，返国供职厘局以自晦，而别置畜牧场于真如，革命志士有所谋画辄就之；时民军初起，沪军都督陈英士辟为参议，寻出长船捐税务诸局，慨国难频仍，吏治窳败，遂拂袖高引，不复问政治；归真如乡，益治农圃，拓地三百亩，率长子德邻专力讲求树艺，名材佳种，多方罗致，荷鉏抱瓮，与佣夫同操作；积年既久，能得花木之性，暇则举其栽养移植之法，气候土地之宜，笔之于书，著为《花经》若干卷；而黄园之菊，尤著闻于时。平居雅好宾客，才人艺士，多相往还；每当九秋佳日，万葩竞放，光气绚烂，蔚若云霞；折简邀宾，觞咏其中，逸抱高踪，有此乡终老之意焉。迨中日交兵，江南沦陷，移家入租界，犹复构小筑数楹，绕屋开场圃，豢鹤种松，岁寒相守；既而三子德明，从军战死昆仑关，而真如农场花木，为倭夷蹂躏殆尽，烈士暮年，俯仰不能无感；然每与人论天下大势，决军事胜败，掀髯抵掌，滔滔若决江河，不知者见其布衣朴塞，犹以为老农夫也。及战事平，党国耆旧，来自内地，车驾过存，欢然道故，年齿稍晚者，相见执后辈礼；叟不亢不卑，周旋落落，偶或置酒留宾，所谈亦农圃种作而已。叟体貌清癯，以习劳为却病延年之方；好兴学，战前，尝于沪创小学二所，战后，又与张嘉璈、钱颂平诸老，集资创立真如中学；躬任指导，将广其十年树木之忱，为百年树人之计，虽老而其心犹壮，夫岂硁硁陇亩之人哉！叟名渭，字岳渊，别署鹤苑，奉化人，园以姓著；年且七十，腰脚殊健，无龙钟态，殆乐道以全其天者欤？

目录

目　录

第四章 宿根花卉

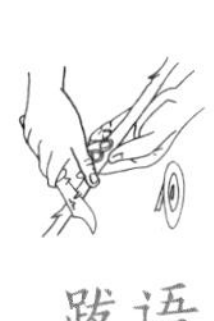

例言

一、本书专供从事园艺者之应用及参考。

二、本书亦得为农业专科学校学生之补充读物。

三、本书分上下两编：上编为通论，叙述花木一般之栽植法；下编为各论，分述一切花草树木之培养法。

四、本书所述之栽培气候，以长江下流及浙东一带为标准。

五、本书所用之长度制，以英尺计之；量衡制，则为最新市制。

六、本书所述之月份，悉遵照国历；令节，则洊沿农历。

七、本书所述之温度，概以华氏寒暑表计之。

八、本书文笔简陋，务求达意，不尚辞藻；错误亦势所难免，尚希读者诸君加以指正。

九、著者对于西文，素不谙习；而书中所录西文学名，均系摘自他书，原意聊供参考而已；自知谬讹必多，统望读者诸君垂教之，幸甚。

中华民国三十一年八月　剡曲灌叟黄岳渊识于黄园

本书初版创作人员如下：

黄岳渊，子德邻　著述

周瘦鹃，郑逸梅，王孔玄　校订

周铮，周国桑　编录

钱辅乾　绘图

上编 通论

夫人之生于斯世，衣食住行四要素外，当再别谋精神之寄托；顾寄托之道多端，其可以朝对而夕赏，悦心目，快朵颐者，其惟花木乎？种菊东篱下，此陶靖节之精神寄托于数茎黄花也；不可一日无此君，此王子猷之精神寄托于几竿篆竹也；他如林君复之植梅，周濂溪之爱莲，延及有清之季，李越缦之与桃，洪稚存之与杏，皆有所深契，而不觉形诸诗歌咏叹之间。公安袁石公云：古之负花癖者，闻人谈一异花，虽深谷峻岭，不惮蹶躄而从之，至于浓寒盛暑，皮肤皴鳞，污垢如泥，皆所不知；一花将萼，则移枕携幞，睡卧其下，以观花之由微至盛，至落至于萎地而后去；或千株万本以穷其变，或单枝数房以极其趣，或臭叶而知花之大小，或见根而辨色之红白，是之谓真爱花：个中三味，石公尽得之矣。且自治园圃，抱瓮以灌，朝剔虫，夕摘芜；培之植之，检之验之；张箔以护之，垂帘以遮之；以及施肥下壅，在在皆躬为之；不避风雨，不畏霜雪，不辞劳瘁，视之如极苦，然借此得以锻体魄，健筋骨；况春花秋实，灼灼然累累然，其成效又足偿劳瘁而有余哉。不特此也，其中更有进一层而寓养生处世之方：湖上李笠翁以花木之木本藤本草本，而即小见大以为之说，谓人能虑后计长，事事求为木本，则见雨露不喜，而睹霜雪不惊，其为身也，挺然独立，至于斧斤之来，则天数也，岂灵椿古柏之所能避哉：如其植德不力，而务为苟延，则是藤本其身，止可因人成事，人立而我立，人仆而我亦仆矣；至于木槿其生，不为明日计者，彼且不知根为何物，遑计入土之浅深，藏荄之厚薄哉，是即草本之流亚也。观此，则花木之蕴义，有非寻常流俗所能测矣。但栽植花木，殊非易易，若一无经验而贸然从事，未有能奏效成功者；予治园艺三十余年，朝斯夕斯，两鬓飘萧，垂垂老矣。爰秉已往之经验，谬草是书，供诸同好，而所述务求切实，不尚辞华；至于文人清赏，所谓寒花宜初云，宜雪霁，宜新月，宜暖房；温花宜晴日，宜轻寒，宜华堂：暑花宜雨后，宜快风，宜佳木荫，宜竹下，宜水阁；凉花宜爽月，宜夕阳，宜苔径，宜古藤巉石边；如是云云，无非雅士口吻，予愧未能也。愿海内园艺家有以见教，幸甚，幸甚。

第一章 气候

宇宙之中，天地之间，风雨寒暑，霜雪冰霰，变化万端，玄妙莫测，春日暖和，夏暑热烈，秋气凉爽，冬寒严肃，气候正常，风雨调顺，万物之幸也；若春行冬时，夏行春日，秋行冬令，东行秋节，天时不正，虫害猖獗，病害繁衍，作物歉收，树木不茂，牲畜遭殃，禽鱼罹害，万物之灾也。故世上芸芸众生，生于其间，随之应变，莫可顽抗，气候之威力可谓大矣哉！

气候之变幻莫测，风雨之来去无定，固非人力之所能及；惟近世科学昌明，文化进步，有气象学之研究，有天文台之建立，测其气，观其象，穷其所以，探其究竟，经时历日，累月积年，因逝去之陈迹，而推测未来之变化，以备来临时之应付，则不可不注意之也。

然我国占地广远，山脉连绵，河川交错，以致交通阻隔，不可往还，农民知识浅陋，生活朴素，尚未享受近代科学之赐与也。但气候之变化，却能根据以往之经验而预测也，遂有农谚之产生；此种农谚，虽不合天文之原理，科学之逻辑，然经数十代之流传，亦有相当之至理，于作物栽植方面，不无小补，故农民辄有“靠天吃饭”之说也。

第一节 风

风之影响，其力甚大，如气温之高低，收获之丰歉，作物生长之优劣，在在与风有直接之关系；若和风徐拂，气温适中，令人快适无穷；若暴风狂吼，移山倒海，拔树坍屋，则当年作物之收获必大受损害，且非人力所可挽救，仅能望洋兴叹而已。故农谚中有关于风者，录之于下，以供参考：

春东风，雨冬冬；秋东风，一场空。
春东风，雨祖宗。
东风四季晴，只要东风不起声。（春风和柔，天晴不变；若春风大而有声，则为下雨之兆。）
五月南风发下水，六月南风海也干。
小满风，树头空。（意谓果子不丰）
秋后北风田干裂。
春风不着地，夏雨隔田塍。
秋前北风秋后雨，秋后北风雨涟涟。
夏至风刮佛爷面（南风），有粮也不贱；风刮佛爷背（北风），无粮也不贵。（上

句言岁荒，下句指丰年。）

朝西暮东风，正是旱天公。

东风阴，西风晴，南风发热，北风冷。

东风下雨西风晴。

九月东风雨日半，十月东风当日转。

三场东风不由天。

不刮东风天不下，不刮西风天不晴。

一场秋风一场雨，一场寒露一场霜。

开门风，闭门雨。

清明刮了坟上土，滴滴拉拉四十五。

久旱西风更不雨，久雨东风更不晴。

六月北风当日雨，好似亲娘看闺女。

除夜东北，来年大熟；除夜东南，来年大水。

梅花风打头，楝花风打末。

夏风连夜倾，不尽便晴明。

东北风，雨太公。

日暖风和，明朝再多。

行得春风有夏雨。

西南转西北，搓绳来绊屋。（愈吹愈急之意）

风急雨落，人急客作。

半夜五更西，天明拔树枝。

恶风尽日没。

东风云过西，雨下不移时。

天怕逆走风云，人怕翻面无情。（若云飘西，风往东，谓之逆，即天将雨。）

第二节　雨

作物体内含有水分极多，故需水殷切，若淫雨连绵，积水盈尺，淤塞不退，干根霉烂，萎凋而死；若炎日当空，片云不蔽，地为之裂，物为之渴，切盼甘霖之赐与；故雨水之过与不足，均非适宜。凡老农均有测雨之经验，而可准备一切。

正月二十不见星，沥沥拉拉到天明。

三月怕三七，四月怕初一。（三月中若是初三、初七、十三、十七等日逢雨，则此三月中无天晴之日：若四月初一逢雨，则四月中雨多晴少。）

乌云拚日，雨即倾滴。
九月九，无事莫要外边走。（谓之满城风雨过重阳，必多雨也。）
日落云里走，雨落半夜后。
东虹日头西虹雨，南虹出来卖儿女。（南虹即天旱之征，岁荒难以度日，惟有出卖儿女之一途也。）
雨打梅头，无水饮牛。
雨打鸡啼丑，携伞不离手。
天黄有雨，人黄有痞。
开门落雨吃饭晴。（言无久雨之意）
立冬无雨一冬晴。
逢春落雨到清明。
立夏不下，无水洗耙。（立夏不下雨，天将旱也。）
干净冬至邋遢年。（冬至天晴，年尾岁朝将多雨。）
夏至日雨，其年必丰。
处暑若逢天不雨，纵然结实也难留。
梅里一声雷，时里一阵雨。
雾露不收即是雨。
朝看东南夜看西。（当清晨日出时，如东方清明无云，是日必晴和；反之则否，日没时，如西方乌云重重，翌日必有变异，或风，或雨，或阴。）
上看初二三，下看十五六。（每月初二、初三，或十五、十六，若天气晴和，半月之内气候必佳。）
雨前蒙蒙终不雨，雨后蒙蒙终不晴。
清明要明，谷雨要雨；小满勿满，芒种不管。
未蛰先蛰，一百零八天阴湿。（未交惊蛰而先响雷，则于三月之内，阴天较多；更有未蛰先蛰，人吃狗食之说，意即年荒粮食贵也。）
雨夹雪，落勿歇。
一点雨似一个钉，落到明朝也不晴，一点雨似一个泡，落到明朝未得了。
天将暮，蚯蚓唱歌，有雨也不多。
猫儿吃青草，虽旱不必祷。（天将雨也）
犬儿吃青草，戽斗快趁早。（若犬吃青草，旋即吐出，则天将晴；若上午吞食，而至下午吐出或尚未吐出，则天将转变之征，此为奉化之农谚也。）
青蛙哇哇叫，大水满锅灶。（青蛙缘木而鸣，天将有阵雨。）
池鱼跳，天将好。（若久雨不晴，当日暮时，池鱼群跃，则有晴意。）
晴静昼，落日凑。（即久雨后于中午略漏日光，不旋踵又有雨之意。）
今夜鸡鸭早归笼，明早太阳红东东。（天将晴也）
羊抢草，蚁围穴，虾蟆拦路，大雨烈；蛇溜道，瓮浸流，山羊大叫，暴雨到。

其他若水缸泛污，粪坑不掏而臭气四溢，磉石润潮，池底泛苔，皆为气候转变而将雨之象也。

第三节 云

云之来去无定，虽不直接与作物发生关系，然云来而天阴，天阴而将雨，气候亦因而急变焉；农村中关于云之谚语亦多，今择其要者如下：

云于东，一场风；云于南，水团团：云于西，河儿溢；云于北，先漫黍子后漫谷。
火烧乌云盖，大雨来得快。
若要晴，望山青；若要落，望山白。
今天火烧云，明天晒死人。
有雨四边亮，无雨顶上光。（若有雨，则于云之四边发光，否则于云之顶上发光。）
早看天无云，日出光渐明；暮看西北明，来日定晴明。
日出即遇云，无雨必天阴：日落黑云接，风雨不可说。
云布满山低：连宵雨乱飞。
云势若鱼鳞，来朝风不轻。
红云日出生，劝君莫远行。红云日没起，晴明不可期。
乌云接太阳，猛雨两三场。
朝霞不出市，晚霞走千里。（清早见霞，恐有大雨：晚上有霞，主天将晴。）
云向南，水成潭；云走北，好晒谷。
八月天气，神经不齐。（谓是月寒燠不常也）
夏至无云三伏热。
云行东，雨无踪，车马通；云行西，马溅泥，水没犁；云行南，雨潺潺，水涨潭；
云行北，雨便足，好晒谷。
初三月下有横云，初四日里雨倾盆。

第四节 虹

大雨滂沱后，忽透阳光，长空之上，辄有一弯彩虹，绚烂之极，倏忽即没，似与农事无涉；然农谚中，有关于虹者颇多，今录之如下：

虹见东，有雨一场空；虹见西，骑马着蓑衣。
虹高日头低，大水满过溪；虹低日头高，大溪无水排。
雨下虹垂，晴明可期。
断虹晚见，不明天变。
断虹早挂，有风不怕。

第五节 霞

夕阳西沉之时，西方彩霞一片，农民见之，可测风雨，由农谚可见一斑：

朝霞红丢丢，向午雨滴头；晚霞红丢丢，早晨大日头。
青霞漫天过，塘水皆打破。
清早烧霞，晴不到黑，晚上烧霞，晴可半月。
早霞不出门，晚霞行千里。
云彩出了朵，下雨下得没头躲。

第六节 雷电

乌云密布，阵雨倾盆，雷电交作；老农可自雷电发生之方向及日期，以测气候：

八月雷声发，大旱一百八。
雷震百里，闪照一千。
雷轰天顶，虽雨不猛；雷轰天边，大雨涟涟。
电光西南，明日炎炎；电光西北，雨下涟涟。
晨间电飞，大飓可期。
南闪大门闭，北闪有雨来。
先看电，后听雷，大雨后边随。
秋霹雳，损晚谷。
小暑一声雷，黄霉倒转来。

第七节 雾露

迷雾漫天，莫辨东西，露珠如雨，作物无不滋润而称快：惟雾露有利亦有害，老农能辨之，其谚有云：

六月里迷雾，雨直到白露。
大雾不过三，一过十八天。
腊月有雾露，无水做酒醋。（意来年必旱）
大雾不过三，小雾不过五。（言大雾三天内下雨，小雾五天内下雨。）
雾露不散便是雨。
雾雾露缠腰，有雨在今朝。（腰指山腰也）
春雾雨，夏雾热，秋雾凉风，冬雾雪。
三日雾蒙，必起狂风。
晓雾即收，晴天可求。
雾收不起，细雨不止。

第八节 霜雪

入冬气寒，霜雪大作，覆盖地面，冻结土粒，土中病菌虫卵可全行消灭，于作物大有利益：然霜雪须适期而下，过早或过迟，均有害于作物，农谚中亦可见之：

霜后东风一日晴。
春霜不露白，露白便赤脚。（即要下雨之意）
春霜不隔宿，隔宿不会落。（即不落雨之意）
浓霜猛太阳。
谷雨前一两朝霜，主大旱。
清明断雪，谷雨断霜。
雪后百日有大雨。
腊雪是被，春雪是鬼。

第九节 日月

日月主阴阳，老农观日察月，能测晴雨，大可作为参考：

太阳倒笑，明日晒得猫叫。（天将热也）
晴天大日头，风雨不停留。
太阳笑，淋破庙。
朝网长江水。（言昼间日周有芒，为大雨之兆。）
日落云里走，雨落半夜后：日没胭脂红，无雨但有风。
太阳见一见，三天不见面。（言久雨后，偶见太阳，又隐，则主再雨。）
月亮毛东东，不下雨就起风。（毛东东指月晕也）
明月照烂地，落雨落不期。（白昼下雨，及晚地未干而月出，即有连雨之兆。）
晴勿落月，落勿过月。
月晕主风，日晕主雨。

第十节 星辰

昔日测验晴雨，以观察星辰为主，且甚确实，老农亦熟悉之：

明星照烂地，来朝落勿稀。
星子照湿地，落雨不歇气。
星照烂泥，等不到鸡啼。
闪烁星光，雨下风狂。
久雨现星光，来日雨更狂：小晕风伯急，大晕雨师忙。

附农谚：

冬至在月初，石板都冻酥。
冬至在月中，穷人好过冬。
冬至在月底，卖牛要买皮。
夏至酉逢三伏热，重阳戊遇一冬晴。

津门杂记（清张焘辑）：

五月十三日，相传为关公磨刀赴会之期，是日必雨；谚云，大旱不过五月十三。
夏至日，以东风为水征；曰夏至东风摇，麦子水里捞。
初伏日雨，为旱兆；曰初伏浇，末伏烧。
五月十三日，曰分龙兵，有勤龙、懒龙之分；是日雨，为久雨之兆，不雨，为久晴之兆。
八月朔日雨，为旱兆；谚云，八月初一下阵，旱到来年五月尽。
十月廿五日，名皮袄日；是日晴，则一冬暖，是日阴，则一冬温。

北地农谚：

冬至
一九二九，行人不出手。
三九二十七，篱头吹觱篥。
四九三十六，方才冻得熟。
五九四十五，穷汉街头舞。
六九五十四，乞儿争志气。
七九六十三，破衲足头担。
八九七十二，猫狗寻阴地。
九九八十一，犁耙一齐出。

夏至
一九二九，扇子不离手。
三九二十七，吃水甜如蜜。
四九三十六，争向露天宿。
五九四十五，树头秋叶舞。
六九五十四，乘凉不入寺。
七九六十三，床头寻被单。
八九七十二，夜眠添夹被。
九九八十一，家家打炭坂。

俗语止传冬至，不传夏至；读冯慕冈月令广义，因得见此俗谈巷语，必有来历。（客中闲集）

九夏，谓夏季九十日也；陶潜荣木叙，日月推迁已复九夏；唐新乐府有补九夏歌九首。（皮日休制）

南方农谚：

冬至（连夜起九）
一九暖，冻杀百鸟囡。
一九二九，冻开石臼。
三九二十七，树枝冻得笔立直。
四九三十六，行船沿途宿。
五九四十五，穷人向谁诉。
六九五十四，南笆茁嫩枝。
七九六十三，破棉两肩挥。
八九七十二，腊狗困阴地。
九九八十一，飞爬一齐出。

夏至
一九至二九，扇子勿离手。
三九二十七，冰水甜如蜜。
四九三十六，拭汗如出浴。
五九四十五，树头秋叶舞。
六九五十四，乘凉弗入寺。
七九六十三，床头寻被单。
八九七十二，思量盖夹被。
九九八十一，家家打炭基。

第二章 土壤

凡一切生产事业，莫不与土壤有密切之关系，尤以农业上应用最广，厥效亦最著，而园艺系属农业之支脉，当亦不能例外，故土壤可称为植物之宝库，园艺作物之保姆也。

作物生长之要素，惟土是赖，而日光、空气、水分与养分，亦占重要之一页，作物生根于土，叶受日光，而行光合作用，始能生长；空气系呼吸作用之必需物；水分供根毛吸收而解渴，并能溶化土中之养分，以供作物之需要。故土壤之功效颇伟大，供给作物生长之立足点，补充养料、水分、空气与一部分之温热，因此土壤之性质与作物生长之关系极大，土优则作物生长亦佳，土劣则生长亦差；土壤与作物诚有密切之关系也。

第一节 土壤之生成

土壤之生成，似极复杂，简言之，土壤来自岩石，惟此变化作用，无时无刻，不在进行之中，推溯其源，当自混沌初开之期，土壤业已形成，而此变化作用，仍在过程中；毫不改变，从不停止，然此作用颇为简单，即有若干种下等植物，生存于岩石之上，更有风霜雨雪之侵袭，经历岁月，日渐分解，变成细粒，自后各种植物相继侵入土中，获取土中含有生存上之必需物，待茎叶枯死后，非但以吸取之物质归还土中，且于生活时向空中吸得之氧气与炭酸气，亦留存土中，故土中积聚腐殖质及微生物，日益增多，即成耕垦之土壤矣。

第二节 土壤之成分

土壤既已形成，则土中究含有何种成分，当宜加以分析之，其中以土粒最多，腐殖质次之，余者大部分为水分，今一一分述于下：

第一项 土粒

土粒系由岩石风化而成之碎屑结构而成土壤，为护持作物之立足点，包蓄水分、空气及养分；惟土粒有粗细之别，其粗者即称砂，细者即称泥；若砂多者即成砂土；泥多者即

成黏土。土粒之粗细，影响土壤之性质殊大，详见下节。

第二项 腐殖质

作物之根叶腐败分解而成腐殖质，留存土中，使土肥美，吸收水分，空气之力亦加大，富有涨缩力，因而改变土壤原有之性质，黏者变松，松者变密，且维持土中一致之温度。惟若空气过多，温度太高，水分适度，耕锄勤等，腐殖质亦易消失，对于作物之生长，当蒙不利，须加预防之。

第三项 水分

仅有腐殖质而无水分，亦不能促进作物之繁荣，故水分列为最重要之一物。土壤中之水分，与通常所见之水，绝然不同；如普通干土中，亦含有水分，惟其量不多而已，故通常土中，含水颇多，而能溶解养分，补给蒸发，俾可作物向荣；然水分过多，空气不通，即有烂根之患，故过与不及，均非所宜也。

第四项 空气

土粒之间隙，非水分即有空气充塞其间，以供根部之呼吸。若土质过黏或过坚，即空隙绝无，空气不通，作物即有窒死之虞；若土质过松，即空隙过大，不易保蓄水分，而有干旱之患。黏土与砂土均有此弊，故将黏土与砂土相和而成壤土，黏松适度，方可调整此弊。

第五项 微生物

土壤之结构似觉简单，然除上列诸物外，尚有不可捉摸之活物，即微生物是也。土中可见者如蚂蚁、蚯蚓之类，其中以微生物之作用最大。秋冬之间作物枝叶落地而腐败，全赖微生物之活动，而变成养分，以供作物来春之生长，否则作物不能利用也。

第三节 土壤之肥瘠

土中情形，颇为繁复，且彼此有关，相互影响，自成因果，故土壤之肥瘠亦无一定之标准也。

（一）肥美之土壤　土质须柔软而致密，俾根可自由伸长，吸水容易，迅速分布，并有良好之蓄水力，以供作物之吸用，空气流通，且能吸热，而维持作物生长之适当温度，含有多量作物能利用之养分，土中适合有益微生物之活动，此均为肥美土壤必备之条件也。

（二）瘠薄之土壤　凡不合肥土之条件者即属瘠土，乃因缺少腐殖质或分解不良，不能供作物之利用，土质不良，排水不便，养分缺乏，不适有益微生物之活动，致生成有毒物，而有碍作物之生长也。

第四节　土壤之性质与种类

土壤之性质胥视土壤之种类而异，土壤通常分为砂土、黏土、壤土、腐殖土及培养土五种，今将其特性分述如下：

第一项　砂土

砂土乃指土粒较粗者而言，然砂土因砂粒之大小而有粗细之别，惟其特性大致相似也。

砂土养分甚稀少，空气易于流通，致肥料分解迅速，透水力强大，故保水力弱，极易干燥，而遭旱害，吸收肥料之力亦微弱，故易损失；惟土质疏松，易于耕种，根之生长可较迅速而不致受阻，此栽植果树所以最宜砂土也。

第二项　黏土

黏土之性质，恰与砂土相反，含有肥分极富，土粒微细空隙极小，空气流通不易，养料分解迟缓，透水力恶劣，但保水力强盛，故土常潮湿，而有烂根之患。惟肥分吸收力亦强，故肥分不易流失，减少损失；但土质坚黏，耕作不易，根之蔓延亦难，此种土壤难以利用，须加以改良，始可栽种也。

第三项　壤土①

①原版内容缺失。——编者注

第四项　腐殖土

腐殖土系植物腐败而成，极富肥分，惟其质过于疏松，若水分过多，空气不易流通，致生成酸性物，而有不利，当加以耕锄，注意排水，或施入砂土，可改良之。

第五项　培养土

上列四种土壤，均有利弊，非合理想，乃由人工方法而制成培养土，最富肥分，黏松得宜，专合盆栽、花坛、温床之用。其配制之法，因各种花木之特性而异，唯一般配制之法如下：

（一）时当晚秋，以肥沃园土与厩肥，层层堆积，每层高五六寸左右，堆积地点以日光不透射、空气不流通、北向、清凉处为宜，堆顶之中央凹陷，以液肥、米泔水、污水注入，由上层透入下层，每二星期浇以一次，五六次为限，至明春乃可施用，先将土翻开，使上下层相混，以筛筛之，则可分为三种：通过筛孔者为培养土，不通过筛孔之大粒，以作填盆底之用；其他如厩肥中之草根、瓦砾及未腐烂者当去除之，仍可作堆积之用；若堆养土中加草木灰、骨灰等，其肥效更大。

（二）以落叶、烂草及藁草以代上法之厩肥，交互与园土堆积，法亦与前同；然落叶不易腐烂，故须于来年先将落叶堆于沟中，待其腐烂后，再与园土堆积成层，则易发酵腐烂，始可应用也。

第五节　地方之减退与改进

土壤虽极肥美，其生产力亦有减退之弊，盖因继续栽培作物，而不知施肥一事，土中所含有之肥分，渐行减少，又因土中一部分养分易溶于水，若雨量过多，极易流失，表面之肥土，易被风吹去，致土壤之组织变劣，作物之生长因而受阻，生产力当亦减退，此时我人须加注意，因有维持地力或补给地力或改良土质等法，今分述如下：

（一）施肥法　土壤中含有肥分之量有限，如多年栽培作物后，肥分吸收殆尽，又有雨水之冲洗等，而日益损失，致土壤渐变瘠薄，影响于作物之生长，亟当施肥以补给养分之不足：肥料之成分以氮素、磷质、钾质为主，故施肥即补给上述三要素为目的，则庶乎其可也。

（二）深耕法　土壤瘠薄，通常指地面一尺上下而言，一尺以下之土质却含有肥分，惜缺少空气，未曾分解，致作物不能利用，故须深耕，乃将底层之土翻起，则根之蔓延可加速，更可增肥分也。

（三）客土法　若土质瘠薄，可自他处搬运肥土，盖覆土面，即可增肥分，此称为客土法，且可改良土质，若为砂土，宜用黏土为客土；若为黏土，可用砂土为客土；前者可于秋冬间行之，将黏土洒布土地，任其受寒冰冻，及冻解而细碎，翌春可混入表土；后者可于春季行之，加以深耕，俾可上下均匀，如是土质适中，不松不黏，可达改良土质之要旨也。

（四）中和法　卑湿之处，土质呈酸性，不宜作物之生长，改良之法务使土壤干燥，或施用石灰，中和酸性，因石灰为碱质之物，酸与碱能变成中和性，可栽种作物焉。

（五）轮栽法　于同一田地之上，年年栽种同一作物，极易耗损地力，致收获减少，惟有轮栽之法，可补救此弊。

（六）绿肥法　绿肥可补给地力之不足，故瘠地可栽种豆科植物，因豆科植物之根部，生有根瘤菌，能固定空气中之氮气，而作为养分。当豆科植物生长至开花前，连茎带叶耕入土中，待其腐熟后，可增肥分也。

（七）排水法　地形低洼处，污水渟积，土质变酸，且有毒性，不可栽种作物，惟宜注意排水，使水排出，乃于地面掘沟，以作水路；再耕土成畦，高出地面，以防水积，此为明沟；或以竹管或水泥管埋入土中，即成暗沟，可利排水；前者设置简便，惟占地面；后者费用虽多，惟可节省土面，且经久耐用也。

总之，土壤之优劣，影响于作物之生长至为巨大，故土壤宜加以慎密之处理，则完美之结果，可操左券也。

第三章 四季作业

一年之中，寒暑循环，春暖夏暑，秋凉冬寒，岁月更易，节序变迁，时光匆匆，一年又告逝矣！

在此三百六十五日之中，园艺作业之忙闲，变化无常，因时而更，因地而易；因花草之特性而变，因树木之本质而异；且气候无时无刻不在变幻之下，病虫害随时随地又在繁衍之中，故园艺作业，亦因环境之变迁而大有差异，爰分春夏秋冬四季而述之。

第一节 春

寒冬凡三阅月之久，万物不堪其蹂躏，莫不敛迹以匿，奄奄而无生气，所殷殷期待者，惟阳春之早临。然时光迅速，转瞬而寒气退，阳春果税驾而至矣！春光明媚，风和日煦，万物昭苏，草木生色，枝头小鸟，婉啭试歌；花丛蛱蝶，翩翩飞舞；芳草天涯，回黄转绿，秃树萌叶，苍翠可人，花开烂漫，姹紫嫣红，真大好风光也。

谚语云："一年之计在于春"及"春宵一刻值千金"，均赞春光之宝贵，故春季实为园艺者经意之时，决不可坐失良机，各园艺作业，因是而大忙特忙焉！

第一项 整地

春季之园艺作业，以整地为先。于播种前，须将土壤加以耕耙，使合于作物生长。整地之方法与时期，随各种情形而异，通常以犁或锄翻耕土壤，地面上若有残物野草等，即可翻入土中，并拾去瓦砾，土质瘦瘠者，以基肥散布土面，耕时耕入土中，以增肥分；土地肥沃者，施入量当可减少，更视欲行栽种作物之种类而定施肥量之多寡。土块亦需击碎，随即将土耙平而作畦，若嫌土质过于疏松，容易干燥，当略加镇压。通常耕土甚浅，仅有三四寸左右，致花木根须之生长，限于软松之表土层，而不能深入内层，未能充分吸收肥分，至有碍花木之生长，欲知深耕之益，约有下述之三端：

（一）土壤深耕后，容积即能增大，空气易于流通，雨水亦能尽量渗入，作物根须蔓延之区域亦可加深；若遇气候干燥，不易遭受旱害，然深耕之程度亦有限制，通常以五六寸为度，因过分深耕，底土翻上，但此种底土不甚合于作物之生长，亦有不利也。

（二）作物根须之生长，均分布于表土之中，若耕入较深，根亦可分布至下层，肥分

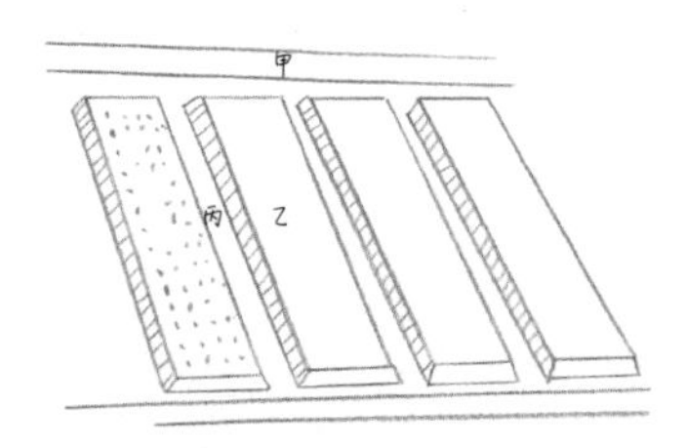

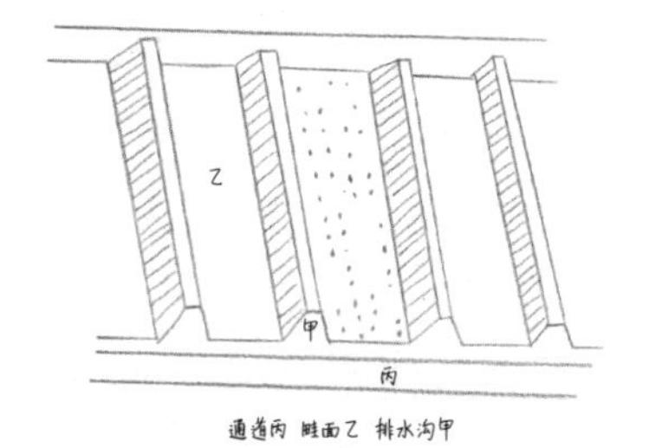

◇ 上为高畦，下为低畦

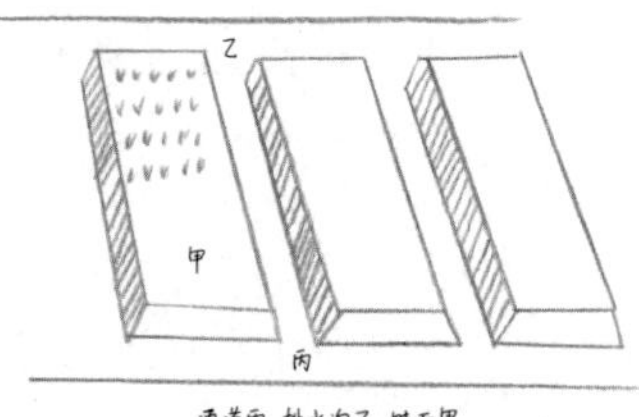

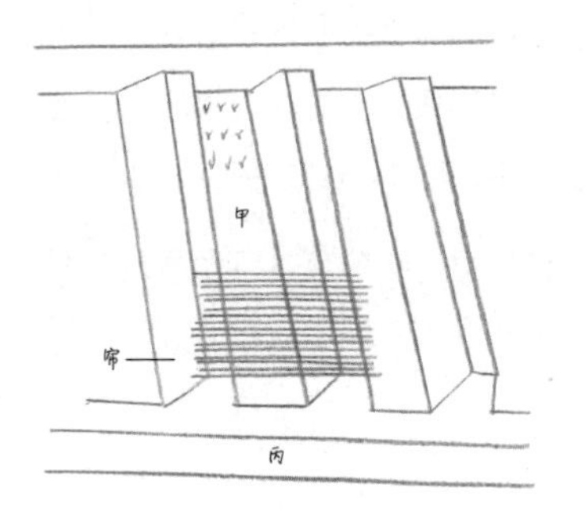

◇ 上为高畦凉床，下为低畦凉床

之供给自亦较富，作物当能向荣，收获亦可丰盛矣。

（三）土深耕后，土壤之实质增加，吸收肥分之力亦大，若施与多量之肥料，易为土壤吸收而分布之，不致发生过多之现象，作物亦不受施肥过多之伤害。

第二项 作畦

土整就后，即宜作畦；畦有高低平三种之别，视各地之情形而异：若地形低湿之处，畦宜高，沟宜深，以利排水而免淤积之患；若地形高燥，畦宜低陷；若地形适中，平畦亦可。至畦之大小亦无一定，惟为工作方便起见，阔约六尺左右，长度则视园地之面积而定；畦之方向，若用作苗床者，则宜东西向；若定植作物用者，则宜南北向；若安置盆栽者，畦亦以东西向为佳；畦面先铺以粗煤屑，其上再铺细煤屑，如此，虽暴雨倾盆，盆树不致溅污，且雨后我人仍得徘徊欣赏也。

第三项 繁殖

园艺作物生长至一定时期，则以繁殖为其根本要旨，采取各种巧妙之方法，以传播其子孙，繁衍其种族，俾可逐代生存，永不消灭，而栽培者亦以繁殖作物之数量为目的，故繁殖一项，当列为重要作业之一种，而繁殖于一年之任何一季中均可行之，惟以春季为最适当之时期，园事之繁忙，亦因是而始焉。

繁殖之法，种种不一，大约分有性繁殖与营养繁殖两种，前者乃利用种子而繁殖之；后者乃利用母体之根、茎、叶、芽等营养器官而繁殖之。今将

各种繁殖方法分述于下：

（一）有性繁殖

有性繁殖即当花开放时，雄蕊之花粉与雌蕊之柱头接触后，即发生授精作用，雌蕊之子房日形发育而成果实，内有种子，可取而播种，故种子为栽培园艺作物之原始，将来作物之优与劣，对于种子极有密切之关系，故于播种之前，选择种子为一不可忽略之事。种子之购得，须向有信用之种苗公司定购之，若能自行收种，须具有极精密之方法，丰富之学识，始有效果，否则难以成功也。选择种子，大小须适中。无过大或过小之偏颇，肉质充实，质量沉重，品种宜确实，并具备固有之特性，色泽光润而鲜丽，种子发芽整齐，不发芽者极少，品质纯粹清洁，无其他间杂物，以及病虫害者。种子皮壳之厚薄，因作物之种类而异，壳柔薄者，播种后发芽极易；壳坚硬者，发芽较迟，则于播种前，加以适当之处理，可提早其发芽日期，或促进旺盛之发芽力。其法亦甚多：有浸于温水中一昼夜者，有浸于清水中一昼夜者，如桃梅核及各种草花瓜豆等类；有与细砂混合而置木箱中者，如桃、梨、苹果等于秋冬时行之，及春取出播种；有与细砂混合装袋而置于发酵之马粪中者，如各种大粒种子均采用此法。

【甲】苗床

种子宜播于苗床内，若欲促进其早熟，当播于温床内，否则播于凉床内亦可，故苗床有凉床与温床之别：

〔子〕凉床　凉床为不加温而利用自然热之苗床，常人称为冷床，实非冷也。设置凉床，须选一向南日光充足之地，排水良好，土质肥沃，地近住屋，管理可较便捷，床之四周设屏，以防风寒，吹损幼苗；又因地势之高低，而有高畦床（如图）、低畦床（如图）、平床、沟床等别，地低者，宜高畦床，以免积水；地高者，宜低畦床，免受旱寒，地形适中者，宜平床；气候寒者，宜沟床；沪上以高畦床最多见，床阔三四尺，长约一丈半至二丈，高约五六寸，两畦相隔一二尺，作为排水通路之用。土质若肥沃者，施肥可较少；瘠薄地宜施堆肥，与土搅拌，以待播种。

〔丑〕温床　温床有高出地面者，亦有低于地面者；前者设于地形低湿之处，惟温热易于散失；后者设于地形高燥之处，易于保温。构造温床之材料当视各地情形而定，如永久温床当以水泥筑之；临时用者可用木框围之而成；沪地以木框温床居多（如图），取其经济而方便也。木框之板通常厚一寸左右，南北长四尺，东西长一丈半，面积之大小当视栽培

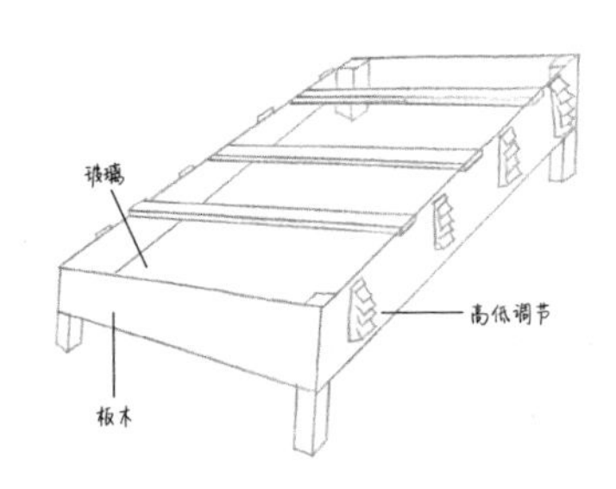

◇ 木框温床外部

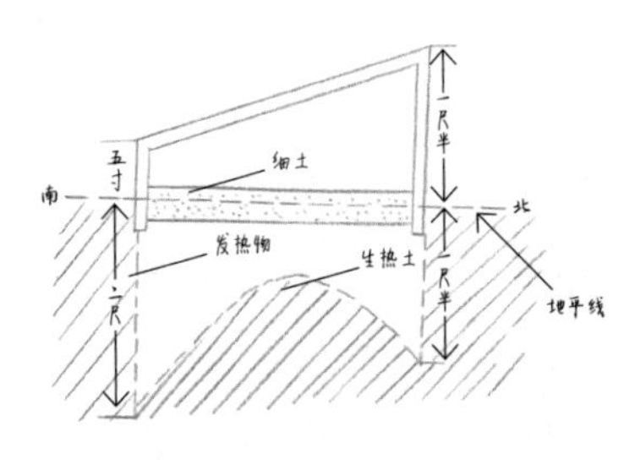

◇ 木框温床内部

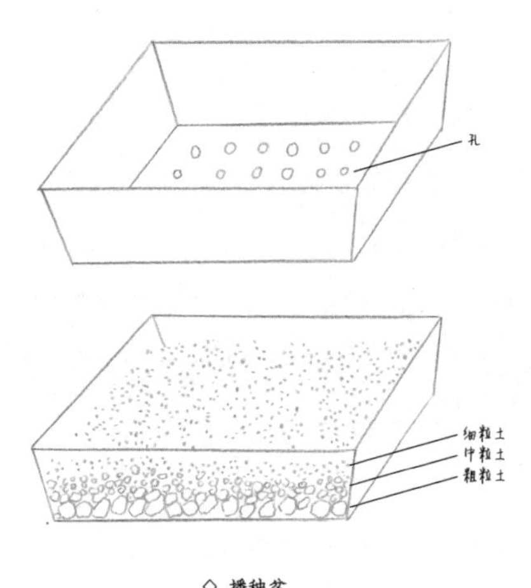

◇ 播种盆

者所栽培作物之多少而定，木框上装有玻璃窗，可自由开闭。床中用土，须能发热，故其底填以马粪、落叶、人粪尿等，层层踏坚，上浇人粪尿促其发酵生热，其上覆土二三寸，高约六寸，播子于其中。

【乙】播种

〔子〕床播　播子有直接播入本圃者，亦有先播于苗床中而行移植者，惟播种之法则一。今将其法分述如下：

一、撒播　将种子直接撒播于畦上，然后覆土于种子之上即成。此法最为简便，可省人工，故大面积之田地均采用之，但亦须视种子抵抗力之强弱而能定夺，若为珍贵而柔弱之种子，则不宜采取此法。

二、条播　于畦之一定距离，掘一浅沟，播子于其中，然后覆土，距离之大小亦视将来作物形态之大小而定，通常在二尺左右，每隔若干行，留一通路，以便日后施肥、耕耘等作业之进行，此法较撒播为精密也。

三、点播　点播为播种法中最精密者，即相隔一定之距离，拨开一浅穴，其中播子若干粒，种子之数亦无一定，大粒者播以二三粒，小粒者播以十余粒，播后覆土，略加轻压即成。

〔丑〕盆播　盆播即将种子播于浅盆（俗呼落子盆）或木匣中者，此法在管理上更可周密，其法亦稍有异。凡盆或匣下均有小孔，以利排水，上以碎瓦片十数块盖覆之，再铺粗粒土一寸（煤屑亦可），中置中粒土一寸，再放细粒土，种子撒播于细粒土中，撒播须均匀，其上稍盖薄土即成。

【丙】管理

种子播就后，若行露天播种者，易为鸟兽偷食，可用石油与稻草灰同拌，取其一撮，而盖于种子之上，可预防之，然后将土稍稍镇压，用清水喷浇，使湿透为止，惟水力宜和缓，不可直冲倒下，使种子翻出土面，或径将土冲成小穴；盆播当以盆浸入水桶中，使水自下渗上，最佳。其上敷以稻草或报纸，莫如新油纸遮盖发芽最速，乃因减少水分之蒸发及避日光之直射，日后时加视察，使土常保滋润，不致干燥。如是一星期后，种子自能发芽，即见子叶隆出土面，待出新叶二三片后，可将稻草或报纸或油纸去除，略晒日光，否则幼苗衰弱无力，叶色柔黄。二三星期后，种子已出齐，将密处略加疏拔，使畦中各幼苗分布均匀，无过密过稀之弊。

【丁】育苗

种子发芽之日期殊无一定，早者数日，迟时二三星期，亦有至一月后始能发芽者，亦有一二年或竟至五六年，此乃指树木之种子而言。发芽后，须将盖覆物从速取去，晒以日光，则幼苗短壮有力，茎秆粗肥，叶色碧绿，倘午中烈日，上宜遮帘。日后并注意灌水，使土不干不湿，并预防疾虫害，因此时幼苗柔弱，易罹外界之侵害，宜加护持，不使夭折。子叶出齐后三四日内，各苗之子叶若有接触，魇将稚弱者拔除之，使各苗不相交接为妥，此疏拔之工作不容忽略者也，且加以一番淘汰之工作，留其硕强者。栽培者切勿吝惜芟剔，而抱有多多益善之旨，如此则形成强弱幼苗相互挤轧，强者变弱，而弱者虽不夭死，亦即垂垂欲萎，此种弱苗欲求丰盛之收获，诚如缘木而求鱼也。

（二）营养繁殖

营养繁殖即将作物母体之根、茎、叶、芽等营养器官，加以人工之手续，促使其生根发芽，而独立成一新作物之方法也。其法殊伙，通常有分株、压条、扦插与嫁接四法，今一一述之于下：

◇ 果树及其他树木之分株

【甲】分株

分株即利用母株根际萌茁之小株，加以切断，小株已生有根须，分植他处，自成一新作物。分株通常于新叶未发之前行之最妥，其法简易而成效颇著，惟欲得优秀之佳种，分株殊不可靠，故分株所得之苗木，果

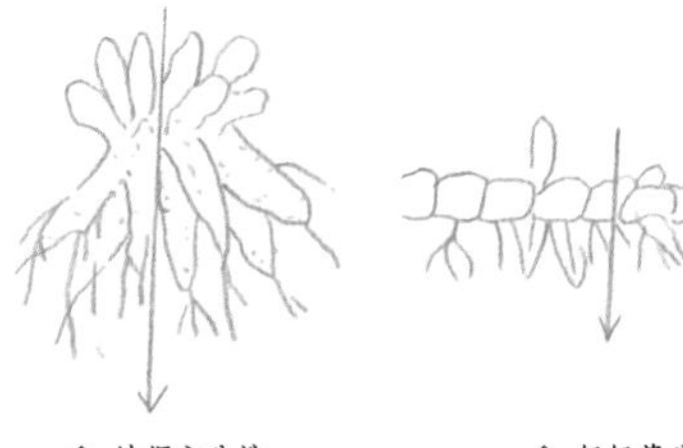

◇ 块根之分株

◇ 匍匐茎分株

◇ 普通压条

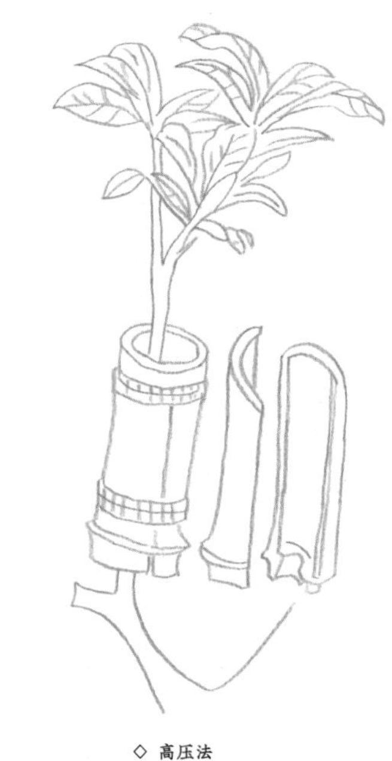

◇ 高压法

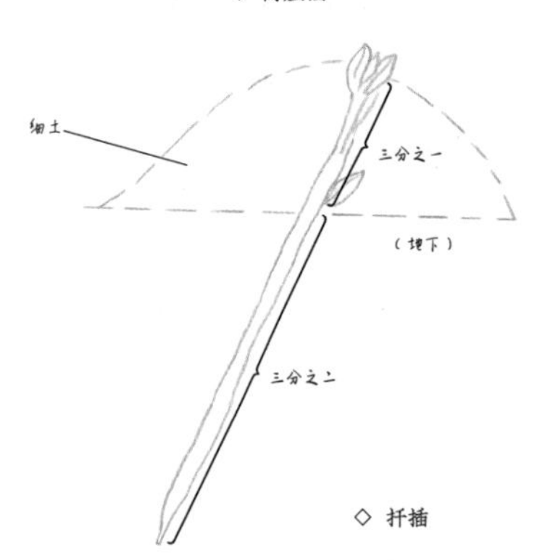

◇ 扦插

树中仅可作为砧木之用。而其他观赏树木可行此法：花卉中之球根作物，可将母球旁之小球加以切断，亦可自成一新作物。盆栽为欲求美观起见，亦有将树木一劈为二，若木纹旋形，当用锯分之，下有根须，用力拆开，栽之自活，如榆、梅、松、柏、黄杨等均可行之，若气候酷旱，当将劈口涂以黄泥浆，再用苔草蘸泥浆而盖之，时常喷水，便劈口永保湿润，秧于地上，可得地气，亦能栽活，此均宜于早春尚未萌叶，树液未动之际，行之最妥。

【乙】压条

压条行于木本树木，最为普遍，法亦简便：将一二年生之强枝，攀倒地面，或用绳攀扎，上压泥土与重物，切勿使隆起，但枝梢须暴出泥外，而在土中之枝条，割去表皮，促其生根，经以数月，察看压条上是否生根，若根已萌生，入冬可将压条与母本切断，分植他处，即成一幼苗；若树木高大，不能攀入土中，则用高压法，取竹筒或木桶，劈分为二，套于欲压取之枝条上，先割破树皮，再以土或苔草填充其中，常灌清水，永不干燥，亦能生根；若枝条不胜竹筒等之重量，筒下常填以支物，如取盆或粗竹竿等扶持之。行压条之时期，因作物之种类而异，常绿树木宜于黄梅行之，而落叶者则可行于早春新芽未萌发之际。

【丙】扦插

扦插即取母本强健之枝、根、叶、芽等部，加以切断，插入土中，待生根后，即成一新苗。其时期不限于春季为之，当视作物之性质而定，落叶作物宜于早春，常绿者宜于春秋或黄梅期；落叶作物在初冬落叶后，择强健之新枝剪下，或剪段，长约

二尺，先斜秧于土中，上梢向北，全部埋入土中，得约一尺，上覆稻草，以避冰冻，至翠春取出扦之，或一剪为二，或察其芽节而定之，最少须三个芽节。扦土须细碎而富沙质，便于排水，四周宜开排水沟，日光照射较良好。插枝宜选发育适中而内容充实并自老枝上扯下者，故下端带有树皮，俗呼为蚱蜢腿，扯口宜加剪平，插枝长约三四寸，择一风和之阴天，可插入土中，留其三分之一露出土面，三分之二入土，露出之枝上约有二芽，一芽近土面，一在枝梢，再覆以细松之土，浇足清水，以后每日晨晚取喷雾器喷洒清水，使土时带滋润，若遇烈日，上覆以帘，以保水分之蒸散。插枝之下端日渐活动而发新根，当年内万勿移植，须待以一二年始可分栽，但亦有当年可分栽者，如法梧、黄杨、垂柳等。当插枝未生根时，不可施追肥，待发根生叶二三月后，始可用稀薄腐熟之人粪溺施之，促其生长，畦上谨防野草之蔓生，病虫之为害，须时加注意之，若畦土坚实，当宜耙松，插枝自能繁荣也。

【丁】嫁接

嫁接一法，似觉最为繁复之作业，此非具有学识并富经验之士不克胜任之，因接穗与接本（砧木）双方须有亲合之力，力能相附，否则殆难奏效。嫁接能调整树势之发育，提早结果之时期，保留固有之优性，故于果树方面，行之最为普遍，收利亦最显著也。惟行嫁接，当须注意下列二事：

〔子〕砧木之育成　砧木对于将来作物之发育最为密切，通常采用野生者，若欲行大量之嫁接，殆不可能，故通常由扦插、压条、分株或播实以育成之。砧木须一年生或二年生，亦有三年生者，干部直径约一寸左右者最为合用。

〔丑〕接穗之选择　以当年生之新梢，组织充实、发育充分，且无病虫害者。接穗长无一定，须视嫁接之法而定。

嫁接之法甚伙，简分之有芽接、枝接、根接三种，今分述如下：

〔子〕芽接　以一芽接于砧木之上，此法在手续上似颇精细，惟活着最易，但于秋季行之最适，不在春季作业范围之中，故不赘述。

〔丑〕枝接　以一枝接于砧木之上，此法于早春行之最适。其法因各种方式而异，惟以切接为最普通。其他尚有皮接、根接、割接等法，当视各种作物之性状而定也。然方法虽异，而原则则一，以锐利之刀，使砧木与接穗削面之生长层，彼此同时密合，双方由此而成胶着状态，今将各种枝接法，且经予曾采用者，述之如下：

一切接　此法最为普遍，但因工作地点而分，可于室内行之，或露天行之，前者将砧木

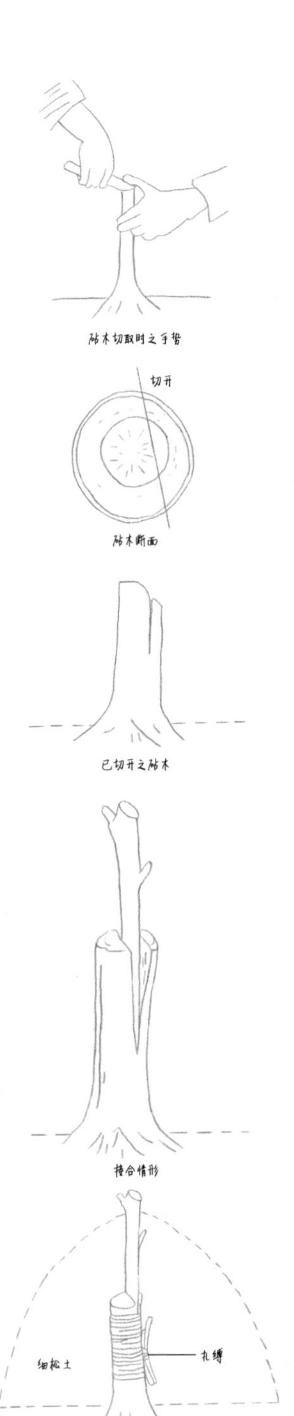

◇ 切接法

掘起而于室内行切接，故称掘接法；后者不必将砧木掘起，而于当地行之，故称地接法，此法较为安全，活着亦易，惟工作不及室内之方便。凡活着容易之树木，则宜用掘接法，如桃、李、苹果等；难接之果树，如柑橘等，当用地接法为妥。其法如下：

（1）砧木　普通择其二年生者，干直径粗有三四分，周围有一寸，离地二寸处将干切断，先削去断面之一部分，用利刀削下，深约一寸左右，须稍带木质，削下宜竖道，不可倾斜。

（2）接穗　择来年春夏生之枝条，组织须充实，基部及上梢不宜用，以中段为佳。落叶性者，须于来年预先准备，当落叶后，将接穗剪下，放于阴凉处，埋入土沙中，迨入春取出，洗净之，后用利剪剪断，每一枝留三寸左右，上有芽三四，如有二芽亦可，然后放入盆匣内，上用湿布覆之，以防干燥，上端削成斜面，削面宜平滑。在行切接之前，接穗切不可干燥，有碍其生机。

（3）方法　择一风静日和之晴天，即行接枝，先将已削就之接穗，徐徐嵌入已削就之砧木内，务使两者之削面，彼此密合为度，然后用亚麻或软稻草扎缚，其程度以不松不紧为宜，如桃、李、苹果等木质较松者，扎缚宜松；栗、柿等木质较坚者，扎之宜紧。若涂以接蜡最为妥当（接蜡调制法见后）。砧木低者，其上应覆土，土须细松，接枝之顶稍形露出土面，如土干燥，略浇以水，使之半干半湿；砧木高者，当以竹笠罩之，以防雨水之侵入。如掘起而行切接者，则将接就者，秧于沟中，每沟相距二尺半，每株相隔一尺，种入土中，再以土盖覆之，即成。

（4）接后之管理　接后，覆土日渐陷入，若于三月中行之，则至四月后接穗之芽徐徐肥大，当将覆土拨开，使接口不应埋入土中，复检查其死活，如接穗已生新梢，则为已活之证。待新梢长至五六寸以上，则留一强健之新梢，其余均去除之，砧木上发出之芽，宜早去除，然后施以稀薄粪尿一二次，以后常加除草，并预防病虫害之发生，新梢长至一尺许，当用二三尺之竹竿扎缚，以防阵雨及大风之折断。发育强健之苗木，初夏之间，一枝特长，应剪去而抑制之，俾可分枝，至秋末可长至三尺高，如为轻松土质，可达五六尺，凡易于移植之作物，入冬即可移植他处。

二割接　若砧木与接穗之直径，相差过大时行之。先于砧木相当高度锯断之，仅留一干，上端修理平滑，用快刀将其劈开，深约七八分，接枝之下端削成楔形，然后嵌入砧木，在同一砧木上，同时可接二三枝，使双方密切，上用麻皮扎缚，再用接蜡涂于接穗之顶端，砧木之断口及麻皮之外，可减少水分蒸发，以及雨水及病虫害之侵入。此法因砧木面大，生长势力甚盛，接穗所得之水分及养分亦丰富，致两方密合较易，不活者极少。接活后生长亦速，其上宜用竹笠包之，以防鸟虫之侵害，当新芽触及竹笠时，宜速去之，老树更新均用此法。

三诱接　俗呼倚接，即将接穗不与母体分离而倚靠砧木之旁以行嫁接，待其活后，再与母体分离，砧木之上梢亦须剪去，可成一独立之株。此法应用于不易接活之作物及珍贵品种，但预先使双方相互接近，普通以砧木移至接穗之旁，亦无一定，惟接穗与砧木须在同等高度，如相差过大时，则用木架或砖块填高之，其法将接穗与砧木在相当地位，削成二三寸长，稍见木质部，即以双方伤口相互密切，然后用麻皮扎缚，经以一月，即可接活，可将接穗与母本剪断，砧木之上部亦宜去除。如落叶果木，待深秋落叶时行之。

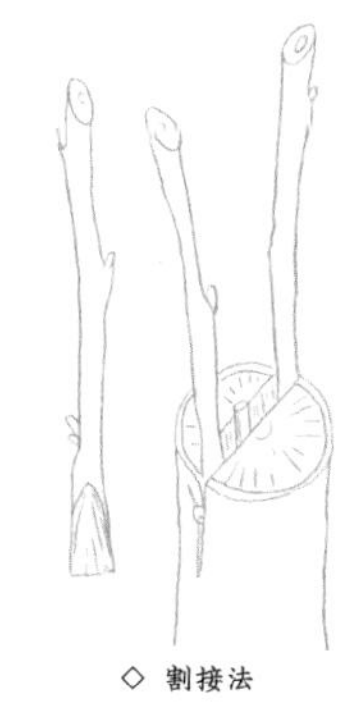

◇ 割接法

◇ 五个接穗同时接于同一砧木

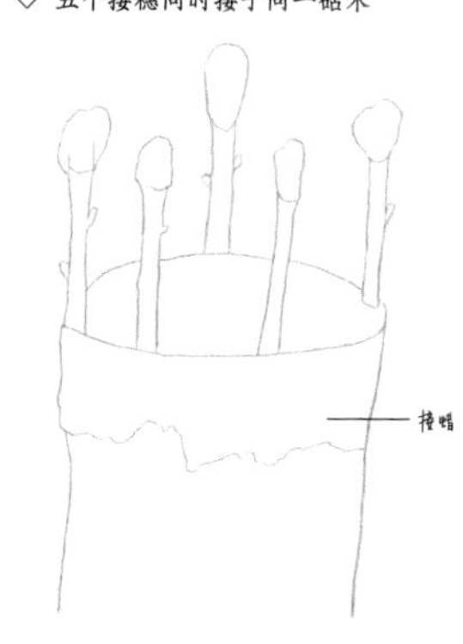

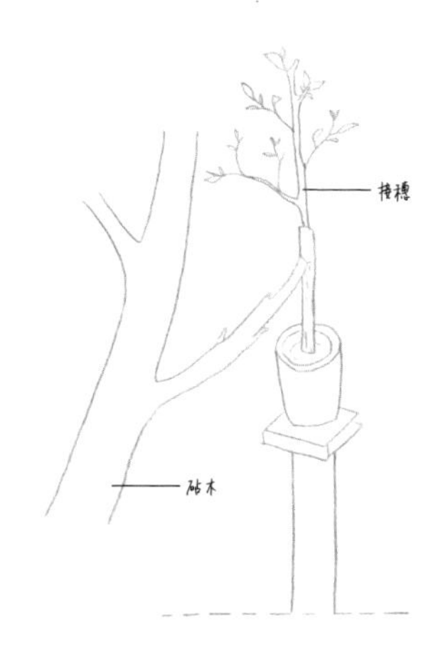

〔寅〕根接　根接俗呼挖接，即以接穗接于根上，此为老树更新之法。其法将树木齐泥截去，再于树木之四周掘去泥土，及至根部为止，择其强壮之粗根，用利刀在根上斜切一刀。若根坚硬，不易切下，则用右手按住刀柄，左手压下刀背，刀头略下，使刀口斜下，当切近根之中心层，深有一寸。预先将接穗削就，长约一二寸，削面须倾斜，即将其插入根之切口内，双方密合，稍用麻皮扎之，然后以松土盖覆，使接穗之顶芽露出土面，即成。接后一周，芽头渐大，则有接活之望。

第四项　移植

春季移植，十有九活，故移植在春季可谓忙矣。不论子出、扦活、接活之秧苗或成长之花木，均可于早春未发芽之前行之，常人每以为于冬眠时移植最佳，实则不然，若欲移往远地，则宜于冬眠时行之，途中经数旬之耽搁，到达目的地时，气候已转和，植之当无损树木之发育；若移植本地，则当于春芽未发时行之。今将各种移植法，述之于下，但总以天晴土干为唯一之要件也。

（一）幼小苗秧　子出、扦活或接活之苗秧，移植最容易，掘起可不带宿土；若运往他地，掘土较深，将土去除，根长约一尺内外，将苗木数株或数十株堆成一堆，将根卷起，勿使损伤，中塞以苔草等含湿物，浸足水分，即可打包。在未包之前，勿置日光下，故一面将苗掘起，一面包扎，最为妥当；若移植本圃，则将苗木掘起，区别其大小高矮，分成数组而栽之，则高矮有序，颇为整齐也。

（二）成长花木　成长花木行移植时，须视花木之性状，运输之远近，以及其他情形而异。掘起时，谨防根部之过度损伤，故初掘时泥垛须大，然后再缩小之，勿伤须根。泥垛之大小须视花木之大小而定，若在二年前已经移植者，或在一年内已经掘过者，如此则可离老泥垛之四周半尺处掘起，再将老垛外之泥土完全扒去，勿损新根，用草绳包扎之；若栽后未移植之老树，则于移植之前，加以特殊之处理，此称为回根法，否则难以移活。此法乃因老树原来根群分布甚广，随树龄而扩大，而须根多生于根群之先端，吸收水分亦最旺盛，如欲移植，当须维持其吸收水分机能与叶片上水分蒸发作用之平衡；换言之，即根部损伤不大，吸水如常，则经移植后花木仍如旧状，然事实上决不可能，若欲以整个根群移植，所带之宿土必巨大异常，人工劳力经济所费亦巨，故今用回根法可补救此弊，即缩小

根群之范围，将根切断，待其发生根须后，再行移植；普通较干直径三至五倍处掘下，切断粗根，并将干上茎叶剪除一部分，减少水分之蒸发。通常于二三年内，分数次将根切断，再以肥沃之堆肥土壅之，则根须萌发迅速，二三年后即可移植；若移往远处，须用草绳扎之，以防泥垛碎失；在栽种时不必去除草绳，因草绳极易腐烂，决不有碍根之蔓生也。移植后根盘缩小，遇风易倒，故在五尺以上之树本，种后当以木桩固之，以草鞋或棕皮围裹树干，将绳缚于其上，以免切痕。木桩之形亦多，有三角形、栏杆形、直立形等，当视各种花木之形态而定，若枝叶婆娑而树干高大者，则用三角桩，如玉兰、松、柏等乔木；若树作圆锥形者，则宜栏杆桩，如雪松、杉等；若树形耸直者，则宜直立桩，如龙柏等；亦有因观瞻关系而应用其他式样者；总之，全视各地之情形，各树之性质，各人之所好而异也。老树移植后，欲其迅速复活，当用稻草绳编扎树干，枝叶除松外，可全行剪去，以减水分之蒸发，最为妥当，而小树或不需此法。

第五项 定植

移植后即宜定植，当将花木移至栽植处，先掘一穴，较泥垛大一倍，深与泥垛相等，切勿过深，故富有园艺经验者常谓“深耕浅种”，颇为切实也；因过深，极易闷窒而死，虽经数年尚不死，而枝叶亦永不茂盛；但勿宜过浅，因过浅非干死即有被大风吹倒之虞，受害非浅；总之，以覆没旧泥垛为度。若定植于培养圃中，而有营业性质者，则宜作畦，畦亦有高低平三种：高畦高出地面四五寸，两侧开沟，适于气候潮湿、多雨、地形低洼及土质黏湿之处，沪上多采用此式，求其排水便利，并宜植性喜干燥之园艺作物；低畦即筑畦低于地面，或改将沟作高，宜于气候干燥，土壤轻松之处，栽种性喜阴湿之园艺作物，保蓄水分，可较长久；平畦即于地面上不另作畦，如此整地较易，耕耘便利，可省人工，果园中常采用之。畦幅即畦之宽度，普通为四至六尺，畦之两侧开沟，阔约一尺半，故净宽三至五尺，如此日后管理上较为方便，如中耕、施肥、除草、灌水等作业。畦土在事前施以基肥，与土相混，然后可行定植，先规定行间之距离，再作株间之距离，普通用麻绳使定植整齐而方便；若富有经验者，不必多此一举。每株通常四周相距二尺，每三株作等边三角形之排列，但株间之距离，亦无一定，须视苗木之大小而定，总之，使各株之枝叶不相交错，阳光之透射、空气之流通，均可充分，间接可防病虫之猖獗也。若定植于庭园之中，则当别论，须视树木之姿态与特性，更具有艺术之目光与陶冶，加以定植，务使前后互应，色泽调和，格局秀美，高低有致，上下相称，而富有诗情并合于画意也。定植后当用清洁

之水一次灌足，或分二次亦可，总须使水确已渗入土层为度。在初种时，不论浇以如何多量之水，不特毫无妨碍该木，且有利益，因苗木一经移植后，根须受伤，吸收水分之机能当极微弱，但枝叶上水分之蒸散照常进行，苟无水分充分之供给，极难维持平衡，故灌水务必多量，切不宜吝啬。水分浇足后，三四日内不必再浇，否则根易腐烂；同时再察天气之干湿而定夺之，若于清晨或傍晚喷洒清水，最为妥当。日后见土略呈龟裂，乃将土与树根之泥垛盖平或略堆高，使泥垛无积水之患，惟在大雨后或土面坚实时，当加耙松，不特可吸收土面之水分，且可助地气之流动。

第六项 定植后之管理

移植后数月或一年内，切勿施肥，如人之大病初愈，决不可补剂杂投，盖移后之须根全伤，无力吸收养分，而此时为萌发新根最盛之期，惟新根无强大吸收力及抵抗力，若于此时施以肥分，刺激老根，或竟腐烂而夭折；故须俟枝叶长定，渐渐可施淡肥，离苗木稍远处施之，待肥分渗入土中，新根已渐强健，再施浓肥，即不受其害也。

第七项 中耕

畦土之表面，因工作、灌水、降雨之关系，经以相当时日，表土易坚实，对于空气之流通，水分之渗入，皆受阻塞，且园艺作物新根之蔓延生长亦受阻碍，野草杂生，此时当行中耕，使土质疏松，空气供给可充足，土中细菌繁殖因而旺盛，致土中不溶养分，及肥料施用后尚未分解者，得以分解而消溶，以供作物之吸收，故中耕亦为作业中最重要之工作，不可忽略。非但如此，且可除去地面杂草，免除养分之损失；气候旱时，因中耕而可减少水分之蒸发。

中耕之深浅，因土壤之种类，及栽培作物之品种而不一，黏土宜深，沙土宜浅；草本根部之分布较浅者中耕宜浅，深者宜深耕；木本根部之分布较深，且乔木较灌木更深；总之，浅根作物不妨稍浅，根深者宜深耕之。

第八项 灌水

作物体之水分颇多，水分含有之量，因空气之温度、湿度，以及风力而异，因水分时常自作物体内蒸散而出，致体内所含之水分常易消失，消失之水分，须自根部吸收而补充之，若土内湿度充分，环境顺调，水分之蒸散，可自根部之吸收而补充之，双方可维持均

衡。在此环境之下，其生育所需之水，可由其本身解决，不用人工之补充，但环境不能固定，蓄散水分之分量，有时超过根部之供给，当苗木幼嫩时期，则根颇为软弱，非仅叶面部分蒸发水分，且生长发育亦需多量之水分，故只赖自然之供给，常感不足，于是灌水尚已，故灌水在栽培上成为一重要而麻烦之事件。

露天栽培作物与盆栽作物，所需之水量不一：露天栽培者可直接由根部自由吸收土壤中之水分，或因雨量之不充，作物需要水湿，故必赖人工以灌浇之；而盆栽则受人工之限制，灌水之需要，较露地者尤为殷切，因盆中土壤容积狭小，非加水润泽之不可。园艺作物若灌水不足，则易萎凋；过多则土中水分呈饱和状态，空气流动不易，腐败细菌大形活动，根之吸收作用因而停止，即发生腐烂，作物叶片因之变黄而生意消失；同时因灌水太多，地温低落，有碍根部之发育，故灌水工作，似为简单，实际上相当复杂，须适期适量，非有熟练之经验不可。

水质以雨水最佳，因雨水中含有相当之养分，事实上不易多量获得，溪水、河水、池水次之，再次为井水，总之，水宜清洁，不宜含有毒物质，污水中养分虽多，但不适灌浇，因其中含有碱质，且污水中更有腐败之细菌，使作物烂根，但抵抗力强之作物，用污水灌之亦不妨。相传溪水较河水为重，且极清净，灌浇盆栽，最为合宜，惜不能处处得之；河水当潮泛时，水多混浊，质亦较湖水为轻，待淀清而后可浇灌；井水越宿才可灌浇；如灌浇兰、杜鹃及其他名贵花卉，莫如雨水；然天落雨水有阴阳之分，由辰时至酉时谓之阳，戌时起至卯时谓之阴，分而贮之，永不腐臭，且不生孑孓，常保澄清，灌浇盆栽，极为得宜也。

春季为一年中最佳之时期，雨量适中，气候温和，即灌水稍行疏忽，亦无大碍，惟盆栽者仍宜时加注意也。

第九项 施肥

肥料为园艺作物之营养分，俾可生育繁茂，如以人工补足养分于土壤之中，此即所谓施肥，可维持土壤之生产力，促进作物发育茂盛，以达栽培之目的。

（一）肥料之要素

作物所需之养分颇多，有直接供应作物营养者，亦有间接为作物营养料者，其中以氮、磷、钾为作物生长所必要之成分，故称为肥料三要素，且土中存在不多，乃借人工之供给，

而施肥乃欲补给氮、磷、钾三要素，以解其不足，今以三要素对于作物之效用，述之如下：

【甲】氮　氮是构成蛋白质之必要元素，亦为作物生长之主要因子，能使作物生长旺盛而迅速，叶色浓绿，果实肥大，故如施用过量，则作物徒长枝叶，迟缓开花，减少结果；但在幼树之发育生长，老树之更新时期，则需氮量更为殷切，故氮又称叶肥，能促进茎叶之茂盛也。

【乙】磷　磷能增进幼芽幼根之生长，故在种子发芽时，需磷最多，可提早作物之成熟期，充实种子，增加收量，使果实甘美，花色艳丽，增进病虫害之抵抗力，故磷又称果肥，能提早作物之结实，并增进果实之风味也。

【丙】钾　钾能促进作物发育之健全，凡绿色部分，均有钾质之存在，故充实作物之组织，坚强枝干，更使果实肥大，品质上进，并能蓄积养分，使养分集贮于地下部分，故钾又称为根肥，能肥大地下部分也。

（二）肥料之种类

肥料之种类极为复杂，自效力上分，有速效及迟效；自性质上分，有直接与间接；自成分上分，有氮质、磷质、钾质；自来源上分，有天然肥料与人造肥料；由原料之性质上分，有动物质、植物质、矿物质及杂质，由是观之，肥料之种类颇为复杂，但通常所用者如下：

【甲】人粪溺　我国自古以来，向以人粪溺为使用最多之自给肥料；盖因我国农业情形与欧美不同，欧美之畜产事业及人造肥料大为发达，故人粪溺处于不重要之地位；反观我国之畜产及工业，尚在萌芽时期，且化学之人造肥料，价格高昂，施用时须有科学之知识与合理之方法，始克奏效，否则，非但不得其利，而反受其害。

人粪溺新鲜者，不能使用，因其含有作物所不能吸收之物质，使土中水分之浓度增加，作物即受其害而夭折，故须待以发酵腐败后，始可施用；然发酵时，若贮藏不得法，肥分极易散失，减少功效，故贮藏处以阴凉不通风、树林中或房屋之北侧为最佳，贮藏器之上宜用盖紧闭之；并宜于腊月中行之，俗呼腊粪，入春施用，其效最大；若于去冬未及准备者，则于春季亦可行之，经二三星期之发酵，始可供用。

人粪溺为速效性肥料，故可用作追肥，惟春季不宜多量施用，因此时作物发育所需之肥料，而以缓和性者为妥，故宜施迟效性之肥料，尤以苗木新经移植，而尚未发芽或发芽未强者，即为根部吸收力未臻旺盛之征，肥料以不施为宜。若一时不慎而施之，则新芽必

全行焦枯，大受其害矣。

【乙】厩肥　厩肥为家畜之排泄物以及蓐草、草木灰等之混合物，故除含有肥料之三要素外，富含有机质，其成分较人粪溺为充分，故不论何种土质、作物及环境，皆可施用之，厩肥通常可分为牛粪、马粪、羊粪及猪粪四种，各有利弊，今一一述之于下：

〔子〕牛粪　牛为反刍动物，咀嚼极细，粪质致密，凡马羊不能消化之物质而牛能之，且牛饮水极多，粪中水分亦多，更因致密，故空气不易流通，发酵缓慢，故称为冷性肥料，宜用于轻松土及砂质土，且分解迟缓，故作物能徐徐吸收之，而作为基肥之用，其肥效可达一年以上，为长期性之肥料。

〔丑〕马粪　马多食草料，且咀嚼迅速，消化程度不能充分，是故粪中多空隙，空气易流通，发酵容易，分解颇速，故称热性肥料；又因分解速，发热亦多，用为温床最佳之发热材料，而阴湿黏重之地亦宜用之，可改良土质，使黏重土变为轻松，阴湿土变成干润，吾人常用之。

〔寅〕羊粪　含有水分较少，故肥分浓厚，粪质致密，空气接触部分亦多，故较牛粪分解为速，而较马粪为次，介乎两者之间，若冷湿而肥效不足之地，最为适用。

〔卯〕猪粪　猪粪之成分，因其饲料而异，饲料佳者，则粪质亦佳；如喂以残弃物，则其粪质低劣；如食豆粕、米糠、麸皮等，则其粪质浓厚，惟猪饮水甚多，故粪较稀薄，分解迟缓，而较牛粪为快也。

厩肥亦须发酵后，始能应用。发酵宜择一阴凉不通风之处，而以堆积屋中为佳。底面先平铺厩肥一层，宽约五六尺，高一尺许，浇以人粪溺，促其发酵，用力压紧；再加一层，浇以人粪溺，如是堆至四五层，经二星期后，发热甚高，当行第一次之翻动，可使内外混合；三四星期后，再翻一次，经四五次，厩肥已充分腐熟，可供施用；若于春夏堆积者，待秋冬施用；秋冬堆积者，则翌年春夏时可用矣。

厩肥施用时，不可仅取所堆之上层，应自堆积侧方之上下层，同时取用而混合之，如有固块，当打碎之，即可洒布畦上，与土混合，耕入五六寸，不宜过深，乃防其分解迟缓，然轻松土耕入可较深，黏重土则宜浅也。

【丙】油粕　油粕为植物种子，榨出油后而所剩之渣滓，如豆粕、菜粕、棉子粕、芝麻粕、茶子粕等，此均为我国农家最重要之肥料，尤以豆粕居其首；但以棉子粕及芝麻粕所含肥料三要素较为完全；茶子粕且有杀死地蚕之效。此种油粕类肥料，除供肥分外，更能使土质轻松，故有改良土质之效用也；若能以豆粕等先作为家畜之饲料，再取其排泄物

作为肥料，当更为佳妙；若直接使用，当先加以粉碎，以污水浸之，促其发酵，取其澄清之汁液，加水十倍使之稀薄，则有追肥之作用；若于春初以其粉屑洒布土面，则分解缓慢，仅作为基肥之用也。

【丁】绿肥　当地上生长之豆科植物或非豆科植物，生长发育最茂盛时，耕入土中，作为肥料，能增加土中之氮素，可改良土壤之性质。此适合作物之生长，而于果树栽培中常用斯法，因中耕、除草、施肥之作业，常感繁忙，故在果树间之空地上，种植豆类，则野草不生，减少土壤水分之蒸发。当豆类未达开花之前，此时所含之养分，极为丰富，乃将其连茎带叶，全部耕入土中，可增肥分，以供果树之吸收，此乃由于豆科植物之根部生有根瘤菌，能吸收空气中之氮，此为其他植物所不及者。若瘦瘠之地，不能栽种豆科植物时，则以非豆科植物代之，加芸苔、燕麦、荞麦等，因其抵抗力颇强，不肥之地，亦能生长，其中以芸苔（俗呼油菜）最佳，因其直根深入土中，使土质疏松，且生长期较短，最为合用。惟绿肥分解时多酸性，宜用适量之石灰，中和酸性。其他如落叶、青草、苔藓、浮萍等，无一不可利用，但须堆积发酵后施用，其法先掘一深坑，四壁涂以河泥，使发酵后之汁液不致渗流，即将落叶等层层堆积之，浇以人粪溺，促其腐败，经三四月，即可利用，惟腐熟之时期愈久愈佳，否则肥效过烈，反有害作物。施用绿肥，最为经济，惜农家多不知利用，良可惋惜也。

【戊】骨粉　以动物骨骼磨碎成粉末，即称之为骨粉，含有丰富之磷质。骨粉之制法颇多，其中以焖蒸骨粉肥分最富，其法：地铺砻糠五寸，上以干柴竖搭成架，其上以骨层层倚之，即将砻糠着火，烧及干柴，其上罩以七石大缸，使缸中略有微火，而后焖煨之，经过一夜，骨已煨成黑色而发光润，酷似刚炭，击之有响声，磨碎即成骨粉。骨粉之施用于果园中者，最为相宜，因果树之结实，欲求其硕大，风味甘美，全赖磷质也。

【己】鱼腥肥　鱼腥肥乃利用鱼肠、蟛蜞，以及其他废弃之鱼腥物，分别捣碎而藏于大铁桶中，任其充分腐烂即成。此种肥液，富有磷、钾、铁等质，最合花木等之施用。铁桶宜埋于泥中，仅露其口，以螃蟹略加捣碎，置入桶中，注以清水，上以盖紧闭之，当发酵隆起时，用木棒打淘其液，初呈黑色，腥臭触鼻，一年后污质沉淀，上汁澄清，宛如清水，取其一二份，加水八九份而施之。此肥液宜施于果树及盆栽花卉类，而以草花为最，施后花色浓艳，酷似堆绒，疑非人间所有也。

【庚】羽毛汁肥　岁聿云暮，农家辄有杀鸡烹禽之举，而焊毛之汤汁，大可利用之，因其富有磷钾之肥分，其调制法与鱼腥肥法同。

【辛】蚕粪　春日既过，田事稍闲，农家养蚕，以补收入，而蚕所泄出之粪粒，俗呼蚕沙，亦可利用。蚕粪当向农家收购之，于江浙一带，得大量购买，盖育蚕者多也；惟农家向以自给自足为旨，难以购得，但可向养蚕场承包。蚕粪中宜筛除残余之桑叶，将蚕粪晒干而贮藏。当需要时，取而施用之；若加以发酵后施用亦可。

【壬】蚕蛹　蚕蛹为剥茧后之废物，然其富有氮素，且效能迅速，大可利用。可向大丝厂中承包，晒干后磨成细粉。洒布土中，上覆以土，以防雨水之冲散而流失也。

【癸】坑沙　坑沙乃粪坑经年悠久后而生成之物也。乃因坑壁经粪溺之堆积，而日形加厚，年久其质变固，可刮下而利用；厥肥极大，有利无弊，当成块刮下之坑沙，常用清水浸之，冬日宜用温水，而春夏以冷水浸之，经一昼夜，水质变赤，可取而肥地，并将成块之坑沙加以晒干，即可利用之；惟坑沙极为名贵，故多用于盆栽，其法以坑沙覆于盆面，待其雨打日晒，肥分自能渗下，经历三月，厥形略小，可取去而再行晒干，以备他盆之需用。

以上十种肥料，为予所常备而施用者，其他各种肥料，名目繁多，如鸡粪、血粉、米糠以及各种人造肥料等，当因地制宜，随机应变，若大量施用，而以营利为目的者，当以经济为原则；若施用少数而以陶冶身心为本旨者，则不妨取其肥效显著，不计所费之多寡可也。

【附】堆肥　亦称混合肥料，乃将各种废物加以堆积，腐烂后而成一种肥料。其原料即不论各种动物质、植物质与矿物质等，皆可堆积，故废弃之蒿秆、杂草、尘芥、落叶、草木灰、垃圾、鱼介、废弃之磷骨、肠腑，以及家畜家禽之粪尿等，皆可利用之，如将废弃之物直接使用，则不易分解，而作物非但难以吸收，且属有害，故堆积后，令其腐烂，使不易之分解物加以分解，使无用之物变为有用，使有害之物变为有益，此乃为废物利用之一法，且富有肥分，任何作物及土壤，均属需要，故为最宝贵之自给肥料也。

堆肥之堆制法，可择一北面之阴地，掘一坑，其大小视堆制材料之多寡而定，乃将各种废物混杂堆积，厚约一尺许，灌注人粪溺或污水等，促其腐烂发酵，若材料众多，可隆出地面，宜加压力，以防塌崩；堆毕后，顶留凹形，时时可加注污水等液体，四周覆以草席，以防雨水之冲击；数日后，已发热度，经一月后，应加以上下翻动，此种施行，极费人工，但欲求腐烂均匀，当择园事稍闲之时，命园丁任之；如是经一年半载，即可取其充分腐熟者而应用之，或与土混合而成培养土，极合盆栽之用；或与畦土混合而栽苗木；则日后花木之繁荣，当可指日而待也。

（三）肥料之成分

肥料所含之成分，因各种肥料而异，今将上述各种肥料之成分，分析如下，以供施用时之参考：

肥料名称	氮素（百分中之含量）	磷质（百分中之含量）	钾质（百分中之含量）
人粪溺（腐熟）	〇・五七	〇・一三	〇・二七
人粪（腐熟）	一・〇三	〇・三六	〇・三四
人溺（腐熟）	〇・五〇	〇・〇五	〇・二一
厩肥	〇・五八	〇・三〇	〇・五〇
牛粪	〇・二九	〇・一七	〇・一〇
牛尿	〇・六〇	微量	一・四〇
马粪	〇・四四	〇・三二	〇・三五
马尿	一・五〇	微量	一・六〇
猪粪	〇・六五	〇・二五	〇・三〇
猪尿	〇・三〇	〇・一三	〇・七〇
羊粪	〇・六〇	〇・三〇	〇・一五
羊尿	一・九〇	微量	二・三〇
豆粕	六・七〇	一・五〇	二・二〇
菜粕	五・一〇	二・六〇	一・五〇
棉粕	六・二一	三・〇五	一・二八
花生粕	七・五六	一・三七	一・五〇
芝麻粕	五・八六	三・二七	一・四五
绿肥大豆（新鲜）	〇・六〇	〇・〇八	一・〇七
绿肥大豆（晒干）	二・七〇	〇・三七	三・二〇
绿肥蚕豆（新鲜）	〇・五五	〇・一二	〇・四五
绿肥蚕豆（晒干）	二・七〇	〇・六〇	二・〇〇
紫云英（新鲜）	〇・三〇	〇・〇七	〇・二五

紫云英（晒干）	二・六〇	〇・六〇	二・〇〇
野草（新鲜）	〇・五四	〇・一五	〇・四六
野草（晒干）	一・五五	〇・四一	一・三三
苜蓿（新鲜）	〇・七三	〇・一一	〇・三七
苜蓿（晒干）	二・三三	〇・四四	一・六八
骨粉	三・八〇	二三・二〇	〇・二〇
鱼腥物	七・七〇	六・六〇	〇・五〇
羽毛类	六・〇——一二・〇	一・〇——二・〇	无
蚕粪（新鲜）	一・四四	〇・二五	〇・一一
蚕粪（晒干）	二・七五	〇・八〇	〇・一三
蚕蛹（新鲜）	一・九〇	〇・二〇	〇・一〇
蚕蛹（晒干）	七・四七	〇・九八	〇・四五
堆肥（腐熟）	〇・五八	〇・三〇	〇・五〇

（四）肥料之施用

施肥之目的，乃在补给土中肥分之不足，而供给作物根部之吸收，以达欣欣向荣，但作物所需肥分之多少及时期均无一定，我人当察其需要与否，而决定之，且乡人与园丁墨守陈法，而对于肥料之三要素，莫明其妙，故肥料之施用，不得其时，不得其法，受害非浅。

施肥大别之有基肥与追肥是也。基肥即于作物栽植前，或栽植时，所施用之肥料，此种肥料大都为迟效性，分解缓慢，通常于每年冬季行之，故其施法详见于冬之一节中。追肥即在作物生育期中所施之肥料，补给在生育中所需之养分，故为促进作物繁荣之原动力，此种肥料大都为速效性，如人粪溺等，通常于春夏二期中施行之，故今以追肥之施用法，述之于下：

追肥施入宜于土质干燥而日晴之时行之，若于降雨前施之，肥分随雨水而流失，殊为不利；若雨后土质潮湿时，亦不宜施用，因土质潮湿时，施以追肥，非但稀释肥分，且此时根之吸收力，亦极薄弱，故肥分损失殊多；追肥施用时，不可触及茎叶，否则有焦叶之虞。施用时，宜加稀释，切勿存有肥液愈浓，厥效愈大之观念，若浓度过大，遂影响根毛之吸

收，且有刺激之作用，根即行腐烂，作物往往有萎凋而死者；施肥时，切勿过近作物之茎干，因肥分之吸收，全赖根毛，故宜离茎干一二尺处开沟，或掘穴等方式而施之，待施毕，即宜覆土，以免氮素之发散也。苗木移植后，尚未发芽生根或发芽不强者，即为根部仍未有充分吸收力之明证，此时肥料以不施为妥，否则有诸害而无一利也。花卉与蔬菜，施之亦无碍。总之，作物之施肥，犹似人之饮食，渴则饮之，饥则食之；饮不可过度，食不可过饱；否则作物之生长，似极茂盛，然多徒长枝叶，柔弱无能，易为风雨吹倒，当达收获之时，既所得寥寥，或且果实多为空虚者，此均为施肥不得其时，不得其法之故也。故农谚有云："大禾难种，高亲难攀。"此语颇有深意也。

总之，春季为一年中园艺作业之起始，亦为一切园艺作物荣华之初期，然九十韶光，瞬即逝去，我人当充分利用良机，而努力从事之，始有完美之收获也。

第二节 夏

春光烂漫，风暖日煦，千红斗艳，万紫竞芳，芳菲一片，洋洋大观也。奈韶华易老，瞬息即逝，百花在风风雨雨之中摧残殆尽，徒令爱花者之伤感嗟叹也。

时序循环，春去夏至，蝉鸣柳梢，蛙噪池塘；炎日当空，烈焰炙地；园艺作物受彼骄阳之虐，赵盾之威，无不焦其叶，垂其枝，憔悴萎靡，莫可名状。然宇宙间之一切园艺作物，并非皆现此狼狈之状，可怜之色，反有生长蓬勃而繁荣者，有作花清艳而馥郁者，有发叶苍翠而蓊郁者，不可一概而论也。

夏季之园艺作业，因气候之干湿无定，温度之升降不一，病虫害之猖獗与否，施行之程度亦有差异，此全赖从事于此者之着意也。

第一项 灌水

灌水一事，为盛夏最感繁忙之作业，因夏中日烈，风力亦强，久晴不雨，漫天无云，致土中所有水分，蒸发几尽竭，土面即行龟圻，然水分为一切作物均感需要之物质，若一感缺之，枝叶凋垂，此时则需用人工灌水，以补给水分之不足矣！

（一）灌水之温度　栽培地之气温与土壤之温度，多少有异，然气温高者，地温亦高，

故成一正比例；但灌溉水之温度，不宜与地温相差过大，因水温过高或过低者，均足刺激根部，对于根部蒙有不利。故在露天栽培之作物，在暮春初夏之间，气温尚适中，则直接用井水或自来水灌溉，亦无不可；若在盛夏天气，温度将近百度，直接用井水灌溉，则两者温度之相差极大，甚不相宜，当于灌溉之前，稍行积蓄若干，使水温略能升高，再行灌溉，俾可减少弊害，但此仅限于小规模栽培者，而如本场地广三百亩许，行以大规模之栽培，若依此法行之，当非所宜，则可改用河水，因其水温当较井水为高，并利用戽水机器，从事灌溉，亦感难以周到；若只利用人力，则更费时费力，所得之效果亦极微渺，故地栽者平时不常灌水，须待至极度干燥时，始用机器戽水以灌之。

（二）灌水之数量　露天作物，所需灌水量，因种种情形，如雨量之多少，地下水位之高低，土质之黏松，气候之干湿，以及园艺作物之种类，及栽培之情形而异，若雨量少而气候干燥，水量需多；但在冬天休眠时，即使雨量稀少，灌水亦不求多；若地下水位低者，土壤易干，灌水量当然增加；若为轻松土质，排水便利，灌水亦宜充分；反之，如土质黏重，蓄水力强，灌水宜少；若气候湿润，水分蒸发量小，灌水亦以少为宜；此均为环境之影响。且园艺作物有木本与草本之别，灌水量亦不一，凡木本者，根部之分布深入土层，不易受旱害，灌水当少，故果树即使在夏季亦无须时常灌水；若为干燥土质，于结果之初期，稍灌以水，亦无不可；凡草本者，根之分布较浅，需水当多；更有抗旱力强之品种，灌水宜少；反之宜多；若定植已有多年之木本树木，其根须之分布既已扩大，即遭天旱，亦不需灌水；如为当年移植之苗木，则视天旱之程度，而行灌水也。总之，灌水有三制宜，即因地制宜，因时制宜，因物制宜是也。

（三）灌水之方法　灌水之法有三。

【甲】地表灌水　即以粪桶、喷壶、水车或橡皮管，用人力、畜力或机械力，并有借用风力或水力，作为发动力。此法于水量上，最不经济，大部分消耗于地面之蒸发，因地表并非为作物需水之部分，须水能渗透而蓄入土中，始可供作物之吸收而奏效也，然此法最为方便，惟须注意灌水时，慎勿将土冲洗，而宜徐徐浇灌；如在初移植后，浇水不可直冲，甚至冲动苗木，有碍其生育；若土面固结，空气阻塞，则土壤必含相当之水湿，灌水当少；若浇灌幼苗，水温与地温相差过大，更为禁忌，当用细孔喷壶徐徐浇喷，不可直冲幼苗本体，若见有幼苗因移植而萎垂者，则除根部充分灌水外，再以细孔喷壶，喷洒枝叶，

以补水分。

【乙】叶面灌水　如气候过旱，凡喜阴湿之作物，不仅根部需灌水之外，于叶面亦宜喷洒，以保湿润，惟用水须清洁，勿杂污泥，因叶面喷洒污水，水分即行蒸发，而污斑存留叶面，非但有碍观瞻，且有闭塞叶片气孔致叶呈焦枯之弊，此则当加注意者也。

【丙】地下灌水　此为理想之灌水法，现今欧美各国因科学发达，器械日精，已有利用此法者，惟我国因限于财力，尚未实行。其法在栽培地底下，预先埋置陶管，平时管中不注水，待气候干燥时，以水导入管中，陶器之一端布有细孔，可使水渗入土中，以供根部之吸收。故水分在土地之表面蒸发而损失者极少，然设备上之费用颇巨。

第二项　施肥

夏季实非施肥之季节，犹如我人在此炎夏天气，不宜进食补剂也，故即使见有地栽之树本，生长不盛而作萎靡之态者，肥料切不可施用；若施之，不但不见其效，且有夭折之虞；若果树施用肥料，则易致落果；如发育健全者，施以浓肥，则枝条徒长，瘦弱无力，叶色转黄而脱落，反足促成其衰老；若气候日干，土面龟坼，土中水分全行蒸散，土粒之蓄水力亦消失，此时可用陈宿之人粪溺二份，加水八份而浇之，可增土粒之保水力，免受旱害，且对于作物之生长，亦无妨碍也。若为盆栽，如月季、菊花等，可施以追肥，惟浓度从淡耳。

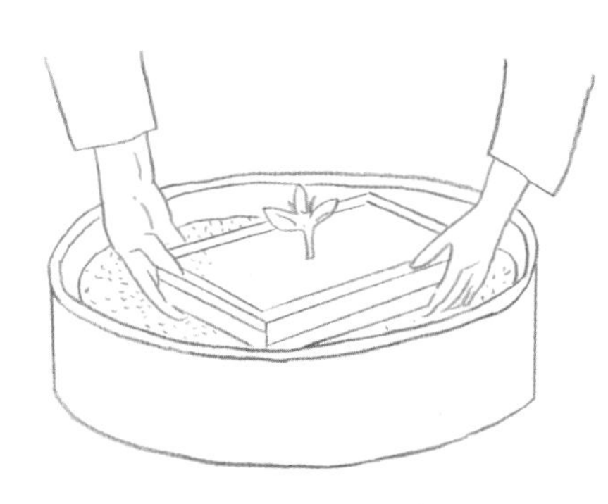

播细小种子或植幼苗于盆内时之地下灌水法

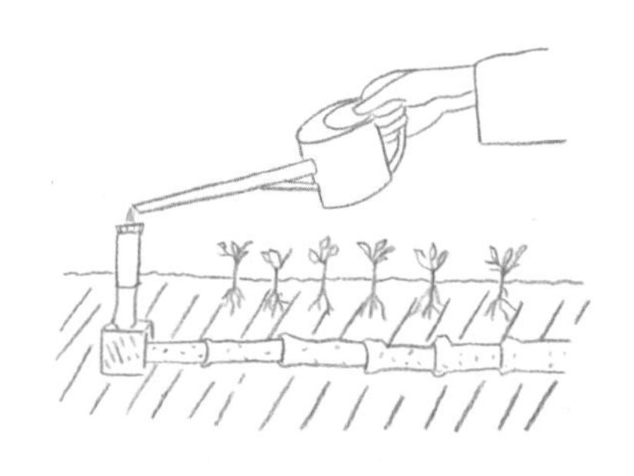

埋置陶管于苗床之地下灌水法

盆栽植物之地下灌水法

◇ 地下灌水法

第三项　中耕

作物栽种后，株间之土壤，日渐因雨水之冲击及园丁之践踏而固结，妨碍空气之流通，杂草亦蔓生，掠夺土中养分，致有碍作物之生长，故宜常行耕锄，令土松软，铲除杂草，此种作业称之为中耕，列为夏季主要作业之一也。

（一）中耕之利有六，今述之于下：

【甲】中耕可令土壤膨松，空气与水分容易流通。

【乙】土壤膨松后，可增调土中温度，且易吸收日光与空气之温热。

【丙】土壤经耕锄后，空气水分既易流通，土温调和，亦可促进土中养料之分解，且助彼根须之生长。

【丁】表土既经膨松，变成松土，下层水分不致蒸发，能防旱害。

【戊】土壤耕锄后，可增加水分及养料之吸收力及保蓄力，故能吸收空气中之养分，并防止土中养分之流失。

【己】中耕后能去除地面杂草。

（二）中耕之法　施行中耕，须择一和暖晴明之日行之，若雨后中耕，土壤潮湿，反易凝结，阻碍根之蔓生；且当杂草初生时，即宜中耕。中耕施行过深，损伤作物，且延迟果实之成熟作用，故果树施行中耕时，以浅为宜，以能耙除野草为度；幼小作物行中耕时，亦宜浅，乃防摇动作物，待稍成长后，即使中耕时根受损伤，亦无妨害，反可刺激根之再生力，而促进新根之萌发。

第四项　修剪

修剪亦为夏季作业之一，乃为调整作物之发育作用，防止其徒长，而于果树方面用之最多，俾可维持果树一定之树形，调节其结果作用，其利颇着；可使果实肥大，品质转优，避免来年结果之患，延长树龄，更可节省园地及劳力，俾日光照射畅透，空气流通，而能防止病虫害之发生，故修剪一事，不可轻视之也。

（一）修剪之利益　修剪通常于每年冬季行之，而不知夏季亦可施行，且果树在夏季之修剪尤为重要，因果树在此时发育特强，枝叶繁茂，生长之势力极为旺盛，若不加抑制，

任其生长，则强枝矗立，土中根部亦生强根，少茁须根，致养分汇集强枝中，影响结果枝之发育，且有萎缩而死者，即使不死，则来年亦难以结实，因养分均为强枝所耗损也。

（二）修剪之方式　夏季修剪，有下列数种之作业，今分述于下：

【甲】疏枝　待至夏季，各种作物之枝叶均已见茂盛，惟不见留有枯枝，且此时检查极易，宜于剪除；若枝叶过于茂密，相互交错，致日光与空气均感不畅，病虫害之发生此其时矣，故择其过弱丫枝或过密之枝叶，当剪除之，务使各枝不相接触，则阳光之透射，面面俱到，空气之流通，畅行无阻焉。

【乙】摘心　当新枝之梢，尚未木质老化时，将其先端摘断，俾抑制其徒长，充实枝条之养分，若行于已结果之枝上，可使果实肥大。

【丙】剪梢　若新枝业已老化，可将新梢剪除其一部分或全部剪去；若特强之枝条施行之，并有通气之效。

【丁】除芽　若枝上无用之芽，须从速摘除，以省养分。

【戊】摘叶　叶片过密之处，致阻碍果实之生长或遮蔽日光之照射，当可将叶片摘除，则果实成熟时之色泽更为美艳，日照与通气亦可充分也。

第五项　疏果

疏果乃专指果树而言，凡在初夏结实之果树，宜加注意之。若结实满树，而不加摘疏，则果形小而味不佳，且来年必不结实，盖因果树平时所含蓄之养分，全于本年中耗尽，翌年当感养分之缺乏，而呈虚损之象，不再结实，待养分吸收饱满后，始能再结果，故本年结实丰满，当由人工加以调节之，则可避免来年不结实之弊。当花后果已形成，此时可行第一次摘果，每一结果枝留以三四枚，以防日后之落果；再经一二月，可行第二次摘果，每枝留一二已足，或视果枝之强弱程度而定，但摘果之时期，亦因果树之种类，而有差异也。

夏季之作业，殊为繁忙，除上述之五项外，其他尚有病虫害之预防及杀灭，亦需加以密切之注意，因病害与虫害非夏季所仅有，一年四季中，每日每时，均足以致害，惟在夏季繁殖更为猖獗，故更宜注视之，其法详述于后。

总之，夏季实为一年中园艺作物最感困苦之时期；阳光在熏蒸，病虫在袭击，泥土在炙烧，故一般从事园艺者，一交立夏之后，须悉心倍加保护，作适当之栽培，以渡此炎暑之难关；若欲冀求秋收之丰满，则夏季作业之成绩如何，可以预决也。

第三节 秋

天高气爽，凉风飒然。夏蝉嘶哑，渐行匿迹；秋虫竞唱，鸣其不平；则又是一番新气象矣！

秋气肃杀，万物陵替，加之凄风苦雨，连绵不已，于是花草树木，悉呈萧条之状，而黄叶纷纷，狼藉满地，观此一片景色，不觉怅然而有所感触；然时序递进，新陈代谢，此为自然之势，非人力所能挽回者也。幸也东篱黄菊，自赏孤芳，微风偶拂，清香徐来，虽疲骨支离，而具有傲气，可御寒霜，摇曳于风雨之中，足以点缀此萧瑟之秋光也。

秋季之园事，并非因作物之衰老而空闲，其实反有繁忙而不及一一完成之势，如种实之采收、贮藏、繁殖、灌水、施肥、中耕及落叶之利用等，均属秋季作业范围以内，故今一一述之于下：

第一项 种实之采收

作物以秋实者居多，而种实之收取，须精密审慎，盖种实之优劣，对于作物之生长及收获之关系，至为巨大；惜种实之采收，尚未为人重视，辄草率从事，不加精辨，致有误来年之收成，其损失难以计数也。种实之采收，首在母本之选择，若有优秀之母本，则必有优秀之种实，诚所谓："有其父必有其子"，自得克绍箕裘也。农谚又谓："种菜须好秧，择女须择娘。"语意深长，选择种实，岂可忽乎？

（一）优秀母本之条件　母本如具备下列四种优秀之条件，则其种实亦必有此特性：

【甲】发育充实且强健者。

【乙】种实成熟适中者。

【丙】具备该品种之优秀特征者。

【丁】具有强大之病虫害抵抗力者。

（二）种实采收之方法　作物之种类繁多，且形状不一，采收之方法遂亦有殊，今分述如下：

【甲】果树　一般果树之繁殖，多行嫁接法，惟行嫁接时，须有砧木，而养成砧木，则赖果实之播种，如桃、梅、枇杷、核桃等，均采收果实中之种子，以供养成砧木之用；其

法当待果实充分成熟之后，采下，去其皮肉，将核用小刀切开，取其种子，惟切剖时，切忌损伤种子，否则子叶难以发育也；故今多不用此法，而将采下之果实埋置于土穴中，待其果肉自行腐烂，取出洗净，阴干后贮藏之。

【乙】树木　凡一般树木，须行播实而繁殖者，亦采收其种子，种子之状虽多，惟须待其十分成熟后，始可采收，阴干而贮藏之；若可不行播实而繁殖之树木，则不必行此法，因播实之法终较他法为迟缓也。

（三）交配法　优秀之种实，须具有该品种之优秀特征，然在种实之外形，难以识别，故欲得优秀之种实，或新奇之品种，须于开花时自行人工之调节，此即花粉交配法也。其法以同种之作物，行以人工之交配，如是可得奇种异品，惟行交配之手续，较为困难，手术须熟练；器具须完备，如剪子、刀子、镊子、毛笔、纸袋等；时期亦须适当；若注意此三点，则未有不成功者。行此手续时，当于花蕊将成熟而尚未开放之先，通常在上午九时前，或下午四时后，用剪或刀慎将雄蕊剪去，切勿伤及雌蕊，雄蕊之花粉亦不可沾着雌蕊之柱头上，然后用洁净之毛笔，取所欲交配之父本之花粉，置于母本之柱头上，因其上有黏液，极易黏着，于是取一玻璃纸袋罩之，防其再与其他花粉杂行交配。迨日后将纸袋裂开视之，如已结实，即可取去，人工交配之手续至此已告完成。结实须留其最强者，弱小者摘去之，以免耗损养分。故于交配前，须择其花大而强者行之，但花与实究宜留存若干，则不能一概而定，若桃、梨、杏，则于一尺长之枝上，可交配花二三朵，果实则留一枝；若杜鹃之果实仅留一枚；兰、菊以一茎一果为良，交配时，若雄花红色，雌花白色，则经交配后所得种子播入土中之苗木，则来年所开之花为红色，或粉红色，或红白混杂色，其果亦异样，如是可得一新种矣。

第二项　种实之贮藏

种实采收后，待其皮肉腐烂，取出种子，用水洗净，含有多量之水湿，不可即行贮藏，否则种子易发霉，而有碍其发芽力，故须置于通风之处阴干，切勿直晒于日光，尤不宜于烈日下晒之，因烈日之光颇为强烈，种子中所含之水分，全行晒干，发芽能力亦因而消失矣。于通风处置一周，如已充分干燥，始可贮藏，或于本季中直接播种亦可；若欲贮藏之，则将阴干之种子，置于清洁之玻璃瓶，或香烟罐中，其中略置包有石灰之小纸包，加盖密封，不宜泄气，盖欲防止水分之侵入，石灰乃有吸收水分之作用也；倘容器中有水分，种

子之表面必潮湿，如是易于诱致腐败细菌之侵人，种子即行腐烂，破坏生机，减弱其发芽力，而有夭折之虞矣。容器之外须标明种子之名称，则翌年播种大为方便。然果树种实之贮藏，须含有湿气，故以种子层层与细砂相混（此细砂须淡水中者，若为咸潮者，则不合用，因其含有咸分，有碍种子之生机也），置于木箱中，干燥时，宜加以适量之润泽，或开穴而埋藏之，因地制宜可也。

第三项 本季之繁殖

本季之气温亦颇适中，与春相若，故亦可行繁殖也。

（一）播种　有若干种之园艺作物，可于本季中播种，惟耐寒力弱者，宜播于凉床或温床中，故一待立秋之后，事先须将温床等御寒设备，加以检视，是否有损坏，亟宜修葺也；播种之法大致与春季相同。

（二）分株　落叶作物入秋后，叶即凋落而入眠，此时可掘起而分栽他处。

（三）扦插　常绿作物入秋后，枝叶已长定，即可剪而扦插之，夏季或黄梅期中亦可行之；落叶作物可将枝剪下，埋入土中，以待来春扦插也。

（四）压条　此法最为稳妥，一年中任何一季均可行之，惟生根较为迟缓也。

（五）嫁接　嫁接中之枝接，概行于早春，而芽接则宜于本季秋分时行之；芽接即以一芽接于砧木之上，其法如下：

【甲】砧木　选择一二年生者，亦有三年生者，干部直径约三分者为宜，如桃为一年生者，柑橘须三年生者，因品种而异；离地面三四寸高处，即为接芽之处，择一表面光滑之部分，行以芽接最佳。

【乙】接芽　以当年生长之新枝，组织充实，发育充分，且无病虫害者，长约一尺左右剪下，去枝条上之叶片，留其叶柄，因叶片之面积大，极易蒸散水分。枝条下端之芽，发育较差，上梢之芽，发育尚未充实，故宜择其中部者，置于有清水之面盆中，不使干燥，上用白布盖覆，不令晒日光，然后以左手取枝条，右手握芽接刀剖削之，普通自上向下，深度以木质部为止，芽之下部最深约二分，如桃、梨等稍浅亦可，而柿宜深，且须连带木质部。接芽长约一寸，其形似盾，然后置入有水之盒内，或置入口中，防其干燥。

【丙】方法　先用芽接刀，在砧木之光滑部分平割一刀，约三分长而深至木质部，复在横线中间再切一刀，约达五六分长而成T字形（其形不一，有十字形、环形、方形等，而以T字形最为普遍），然后用刀柄将交叉处，左右割开，用右手以接芽嵌入，连叶柄亦一并

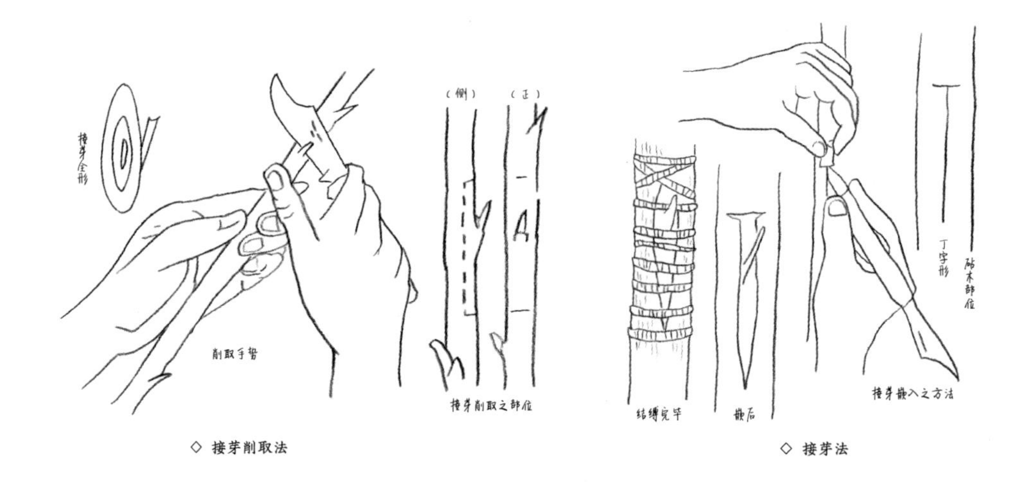

◇ 接芽削取法　　◇ 接芽法

嵌入内部，使双方密合；如表皮与木质部不易分离之砧木，则用小刀嵌入内部，使之分离。接芽嵌入之法，以手取接芽上之叶柄，由T字形上方交叉处，徐徐向下插入，并使接芽之上端，与砧木之皮密切；当接芽嵌入后，如嫌过长，可剪短之，使二边之皮层，全行包裹接芽，然后用湿麻皮或稻草四周包围之，稍稍扎缚，过松过紧，均非所宜，故今有改用橡皮带者，最为便利，取其松紧自如也。

【丁】管理　如是经一周或十日左右，伤口已愈，即可将麻皮去除。凡接芽色泽不变，仍作青色而有润滋之状，叶柄褐色，触之即落，则有接活之望；反之，芽转成褐色或黑色，皱缩而形萎凋，叶柄触之不落，则难有生望矣；如是经过二周，未经接活者，可重接之，此为芽接法之利，故每芽均能接活也。当年可将麻皮解除，但当年内接芽不宜促其生长，务使越冬；落叶性者，待其落叶后，将砧木上部之枝完全剪去，仅留其离接芽上部五六寸处，即行移植，将根剪去其半，当年或来春种入土中，翌年春季接芽发育，接芽以下砧木上所发之新枝完全剪去，接芽上部仅留一新梢，免使接芽上部之枝干枯死，待接芽生长至五六寸时，当用绳紧缚而接近砧木，俾可向上挺生，至来年秋季待新梢已硬化，则当接芽上部之砧木亦剪去，如是新梢之发育更无阻碍也。

芽接法最感困难者，厥在接芽之削取，及砧木之切口，务使双方密合，若非熟练者决难胜任之。近闻欧美有芽接机之发明，即利用此机于接穗上一旋，立即可将接芽削下，复向砧木上一转，可划下一同形大小之切口，接芽即能同时嵌入，双方极为密合；如是手续简捷，且活着颇易，但沪埠尚乏此芽接机之出售也。

第四项 灌水与施肥

园艺作物入秋后，生长之势力日渐衰退，故水分之需要亦不如盛夏时之殷切，一切露地栽培者之灌水，可不必注意，惟施肥之工作稍宜留意也。肥料须待至秋分后，始可施用，浓度亦由稀而加浓，肥效以迟性者为妥，施法亦同也。

第五项 中耕

中耕须时常行之，因一切杂草多以一年生者居多，待至本季均已开花结实，以待来年之繁荣，故地面上时加中耕，连根锄去，则种子不能成熟，而翌年杂草之蔓生必少，当可省却一番除草之手续，故本季中时行中耕，诚有事半功倍之效也。

第六项 落叶之利用

秋深叶落，遭人践踏，如此良物，然少有人加以注意，良可惜也；落叶一物，若能加以利用，不费分文，且富有肥分，一举而两得也。其法：先于阴处掘一大穴，深浅不一，然后以落叶层层埋积穴内，时以人粪溺灌之，时日历久，自能腐烂；择天气干燥时，晒而筛之，即成为一种腐殖土，质松而肥，用以栽植花木，未有不繁荣者，任何盆栽均所适宜。故精明之栽培家，对于园中，未有废弃之一物，均能加以利用也。

其他若虫卵之搜剔，病害之预防，树木之修剪等等，亦列为本季中重要之作业，亦须加以注意者也。

总之，秋季之园艺作业列为一年中紧要之工作；来年作物之荣悴，俱系于本季工作之勤惰也。

第四节 冬

时交隆冬，北风怒吼，彤云垂叶，玉雪霏花，大地变色，景物凄然，百虫蜷伏，悉作冬眠；植物亦大都落叶凋零，虽有常绿树木兀立于严风寒雪之中，然亦未免呈萎靡之态，此皆屈服于寒威下之明征焉。且一切之园艺作物殷勤工作，已历三季之久，当感辛劳，陡现衰飒之状，故一交冬令，莫不生气索然，所希冀者，惟有待阳春之来临而已。然寒冬时节，环境殊常，宇宙间之一切扫除殆尽，自然境界为之一清也。

冬季之园艺作业，虽因草木之休眠，气候之酷寒，似觉闲散；然吾人当利用此酷寒之季节，万木之入眠，百物之消沉，而实行一番淘汰之工作，则所收之效果至为巨大。下列之数项园艺作业，虽不仅限于本季中为之，但于冬季施行，较为适宜，而最有效果也。

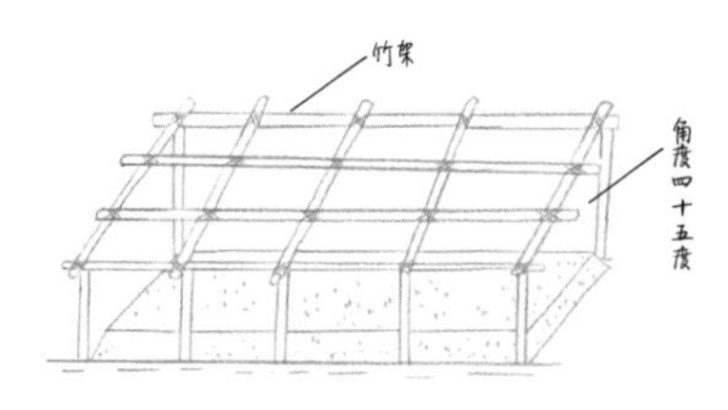

第一项　翻土

翻土虽于年中任何一季均可施行，惟他季所收之效果不及冬季之显着；盖于立冬之初，生物即知寒之将至，而自有各种巧妙之御寒方法：有蜷曲于泥土中者，有产卵后而自身死亡者，有播子入土后而枯萎者，而待阳春之来临，为彼等唯一之期望；吾人若于冬至后，翻起戌块之土，层层平铺地面，任其日晒、冰冻、雪压、霜侵、风刮、雨落，将翻土中所有害虫卵、野草子等，尽行暴露土面，如是卵子等均被冻死，且土块经长期之风化，其质亦变为疏松，由此可以改善，肥料亦可全行分化，且来年病虫害及野草之蔓延，定能减少；若地面如有残物杂章等，亦可覆入土中，腐熟后可增肥分，故冬耕有百利而无一弊，农谚谓：“田要冬耕，儿要亲生。”此言诚然。

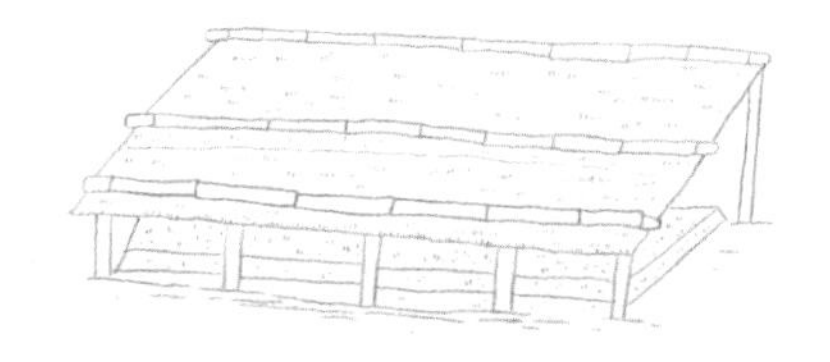
竹架上盖以二重草席，其上下中央用竹条压牢之

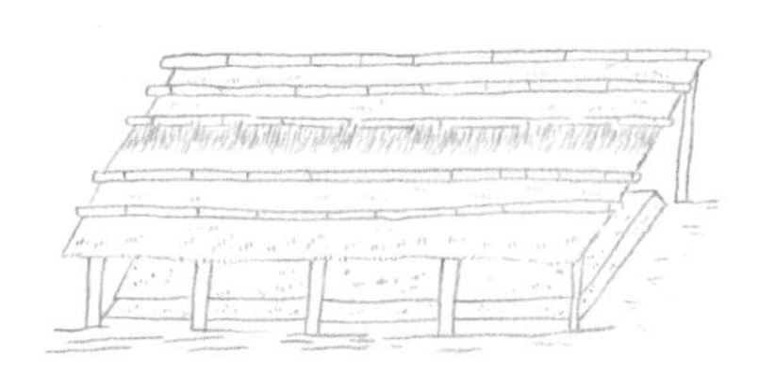
席上盖之以稻草

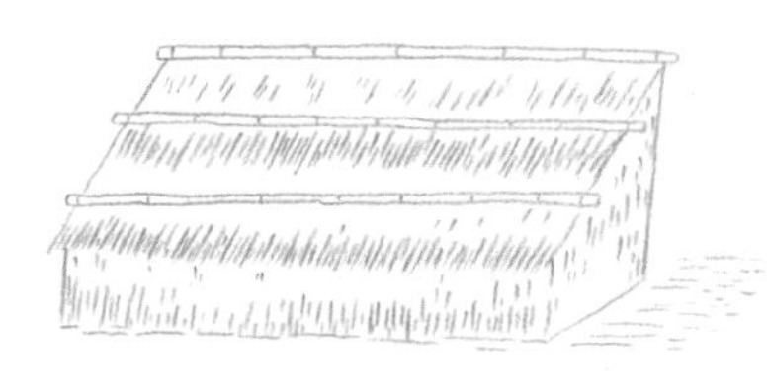
东西与北面围之以席草

第二项　御寒

冬温低微，气候酷寒，令人瑟缩战栗，是则园艺作物岂能例外乎？性强者犹能撑立于朔风冰雪之中，性弱者无不因冻而枯凋；故待立冬以后，将畏寒之作物，用稻草扎缚之，或缚于主干之四周，或连枝带干全部扎缚之，如是可保持其生机，不致

南面之式样

◇ 御寒设备之建造法

冻死矣。如为珍贵之苗木，则宜移置一处；若为盆栽者，则择一向南之处，四周打以竹桩，高无一定，北低南高，顶作斜形，上盖稻草，东西北三周亦以稻草帘箔围之，俾寒气不致直接袭入，而阳光能充分透射，日热可汇聚棚内，不致立即失散，如是可免冰冻，而能安然越冬矣。

第三项 施肥

冬季施肥，以迟效性者为妥，通常以豆粕、菜粕、厩肥等，作为基肥，洒布地面，耕入土中。豆粕等受水湿而发酵，待翌春栽种时，豆粕等业已腐熟；或可于主干之四周，掘一圆穴或作平行浅沟施之；其方式虽异，而目的则一。待翌春树木繁荣时，肥料已腐熟，可供根须之吸收，以补给其肥分也。且腊月中，施肥之数量及浓厚与否，均无多大关系，决不如夏季生长期中施肥过多或过浓，而有虫害及伤肥之弊。欲求经济起见，则醉河泥，大可利用之。此种醉河泥乃自河底挖掘而得者，其中富有肥分，当冬季园事稍闲时，遣园丁二三名，雇一小舟，驶往小河中挖取之。堆积于树干之根旁，任其冰冻而分解成小块，翌春耕入土中，肥效极大，来年枝叶茂密而色泽苍秀异常；吾人当尽量采用，仅需人工若干，而可获得此经济化之肥料也。

当冬至以后，已入腊月，宜大量收集人粪溺，而堆积坑中，此即所谓腊粪是也；肥效最大，性亦温和而不暴，经过一冬，发酵腐熟，均已充分，来春供施用时，肥害可较少也。

第四项 修剪

入冬万木休眠，且园事较闲，此时可令园丁，将无用及强壮之枝条加以修剪；强壮者反要剪除，何也？盖此种枝条名为废枝，或称之为雄枝，徒长枝叶而已。修剪后，一则可整理枝条；二则剪下之枝条，可供燃料；三则可免除暴风吹倒之害；四则易于管理；但于未行修剪之前，须先视察园艺作物之性状，及栽植之地点而定，今分述如下：

（一）果树　果树之修剪极为重要，否则徒长树叶，结果不良，风味低劣。至修剪成之树形，因其栽植之地点而异：若位于风力较为和缓之处，则可剪成半圆形，高可六尺，使人手能及树顶，此乃便于管理，如摘果、捕虫、摘心等，对于枇杷、柑橘等均适此形，且各枝宜疏不宜密，使阳光能充分透射，果实可同时成熟也；若近海而常有风害之处，则宜用坦盆形，高可五尺；若无风害之处，杯形亦可；如有直立之枝条，须加以压平，乃抑制

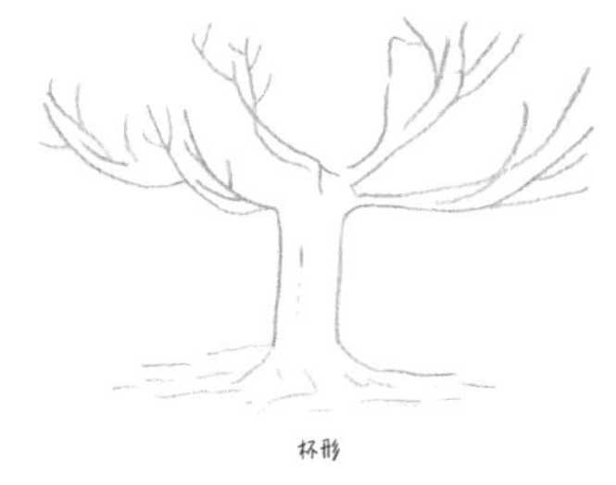

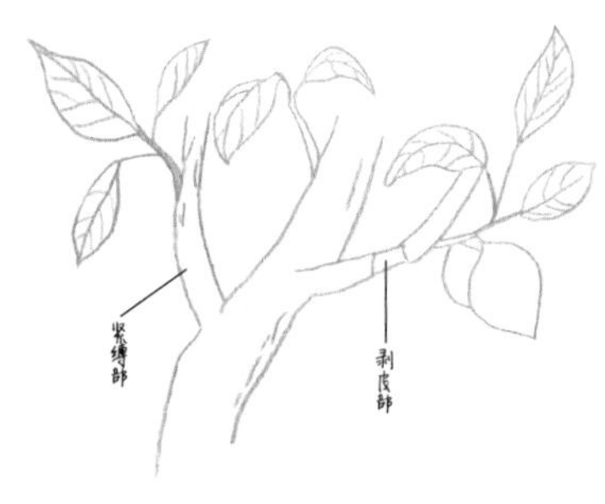

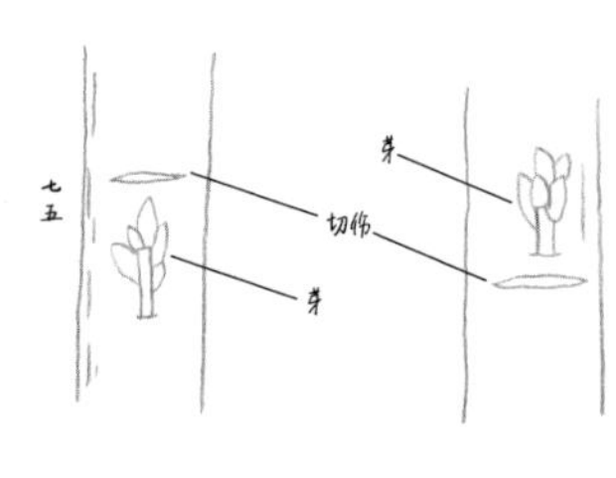

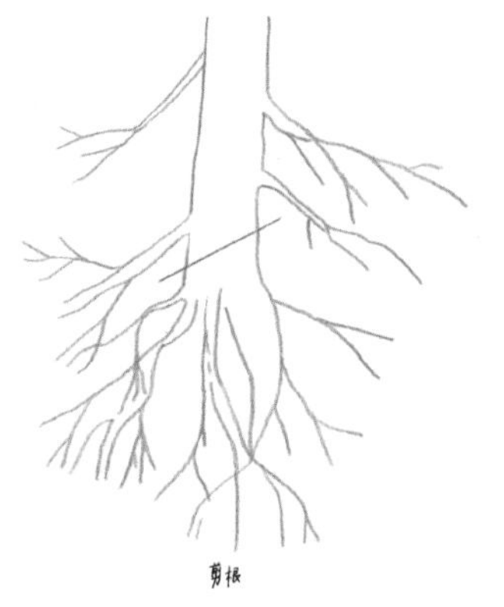

◇ 果树之剪修

其向上发育，而促其花芽之发生也；若发育特强之粗条，难以开花结果，则可将近主干之部分加以创伤，如剥皮、切伤等，使其养液之运送发生阻障，则不致再行旺长，即可促其分生结果枝；或用铅丝将强枝紧缚严束，以阻树液之流通；或将树势过盛而不易结果者，则于本季休眠期中连根掘起，以主根及大根加以剪断，亦可抑制其发育势力也。

（二）观赏木　观赏木之修剪，不必若果树之精密，其形亦无一定，视栽培者之所好而定之；惟以枝条稀疏为宜，因枝叶过密，而为害虫之渊薮，则病虫害之蔓延，更形猖獗，无法收拾焉。

第五项 整枝

整枝多行于果树中，整理果树枝干之生长状态，成一定形状，以适合栽培之目的；因栽培果树，如自然放任，则树干高大，管理不便；或徒长枝叶，结果稀少；或枝条衰弱，组织软弱，生育不匀，致仅一部分有生产，而日光之照射不能通透，空气之流通不良，病虫害不易防除，犹其次焉者；故整枝之目的，乃欲矫整树势，调整树姿，均匀产量，盖整枝为治本之法，而修剪只属治标之道也。

整枝之方法，依树干分枝之长短，可分三级，即长干、中干与短干，惟长干管理不易，故多采用中干及短干，全用人工管理之，其形通常分为二种：

（一）杯状整枝　应用最广，如桃、梅等均用此形。

【甲】第一年冬，将一年生苗木栽地，于一尺半至二尺之处剪断，如栽植距离远，则剪处可稍高。

【乙】第二年春，枝梢旁即发芽而成新枝，择其势力相仿之三枝，作为主枝，与主干成一定之角度开展，当用竹竿固定之。凡枝粗长者，生势强；细短者，则生势弱；当以强枝扎之，抑制其势力；以弱枝扶直，可增强其势，全由人工管理之，此均行之于夏季；入秋，去竹竿；立冬，将三本主枝留一尺半左右，择枝之两侧有芽处剪之。

【丙】第三年春，三本主枝之两侧，各生两本以上之新梢，继续生长至一尺半时，用细竹扎之，使其平均发育，其余发生之新枝，宜酌量摘心。自春至夏，六本第一分枝，随时注意其发育，若位置生长不适，则打木桩，扎以麻绳矫正之。

【丁】第三年冬，六本主梢，留以一尺半，择左右两侧有健全之叶芽作为剪口，主梢上所生之小枝称为侧枝，留长一尺半，向上或向下之侧枝剪去之。

【戊】第四年春，上冬修剪之六本主梢，入春后复发新梢，择其左右分歧者留之，使之发育成第二分枝，维持其左右均匀发育之势力；若有强枝，用绳攀扎，抑制其势，弱枝当扶直之；凡不碍分枝发育之侧枝，任其自然生长，向上或外挺生者当剪除之。此时侧枝，若有开花结实者，则听其自然，惟衰弱者，不宜结实；故枝上生果须摘除之。

【己】第四年冬，第二分枝十二本，至秋末落叶前，发育已达二尺以上，则至冬季修剪时留一尺已足，上分侧枝，即花果枝，果树长定后，其花果新枝，不过数寸而已。

此时杯形整枝已告完成，全树之形态中虚，上广，下狭，各枝均匀发育，不相交错，则

日后结实无不丰硕而肥美也。其他如伞状与盆底形之整枝与杯形相若，因修剪时有长短之不同，致其形亦不一；此三形各有其利弊，如伞状整枝，树下空气畅通，惟树形高大，管理较为不便；盆底形，树姿低矮，管理方便；而杯形则介于两者之间，养成较便也。

（二）圆锥状整枝　此形与杯状略有不同，因杯状占地较广，非有大面积之场地不可，而圆锥形作立体之发展，树姿雄伟、整齐、美观，惟阳光之透射与空气之流通当不及杯状。其整枝法如下：

【甲】第一年冬，择一二年生之苗木，强健而充实者栽之，距地面二尺处之主干剪断，其上至少有强芽六枚。

【乙】第二年春，六芽发育，顶上一芽向上挺生，余下五芽，作为侧芽，平均向四周发育；如有强芽，当加以切伤抑制之。上芽向上直生，侧芽与主干成一定之角度而生长；新梢生长至一尺半时，以竹竿缚之，以定其位。

【丙】第二年冬，直生之新梢形成主干，留二尺左右剪之，五侧枝称为第一层主枝，每一枝留以一尺左右，强枝剪短，弱枝剪长。

【丁】第三年春，主干上复生第二层主枝，与第一层相隔一尺左右，第二层亦留五枝，上枝继续挺生；第一层之主枝，仍维持其均势，若有向内外生者剪除，余则留之。

【戊】第三年冬，第一层主枝已生侧枝，第二层主枝五本，略加修剪，留以一尺半，并使其发生第三层主枝。

【己】第四年春，第一层主枝，可延长其长度，上留侧芽四五枚，第二层主枝，则任其生长，上距一尺处，留以六芽，作为第三层，依上法管理之。

至第四年春，圆锥形之大体已告形成，惟手续较杯状为繁，且管理须精密，否则疏密不匀，有碍观瞻，得不偿失；果树方面，我国采用者较少，惟以观赏树方面常有此形也。

其他如观赏树木之整形，殊无一定，视栽培者之所好而定之。惟欧美式之庭园，树形多几何式，如圆球形、三角形、多角形、正方形等，全赖园丁之修剪；若我国式之庭园，则宜于自然树形，不必矫作，有失树木之本态，反乏雅趣也。若盆栽之整形，更无一定，几何形式，当不合盆栽之旨，而以自然姿态者为最，如斜立形、悬崖形、双干形、单干形、丛林形等等，总之，树有苍老之形，隽美之态，富有诗情画意者，堪作案头清供之上品也。

第六项 烧土

荒山野地，茅草葛藤，荆棘遍地，无法收拾，土中草木根，错杂纠结，不利于园艺作物之栽培，若欲利用作为林场，非有烧土之举不可，除铲绝残物外，并可改良土壤之性质，尤以黏重土更为有效，且增进土中之肥分；腊月时山农常有烧山之举，即此理也。但近邻森林茂密之地，不宜举行，因有碍森林，故政府明令禁止之。然烧土若有合理之方法，对于土质而言，费力小而收利大，不可忽略也。

（一）烧土之利益　其要者如下列：

【甲】黏重土经火烧后，可使土壤软松，改良空气与水分之关系。

【乙】腐殖土经火烧后，可减少过量之腐殖质，而增加有用性之养料。

【丙】低湿地经火烧后，可除去水湿及有害物质。

【丁】使土中无用之肥分，变为有用，可供作物之吸收。

【戊】烧灭地面上之杂物及土中之残根、种子、害虫与卵及病菌等，犹如将土加以消毒也。

（二）烧土之方法　烧土多于腊月中行之，惟须择一风力和缓之日，否则火舌蔓延，不堪收拾。若欲烧山，则须于山顶先行燃着，而向下延及山腰及山麓，火焰不宜过于旺盛，因过盛则土中之根株，仍不能烧灭，惟山农通常多先燃山麓而向上蔓延，殊非安妥之法，因风多自山麓而及山顶，则风助火力，燃烧极速，火鸦乱飞时，设邻近有森林，亦不免有延及之祸，损失极大。事前于森林若干距离处，掘一火弄，先刈清草木等物，欲烧之山两傍，以火弄之土压其上，当火舌延及，便于扑灭——扑灭之物，以活叶松干力拍，未有不灭者——然后将灰物与土相混，如是土质疏松，排水便利，且肥分丰富，栽植作物，未有不繁荣者也。

总之，来春园艺作物繁荣与否，全赖本年冬季作业之勤惰程度而定，故栽培者决不因天寒而束手，当全力以为之，充分利用此寒冬之良机，以铲除园艺作物一切之障碍。及明年春和，艳花灿发，秋实累累，全赖乎本季之耕作，焉可忽哉！

第四章 病害

栽植作物之过程中，最感困难者，莫如病虫害；一旦病虫害猖獗蔓生，诚有不堪收拾之苦，遂使作物发育受阻，生长停顿，营养失常，树势衰弱，致茎叶变黄，开花稀疏，结果瘦小，此均为罹病之征；如为害剧烈，终归枯死，故栽培者对此最感棘手；然现今作物病害之研究，大有进步，防除之法亦日新月异，故作物之病害，已不足为惧，盖有抵御及预防之法也。

第一节 病害之发生

病害之发生乃由于病菌寄生所致，作物之组织因起畸形之变化；且病菌有传染之特性，故罹病后，由枝叶触及而可延及他株，或由风力将病菌之胞子播扬，或借土壤传布，或赖水力之输送，蔓延迅速，为害巨大，每年由于病虫之损失，殊可惊人；惜病菌形体纤小，难以识别，非赖显微镜之检验不为功，故日常难以注意及之也。当作物显呈病征后，病菌业已侵入组织中，欲杀减之，极为困难，且收效亦微，故宜于事前先行预防，最为妥当。

夫病害发生之原因，须先熟悉病菌生活之情形，凡一切病菌，均喜相当之湿度与温度，且极畏日光，故凡日光透射充分，空气流通通畅，地形高燥之处，殊少病害之发见，盖因此种环境对于病菌之生活，至为不利也。而对于作物本体之性质及施肥亦稍有关系，若性质强健者，罹病稀少，反之则多；多施氮素肥料，亦易罹病，乃因氮素过多，徒长枝叶，致组织柔弱，病菌侵入，病害遂即发生矣！

第二节 病害之预防

病害之来源，多半由于病菌寄生所致，故宜于事前加以预防之，实较病后之杀除为有效也。今将预防法之最要者，约如下述之八项。

第一项　病菌之侵入，常于作物发育柔弱时最为猖獗，故栽培时须多多注意作物充分之发育，或栽种抵抗力较强之品种。

第二项　若一有病征发见，当将罹病之作物连根掘去，而烧灭之，以免病菌之传染。

第三项　种子于播种前，须详密检查其有无病状，而加以选择之，以免病菌遗传及于

后一代之作物。

第四项　凡湿润之处，最易发生病害，故栽培作物时，须注意排水。

第五项　行轮栽法，亦可防止病害，盖因各种作物所寄生病菌之种类有异，若历年改变栽种作物，病害亦无从发生也。

第六项　施肥时宜注意氮素、磷质、钾质之等分量，不宜偏倾于氮素肥料。

第七项　园地四周之杂草，时加锄除，因杂草常为病菌潜伏之所，且杂草蔓生，空气因之窒塞，而为病菌猖獗最佳之机，故园地宜清洁，亦属预防病害之一法也。

第八项　花木上预先洒布预防药剂。

第三节　病害之杀灭

作物体上已发病症，当用药剂杀除之，犹如人偶患病，当求医服药，可告痊愈，作物亦然。但药剂之种类颇多，且因病害之种类，其调制之方法，施用之时期亦有异，今将著者所常用之各种药剂调制法，分述如下：

第一项　石灰波尔多液

此药液为杀害及预防各种病菌之特效药。

（一）配合量硫酸铜（胆矾）一———一〇斤

生石灰一———一〇斤

清　水一〇———一〇〇斤

配合之量，殊无一定，视所欲杀害之病菌，及作物性质之强弱而定夺之也。

（二）调制法　先备木桶三只，小号者二只，大号者一只，乃取硫酸铜置入小桶中，冲注沸水少许，用木棒搅之，使其充分溶解后，再加入冷水，约至水全量之半；如用硫酸铜一斤，则注冷水至五斤；一面取生石灰（即矿灰），置于另一小号木桶中，先注少量沸水，待泡碎后（以沸水溶化取其速也），再加冷水，至全量之半；然后取此二小桶中之液，同时徐徐注入大号桶中，加以充分搅拌，即成蓝白色之波尔多液。

调制时之注意点：

【甲】不可使用金属制之容器。

【乙】水必须清洁。

【丙】石灰液与硫酸铜液之温度，必须相同。

【丁】调制后，立即施用，其效颇大，若经以一日，效力即失却；故宜随调随用，不可贮藏也。

【戊】原料须佳良者。

（三）施用法　调制后，即可装入喷雾机中，喷洒作物之上，若于下雨之前喷洒，最为相宜；若作物于开花期内，不宜喷洒此药剂，因一经喷洒后，花叶全沾蓝白色，有碍观瞻；且果树于开花期内喷洒，有碍其授粉作用，致结实大有影响；当春季嫩叶初发时，亦不可喷洒之。喷洒此剂后，可维持十日之久，在此有效期间内，禁用石油乳剂及石灰硫黄合剂，至少须隔二三星期后，始可施用。

第二项　石灰硫黄合剂

此药剂为除病杀虫之两用药。

（一）配合量　硫黄粉　一磅

生石灰　一磅

水三斗

上列之量配合成浓厚液，应为三斗式；普通加水五斗，称为五斗式。

（二）调制法　先备锅子及容器各一只，然后将生石灰投入容器内，稍注清水，待其充分溶解；另于锅子内加水，投入全量之硫黄粉，再加清水，充分拌搅，自后可将生石灰液倾入，并注入全量之水，使保持水量为十公升，是为最要。再行充分拌搅，烧火煮沸，约一小时，药液略变暗褐色，待其冷却，用布滤过，即成原剂，可供随时施用。

（三）施用法　冬季洒布时，浓厚液须加水稀释之，普通液可不加稀释施用；但于发芽时，不论其为浓厚液，抑为普通液，均须加水。药液中如加入砒酸铅少许，夏季用以杀虫，收效极大。此药液不可与石灰波尔多液同时施用，须隔以十日左右；若欲洒布石油乳剂，须经一月以后，始可行之，否则易生药害，有损作物。

第三项　胆矾肥皂合剂

本剂专治病害。

（一）配合量　胆矾（硫酸铜）　一二——二〇公分

肥皂用量五倍于硫酸铜之量

水一斗

（二）调制法　先取一木桶，内置硫酸铜，注入少量热水，使其溶解，再加冷水至九公升；另于水一公升内，溶解肥皂，略加热，溶解可速，然后取肥皂液倾入硫酸铜液，充分拌搅即成。如有浮起之粗质物，则为肥皂不足之微，或肥皂质欠良（通常以固本肥皂最佳），下次调制时，肥皂用量宜加重。如药液加入除虫菊粉四五十公分，则兼有杀虫之力。

第四项　生石灰及石灰乳液

此药剂专作苗木及土壤消毒之用。

（一）配合量

【甲】苗木消毒

生石灰　二·二公斤

水一斗

【乙】土壤消毒

风化石灰　每亩用一二五——三七五公斤

（二）调制法　即将苗木消毒液于桶内，置热水二公升，投入全量之生石灰，使之充分溶解，再加入水八公升即成。施用时以苗木浸此药液内，约十分钟，即有消毒之效；若作土壤消毒之用，则以风化石灰（所谓风化石灰者，即含有水分之生石灰，又名消石灰。）洒布土面，耕锄时耕入土中，三日后可行播种或移植。

上述之四种药剂，为本人所常用者，其他各种药液甚伙，惜均未予施用，故其配合量不详，亦不知其效果如何也。

第四节　病害之种类

作物病害种类之多，更仆难数，今择予所经历者，分述于下：

第一项　白绢丝病

此病发生最多，尤以牡丹芍药为最。

（一）发病现象　根部或近土之茎部，有白色绢丝状之菌丝，久之被害部遂行腐朽，叶片由下向上而萎垂，致全株枯死。

（二）被害作物　牡丹、芍药、桃、梅，瓜类、豆类，甘薯等。

（三）防除方法　幼苗及苗木栽植前，于石灰乳液中，浸入十分钟，俾可消毒。土壤作畦宜高，排水良好，并实行整枝修剪，使日光透射充分，空气流通舒畅，自能防止其发生。

第二项　白涩病

此病不论花卉、果木、蔬菜均能罹之。

（一）发病现象　在叶、茎、嫩梢及花蕾等部，最初发生白色之霉点，渐呈光泽之粉末状，后病斑次第扩大，而遍及全部，致该部概呈卷曲萎缩状，病斑之四周或反面，显呈美丽之红白色；本病以春秋雨季及梅雨期中，发生最为猖獗。

（二）被害作物　花卉如蔷薇、月季；果木如葡萄、栗；蔬菜如南瓜、胡瓜、草莓（应为水果）等。

（三）防除方法　注意排水，多行修剪，俾可通风；朝露未干时，洒布硫黄粉，或石灰硫黄合剂八〇——一〇〇倍液。

第三项　赤枯病

此病以常绿观赏树木发生最烈。

（一）发病现象　发生于叶及小枝，被害部成赤褐色，此后变色部分之斑点扩大，蔓延及附着之枝，转呈暗褐色或灰褐色，其上散布小黑点；一二年生作物罹病特易，尤以三四月至十二月间高温多湿之际，发生最盛。

（二）被害作物　松、柏、杉等。

（三）防除方法　被害园圃，二三年不可使用；五月至八月下旬间，洒布石灰波尔多液二次。

第四项　锈病

锈病有白黑等之别，花木与蔬果常有此病之发生。

（一）发病现象　八九月间开始发生，初时于叶之表里，发生极小之白色病斑，表皮膨大，致叶变形，形成微圆；后表皮破裂，有橙黄、白色或黑褐色之粉末飞散，发病时由

下生之叶，渐向上蔓延而及上部之叶。

（二）被害作物　花木如菊等；蔬果如玉蜀黍、蚕豆等。

（三）防除方法　于发病时期前一二周，洒布稀薄石灰波尔多液预防之。

第五项　叶斑病

此病发生极为普遍。

（一）发病现象　此病仅发生于叶部，叶面上生斑点，其色不一，有褐、黑等，叶面之色较叶背为深，其后病斑扩大极速，形亦较健全部为厚实，而呈多角形，轮廓明显，病斑作不规则形，或稍呈圆形，此乃由于土湿而肥，通风不良所致。

（二）被害作物　不论果木、花卉与蔬果均有之，果木如苹果、樱桃、枇杷、栗等；花卉如杜鹃、大丽菊、兔耳花等；蔬果如豆类、甜菜等。

（三）防除方法　春季洒布石灰波尔多液；扫除落叶而烧减之。土略带干，亦可防止其发生；若再灌水，根即腐败。

第六项　露菌病

此病以果木与蔬果发生较多。

（一）发病现象　叶部发生时，叶之背面发生不正形之淡黄色病斑，后变赤褐色，其内密生雪白色之霉，新梢发生时，则生水湿状之病斑，后微肿而成褐色，终则微形凹陷，上蔽有白霉；病害剧烈时，每致作物衰弱萎缩；叶焦枯而下落，果粒被害，先呈白色后变褐色而干枯；此病多发生于八月至十月间，多湿而通风不良时，发生尤烈。

（二）被害作物　如葡萄、萝卜、葱等。

（三）防除方法　七月中旬至九月中旬，洒布石灰波尔多液数次；被害部分烧却之。

第七项　瘤火病（或称天狗巢病）

此病发生于果木上者较多。

（一）发病现象　被害部分有瘤状之物突起，病枝卷曲，而交结成天狗巢状，向下垂或直上，致叶片萎缩，花芽不生。

（二）被害作物　以樱桃、李等，发生最烈。

（三）防除方法　于春季开花前一二星期，洒布石灰波尔多液；于冬季洒布石灰硫黄

合剂；病枝则剪除而烧灭之。

第八项 炭疽病

此病发生于果叶上。

（一）发病现象　凡五、六、七三月，发病最盛，果面上有圆形之淡褐色病斑，遂次第扩大，果面凹陷，并有黏性深褐色之粉状物发生，果即下落；幼果若罹此病，则变深褐色而干缩；新梢被害时，生有黑色不正形之病斑，渐扩大呈椭圆形，凹陷而纵形裂开；病害剧烈时，屈曲而折断，叶亦现卷缩之形。

（二）被害作物　以果木之桃、柿等，蔬果如菠菜、豆类等为最。

（三）防除方法　将有病之枝、叶、果，一并剪除而烧却。冬季洒布石灰波尔多液；发芽前洒布石灰硫黄合剂一五〇——二〇〇倍液五至十次；开花前，落花后，再洒布石灰波尔多液以预防之。

第九项 树胶病

果木最多发生此病。

（一）发病现象　夏秋之间，果木枝干上分泌黄色透明之树胶；此乃由于气候之不适，冷热不一，干湿不均，或排水不良，或修剪过度，或害虫及其他外伤刺激，而促成此病之发生。

（二）被害作物　果木中以桃、樱桃等最剧。

（三）防除方法　排水力求便利，修剪适当，施肥适中；若有树胶泌出，当削去之，俾可露出健全之组织，然后以柏油涂之。冬季则用石灰硫黄合剂，涂抹枝干。

第十项 赤星病

此病亦以果木发生最盛最易。

（一）发病现象　交春时，新叶展开，其上即生黄色或黑色、圆形或椭圆形有光泽之病斑；初生时形小，后渐次扩大，并于叶片背部，生淡黄色之毛状体；被害剧烈时，叶柄、果实、果梗、新梢亦发生，被害部凹陷而生龟坼；此病以四月下旬至五月，多雨时发生尤多。

（二）被害作物　果木如梨、苹果、柿、木桃、木瓜、花红、林檎、山楂、红殿子等。

（三）防除方法　五月下旬至七月末，洒布石灰波尔多液，伐除其中间寄生。即当冬季时，赤星病菌不寄生于果木之上，而暂以桧柏及杜松等为中间寄生，待交春后，再行寄生于果木上；故栽种梨、苹果之果园附近，不宜栽植桧柏、杜松等树木，经营果园者当宜注意为要。

第十一项　立枯病

（一）发病现象　此病多发生于幼根鳞茎各部，致茎叶萎缩，根不伸长；根之先端呈淡褐色而腐败，茎变淡黄色后暗褐色之病斑，其周缘呈淡黑色，渐次愈合而枯死。

（二）被害作物　各种作物均可能，而以百合最易发生。

（三）防除方法　避免连作，于芽伸长五六寸之后，每隔两周洒布石灰波尔多液二三次；当百合贮藏前，先于石灰水或波尔多液中浸渍十分钟，待风干后可贮藏之。

第十二项　干渴病

（一）发病现象　水分过湿，固极易腐根；过干亦有病霉发生，致枝梢及叶边呈焦枯之状。

（二）被害作物　各种盆栽作物，尤以兰、杜鹃、月季、松、柏等最著。

（三）防除方法　灌溉须时常注意，盆土不可过干，常保滋润为要。

第十三项　饼病

（一）发病现象　发生于叶、花、新梢各部，被害部呈球状或不正形之膨大，叶全部变形，初呈绿色而有光泽，旋变白色，向日光之面，则呈红色，终被满白粉，变黑色而腐败。

（二）被害作物　各种叶质柔薄之作物，而以杜鹃等发生最易。

（三）防除方法　发芽前后，洒布石灰波尔多液。

第十四项　落叶病

（一）发病现象　春季四五月间，叶部发生黄褐色之斑点，而呈寒害或旱害状态，斑点作椭圆形或纺锤形，并稍肿起，翌春纵形裂开。

（二）被害作物　一般枯叶扫清之处发生最多，而以松、柏等最常见之。

（三）防除方法　五六月间洒布稀薄之石灰波尔多液。

第十五项　缩叶病

（一）发病现象　叶部被害后，初呈红色肿起状，次第肥厚，其厚达通常叶片之两倍，上下两面生有白色之粉末，后变黑色，新梢与叶亦起同样情形；久之，使作物生育衰弱而枯死，本病多发生于寒冷气候及多雨之处。

（二）被害作物　一般果木均有发生，惟以桃为最。

（三）防除方法　三月下旬洒布石灰硫黄合剂七八倍或石灰波尔多液。四五月间于白粉发生前，复烧却病叶。

第十六项　溃伤病

（一）发病现象　六七月间，叶部发生赤褐色之圆形病斑，枝部则成淡色之不规则形，病烈时即落叶：此系施用氮素肥料过多之弊，徒长强枝，乃最易罹病。

（二）被害作物　果木以柑橘一类最易发生。

（三）防除方法　六月上旬至十月间，洒布石灰波尔多液。为害剧烈时，烧却被害者。

第十七项　膏药病

（一）发病现象　树枝上发生淡褐色之带，并附有柴褐色之天鹅绒膜层，初呈圆形，渐扩大成不规则形，颇似膏药附着之状，其周围为极狭之灰白色薄膜所绕。

（二）被害作物　果木中如梅、樱桃及樱花等。

（三）防除方法　被害部涂抹柏油，或石灰波尔多液。

第十八项　疮痂病

（一）发病现象　病部最初发生油渍状小病斑，最后突出成小疣状。叶部被害重大时，致成落叶现象；新梢发生之际，不生突起而生软木质褐色小斑点；四月下旬开始发生，迄六月间，延及新梢，九月始延及叶部。

（二）被害作物　果木中之柑橘类。

（三）防除方法　发芽前至八月下旬洒布石灰波尔多液。

第十九项　癌肿病

（一）发病现象　被害部癌肿呈疮痂状，多发生于接木部；枝干创伤处尤多发生，此

乃由于湿气过重或地形低洼之故。

（二）被害作物　花木中如龙柏、蔷薇、木香之类。

（三）防除方法　被害者全部烧却，栽处加以消毒，如四平方码之地，用水一斗八升，生石灰八磅半配合而成；或用石灰硫黄合剂十三倍液九升，与该处土壤混合。接木时，须将砧木于石灰乳液中浸渍十分钟，可防止本病之发生。

第二十项　日烧病

（一）发病现象　果实于成熟中，发生最多。果皮上初生红色之晕，后变褐色，病斑渐次扩大，延及全果之半，被害部即行凹陷而僵化，此乃由于气候干燥，过度修剪之弊。

（二）被害作物　果木中发生特多，如桃、李等。

（三）防除方法　栽处土面常覆草，以保水分。充分施用有机肥料，精密管理，修剪不可过度即是。

第五章 虫害

所谓害虫，乃吾人妄自尊大，自私之名称，将一切昆虫，悉据主观而判之，孰为益，孰为害；其实昆虫自身无所谓利害，更何意与人以利害；而吾人为谋一己之幸福，势不得不对有益者，加以保护之，利用之；对有害者，加以扑灭之，杀害之。

自然界中之害虫，浩如烟海，不胜枚举，为害巨大，与吾人之关系甚为密切；故栽培者偶不经意，蔓延迅速，莫可救药，短时之内，可以传布全国，蹂躏作物；致数十年经营之精力，毁于朝夕之间，岂不惜哉！

作物之虫害既如是之繁多，为患之程度又如是之剧烈，吾人不得不有防除之法，事前加以预防，事后加以歼灭也；然其法因害虫之众多而不一，大别之，有自然与人工之两种防除法，前者纯出于自然之力，如气候之影响，益虫益鸟之啄食而杀害之；后者由人工利用药剂及捕杀等法扑灭之，并能补助自然防除法之不足；然只赖自然之力或人工之防除，均难以奏效，两者当相辅而行，惟自然之力，非人力所能操纵，此时当赖人工之法完成之矣。

第一节 人工杀灭法

第一项 诱杀法

害虫性多喜光，又贪食，故可利用灯光，招诱害虫之来集，以收杀除之效。其法于晚间田野园中，装置诱虫灯，下置水盆，水中注人石油或杀虫剂，凡趋旋光性之害虫，飞来与灯相撞，必纷纷堕水而死。本园有蓄鱼池三，当清明以后，即于每池中竖一木桩，水面上二三尺处，挑一横木，上悬灯一盏，通宵燃点，不使熄灭，各种飞蛾及害虫竞撞灯罩，且水中亦反映灯光，飞虫乃自投水而死，堪作池鱼之食饵，如是既省鱼饵，且可杀虫，诚一举而数善备焉。

第二项 捕杀法

捕杀法即用手或网，既获，以水浸死，或火烧杀之。

第三项　沟杀法

匐伏于地面之害虫　可于地面掘沟或陷阱，然后驱逐诸豸，使其堕入沟中而杀之。

第四项　熏烟法

害虫多喜光惧烟，可利用落叶、尘芥等废弃物，堆积园中，加火熏之，使园圃中密布浓烟，则群集之害虫，可加以驱散，远避他处，不再加害，惟此仅属治标，而非治本之法耳。

第五项　烧杀法

若发现害虫之卵巢，则注入石油，用火烧灭之，厥效颇著。

第六项　套袋法

当果木结实期内，预防害虫侵蚀，可将旧报纸做成套袋以护之。

第七项　药剂扑灭法

利用毒药，扑灭害虫，奏效极速，采用者甚多，惟所费较贵。其法有三：

（一）毒杀法　以有毒药剂，喷射害虫体上，或作物上，待虫咀食后，即中毒而死。

（二）喷杀法　喷射药剂于虫体上，闭塞体壁气孔而死，或中毒而死。

（三）熏杀法　汇集被害之作物，利用药剂之毒气，熏死害虫，故凡不易扑灭之害虫，可行此法，收效最大。

第二节　杀虫药剂及调制法

昆虫为数极伙，且无虫不害，但害虫之抵抗力有强弱之别，故杀虫药剂之调制法亦异，今择其效力宏大者，分述于下：

第一项　砒酸铅

此剂为杀虫之特效药，惟价值较为昂贵。

（一）配合量　砒酸铅　四〇——六〇公分

生石灰　四〇——六〇公分

黏性石灰　一〇公分

水一斗

（二）调制法　先将生石灰于热水内溶解，注入冷水，更将砒酸铅与黏性石灰纳置布袋内，投入石灰液中，拌搅之即成。但此药剂易起沉淀，故使用时须时时拌搅；如将此剂混入石灰波尔多液同时施用，兼有杀虫除菌之效。于害虫初生期内施之，其效最大，乃因此剂有黏附虫体及作物之上，故害虫食后即能中毒。且砒酸铅性毒，调制时不可误入口中；故于果实成熟时，不可洒布此剂，盖非但有碍外观，且果上有毒性，不能食用也。

第二项　硫酸尼古丁液

又称硫酸烟精液，市上有黑叶牌（Black Leaf 40）硫酸尼古丁药液之出售，系来自美国，价格较昂。

（一）配合量　硫酸尼古丁　一合

肥皂　一两（二四〇——四〇〇公分）

水八斗——一石

（二）调制法　先取水二斗置于桶内，投入全量之肥皂，再加进全量之硫酸尼古丁液，并倾和全量之水即成。施用时可掺水稀释之，稀释之倍数，视各种害虫之抗力而斟定，如毛虫、青虫，稀释五——八〇〇倍；蚜虫、棉虫约一——二〇〇〇倍，或混入石灰波尔多液同时使用，惟不宜加肥皂。此剂调制后，宜早施用，否则密闭贮藏，惟效力终不免稍差。

第三项　石油乳剂

此剂效力甚大，费用亦省，惟调制较繁也。

（一）配合量　石油　二升

肥皂　六〇公分

水一升

（二）调制法　先将肥皂切片，置于石油箱中，注入全量之水，加热煮沸，待其溶解。另于一箱内，置全量之石油，煮沸，惟石油易于着火，以隔水蒸炖为妥；待两液温热后，可熄火，而将石油徐徐注入肥皂液内，连续竭力拌搅，约十分钟，即成乳白色之原液，取其一

滴置玻璃片上，如液面无石油之油花浮起者，则佳；否则当再行加热，因调制不良，反有害作物也。施用时，可加水稀释之，最初宜用热水，注入二三倍后，方可用冷水稀释，同时加以拌搅，即可置入喷雾器内喷射。惟此药剂不可与石灰波尔多液、砒酸铅、石灰硫黄合剂同时施用，且作物开花期内亦不可喷射，盖有碍其结实作用也。

第四项　除虫菊石油乳剂

此剂之效力，较石油乳剂为大。

（一）配合量　除虫菊粉　八〇公分

石油　二升

肥皂　六十公分

水一升

（二）调制法　于全量之石油中，投入全量之除虫菊粉，密闭二昼夜，每日振荡数次，可将除虫菊之有效成分全行浸出，然后与石油乳剂同样之方法，调制而成原液。使用时通常加水五倍至三〇倍。

第五项　除虫菊肥皂液

此药剂性较和顺，调制亦简。

（一）配合量　除虫菊粉　二〇——六〇公分

肥　皂　二〇——六〇公分

水一斗

（二）调制法　将肥皂粉或肥皂切片，加水溶解之，再取水三升投入除虫菊粉，充分拌搅，然后注入余量之水，即成原液，可贮藏之。施用时可取原液过滤，而注入喷雾机内喷射之。

第六项　烟草肥皂液

本剂调制方便，费用极省。

（一）配合量　烟草屑　六〇——一〇〇公分

肥　皂　四〇公分

水一斗

（二）调制法　先向烟草厂中，购得废弃之烟草屑，取其适量，加入半量之热水，浸濡半日，另取肥皂加水溶解之，乃倾入烟草液中，密闭一昼夜，滤去烟草屑，始可喷射。

第七项　百部辣椒合液

百部、辣椒得之甚便，且所费无几，杀虫却有巨效。

（一）配合量　百部　五两——一〇两

红辣椒半两——一两

水三升

（二）调制法　先向药材铺中，购得百部屑，乃与辣椒混合，加水煮沸，密闭一昼夜，滤过即成。如树干有蛀虫为患，当搜觅蛀孔，以百部塞之，该虫即毒死其中，确有效也。

第八项　烟草石灰液

此剂效用亦佳。

（一）配合量　烟草屑　一〇〇公分

生石灰　二〇〇公分

水一斗

（二）调制法　于水一升内，置入全量生石灰，待其发热溶解，乃投入全量之烟草屑，加以拌搅，然后加水至一斗为度，过滤即成。

第九项　烟草液

此药液调制虽简，惟药性较差。

（一）配合量　烟草　八〇——一〇〇公分

水一斗

（二）调制法　将烟草置锅内加水煮沸，后过滤即成。凡体无蜡质之害虫，均可杀害。

第十项　熏杀法

此法于苗木消毒常用之，效果极大，危险性亦烈；设备须周密，否则非但无益，抑且有害。

（一）配合量　视树木之性质而有异，通常于一千立方尺之屋内熏蒸之，其用量如下：

【甲】常绿树木（适于夏季施行）

氰酸钾　二〇〇公分

硫　酸　二升

水六升

【乙】落叶树木（适于冬季施行）

氰酸钾　二五〇——三六〇公分

硫　酸　二·五〇——三·六〇升

水七·五升——一斗

（二）熏蒸法　将苗木堆积屋中，事前先将屋内之门户、板壁用纸密封，不使泄气，乃取水注入磁器中，安置于屋之中央，徐徐注入硫酸；另取氰酸钾，用纸包裹，投入稀硫酸液中，此时须迅速出屋，因氰酸钾甚毒，其气吸入鼻中，颇为危险；并立即紧密门户，任其熏蒸。常绿者于夏季施行，则经二十分钟；落叶者于冬季施行，可经一小时；然后开启门户，使毒气外泄，半小时后方可入内，取出而栽种之。但于苗木发芽时；或苗木经雨淋打后；或洒布石灰波尔多液后；或严寒时；此法以不行为宜，否则，有害苗木之生机也。

第十一项　雷公藤药剂

俗呼菜虫药，乡人常用之，厥效极著，惜未有人加以提倡也。雷公藤产于浙之金华、义乌、诸暨、东阳等处山中。雷公藤丛生，落叶小灌木，叶对生小卵形，色浅青而叶茎从未见虫啮之伤痕。土于春初掘起，剪去齐土之茎，略留须根，再行种下，即能复活。三年后又可掘取其根，大如拇指，小似笔杆，皮色黄褐，犹如兰根，内有一茎，小似线香，乃可将根杵碎，用旧锅煎汁，稍加粉末等物，使成黏性；晴时喷洒之，杀虫之力颇大。如人误食之，亦有中毒之危险；如将余下之汁液，倾入河中，则池鱼浮起而死矣，浙东一带，禾田中辄有蚂蝗，当插秧之际，叮满手足，鲜血涔涔，乡人取雷公藤束绕手足，则蚂蝗远而避之，由此可见雷公藤之药效也。常喷洒此液后，非但无碍作物，且有肥分；深望有人提炼成粉末，并分析其成分，晓喻农家及园艺者，多多种植，普及全国，可多一杀虫之要剂也，不必再自远洋出重价而购取化学药品焉！

第三节 害虫之种类及防除法

害虫多如恒河沙数，为害之杀作物亦各有分歧，且因各地之气候有异，害虫之分布亦有异，今择其为害最烈，且分布最普遍者，一一述之于下：

第一项 蚜虫（又名蜜虫，俗呼蠖蛆）

（一）生活习性　终年发生，蔓延最速，而以春秋两季尤烈；体微小，色有绿褐白色，由雌者胎生，交秋后雄雌交配而产卵，如是越冬，入春孵化，再行繁殖而为害。

（二）被害作物　各种花卉、果木及蔬果，均有其分布。

（三）为害情形　入春作物新梢萌发，即有蚜虫密集其上，渐延及新叶，吸收液汁，且蚜虫能分泌蜜液，致引诱蚁蝇类之来集，叶片因而萎缩，为害剧烈时，全株渐行凋萎。

（四）扑灭方法

【甲】时常喷射冷水。

【乙】喷射硫酸烟精液，稀释七百倍。

【丙】石油乳剂二十至二十五倍液，或加除虫菊粉，可稀释至三十五至四十五倍。

【丁】洒布烟草肥皂液及雷公藤汁液，成效甚著。

第二项 介壳虫

（一）生活习性　有雌雄之别，雌者体作小圆形，暗黑色；雄者体作椭圆形，色较淡；每年发生二次，多则发生三次：第一次于四五月间发生，第二次发生于七八月间；卵孵化成幼虫，匐伏至一定之作物上，以尖长之口吻，插入树皮下，其他如枝条、叶、果面、果梗，均能附着，吸收汁液，后渐变态；当脱皮时每移动其原来之位置，至第三次脱皮后，极少活动。

（二）被害作物　各种作物有之，尤以梨为最盛。

（三）为害情形　介壳虫于枝梗上，聚集一处不动，口吻细小，插入枝内，吸收树液，被害部分之发育，当受阻也。

（四）扑灭方法

【甲】洒布石油乳剂，冬季稀释五——十倍，夏季十五——三〇倍。

【乙】幼虫孵化期内，喷射除虫菊石油乳剂二三十倍液。

第三项 金龟子

种类繁多，色有金绿之别，形有大小之差。

（一）生活习性　体作卵圆形，色有蓝、褐、绿、黑等混合而成，上披翅鞘，有光泽，每年发生一次；幼虫潜伏土中而越冬，五月间化蛹，六七月间出土羽化，日中暂隐阴处，日暮飞出，加害作物；八九月间雌雄交配，产卵土中，经以十日而孵化成幼虫，食害草根；如是越冬，以待阳春芳讯，再行为害。

（二）被害作物　加害各种作物，如葡萄、苹果、柿、蔷薇、蔬菜等。

（三）为害情形　薄暮时，活动最多，专盗食各种作物之叶片，致叶片千孔百疮，破碎不堪。

（四）扑灭方法

【甲】清晨朝露未干时，金龟子飞力不强，可捕杀之。

【乙】自秋入冬，将土深耕，可将幼虫及蛹全行冻死。

【丙】清洁田园，刈芟杂草。

【丁】洒布砒酸铅毒剂。

第四项 锯蜂（土名镌花娘子）

（一）生活习性　体长半寸，翅紫腹黄，飞力不强；五月至八月出现最盛，冬季产卵入土，孵化而成幼虫，再变蛹而越冬。

（二）被害作物　梨、蔷薇等。

（三）被害情形　春夏间，嫩枝萌生时，此虫以臀插入嫩枝，产卵其内，经三五日，新梢萎垂，而他枝嫩叶边缘见有青虫，体色鲜绿，背上有黑色突起，并有皱纹，蚕蚀叶边，此即为锯蜂之卵孵化而出之幼虫也。

（四）扑灭方法

【甲】捕杀成虫及幼虫。

【乙】腊月行冬耕，可将其蛹冻毙。

【丙】发生幼虫时，喷射砒酸铅液、硫酸烟精液，或除虫菊石油乳剂。

第五项 地蚕（又名切根虫，或称土蚕）

（一）生活习性　地蚕每年发生二次：第一次发生于五六月间，第二次于九十月间，化

蛾而出土；体作淡褐色，翅长大，上呈有斑点，雌雄交配而产卵于叶上，孵化而入土；幼虫有白身红嘴及黑身黑嘴两种，长一寸内外，为害最烈；以幼虫而越冬，翌春变蛹而羽化。

（二）被害作物　各种花卉、果木及蔬菜等。

（三）为害情形　日中地蚕潜伏土中，加害根部，夜间则外出，食害作物近根部之嫩茎叶；日出，复隐匿土中或尘芥中；一般幼苗受害最烈，一经食害后，苗秧渐倒，即告无用，且一株受害后，复转害他株，甚致竟有全圃之苗株全被害者，损失浩大。

（四）扑灭方法

【甲】腊月行深耕，冻毙之。

【乙】定植或移植后，根部四周洒布石灰或蔬黄粉。

【丙】拔起被害株，并加搜索而杀之。

第六项　夜盗虫（即夜盗蛾之幼虫）

（一）生活习性　成虫为蛾，体灰褐色，翅黄褐色，一年中发生二次，第一次于五月上旬，第二次于九月中下旬；交配而生卵，孵化成幼虫，复变蛹而越冬，卵生于叶部；幼虫初呈青色，后色转淡灰，上有黑斑，长约一寸左右，为害最烈。

（二）被害作物　各种作物均可能，尤以蔬菜为最甚。

（三）为害情形　幼虫于日间畏光，藏匿根际土中，晚间外出，盗食叶片，故得夜盗虫之名。

（四）扑灭方法

【甲】搜杀幼虫、卵及蛹。

【乙】行冬耕及中耕。

【丙】娥用诱蛾灯杀之。

【丁】洒布砒酸铅或石油乳剂杀害幼虫。

第七项　军配虫

（一）生活习性　每年发生三次或有数次者，前者发生于七、九、十、三月；后者于五月左右；开始时其形细小，体作黑褐色，翅长大如琵琶，并有网状之脉纹，幼虫发生极速，再变成虫而越冬。

（二）被害作物　果木及花卉，发生最多，而以梨、苹果、杜鹃等尤烈。

（三）为害情形　成虫及幼虫群集叶之背面，吸收叶液，叶色变黄褐，树势因而衰弱。

（四）扑灭方法

【甲】喷射硫酸烟精八〇〇倍液，或除虫菊肥皂液，或石油乳剂十——十五倍液。

【乙】冬季烧却落叶及杂草，并注意透风。

第八项　果蠹（俗呼蛀心虫）

（一）生活习性　每年发生二次，成虫为蛾，体作淡黄色，翅上有黑点，交配而产卵于果上，孵化成幼虫，初为白色，后变淡赤黄，体上有节，上生淡褐色之粗毛；后变蛹，外披灰白色之茧，如是而越冬，翌年春五六月间，羽化而成蛾。

（二）被害作物　各种果木均能受，尤以桃最烈。

（三）为害情形　卵产于果面，孵化成幼虫，蛀入果内，食害果肉，泄出粪粒，后复加害他果，老熟时作茧化蛹。

（四）扑灭方法

【甲】五月下旬，即将果套袋，以防产卵于其上。

【乙】被害之果，及早摘除，而烧却之。

【丙】产卵期内，洒布硫酸烟精液，成虫以诱蛾灯杀之。

第九项　绵虫

（一）生活习性　每年自五月至十月间发生之，幼虫及成虫，体外被有白色之绵状物，内作红褐色，行动不灵，如死者然。

（二）被害作物　各种作物皆有，而以苹果等被害尤易。

（三）为害情形　群集枝叶间，加害枝根，剧烈时被害部全呈白色，该部渐行萎缩。

（四）扑灭方法　夏季洒布硫酸烟精液或石油乳剂，冬季以氰酸钾毒气熏杀之。

第十项　象鼻虫

（一）生活习性　每年发生一次，五月成虫羽化，体外披甲，质较坚硬，作紫赤色，闪闪有光，头略呈方形，前端口吻突出，如象之鼻，故得是名，产卵果内，孵化成幼虫，入土化蛹而越冬。

（二）被害作物　各种果木。

（三）为害情形　五月间成虫以吻插入幼果内，穿一小孔，产卵一粒于其内，并将黏物封闭孔口，致该果干瘪而呈黑褐色，果内之卵孵化成幼虫，专食果肉，致有落果之象。

（四）扑灭方法

【甲】将果套袋，防其产卵。

【乙】已经被产卵之果，摘而烧却之。

【丙】冬耕，可将其蛹冻毙。

【丁】落下之干叶、落果，扫拾烧灭之。

第十一项　浮尘子

（一）生活习性　每年发生数次，成虫长半寸，体作淡绿色，亦有淡黄绿色者，幼虫体亦作黄绿色。

（二）被害作物　各种果木、花卉等。

（三）为害情形　自五月至九月间，专吸收叶液。

（四）扑灭方法　洒布硫酸烟精八百倍液，及石油乳剂二十倍液。

第十二项　毛虫（俗呼刺毛虫）

（一）生活习性　每年发生一次至二次，第一次恒于六月上旬至八月间而羽化，体作黄褐色，旋即产卵，孵化之幼虫，两端作暗紫色，中央及侧面为绿色，全体上生刺毛，触及人肤，痛痒俱发，以食盐擦之可止；至八月老熟，结茧于树上，茧外有毛，亦生毒素；如是越冬，或有以第二次幼虫于九月下旬至十月结茧而越冬者；刺毛虫之种类甚伙，体有黑、绿、紫、褐等色，而以翠色一种最毒，多发生于紫阳树之叶上。

（二）被害作物　各种作物，如果木中之樱桃、枇杷、李、梅等。

（三）为害情形　卵产于叶里，故孵化之幼虫专食害叶片。

（四）扑灭方法　洒布砒酸铅毒剂，捕杀成虫、幼虫及蛹。

第十三项　天牛（俗呼杨牛）

（一）生活习性　每年发生一次，于四月下旬、六七月上旬、八月中旬、十月及十一月等均有成虫发现，体作黑色，翅鞘质，其上有白色之花纹，产卵于树皮下；孵化之幼虫，淡黄白色，多皱纹，春夏间自干之下而上，秋冬自上而下；经以三年而成天牛，雌雄成对，

交尾连连数小时，雄者先行飞离，此际可捕捉雌者，最为方便；否则经过一二天，即生子，孵化而于树体中越冬，难以寻获。

（二）被害作物　为各种果木，而以杨树尤烈。

（三）为害情形　成虫啮树时，吱吱作声，此时捕捉最易，剖而视之，满腹皆卵，约有百数之多，若不加扑灭，则其为害益大；幼虫加害树木，而延及中心部，致树心中空，而有被风吹折之虞；成虫常潜伏于树之浓阴处。本园于每年五月上旬开始搜捕，惟难以绝迹，盖因邻村河边宅傍，多栽杨树以遮阴，听其自然，不加扑灭，致为害甚形猖獗；被害之树枝一经烈日之照射，垂下而萎凋，生长遂受阻矣。

（四）扑灭方法　树干被害部常有蛀屑，用毒药将蛀孔全行塞闭，或用百部塞之，或用水泥涂抹之，则其虫可窒闷而死，再行捕杀成虫及卵，当可减少其为害程度。

第十四项　白蜡虫

（一）生活习性　每年发生一次，虫体扁圆形，作紫红色，外被有白色之蜡质，活动不灵，故似为白腊之小圆点附着枝上，往往不认以为虫；六七月中旬，雌虫行产卵工作，产卵二粒，附于母体上，约经二十四小时，孵化而成幼虫，固着于枝上，分泌蜡质。

（二）被害作物　各种果木咸有之，而以柿及柑橘等最多。

（三）为害情形　附着枝叶上，吸收汁液，影响果木之结实。

（四）扑灭方法　冬季洒布石灰硫黄合剂，枝上发见后，即用指压毙之，或施行氰酸气熏杀之。

第十五项　卷叶虫

（一）生活习性　成虫之头部、口器作黑色，体侧有黑点，胸、腹、足作淡绿色。

（二）被害作物　各种花木。

（三）为害情形　春季新叶常卷缀枝上，其内多有此虫作为寄生之所。

（四）扑灭方法　拆开被害叶片而杀之，或洒布砒酸铅液。

第十六项　青虫

（一）生活习性　每年发生二次，春季于树上发现其幼虫，六七月下旬羽化而成虫，旋即产卵；于九月上中旬又发生第二次幼虫，再羽化产卵，一部分由是越冬，一部分于十月

中旬孵化，以其幼虫而越冬。

（二）被害作物　各种花木，尤以龙柏为最烈。

（三）为害情形　幼虫群集嫩叶上，食害嫩叶。

（四）扑灭方法　洒布砒酸铅液。

第十七项　袋虫（俗呼皮虫，又有避债虫、蓑衣虫诸名）

（一）生活习性　每年发生一次，幼虫吐丝，连缀枯叶枝等，作为小茧，潜居其中，并能自由行动；幼虫体呈灰褐色，以之越冬。

（二）被害作物　各种果木。

（三）为害情形　七月顷树枝上杂缀袋状物，袋虫有大有小，小者之繁殖更速，专食枝叶；为害烈时，可全株枝叶为之食尽。

（四）扑灭方法　捕而作为养鸟之饲料，或杀死之，或洒布砒酸铅液。

第十八项　蛅蟴

（一）生活习性　每年发生一次，成虫为枯叶色之小蛾，产卵越冬，翌春孵化之幼虫，头呈暗蓝色，上有褐色之短毛，胸作暗青色，并有显明之侧线，体上生黑色长毛；后结茧变蛹，蛹作黑褐色，茧黄白色，形椭圆，旋即羽化。

（二）被害作物　各种果木，如桃、梅、李、杏、苹果等。

（三）为害情形　成虫日伏夜出，为害嫩叶新芽。

（四）扑灭方法　发芽前洒布硫黄烟精液，捕杀成虫及幼虫。

第十九项　蚱蜢

（一）被害情形　专食害各种作物之叶片。

（二）扑灭方法　捕杀之，行冬耕，洒布砒酸铅，清洁田园。

第二十项　蝼蛄

（一）为害情形　蛰居土中，专害作物之根部，以幼苗被害最烈。

（二）扑灭方法　行冬耕及中耕，并洒布石灰及硫黄粉，清洁田园，或以诱蛾灯，杀其成虫。

第二十一项 菊虎

（一）生活习性　每年发生一次，成虫体黑色，微有毛，腹呈黄赤色，五六月间羽化，旋产卵，形细长，色淡白，经二周孵化，八月下旬蛹化，十月羽化而越冬。

（二）被害作物　以菊最多。

（三）为害情形　成虫则啮切菊茎，而后产卵；孵化之幼虫则食入茎心，而向下啮食，俟入根内，遂蛹化。

（四）扑灭方法　捕杀成虫，凡见有萎凋者，当即剪下而烧却之。

上海区普通花卉种植之类别：

（一）温室花卉　樱草花、爪叶菊、吊钟花、海棠、入腊红、蟹仙人掌、吊兰、山草、文竹、兰草、铁线草、苏铁、棕竹、蒲葵、撒金蓉、建兰、蕙兰、草兰等。

（二）木本花卉　梅、桃、千叶桃、天竺、蜡梅、玉兰、千两红、佛手、代代、月季、木樨、白兰、珠兰、茉莉、芙蓉、山茶、绣球、醉鱼草、榆叶梅、贴梗海棠、垂丝海棠、锦带花、杜鹃、夹竹桃、洋石楠、珍珠梅、樱花、石榴、丁香等。

（三）观赏树木　“乔木类”贵杨、洋槐、法国梧桐、中国槐、美国白杨、银杏、本梧桐、垂柳、榉、榆、栾树、苦楝、青朴、合欢等（以上适于行道树者）。三角枫、黄金树、重阳木、板栗、香樟、梓、香椿、黄檀、君迁子、皂荚、腊树、胡桃、枫香、黄连茶、盐肤木、油茶、桑、拐枣、乌桕等（以上适于庭园布景者）。“常绿类”松、雪松、罗汉松、璎珞柏、扁柏、圆柏、龙柏、洋玉兰、杉、柳杉、海桐、石楠等。“灌木类”小蘖、黄杨、大叶黄杨、细叶冬青、七角枫、贵圆木、紫珠、紫荆、溲疏、红茎木、象牙红、西洋茉莉、珍珠木、金钟花、金钱松、栀子花、石榴、盘槐、柽柳等。“绿篱类”木槿、枸橘、女贞、大叶黄杨、侧柏、紫阳等。

下编 各论

第一章 果木

第一节 梅

古今来，骚人墨客，多以梅花为隽品。宋代和靖先生林逋氏，其尤著者，当其高隐孤山时，手植梅无数，妻梅子鹤，播为千古佳话，梅之名因而益彰；且厥性耐寒，发花于严风冰雪之中，占百花之先；其色泽之美，香韵之清，品格之高，弥可称崇，尊之为中华民国之国花，允无愧色；盖众香国中，舍梅外，实无一具有国花之资格者，予编是书，故列为首篇。

梅属蔷薇科之樱桃属，落叶乔木也。

第一项 原产地

梅原产于吾国，自古代已栽培之，盖吾国古代之书籍，均有关于梅之记载也，如《诗经》载云："摽有梅"，又如《图经》载云："梅实生汉中川谷"，由此可知梅之栽培，已有三千年悠久之历史；更据《花镜》载云："梅本出于罗浮庾岭，而古梅名多着于吴下，吴兴、会稽、四明等处，每多百年老干。"可见梅原产于珠江流域及长江流域一带，如江苏、安徽、四川、云南、贵州等省，后流传至平津等处，故今全国皆有梅之栽培焉。

第二项 气候

梅喜干湿相宜之气候，故长江流域一带所植最广，每年有大宗之出产；北方一带，虽可栽培，但不及以上诸地之繁盛。梅花不畏冬雪之酷寒，惟开花之际，忌霰，忌浓霜，尤忌春雪，此对于梅实之丰盛与否，大有关系者也。

第三项 土质

土质以砂质壤土最宜，因其排水便利，故尤宜栽于倾斜地，然须选择肥沃而表土较深之处；平地亦可栽培，务求排水畅通，是为要诀。

第四项　栽培法

梅有地栽与盆栽之别，其栽培方法亦因而有异，兹分述于下：

（一）地栽　地栽之目的有二：一栽以收果，一栽以观赏，前者宜栽于果园中，后者当栽于庭园间：两者之管理稍有不同，今分别述之：

【甲】果梅　长江及珠江流域一带，栽培颇广。

〔子〕收实　如浙江之诸暨、嵊县、萧山、新昌等县产梅甚多，故梅核亦伙；每于黄梅期后，街头巷尾，地上到处有梅核可见，盖乡人食梅而弃核于地，群孩拾之，遂售诸育苗之场圃。

〔丑〕育苗　掘一五寸至六寸深之土穴，下铺烂草，上稍散泥，以梅核埋入，再盖松泥及稻草，如覆土愈薄，发芽愈早；然若过薄，梅仁易腐；而过深，发芽恐迟；至翌年清明后取出，梅核上见有芽发出，即可分秧之苗圃中。如能管理完善，一年即有尺许；冬季落叶后，将上梢剪去，下留一二寸，施以浓厚肥料。春季发出强芽当留之，余须剪去，若芽于剪口下端发出，当将刀口下之枯梢剪去之；当年梅干约有半寸直径。

〔寅〕接枝　于第四年春，择其大者作砧木，而行嫁接；普通以桃为砧木者居多，发育固快，然树龄则短，至多一二十年；如以梅接梅，树龄可久。年年须加肥土，并壅以羊粪。

〔卯〕定植　长江及珠江流域一带，以秋天栽植最宜；每株至少相隔一丈八尺，栽以已经接枝之苗木，但若两株之空隙过大，亦殊不经济。在初栽数年内，可种豆科植物、除虫菊等，以补收入。

〔辰〕管理　当花谢后，即发芽；凡生长过分旺盛之枝条，当剪去其枝梢，抑其长势；若不需要者，应去其全枝。整枝为果梅必需之作业，树形以伞形最佳，杯形次之，盆底形更次之；伞形下留一粗干，高与人齐，则下方除草、施肥等工作可方便多多，风亦畅通，上枝梢则剪平之。杯形主干较低，形似一杯；盆底形之主干更低，上多留分干，其上再分小枝。若每年十二月至一月之内，不行整枝，则枝条乱生而繁密，致新果枝瘦弱，而老枝耷桠；然梅之花芽，全生于当年新果枝之上，如新果枝柔弱，花芽即不生，来春花必少，而果亦不能多。落叶后，将枯叶及害虫等均宜去除，并喷射波尔多液。立冬后，离根尺许，将土整块翻起，不必敲碎，层层向阳，使其受日光曝晒，待隆冬之际，冰冻时，将一切虫孳冻毙，则明春其土松，而草与虫孳自然减少矣。

〔巳〕繁殖　果梅除播实及接枝外，更可行扦插法，此法于秋分后五六天，以三份砂和七份堆肥混合之。筑畦宜狭，择当年新枝，长可四寸，上留三芽，斜扦于畦内，下芽入

土，中芽逼近土面之上；其中以中芽最有发芽之望，随后喷以清水，晴天须用帘遮之，一月后即可发芽，如不发芽而梗仍青者，明春亦有发芽之可能。

【乙】花梅　观赏用之梅树，宜栽以五六年生者，因梅树发育较缓，故四五年生者，方达开花之盛期，其他一切之管理均与果梅同；惟整枝之形，当视主人之所好而定夺之。惟观赏用者，整枝约可分为三种，对于树之生长最为适宜，兹分述于下：

〔子〕塔形　养成最难，须每年加以修剪，勿使枝条减少，以碍全树之姿势。

〔丑〕碗形　最易养成，即于每年花后，将来年之老枝，尽行修剪，仅留全枝之三分之一或四分之一；若五六年以上者，留四分之一已足。

〔寅〕杯形　苗木长至三四年后，约有四五尺高；于每年花后，普通约在三月初旬，可开始均匀枝条。

（二）盆栽　盆梅之形，以自然姿态最佳，切忌人工之扎缚；若苏州之屏风梅，扬州之疙瘩梅，安徽四川之蛇游梅，皆为目不识丁之花匠所为，是谓之病梅，不为高雅人士所取；故盆梅以少用人工之扎缚，最为得宜，其栽培法如下：

【甲】翻盆　当花谢后，约于三月初，择一天晴之日，即行翻盆。全株自盆中拔起，略将宿土去除，且行整枝，依其自然之势，无用之枝一并剪去，剪口与干平，或留半寸许，上有一二芽已足；更随树干之姿态，以决定枝梢之形，若悬崖形者，枝梢亦当有倒垂之势，否则俗而无雅趣。整枝完毕后，枯根用快剪剪去；将根窠直晒干日光之下，一二小时后，面土已干，翻其阴面再晒，如日光强烈，共约四五小时后即可。

【乙】择盆　若求工作简单，管理便利起见，当择泥盆而栽之；不论盆之新旧，均须洗清晒干，则盆壁之细孔皆通，空气与水分即能自由透渗，且一切病菌亦可消灭。若对于栽梅素有经验者，则种于紫砂盆或瓷盆中亦可，惟灌水、施肥等管理，殊为不易耳。

【丙】用土　盆中用土，于来年腊月中，即宜准备；通常以醉河泥经冰冻而晒干，乃因河泥受冻后，黏质变松，须和以稻田泥（内不可混杂稻根，其中往往有白色害虫），醉河泥与稻田泥各半相和，天晴任日光、冰、霜等之打袭；如遇天雨，当移入温室中；土以愈干愈佳，二三星期后即可干透，害虫卵与野草子皆已死去；然后用三分孔之铅丝筛簸过，藏之室内或木箱中，以备应用。若无河泥，以稻田泥加三分腐殖土（即嫩草、枯叶、垃圾与米糠，经二年以上之堆积，久而腐烂，成疏松之土，晒干即成）。因腐殖土土质疏松，所用之成分不可过多，否则排水过于便利，灌水亦须加勤矣。

【丁】上盆　盆底有孔，孔之多少不定，每一孔需盖二三枚碎泥盆片或瓦爿，两片近

盆孔口，一大片覆于两片之上，恰将孔覆没为度；盆深者加土一二寸，浅者加土仅以遮没瓦片为宜；然后视树势而上盆，再加土，于根窠四周稍加镇压，使干不动，加土齐至盆口，低下一寸左右，以土覆没露面之支根为宜，不可过深；随即灌以腊月浓粪水，其中残渣固体物当去除，灌满盆口；若为小盆，如此浇以三次，大盆浇一次已足；务使全盆盆土皆能充分渗透粪水，否则日后灌水不能透入盆底，致有梅干干死之虞。

【戊】置所　择一向南通风之处，日光充足，地势高燥；盆宜置于同样之盆经合覆之盆上，即口着地、底向上而搁之；或置于砖上、板架上，高约离地一尺，务使地土不能因雨滴而溅至盆上；每盆相隔二尺左右，若地位小者，则使每盆之枝叶不相交错为度，大盆以二盆为一行，中盆以三盆为一行，小盆以四盆为一行；高大者列于后，矮小者置于前；植盆梅至千百者，行行相列，犹如军队之行列，颇为壮观；总之，置所能充分接收日光为宜。

【己】灌水　当第一次灌浓粪水后，则待盆面土发生龟裂（若遇天雨，当将盆移至花室内），如觉十分干燥，即充分灌水，俗称“还水”，使水全部抵达盆底，必须浇足，下次灌亦须如此，故不浇则已，浇则必求清水齐至盆口；水在浇灌前，须预储于大缸内，使盆土与清水之温度，相差无几时灌之，最为得宜。

【庚】管理　二星期后　老干即抽嫩芽，当达一二寸时，若有两芽相并而生，须剔去其不必要者；如盆土未白，不必灌水；待叶芽长定，若现黄而柔弱者，当施追肥（如腐烂人粪溺等），以辅助之；黄梅时期，乃孕花芽胚粒之际，盆土略带干，即灌水宜少；大伏暑天宜湿；秋天当以滋润为宜。叶落后，再施追肥（如人粪溺、豆粕、菜子粕，皆宜宿不宜新鲜），助其生花芽。若枝条生有不美者，略加人工之剪裁，以完成其自然美妙之态，如宋代名处士林和靖氏所谓“疏影横斜水清浅”之句，故盆梅枝条宜稀忌繁，姿势自然，是为得策。

【辛】病虫害　当嫩芽长至五六寸时，辄易生黑绿两种之蚜虫，吸收树液；另有袋虫蛀食叶片；树干则易生白色蛀虫，以致树呈凋萎之状。病虫害之防除法，详见上编病虫害及药剂配制法中。

直至农历一月后，蓓蕾怒放，一年之辛苦，至此可获得精神上之安慰矣。

第五项　品种

梅之品种，名目繁多，今择其著名而曾经予手植者，分为果梅与花梅两类，述之于下：

（一）果梅　以收果为目的，约有八种：

【甲】萧梅　又名消梅，为苏州洞庭山某庙之特产；又闻原产于浙之萧山，故名萧梅。果长圆而尖，形不大，质脆，味美，入口生津，若生啖橄榄然。半熟时，白头翁鸟最喜啄食之；此梅宜生食，诚果梅中之第一上品也。

【乙】大青梅　为杭州超山中麓（即半山）之特产；果实圆大，色青蒂深，脐大而正，核小肉丰，大多作蜜渍或糖渍之用。

【丙】猪肝红　原产于杭州；果实圆大，向阳部之色红如猪肝，余呈青绿色，熟时有裂痕，与大青梅相似，味甚佳，专作陈皮梅与桂花梅爿之用。

【丁】黄熟梅　果实圆而大，半红半黄，肉糯而鲜美，不特可生食，且可制梅酱。

【戊】小青梅　原产浙之杭州，又名珍珠梅。枝叶全绿，枝多横生，而成平盘形，花为单瓣，色绿，果形较小而呈翠绿色，可供蜜渍；花之用途亦大，与茶相和，可增茶味；尝推销至华北、华南及关外诸省，惟现今东北等地，恐无此口福矣。

【己】单瓣绿　单瓣绿花，亦供茶用，乃为苏州之特产珍品。枝叶皆绿，果圆而大，厥色翠绿，味美而脆，为蜜饯之第一上品。

【庚】大梅　为真如附近各村之特产，相传已有三四百年之久；果似大青梅而较大，味则更美。

【辛】雪梅　色微白似霜，味略苦，实大，晚熟。

果梅尚有新种及外国种十余类，但均未得相当之结果，故不列入。

（二）花梅　以观赏为目的，其种类甚多：

【甲】白梅　为野生种，俗称野梅，原产于浙东诸深山中，乡人移植而流传至各地。白梅乃由梅核发芽而成树，花五出，色白，瓣圆，萼红，花初开淡红，后变淡白，花头最大；其他梅之优良品种，皆由此种改变而育成之，果梅亦以此作为砧木。白梅花后，亦能结实，成熟期不一律，实小而核大，皮厚而味涩，不堪供食用，惟花最芬芳。

【乙】朱砂红　花有单瓣及重瓣之分，单瓣者花五出，重瓣者花朵硕大；自花初放至凋谢，色不变，红似朱砂，树皮显鲜红色，花期较白梅迟半月，实不结。单瓣者结实小而苦，不堪食；原产于四川、

◇ 白梅

◇ 红梅

安徽，故此种少见，甚为名贵，培养亦难。

【丙】骨里红　原产于苏州；色深红，花色至凋谢亦不淡，花重瓣，枝短；树骨色似红木，质亦坚，故又名铁骨红。

【丁】遮骨红　较骨里红为次；花含苞时色甚红，但待开足之后，花色渐淡。

【戊】送春梅　春末花放，故名之。花头大，枝红，当年新枝，长不逾尺；性喜肥，培植颇难，亦属名种。

【己】红梅　原产苏州洞庭山；花多重瓣，蓓蕾时色红艳，开足后，色淡少神。

【庚】绿萼梅　有两种，一为白瓣，花单瓣重瓣皆有，二为红瓣，花仅有重瓣；另有一种单瓣绿，即红萼白花。

【辛】玉蝶梅　有重瓣单瓣之别，花白而略带轻红，香甜可喜。

【壬】珍珠梅　萼绿，花单瓣，色淡绿，形小，原产杭州，为名种之一。花可入药，惟药肆中多以白梅庖代，其鉴别之法，若花梗瘦长而色绿者则属真品，否则为赝品；果亦可供食用，故珍珠梅为花果兼备之珍品也。

◇ 珍珠梅

【癸】磬口梅　开足似一磬，故名之。发育较缓，枝修短适中，花单瓣，色粉红，培植较难，故亦属名种之一。

【癸二】红点梅　花为单瓣，底白，上有点点红色，似洒胭脂然；枝略短，以红梅为砧木，否则瓣上红点消退，接枝以诱接法（俗呼过接）最妥。

【癸三】垂枝梅　枝柔如垂柳，品种繁多，因花色之不同，略共有一百多种，原产于贵州；惟土法栽培，品种日少，后传入扶桑三岛，经科学方法之栽种，育成之新品种乃日增。凡经予所手植者，有六十余种，花有单瓣红、朱砂红、单瓣绿、玉蝶、洒金等等，其中以浓红单瓣，色艳丽而香馥郁，最属名贵；若接枝于老梅之上，红颜铁骨，颇饶雅趣。

◇ 垂枝梅

第二节　樱桃

江南春酣，樱桃红绽，垂垂欲堕，娇冶多态，结实圆匀莹彻，色似赤霞，俨若绛珠，玉液芳津，甘溅齿颊，洵盘餐隽物也。

樱桃属蔷薇科之樱属，落叶乔木也。

第一项　性状

樱桃本生于山地，抗力甚强，生长亦速，性喜高燥，不甚喜肥，温和气候最适栽培之；然于暖地栽之，生育特旺，伸长甚快，因之枝梢柔弱，结果作用难期良好；但若冬季过于严寒，枝条每有冻枯之虞，亦非所宜；故温带之北部，为栽培樱桃之最适地也。

樱桃高有一二丈，花与叶同时发生，春日开淡红白色之小花，一花蕾中含有花朵四五，洁白如雪，香甜似蜜；叶圆而尖，边有锯齿，结子一枝数十之多。果实初呈绿色，后渐变黄色，成熟则色红而味甘，中有一核，颇堪供食；但果红熟时，须加守护，否则为鸟雀、白头翁所食无余也。节间有根须垂下，此乃为其气生根，设断其节，秧于肥土，即可繁殖之。

第二项　栽培法

栽培地之土壤，以砂质或砾质最佳，表土宜浅，排水更须佳良；栽植之距离，以二丈左右为标准；时期与桃杏大致相同。樱桃之整枝，以杯形最佳，每年须整治之，因樱桃树性不高，生长又速，枝宜稀，而以透风为要。花芽着生于当年新枝之叶腋，故宜以老枝修去，促生新枝；然新枝上梢，不能着生花芽，须加以适当之摘心，最为有效。入冬施以基肥一

次，若结实过多，则于收果后，再宜施补肥一次。至于繁殖之法，佳种专用嫁接，如枝接或芽接均可，但芽接之时期应较其他果木为早，因樱桃落叶期甚早，故于八月行之，扦插所得之苗木，仅作砧木之用。

第三项　品种

我国樱桃实不及西洋种，因国产者形小而味差，此乃墨守陈法，而不加改进之故；现今绍兴已有少数果园，改植美国种黑色樱桃，果呈心脏形，果中等大，初呈鲜红色，成熟时，果皮色紫黑，肉紧而微酸；收量甚多，树性尚强也。至若我国樱桃，亦有数种，果深红色，称为朱樱；果皮黄色，称为蜡樱；形小而红者，谓之樱珠；色紫而黄斑者，谓之紫樱；其中以蜡樱，味最美，余者少有人注意也。

第三节　杏

杏花先红后白，颜色虽妍，却少芳香；多植成林，极有风致，且照影临水，红艳出墙，故杏亦尤物矣哉？

◇ 杏花

杏属蔷薇科之樱桃属，落叶乔木也。

杏原产于中国，现今各省均有栽培。杏与梅虽酷似，但杏叶较梅为大；而杏实俱与核分离，梅实则与核密连不分也。

第一项　性状

杏虽不甚畏寒，但以和暖之处为宜，故黄河及长江流域为栽培之适地。叶为广椭圆形而尖，春日二月开花，瓣五片，含苞时色淡红，开后变白，娇丽而不香；性乔大挺生，根浅；果形圆大，五月下旬始熟，呈黄色，味甘美，可快朵颐；而杏仁之用途更为广大。

第二项 栽培法

栽杏之土质，不甚选择，惟忌卑湿低洼之地，而以砂质壤土最佳，取其排水便利也。若欲达结果丰盛之期，整枝须加注意，因其不定芽甚发达，恒生成不定之树形；故有特长之枝当剪截，否则树液渗出过甚，有碍树龄之经久，故整修树形以盆形最为相宜也。整枝之后，枝多横生，既能透射日光，畅通空气，而且结果良好也；每株距离以一丈五尺为标准，移植以十月至三月中旬最适，此为其休眠期内之故。栽活后无须灌水施肥，惟在开花或腊月中，当施以人粪、鱼汁，及家畜肠毛、浔猪汤或糟粕等腐熟肥水，因此等物富于磷质，可促生花芽；至四月下旬，每逢天晴之日，略施肥料，以补树势生长之不足，并有促果成熟之效。冬季洒波尔多液，预防病害之发生；交春后，若生蚜虫，可用烟精水杀之；六七月间有暗红色之毛虫，可捕而烧死之。四月后常生肥卷之红色枝叶，此乃为病枝，亟宜剪去。其繁殖法，多行嫁接，以野桃为砧木居多，或用野杏者，于根部接之即活；十年以后，结实达最盛之期也。相传种杏不实者，以处女常系之裙，缚于杏树上，便能结子累累，然则效否当待一试。

第三项 品种

杏之品种亦伙，但经予所手植者，有下列数种：

（一）上海大杏种　形最大，一斤只有四枚；皮薄，核小，味甘美，成熟期迟。

（二）山东胶州种　形亦大，皮厚略苦，核较大。

（三）西洋种　杏形尖长。

（四）天津二黄　形尖长，果之阳面红色，阴面黄色，沪地栽植不宜。

第四节 桃

清明时节，暖日烘晴，正夭桃盛放之时也。烂漫芳菲，色泽妩媚，若当晓烟初破，宿露未收之时，早起观之，綦饶幽趣；而红桃与新柳相互映发，则更别有一番佳致。东坡有句："万绿丛中一点红"，桃诚点缀韶华之艳品也。

桃属蔷薇科之樱桃属，落叶乔木也。

第一项 性状

原产于吾国，树势强健，结果甚早，性喜温和气候；极寒极暖之地栽植，殊不相宜。桃最忌低湿之地，故土质以砂质为佳，求其排水便利；若肥沃地栽桃，则结果延迟也。桃叶呈披针形，长有四五寸，边缘有锯齿；春日开花，花瓣之色不一，有红、白、淡红等；瓣数亦有参差，单瓣者五瓣合成，间或有六瓣者，重瓣者其数不定；前者结实可供食用，后者仅作观赏之用；花梗极短，着生枝上，叶亦同时萌出。果实外有茸毛，内有坚硬之核；成熟期有早晚之异，有夏月成熟者，有秋月成熟者，因品种而有不同；熟则带有红色，外观鲜丽，浆多而味甘，具有一种特殊之香味，远为他果所不及。桃畏烟煤，都市栽植不宜；生长极速，然树龄甚短，三数年后已成大株，而二十年后即入衰老之期矣。

第二项 栽培法

桃有地栽与盆栽之别，其栽培法亦稍有异。

（一）地栽　地栽之桃树，有观赏用及果实用两种，今分述于下：

【甲】果实用者　栽植宜稀，每株相隔二丈，其相间之隙地，可视当地情形，种矮小之作物，以补支出之费用。幼苗时施肥较多，成长后施肥宜少，否则徒长枝叶，而不结果实；通常于冬季施以速效肥料，如人粪溺等；开花期内，多施磷钾等肥；以促果实之成长，并可改进其风味；但肥料多施之后，果易脱落，故当年移植成长之桃树，结果累累，而未经移植之前，果反少生，由此可见多肥之弊也。倘有见果不生，而枝叶反形茂盛者，不妨以刀伤其干，使养分输送受阻，然于伤口处有桃脂流出，即须刮去；或将土填高一二尺，减少水分供给，亦为补救之法；或于根旁，堆积牡蛎壳，亦能促其结果，乃因牡蛎壳，富有石灰质，黄梅期中，并有阴凉之功。于伏天前后，桃之生长最为旺盛，所需水分亦甚多；若气候过旱，而水分又不足，致果实发育不能充分，形必小，故大量栽培者，犹须赖天时之调顺也。冬季须行整枝，枝宜疏稀，则当翌春新枝伸长后，不致相互挤轧；故先使主枝横生，以后分枝可能直生，然事实上，颇费手续，且难以育成，惟求各枝不相交错，已煞费苦心；故当将柔弱之小枝及发育特盛之强枝，一并剪除，而发育适中之枝，留长及一尺左右，最为合格。枝疏后，施以人粪溺即成。枝条一经稀疏，可得日光之透射，空气之畅通，病虫害当亦无法蔓延矣。树形以杯状或盆形最佳，高约五六尺，务使整枝、摘果、包袋等工作之施行，较可方便也。若预防病虫害之发生，宜洒石灰波尔多液，适期施行之，一在落叶后，一在花蕾未大时；然花开之时，切不可喷洒此液，有碍其授粉作用也。秋后落叶，

当全部扫集而烧之；耙松株旁土壤，使土受冻，病菌及虫卵亦可冻毙矣。花后结果，至三月下旬，可行第一次疏果，第二次当于四月中旬行之；待果实疏匀后，即可包袋，以防鸟虫等之侵害；但果实一经包袋，风味终不及未包者之甘美，窃以为管理若周密，袋以不包为妥。倘结实时，发生蚜虫，当速以烟精水扑灭之。

◇ 观赏用之桃花

【乙】观赏用者　重瓣桃花，不能结实，只作庭园观赏之用；虽有结实者，亦形小而味苦，不堪食用。其栽植之距离，整枝之方式，施肥之次数均无一定；但若加以适当之管理，则可着花繁密，观赏之目的已达；故观赏用者，管理较为简便，其他方法，均与果实用者相同。

（二）盆栽　盆栽之法，更较烦琐，管理亦须周密，今以其栽培法，述之于下：以二年生之苗自地掘起，将枝扎成各种型式，剪去小枝，而留其枝端二三芽，栽入盆中。土通常为稻田泥，灌以清水，施以浓肥，入秋九月，花蕾渐显；盆土宜带干，勿再令枝生长，以耗养分；此时有以棕线将直生之新枝，扎成弯曲之形，多乏自然之姿态，乃毫无艺术思想之花匠所为，俗不可耐，与病梅患同病；此龚定庵所以有疗治之愿也，故扎枝切不可任花匠为之。扎枝后时常施以粪水，以助花蕾之生长，至十一月下旬，置入高温之温室，以人工加温至六十度左右，至农历除夕前，已满树着花，以应新岁之点缀；但不耐久赏，即行凋谢，故此富有投机性也。若无人工加温之设备，则九月后即宜移入温室内，借阳光之照射，开花之期虽较迟缓，惟花耐开矣。当花凋谢之后，将株出盆，略曝之，经一日土已干；因观赏之时，大都移入室内，灌水较勤，而蒸散反行缓慢，水分即郁积其中；故当桃株出盆后，须曝干之。但此时芽已萌出，有损其发育，故上盆后宜剪除废枝，焦枯株当需剪去，并将旧枝均匀，于是任新枝自由生长；此时复达生育旺盛之期，入秋更生花蕾，再加扎枝，又经一年矣。

第三项　病虫害

桃易罹病虫害，乃因施肥过多，或空气不通，或地形低湿之故。若于四月初旬，嫩芽萌出，见有群蝇飞集，或叶呈卷缩之态，此乃受蚜虫之为害；须喷射烟精水或石油乳剂，而于

日光下行之最佳，且喷射一次殊难收效，必如此喷以二三次，使全数杀尽为止，盖若遗留少数，不几日则又复猖獗矣；因蚜虫每年发生三期：一在四月，一在六月，一在八月；而秋季发芽时，繁殖最速，故若不用药剂杀之，任其为害，当年之生长将大受影响焉。桃实易蛀，俗谓“十桃九蛀”，此为桃之果蠹，一年发生二次，于入春五六月，飞上桃果，产卵粒粒，旋孵化成幼虫，潜入果肉内，蚀尽一果，复加害他果；故包袋乃防止其产卵，或洒布硫酸烟精而杀之也。又干最易为蛀虫蛀入，如一见蛀屑，当寻索之，以铅丝钩入干内，即可钩出白色红嘴之蛀虫，体甚肥粗，当尽歼灭之；此外另一杀蛀虫法，最为简易，只须见有蛀屑，必获有蛀孔，以百部（中药名）塞之，当即药死。

第四项　繁殖法

桃之繁殖，以嫁接为主，播实仅供砧木及育成新种之用也。

（一）嫁接　嫁接可分枝接及芽接两种：枝接须有熟练之技术，否则成绩必欠佳；芽接最易活着，时期以落叶后休眠期内，约于八月中旬至九月上旬最妥，以实生桃苗作为砧木，将桃之佳种接于其上，活着容易；但二年内勿使结果，以免妨碍其发育也。

（二）播实　以桃核播种，养成砧木，其法乃取腐败或经虫蛀之桃核，洗净而贮藏之，勿使干燥；翌春二三月取出，以种子尖端向下，粒粒播之，灌足清水，日后防土干燥，需用蒿草等物覆之，旋即发芽，至四月中下旬，苗已生长，加以疏拔，施以人粪溺，来春即可供砧木之用矣。

第五项　品种

现今各国桃之新种殊多，难以偻计，而下列数种，为吾国原有之佳种，且经予手植者：

（一）上海水蜜桃　果形圆而大，直径有二寸左右，熟时果皮黄白色，多朱砂斑点，果肉色白，近核处色红，味最甘美。八月中旬成熟，收量中等，树势尚强；此种本为上海某园之特产，该园四周围以黄泥墙，故俗呼黄泥墙水蜜桃，后种流入浙之奉化、余姚等处，加以改良，果实变大，风味较逊矣；而原种日形消失，惟予真如园中尚栽有真种，为水蜜桃中之极上品，洵仅存之硕果也。

（二）龙华之蟠桃　形扁平，径约有三四寸，色白黄，外表甚美，而中多蛀，因乡民不知改进，任其自然，故龙华当地已无此佳种，而浙江反有之；此外如苏之崇明、启东诸县海滨之岛地，大加栽培，产量尚多，味亦甘美。

（三）离核桃　此桃与寻常不同之点，乃其核与肉不相连黏，如杏梅然；色白而红晕，肉脆，味甘，大如鸡卵，亦属佳品。

（四）肥城水蜜桃　为山东肥城之特产，而南方栽植不宜；果长圆，形最大，果肉淡黄色，九月上旬成熟，收量中等，品质最上。

以上四种，均为果实用之品种；以下十一种，均为观赏用之品种：

（一）寒红桃　花色紫红，单瓣，花开最早，故又称早红。

（二）寒白桃　花色纯白，单瓣，开花亦早，遂又称早白。

（三）晚红桃　花迟开，色火红，重瓣。

（四）晚白桃　花较寒白桃迟开一周，色纯白，重瓣。

（五）五色桃　花色大红，上洒白色。

（六）碧　桃　花形甚大，色白，瓣千重。

（七）大红桃　花大，色浓红。

（八）洒金桃　花瓣千重，瓣色红白相间，亦有淡红与正红相杂者。

（九）紫叶桃　花淡红色，瓣一重，叶色带紫，故名。

（一〇）垂枝桃　枝性下垂，色有浓红，纯白，红色，淡红色，花瓣千重。

（一一）寿心桃　花色有红白二种，瓣一重，亦能结果；树极矮，枝粗叶密，易罹蚜虫之害。

第五节　苹果

苹果古名柰，又名频婆；江南虽产，实小而风味不佳，不及北地所产之丰美。然吾国乡民只墨守陈法，致佳种日形滑失，或竟年年歉收；故现今果市上所充塞之苹果，多非吾国所产，乃均来自海外也。

苹果属蔷薇科之梨属，落叶乔木也。

第一项　性状

苹果性喜寒冷而干燥之气候；树身耸直，枝粗，叶青而大，叶面光滑，果圆滑，生青熟红；春日开花，芳香甚浓，果肉甘松，富有滋养成分。

第二项 栽培法

寒冷干燥之地栽之最宜，若温暖多雨，徒长枝条，花芽难于生成，易罹病虫害；栽植须选日光充足，空气流通之地，宜栽于向东南或西南之平坦地；又利用倾斜地，最为得策。土质须排水良好之砂质壤土。寒地于三月间定植，每株相距二丈四尺，并将苗木剪存三尺；每年略加修剪，育成杯形；落叶后，约于十一月间，可施基肥，而在来年六月下旬，乃施追肥之期也。春后每隔三四星期，除草一次，并使土壤疏松，促进肥料之分解。五六年后始能结实，若结实过密，须行摘果，每枝留一二果已足；摘后欲套袋，约于六月间行之；至采收前二周，须将袋除去，使果暴露于外，以增色彩。繁殖法专用嫁接，实生与扦插乃养成砧木之用；佳种须行嫁接；在苹果行嫁接，以芽接及枝接得活最易，尤以枝接用之最广；砧木多用海棠或野生苹果最宜。病虫害亦易发生，全赖事先之预防；赤星病为害亦烈，而最多为卷叶虫，于春时幼虫食害嫩叶及花蕾，待叶展开后，吐丝卷叶，虫体居其中，至七月上旬蛹化，后即羽化成蛾，产子于干上，当年孵化而越冬；此虫每年发生一次，喷洒砒酸铅可杀之，或用波尔多液能有预防其发生之效。

第三项 品种

吾国所有苹果之品种，形小而不易惹人注意，中形者，质量亦不佳，不能与国外之优良品种相抗衡；故现今吾国北地，多输入外国种：如瑞典之红魁、美国之红玉、法国之红绞、俄国之黄魁等，均属苹果之优秀种，果实圆大，色泽鲜丽，产量丰多，品质佳良，殊能受人之欢迎。

第六节 林檎

《花镜》云：林檎一名来禽，因能招羁众鸟来林，此其得名之由来。林檎花与苹果相似，开花期亦同；春日新花怒放，佳鸟满树，声色之娱，盛极一时；花后结实，甘美可口，故此木诚可珍重护惜。

林檎属蔷薇科之梨属，落叶乔木也。

寒地宜栽林檎，我国北方称沙果者即此物。春日发叶，尖卵圆形，边缘有毛状之锯齿；旋即生花蕾，未放时呈红色，开后变白而有红晕，故甚美艳；花谢后结实，初时色绿，夏

末成熟，色变黄，上有粉红之斑点；形如桂圆，犹似小苹果；味略有酸性，肉质亦硬；故今多食苹果，而林檎即属次要之果矣。

第七节 花红

花红为鲁省之特产，叶花均与苹果、林檎大同小异，若不见其果，诚难区别；学名详上林檎属。果形较苹果为小，色亦略淡，半黄半带红晕，味亦可口；病虫害之多，不减于梨，灭除之法亦与梨同。宝山县所产者，曾入京进贡；无心肉之分，内有核甚少，味最甘美，该树甚高大，合数抱，惟其地主人甚吝啬，不易求得该种，予转辗托人，求得一苗，惜战事爆发，未见结果，良可惋惜也。

第八节 海棠果

海棠能结果者，即称为海棠果，落叶亚乔木也。

树高一丈余，叶长卵形，质厚，边缘有微细锯齿；入春四月，枝梢抽出长花梗数枚；花淡红色，酷似海棠；花后结果如小球形，味甚甘美。

第九节 红殿子

红殿子，亦名红林檎，野生种，乔本。

此树叶细长，实有大有小，果皮全呈红色，肉质亦红，味甘酸而腴美，可久藏之。抗力甚强，堪供庭园中栽植，实成熟后，尤为美观；当秋季，他花寂少之时，此树叶已呈淡黄之色，而果实殷红，远望之，点点红霞，艳丽异常，实是庭园中不可少之点缀品也。

第十节 山楂

山楂果形巧小，色泽美艳，味兼酸甘；饭余酒后啖之，得益匪浅，盖有助滑化之用也。

山楂属蔷薇科之山楂属，落叶亚乔木也。

春日，山楂萌叶，花亦随新叶而开，花白色，数花集生一处，叶呈楔形，边缘有锯齿，干上生刺，尖锐刺人，高有四五尺；结实形圆，色有红有黄，有紫有玉色，蒂甚深，果脐有短须，径六七分，内含子五颗，味略带酸，生食与糖渍均可，并可入药。江浙诸山中野生甚多，惟果形极小，不及鲁省所产，乃因气候之故；而山东之大果种，多经嫁接，干独本，枝亦粗，而野生种多丛生，此乃管理欠周密也。山楂在沪地栽植，殊不相宜，因沪地多雨，或气候过热，易罹赤星病而死；若种以一二，则于夏季须盖帘箔，并时洒波尔多液，或可防病虫害之发生，惟结果仍难优良。施肥不宜人粪溺，而以菜粕或豆粕为佳，但施量宜少，因山楂多栽北地，不甚喜肥，否则徒使枝叶繁密，不易生果，反易罹病虫害；故江南栽植山楂，终觉不宜也。

第十一节　梨

江南春尽，梨花始开，莹白如玉，绰约多态，此时正多风多雨；梨花经雨，转觉姿媚动人，世以带雨梨花，比喻美人之泣涕，深为贴切。兹花更宜月下窥之，所谓“梨花院落溶溶月”是也。梨属佳果，味甘浆多，足以大快朵颐。

梨属蔷薇科之梨属，落叶乔木也。

第一项　性状

梨性喜高燥，不畏寒；叶卵形，而端尖，边缘生细小之锯齿，叶柄甚长；春日花与叶同出，花开五瓣，色白。枝多挺生，高三丈左右，但为采果方便起见，可将其枝弯曲，或剪短之。果实回形或卵形，因种类而异，表皮有小斑点，肉质甘美，夏秋之间，始告成熟；大小亦不一，野生者形小而味较次，经嫁接后，形大而味美。

◇ 梨花

第二项　栽培法

吾国之气候，甚适于梨之栽培；北地有北地之特产，南方有南方之佳种，故适栽北地之种，而栽于南方，品质变劣；但极热或极寒地，亦不适栽梨，故南如粤桂，北如吉黑，未

闻有梨之优良品种；故梨以长江及黄河两流域，为栽培之最适地也。梨所适之土质，亦因品种而异，北方梨，应选以排水良好而肥沃之砂质壤土；南方梨，则适于不过肥而排水便利之黏质土；地形均以倾斜地为佳。栽植时期，长江流域于叶落后行之，黄河流域以春季栽植；其距离以二丈左右最妥；栽植以后，当加整枝，其形亦因各地气候而异：北地降雨稀少，气候干燥，土质瘠薄，则不加修剪，任其生长，形成自然半圆形；但中部温暖地方，土质肥沃，降雨较多，每易徒长枝条，发育旺盛，难生花芽，故须加修剪，形成杯状；幼苗时，剪存二尺五寸高，上留六七芽，发育成新梢，顶枝留长至二尺五寸处剪之；其他各枝向四周斜出，并均匀之，务使各枝不相挤轧为度。北方若气候过燥，宜行灌水，以免旱害；而中部雨量本多，当筑水沟，以利排水。中部行修剪之后，于二月左右施肥，北地宜于晚秋行之；肥料如豆粕、人粪溺、草木灰等。结实过多时，亦须摘果，并加套袋；若野草繁茂，遮蔽日光之直射，且夺取土中养分，更助病虫害之繁殖，非时常除草不可；其时期以落叶后行之，收效最大。繁殖以嫁接为主，吾国通常以子出之杜梨为砧木，山野间，自生特多；枝接行于四月上旬，而江浙一带，宜于三月接之；芽接当于八月上下旬为最适。

第三项 病虫害

梨最易罹赤星病（俗称赤枯病），四五月间，发生最烈。初生时，梨叶生黄色小斑点，以后渐次扩大，被害部变成肿厚，其内有小粒，更形伸长而突起，而生灰白色之物，以后裂开而生无数淡褐色之胞子，此乃为菌类寄生；其第一代之胞子，先寄生于松柏等常绿树而越冬，入春另生小胞子，乃寄生于梨树上，故栽梨地附近，不可栽植松柏类，必先砍伐，以绝菌之根源；若虞梨发生此病，当用波尔多液，于开花前至发芽后，分四五次之洒布，亦能预防之，如已发生，则将被害部烧灭之。蚜虫亦易发生，而春季发芽时尤烈，初时蚜虫无翅后有生翅者，体呈绿色，形甚小，当喷射石油乳剂，或加除虫菊粉杀之。

第四项 品种

梨之品种繁多，吾国之品种，亦甚优良，但未加改进，每年产量有限，尚赖国外输入，以供需要，良可嗟叹。

梨大别之，有本国梨与西洋梨二种，今择其优秀种，述之如下：

（一）莱阳梨　产于山东莱阳一带；果形椭圆，果梗长，蒂深，果皮深黄绿色，上有褐色锈点，果肉柔软多汁，色白，味甚甘美，芳香极浓，为吾国梨中唯一之逸品。

（二）雅梨　产于天津，俗称鸭梨；果呈坛状，果梗细长，皮光滑，黄绿色，成熟时黄色，肉白色，亦有芳香，柔软多汁，亦属名种。

（三）西洋梨　品种亦多，市上所见者，多来自烟台，通称烟台洋梨；实为美国原产，译名呼客发梨（Kieffer），系美国人Peter Kieffer将吾国梨与香蕉梨杂交而成，后输入烟台，大量栽种之，成绩尚佳；果形甚大，果皮黄色，略有隆起，成熟时，阳面略带红晕，浆液特多，而质软，未成熟时，不堪供食，肉坚而涩，故采取宜早；若成熟后采下，易于腐烂，不能久藏。树高五六丈，叶卵形而尖，柄甚长，叶嫩时，上生软毛，花白色，瓣五片，花须作紫红色；此梨树最易发生病虫害，故沪地不可栽种也。

第十二节　银杏

银杏多生浙南，树多耸秀，木质细理，花夜开旋没，罕得见之；叶最繁密，片有刻缺，如鸭脚形，又名鸭脚子。实初青后黄，入秋皮肉已腐，剔取其核，洗净而干之。据闻花开甚速，电闪一白；又因壳白色，故得白果之俗称。霜后叶色转黄，映以丹枫，烂若披锦，秋林黯淡，得此生色；树龄久长，浙皖等省名刹古寺中，多数百年老木，历数代而长春，故又号公孙树。然如此高矗古树，心坚材直，易为电劈，所奇者当裂之为二时，仍能发叶茂盛也。

银杏属公孙树科之公孙树属，落叶乔木也。

第一项　性状

银杏树高挺直，叶似鸭脚，又如扇状，中有裂口，翠绿可爱，叶脉平行，叶柄甚长，随风摇曳，楚楚有致。春日随新叶抽穗，花甚小，有雌雄之别，雄花有短柄，呈穗状；雌花生于花轴之顶端，受精后结实，形如球，初青后变黄，核为白色，果肉不可食，而核仁可供食用，性甚强，培植亦易。

第二项　栽培法

银杏不论何地，均可种植；亦可用以造林，或作行道木之用；且其木材坚致，制造家具尤为出色。繁殖有分株及播核两种，惟分株所得之苗，生长较弱；故通常皆行播核，其法乃以每核相隔五寸，平卧土中，不一月即可发芽；此种苗经数十年，尚不结实，故有人误以

为雄性，实不然也。据闻：如接以一去年已结实之枝于其上，即能提早结果；予曾加试验之，于四月左右，行以枝接法，甚易活着，不过尚未见结果；此或因多强根而少细根之故，乃欲将其栽于盆中，俾增加其细根，惜因时局关系，未竟予愿；但予确信此法，可提早其结果，因核播之苗，生长旺盛，枝叶茂密，根亦粗强有力，深入土层而细根甚少，此时为其发育生长之特盛期；凡树木生长特盛，必能影响其开花结果之时期，或延迟，或竟不开花不结果，故须加以嫁接后，乃可抑制其发育生长，亦即提早其开花结果之期也。考《花镜》载云："其核有雌雄，雌者两棱，雄者三棱，须雌雄同种，方肯结实；或将雌树临水种之，照影亦结；或将雌树凿一孔，以雄木填入，泥封之，亦结；大约接过易生……"予于七八年前，亦作此试验，将各苗混种于一地，未见有生果者，故雌雄同种之说，不甚合理也；但雌树临水种之一说，或将雌树凿孔，以雄木填入之法，予信之不谬，盖此均系抑制其发育势力之理也。八九月时，果呈黄白色，风吹自落，或以竿击下，外有果肉包之；可贮于一处，三四日后，肉自腐烂，乃将草鞋，以果肉擦去（注意：刷肉时切不可直接手剥，否则能使手皮脱去），然后用水洗尽。即见淡黄色之核，干之，即成白果；惟不宜多食，以致有碍消化。

第十三节 李

李树之寿，略胜于桃；老枝亦能着花，洁白而繁，满遍枝梢，缟如积雪，璀璨耀目，入夜尤为明艳。唐代萧沨陈邦达氏于龙昌寺看李花，相与叹李有九标曰："香、雅、细、淡、洁、密、宜月夜、宜绿鬓、泛酒无异色。"洵为李之韵事也。

李属蔷薇科之樱桃属，落叶乔木也。

第一项 性状

李叶作长卵形，边有锯齿，参差不齐；春日三月中旬开花，色白而密，花梗颇长，三花相集而生，叶芽亦同时萌出；花后生果极繁，球形，入夏即告成熟，果皮光滑，核小；果色不

◇ 李花

一，有红、黄、青等；味亦有甘、酸、涩等，因品种之优劣而不同也。李性强健，对于风土之选择，不甚苛求；气候以温和为适，土质亦不论，但以砂质或砾质壤土最宜。树形不甚蓬勃，占地不大，但栽植仍以稀为要。

第二项　栽培法

每年九月至翌年三月初旬，除冰冻天外，均可移植，每株栽植距离一丈二尺左右；整枝之形以杯形最适，中长之果枝，一并剪短，可养成短果枝，结果即能丰多。冬季施以基肥，如人粪溺或河泥，他季不必再施肥；若结果过多，则在收果后，施以追肥一次；繁殖多行嫁接法，以实生之李为砧木，用芽接或枝接均可，枝接约在一二月中行之，芽接当于落叶后，即宜行之；若以桃为砧木亦可，惟树龄较短耳。接活后，俟其生长，略有定形，然后可行定植，初栽时距离可较近，以后则逐渐疏稀之。

第三项　病虫害

李以蚜虫最易发生，故自三月下旬至五月中旬，勤洒烟精，使蚜虫不能寄集；苟蚜虫不生，其他虫害亦可减少矣。当结果以后，可发现果形特大者，先告成熟，摘下食之，干枯无味，实中空，而似未有病虫为害之状；又有时发见叶片厚肿，形亦特大，色变淡绿而带灰，剥破之，则见如小蜘蛛之虫，潜居其中，此即所谓虫瘿病是也。十年以上之老李树干上易生灰白色之癣斑，亦为病征；当于叶落后，喷射波尔多液一次，十二月与正月初旬，续施一次，于果尽叶老时，再施一次，则可预防其发生。蚜虫自春发生后，直至七月，蚜虫又生，虽无多大妨碍，但对于翌年之花蕾，颇有影响，故此时亦须扑杀之。初秋干上发见蛀痕，当用尖刀挖入，以铅丝钩出白色之虫卵，或以百部药屑塞之最有效力；否则翌年虫孵化后，蛀蚀干之中层，将不堪收拾矣。六月时，发生红毛虫，亦宜注意扑灭之。

第四项　品种

李之品种亦伙，今择其名种述之于下：

（一）潘园李　此为桐乡唯一之名果，实小而形不正，色绿中带黄斑，蒂特深，肉质硬性，味为其中最美者；惜该地乡人不知改进，产额日渐减少，而更觉稀贵矣。

（二）槜李　树性最强，枝粗而短，叶大而繁；果形最大，味甘似蜜，核小而浆多，皮甚薄，成熟时，破其皮，用口吸之，能将果中之甘汁吸尽，仅余果皮与核而已；又因形略

带扁平，蒂深，底有爪痕，相传谓西施之指甲所化，故有芳香之味云。果色初呈绿色，后由黄而鲜红，成熟时，变成黄质红斑；市上常有以赝鼎充真种，但辨别之法，以实扁，底平滑，而有指爪纹者为真品，否则系为鱼目混珠之伪种也。

（三）夫义李　又称嘉庆子，别名柰子；枝细而长，叶狭而稀，果形亦大，肉质略脆，皮色青，外有白粉，肉质鲜红；此果不宜多食，因肉质强涩，难以消化也。

（四）黑叶李　此为美国种，叶黑色，果圆大，味甘汁多，我国尚少见之。

第十四节　覆盆子

覆盆子，浙江山野中，随处有之；春初开花，五月实熟，蒂绿果红，梗细垂长，随风摇曳，令人可爱；送之入口，质软如浆，味亦甘美，山乡之佳果也。吾国尚少有专业栽培者，而欧美各国栽培颇盛。覆盆子即树莓，又名木莓，《花镜》载云："西国草，一名堇，一名覆盆子。"盖一物多名也。

覆盆子属蔷薇科之悬钩子属，落叶灌木也。

第一项　性状

覆盆子，性丛生；春日发芽后，顶梢抽出结果枝，着生花芽。三四月间，开白花，花冠五瓣；枝叶有刺，高可五六尺；叶呈分裂掌状，裂片三五，边缘各有缺刻锯齿，叶柄甚长；花后结小果，红色，圆心脏形，外披有细核，核小似芝麻，与草莓极相似；可供食用，或入药。秋末，枝即枯死，而根株能年年于春秋抽出新枝，故有新陈代谢之作用。

第二项　栽培法

覆盆子宜栽于气候温和而稍阴凉之处，土质则不甚选择，但以略带黏质壤土为宜。栽植时，每株相距三四尺，并将顶梢剪去。入春，可分生侧枝，伸张不使过长，至冬，并将侧枝梢亦剪去，来春侧枝可发小枝，即能结实；结实后之枝，入冬必枯死，故果实收后，及早于基部剪去，以助新芽之萌生，但新芽宜留强者四五本。施肥于冬季，取腐熟之堆肥，施于根际即成。繁殖可行分株。抗力甚强，甚少病虫害；生长亦速，培植极易，庭园中栽之最适。结果过多，枝即倒亸，须以竹竿扶直之；果实味甚甘美，食时有析析声，乃因细核之故；食之功能敛尿，大有益也。

第十五节 国贡

国贡与覆盆子甚相似，亦为山中野生，而国贡形矮，仅有一尺左右，易于蔓延；花开亦同时，色白，枝短小，结果甚密，故形略小；中空而有一洞，采果时可以茅草串连之，如同念佛之珠，或如清代之朝珠；厥色鲜红，味较淡，培植亦易。果实浸于高粱酒中，久之即成国贡酒，风味浓馥，大可一醉。

第十六节 刺棠苹

刺棠苹野生于浙江诸山，与覆盆子同科同属，故性亦相近。花五瓣，色白，三月中旬开放；花后结果，长约寸许，形如石榴，外生细毛，实中有子；食时，去其外毛，洗净细子，中层之果肉可食用，味甘美可口；山童视为恩物，常朵颐大快，惜都市中人，无福享受此物也。

第十七节 鸟红

鸟红与覆盆子同科，树形较矮小，果亦小形，惟味较覆盆子为美；培植及繁殖，一如覆盆子；栽于花坛之端，最是相宜，果成熟时，甚为美观，其蒂绿而果红，迎风摇曳，楚楚可人。

第十八节 葡萄

葡萄，北方名产也，南方栽植，难收佳果；然构架牵藤，叶蔓纷披，暑夕坐其下，颇有清意。

葡萄属葡萄科之葡萄属，落叶藤本也。

第一项 性状

葡萄蔓性，茎木质，节生有卷须，缘物而上攀。叶掌状而五裂，嫩叶生软绒毛，老时平

滑；入夏，于当年之新枝上，叶腋抽出花穗，花甚细小，色淡绿，花五瓣，顶结合，不见开而落，故花不足观赏；但果实多浆，味甘美，及秋成熟，形成串状，大者一串有五六十粒以上，颇为美观，香气清澄；果形有圆及椭圆形，皮有绿色者，有紫黑色者，因种而不同；性喜高燥，肥亦乐受。

第二项 栽培法

葡萄宜栽于气候较凉而干燥之处，开花期间，降雨宜少；果实成熟期间，气候以温暖为宜，则可使品质甘美。土质宜排水佳良之砂砾土或黏质土，土中若富有石灰质尤佳；平坦地气温易高，故不及倾斜地之有利。其繁殖通常用扦插，但近年来，求品质之改良，或预防根瘤虫之为害，而行嫁接法。扦插之枝长约八寸，江浙一带，于三月中旬行之；嫁接用芽接或枝接均可，接活后，将接口埋入土中，俾接枝亦能发根，则可免受虫害而分离也。秋季十一月左右，可行栽植；然葡萄须有架，任其蔓延，而架形无一定，株之距离亦无一定也。

（一）平棚形　棚用木柱或水泥柱，高有五六尺，约与人高，便于管理也。四角栽株，每株相距一丈左右；桩须向外斜出，乃以二分粗之铅丝系于桩上，经中部各桩，而至他端为止；纵经铅丝外，再加横行之铅丝，于是纵横相交成正方形；网眼间再加细铅丝，每隔二三尺加一线，即成。

（二）斜棚形　斜行之山丘田用之，或低洼之地，或利用小河之两岸，均可；桩打于河中，高出地面六尺左右，岸上桩高四尺左右，不特可防水害，虫害亦可减少；惟此种河以东西长者最佳，铅丝扎法如前。果熟时，驾一小舟而采收之。

（三）墙垣形　垣筑于畦间，每株相距一丈五尺，每畦相间六尺，每株立一木柱，长约八尺左右，柱打入土中二尺半，如是得以坚固，地上高约五尺半，木柱上架以二三道铅丝，即成。

栽植葡萄宜疏，务使枝叶充分透射日光；并行修剪，修剪有长梢修剪及短梢修剪两种，均于冬季十二月后至二月前行之。长梢乃指特强之枝条，剪存八九节，每隔五尺留一条；枝条三年后即能结果，但下年同处不再生之，故在一定位置上，欲长久维持结果，势不可能，故年年须加修剪焉。长梢修剪乃使其发生结果枝；短梢修剪即以短枝留以二三芽即成；故主干上又宜多分细枝，留以一本粗枝，而达棚顶，再分三四枝，向四周蔓延；切勿吝于修剪，致枝叶密生，而生果反少；四月中旬果已成长，当将近果处之枝梢剪去，俾集中养分

于果实中；但剪时宜求适中，若过早则枝梢已生花蕾，过迟则枝条延长而徒耗养分；总之，此种修剪，为使日光能直射果上，不为枝叶所蔽也。施肥可防来年结果之弊，而使果色鲜丽，甘味丰富，故肥料须有氮磷钾三种之成分，于十一二月间施之，离株之四周三四尺处，掘畦埋入肥料，或遍地撒之。五月初旬，果已长成，但大小不匀，当将过密或过小者，摘除之，俾使其成熟一致，并增大果形；故此项工作于收获上大有关系，万不可省略也。害虫大半发生于果将成熟之时，而挂袋可以预防，通常于七月间包之，袋用新闻纸制成，或用模造纸更佳。

第三项　病虫害

葡萄病害中，最常见者为露菌病；茎、叶、卷须、果实因温度高，湿气重，而发生白色细毛状之霉，表面生有淡绿色或黄之斑点，后变成褐色，以致落叶；果实一发此病后，即干燥而坠落；而在降雨阴湿之气候，蔓延最速；春季发芽时，宜用波尔多液预防之，并宜早挂袋为要。葡萄根瘤虫寄生于根部，加害细根，有时出地而害叶片；此虫一年发生数次，若发生剧烈时，叶萎黄而落下，惟由嫁接法可防除之；或穿孔入土，埋入烟草粉或硫黄粉亦可。

第四项　品种

葡萄为全世界大量栽培之果木，故种类有数百种之多，大别之，有欧洲种、美洲种及本国种，今择予曾栽植者，述之于下：

（一）水晶葡萄　果大而长，色灰白，皮略透明。

（二）龙眼葡萄　叶大而不厚，叶柄青色，叶面有光泽，毛茸极少；颗粒圆大，初微红色，后变浓紫红色，皮厚，可耐久贮藏；收量尚多，九月下旬成熟，品质上等，为吾国最普通之栽培种。

（三）牛奶葡萄　叶大而长椭圆形，浅绿色；九月中旬成熟，果大而甘，收量多，品质极上。

（四）玫瑰葡萄　果大，椭圆形，紫红色，味有玫瑰香，九月上旬成熟，品质亦极上。

第十九节 核桃

核桃又称胡桃，相传汉武帝遣张骞通西域而始输入，距今已有二千余年之历史矣。

核桃属胡桃科之胡桃属，落叶乔木也。

核桃树高二三丈，春初抽叶，形颇颀长，约有四五寸；三月开花，花穗黄色；至秋天结实，初呈青绿色，酷似青桃；熟时，烂去皮肉，取核为果，吾人所食者，乃其核仁也；中有隔膜，宛如猪脑，多襞褶，内皮味苦，宜脱皮而食之，芳腴可口。

核桃宜栽于气候干燥而稍凉之处，吾国北部数省所产者，壳薄多肉，南方产者不及之。土质以排水佳良之肥沃黏质壤土为佳；每株四方相距二丈五尺；整枝取其自然形，冬季将其枯弱枝及密生者，付诸剪去；栽植后六七年，始能结实；秋季以竹竿击下果实，浸于水中，再堆积室内，半月后，果肉腐烂，洗净晒干，当落日果冷后，方可收入；因果受热，壳即裂开，若一经耙动，壳即裂而不合，偶若贮之，易变油胡桃而不堪食。繁殖多行播实；予曾于春初，向南货铺中，购核桃数枚、插入肥松土中，深约二寸左右；尖端即为生根发芽之处，若不能辨明之，则平卧土中；灌足清水，至三月初旬，只有十之二三能发芽抽叶，当年苗即大似指粗，高有尺许，三四年后有丈余，但十余年未见结果。予见南翔某氏园中亦种核桃，有大亦有小者，均能结实累累，细察之，均经嫁接；故欲得优良品种，自以行嫁接为是。

第二十节 无花果

《花镜》云："栽植无花果，其利有七：一味甘可口，老人小儿食之，有益无害；二曝干与柿饼无异，可佐闲食；三立秋至霜降，序次成熟，可历三月之久；四种后成长甚速，次年便能取实；五叶为医痔胜药；六霜降后，如有未成熟者，可收作糖蜜煎果；七得土即活，随地广植，多贮其果，以备岁歉。"无花果有此七利，故山氓都种植之；庭园中略栽一二，亦无不宜。

无花果属桑科之无花果属，落叶灌木也。

无花果高有七八尺，但以四五尺高者，整治采撷，以及修剪，莫不称便；叶面粗糙，形大，三裂或五裂互生；名虽无花，实有小花，隐于卵囊状之花托内，呈绿色，生于叶腋间；

不易为人发见，待果长大，始为人见，因以无花果称之。入秋果成熟，长卵形，长寸余，头尖，外无壳，内无核，皮暗紫色，亦有淡黄色者，肉赤紫色，质柔软；生食有酸味，故多蜜饯而啖之。性喜温暖气候，南北均产；栽于肥沃黏质土，生长最速，抗力甚强，培植极易；春初将枝剪段扦插，颇易活着；或分株亦可，秋冬间栽植，每株四方相距一丈，冬季并将瘦弱无用之枝，尽量修剪，俾成稀疏；然后施以肥料，不论何种肥料，均可施用，来年生长旺盛，结果必丰；树干易被虫蚀，且多位于地面之干根，久则干槁枯，故一见蛀屑，即宜剔捕之，否则有碍树之生机也。

无花果大别之有两种：

（一）果皮紫暗色者，性最强，生果最丰，酸味较烈。

（二）果皮淡黄色者，收获较少，售价倍蓰，质量亦良。

第二十一节 柿

世传柿树有七绝云："一长寿，二多阴，三无鸟巢，四少虫蠹，五霜叶可玩，六佳实可啖，七落叶可以临青。"诚言之不谬也。柿烂然殷红，甘美可啖，树大而多实，亭亭耸矗，郁然成林也。

柿属柿树科之柿树属，落叶乔木也。

第一项 性状

柿树高有二三丈，舒叶较迟，春末始发，叶卵形而端尖，淡绿色，叶柄短，带毛；夏初开花，花瓣作冠状，色带黄，有雌雄之分。雌花于花后结实，形硕大，有扁圆形或椭圆形两种，味有甘有涩，肉有坚有软；成熟时果呈黄赤色，闪闪有光，美丽悦目，令人垂涎不置。

第二项 栽培法

柿宜栽植于气候湿润之处；种有甘柿与涩柿之别，前者在树上成熟，采而啖之，即无涩味，后者须经脱涩后，始可供食；甘柿喜温暖气候，涩柿耐寒力较强；土质以黏质壤土而能保持相当湿润者为佳，砂砾土则有碍果实之发育，且有落果之弊。江浙一带，于秋季栽

植，每株相隔二丈许；树形以自然杯形为最适；枝条过于密切或下垂者，均宜剪去，他如强枝或直立枝，亦应去除。树高有一丈左右，形成半圆形；二月下旬可行修剪，使枝条疏稀；本年已结果而衰弱之枝，可自基部剪去，强壮者可留之。柿树幼小时，生长极其迟缓，然树影甚长，致有间年结果之弊，惟有施肥一法，可补救之；初期施以人粪溺、豆粕等氮质肥料，促其生长，六七年后，渐次结果，多施磷质及钾质肥料，如鱼肥、骨粉、草木灰等；至间年结果者，乃因结实过多所致，应多用钾质肥料，当可避免此弊，或摘去过多之果，于六七月果实尚小时行之；大果种，每枝留一果已足，小形者，可留二三果。病虫害繁多之处，须加袋套之，通常以不套居多。涩柿非经人工脱涩不可，人工脱涩普通用稻草灰，凡储一周，即能脱涩，果肉亦变柔性；亦有用温水浸一晚者，另有用石灰水法，但此两法所得者，果肉仍硬性，故不及稻草灰法之优良；或以芝麻之梗，插入蒂傍一寸许，较草灰尤速；或用楝树叶层层堆之，亦有成效。繁殖概行嫁接，于二三月间行之，以野柿为砧木；嫁接后，如至五月初旬，未见发芽，而枝尚绿者，仍有望也。凡柿须经嫁接三次后，始能无核，风味更佳。桂省产柿亦盛，制成柿饼，行销各省。

第三项　病虫害

柿树之抵抗力虽甚强，若栽于低湿而空气不通之处，病虫害亦难免也，其中最普遍之病虫害，约有下列数种：

（一）落叶病　六七月左右，叶片初生小点，后变为不整形黄点，剧烈时，叶即落下，果亦继之而落；事前喷波尔多液可预防之，并注意排水，自能避免此病之发生。

（二）黑星病　叶片上生灰黑色小斑点，后渐次扩大，变成黑色，叶卷缩而变形，枯死而落下，梅雨期发生最多，叶柄果实均受其害，损失殊大；故发芽时及生花蕾时，均须多喷洒波尔多液以防治之。

（三）炭疽病　新枝上发生小圆形之黑斑，梢形凹陷，中央龟裂，旋即枯死；当叶部发生时，卷缩萎凋，果实上亦生小斑，未及成熟，已变黄红色而落下；防除之法，除将被害部烧却外，可洒布波尔多液预防之。

（四）角蜡虫　扁圆形，紫红色，外包有白色蜡质物，黏着于枝叶上，吸收树液；其他果树亦能加害；一年发生一次，可捕杀之，初发生时，喷射石油乳剂有效。

第四项 品种

柿大别之，有甘柿及涩柿两种，吾国种多涩柿，日本种多甘柿，乃风土之异也；品种繁多，惟择其著名者，述之于下：

（一）铜盆柿　浙之湖州盛产之；果形扁圆，皮红黄色，有光泽，中无核；十月中旬成熟，产量多，肉丰而味甚甘美，品质最上。

（二）莲花柿　原产于山东；果近方形，形中等，果皮淡橙黄色，蒂稍凹；风味品质极佳，收量较差。

（三）磨盘柿　又称平柿；扁圆形，果极大，皮橙黄色，九月下旬成熟；收量丰多，品质上等。

（四）金钵柿　亦为浙江原产；球形，果中等，皮朱红色；收量极多，品质甘美，亦属上品。

（五）方柿　浙皖两省多产之；形略带正方，色青中带黄，柿霜甚浓；市上多于未熟之时出售；性硬而甘涩，削皮而食之，尚有甘味；此种为柿中之形最大而量最重者。

（六）野柿　山中多野生，叶小而卵形；子极多，不堪作食，当实未熟之时，捣烂可作柿漆；其本则可作砧木之用。

第二十二节 杨梅

江南诸果中，杨梅亦素有名，洞庭山盛产之；入夏杨梅成熟，垂垂枝头，色泽紫红，引人注目，啖之亦足消暑。

杨梅属杨梅科之杨梅属，常绿乔木也。

第一项 性状

杨梅叶长似夹竹桃，质甚厚实，表面革质，平滑而有光泽；春日开花，花亦小形，有雌雄性；雌花结实呈球形，上有乳头状突起，中有小核，坚而硬，小暑前成熟，色有紫、红、淡红、白、黄之别，因种而异也；味有酸甘，堪供食用。

第二项 栽培法

杨梅性喜温暖而湿润之气候，吾国中部南部均有栽植，而以江浙两省最盛；更宜于山坡之东北二面栽种之。土质以砂质而略混有石砾者为最佳；移植只可于春季三四月间行之，若秋后移植，因树性畏寒，多有冻死者。栽植时，每株相距二丈见方，西北二面尚须有常绿树林，作为其防寒物，以免西北风吹击，否则秋后萌发之强枝，大部将被冻死。地形宜高而湿润，故在梅雨及秋雨季中，发育最盛，夏季则枝叶每易焦枯，或发育不佳；故初经移植之苗木，于初种二年内，若遇天旱，须行灌水。枝条发育尚感整齐，无须特殊之整枝及修剪；肥料以豆粕、人粪溺、草木灰等，分二期施入，一在冬季一二月间，一在果实采收后行之；亦有于秋后，以马粪或砻糠灰等，壅于株旁者，既可保暖，又增肥分；直至三月初旬，将其耙去，可使根土透射日光。树性强健，病虫害尚少发见，但宜栽于山地，平地栽植殊不宜也。果有酒性，多食能使人醉，少食能助消化；但果自树上采下时，不可遽食，因果面有乳状突起，性硬，食以三四颗，口中即皮破血流，不可不知也；故须先将果盛于篮内，徐徐摇掷，使其突起物稍破，再用淡盐汤洗过，然后食之，自甘美可口矣。

第三项 品种

杨梅之品种，果形宜正圆，其乳状突起以圆滑而质软者为佳，刺尖者，多啖易伤口舌。杨梅各地均产之，品种亦繁多，而以萧山、洞庭等地，所产者尤著；洞庭山产者，色紫而刺圆，味甚甘美，惟易腐烂，不耐久藏；萧山之大叶青种，色紫而尖刺，形椭圆，品质上等；苏州光福所产者，亦属上品；又上虞所产之白杨梅，扁圆形，色白，形小，味亦甘美。

第二十三节 橄榄

橄榄为闽粤之佳果，其树挺矗常绿，花攒簇成球，果实青碧可爱，故又名青果，啖之，回味极美；吾人常于新岁伊始，列诸茶盎，以献嘉宾，称之为元宝茶，以为得利之兆也。

橄榄属橄榄科之橄榄属，常绿乔木也。

橄榄本生热地，若于京沪一带栽植，入冬易枯，非入温室不可，欲其结实，殊难也。树形高大，叶复生作羽状，各小叶呈长椭圆形，长有二三寸，阔约一寸，叶脉极细，色深绿，叶柄色淡黄；花作穗状；果卵形，黄绿色，微带黄晕，内核坚硬，两端尖锐，内有核仁，颇

为细瘦。果于九十月间告熟，若树高五六丈，大可合抱，架梯采摘，殊为不便；则于离土之根处，凿一小孔，去其皮，长可二寸，阔有寸半，孔深二寸，塞以食盐，再以皮钉上，翌日树上橄榄，可尽行落下矣。予曾将橄榄核，于春时播入土中，先出二片子叶，分披左右，旋即发出嫩叶，作披针形，但日后萌出之叶片，仅长五六寸，发育不甚速，冬季尤畏寒，虽移入温室，叶仍易焦枯，种五六年，尚不及六尺；予于是知栽植盆中，生长自缓，若于热地栽种，生长必甚速也。

第二十四节　石榴

仲夏之时，卉木已老，绿叶成荫，而芳菲渐寂中，榴树着花，烘晴映日，灼灼艳艳，可谓绚烂已极。果作球形，黑斑殆遍，秋中成熟，辄自行破裂，内列子肉，粒粒绯红，排比整齐，状甚可爱。

石榴属安石榴科之安石榴属，落叶亚乔木也。

第一项　性状

石榴树高一二丈，叶绿而狭长，平滑而有光泽，花单瓣者咸结实，重瓣者多不实；花有红、有白、有黄、有洒金、有玛瑙色等；故重瓣者多供观赏，单瓣者花实兼用。实大而坚，内分千房，外包一膜，味殊涩，肉少核大，味甘而稍带酸意，尚堪耐人咀嚼；惟与桃梨等相比，则不若远矣。

第二项　栽培法

石榴宜栽于气候温和之处；稍寒之地，亦可种植；土质以黏性砾质土最佳。性喜燥，畏湿；当开花结实时，忌有重雾，否则花实尽落。石榴多作地栽；而枝干苍老者，可作盆栽，以供赏玩。地栽者有花可观，有实可啖，既饱眼福，又饱口福，两得其益；地栽每株相距四五尺已足，树形半圆，枯弱枝条悉行剪除，结果过繁者，宜行摘果；肥料于冬季，施一次已足；若单瓣榴，栽植多年，不见结实，当以乱石块镇压之，即能结实，盖因石榴树多细根，少支根，凡土质疏松，树形过大，致为风吹动，故树多不结实。盆栽以形矮，而枝柯有老态者，始称上品；若嫌枝叶繁多，可加修剪，根际有萌生之强枝，立即齐根剪去，否

◇ 单瓣果石榴花

◇ 玛瑙石榴花

则主干枝叶日渐萎缩；及冬，盆浅土少，当埋入土中，既以防冰冻，兼可得地气之助，施肥较地栽为多，因盆土有限，以肥补给其养分，枝条始能茂盛，花亦密生；盆中结实不宜过多，免耗养分，若结实有三四枚已佳；如有强枝，不需要者剪除之，而以不碍树之美姿为目的。

第三项 品种

石榴之品种，因花色及花瓣之多寡而有别；花色有火红、纯白、粉红、淡黄、玛瑙、纯紫、红瓣白边、白瓣红边等等，多属重瓣，难以结实。然玛瑙色者，亦能一二结实，且果大而味甘。红及白者，除重瓣外，尚有单瓣者，均能结实；其中以果皮淡黄色者，称为雪子，形较巨，味最甘美，予真如园中有之，石榴中之上品也。另有一种并蒂榴，枝梢生花两朵。四季榴，花开最久，自夏开花，旋即结实，入秋后又开花，与夏实并垂枝头，大可一玩也。重台榴，花心之瓣多而密，作隆突之状，如起楼台，花多红色，形大而色艳。千代榴，花小而红，花期甚长，自夏及冬，络绎不断，实小不堪食。海榴，花蒂均作赤色，多单瓣，花蕊呈密黄色，明艳秾美，亦异品也。

第二十五节 枣

枣树枝柯劲拔，花虽细小，而厥香清幽，轻风飘拂，馥郁如兰；结实满枝，青红相间，熟则自堕，酥软味甘，且有滋补之效。

枣属鼠李科之枣属，落叶乔木也。

第一项 性状

枣树高有二丈余，木质坚细，可供器用；枝略有刺，叶长卵形，平滑有光泽，边稍有锯齿，发叶较迟，至夏初始出；花随叶开，花形细小，黄绿色；花谢结果，秋初成熟，生时色青，熟则转红，形椭圆如小卵，味醇甘可口，堪充果食。

第二项 栽培法

枣树吾国自古已有栽培，历史亦甚悠久，而以燕鲁二省，为全国之冠。性最强，既不畏寒，又能耐寒，故其栽培之区域甚广，自南至北，均有栽植。土质亦不择，但卑湿之地，亦属不宜。栽植以秋末落叶后，行之最适；生长甚缓，故苗育成后，先于圃内栽培三四年，俟其五六尺时，始可定植，每株相距六七尺已足，任其自然生长；果多结于当年生之新枝上，故新枝宜多留之，而老衰或过密之枝，均宜剪去为妥；主干不易粗大，四五十年者，干直径不及一尺，然寿命甚长。根之蔓延颇速，丈高者，其根已窜至丈外；肥料不论何种，均可施用；因其根远生，故肥料不应施于近干之处，而宜遍地洒布，再耕入土中，始有大效。根若遇阻受伤，即生小苗，秋后可掘起而分植之；然优良种宜行嫁接，当将分株所得之苗，作为砧木，于四月中下旬行以嫁接法，但活着较难，须有高超之技术，始可奏效。

第三项 品种

吾国枣之出产极伙，各地均有佳种，今择其最佳者述之于下：

（一）苹果枣　山东乐陵所产，品质上等，形圆色紫，大小中等；果生时粉绿色，熟变紫色，肉浅绿色，核小几无，味甘，八月下旬成熟，收量极丰。

（二）大枣　浙江义乌所产，品质亦优，形椭圆，色黄绿，微带褐色，肉白绿，质松，七八月前后成熟，收量亦多。

（三）酸枣　河北所产，果小肉丰，枝软叶细，小而光滑，可入药用。

第二十六节 栗

山坡延衍，宜种栗树；大者一树，能占地面十余方；结实繁多，外密生芒刺，锐利而坚新秋实成熟，其房自裂；剥壳而啖之，芳鲜无匹，兼有香气，秋日之佳果也。

栗属壳斗科之栗属，落叶乔木也。

第一项　性状

栗生于山地，高有四五丈余；叶长而尖，酷似桃叶，边缘有深刻锯齿；入夏开花，色青黄，花轴颇长，有四五寸许，缀于叶腋；花小，单性，有雌雄之别，雄者花轴长，雌者花轴短，常三花集生，受精后，雌花结实；实外有总苞，内含果二三，果皮甚坚，外为一囊状之壳斗，遍生尖刺，以为保护，并所以防鸟兽之侵害也；实熟，壳自裂，果亦出，干而食之，甘芳适口。此果松鼠最喜偷食，可以捕鼠笼诱捉之。

第二项　栽培法

栗宜栽于气候温和而稍冷之处，故北地较南方为盛；土质不择，但以砾质壤土为最适；倾斜地栽植，尤为得宜；江南于冬季移植，北方于春季行之。初五年内，每株相距五尺，五年以后，一丈一株，最后每株四方相距三五丈；其中过密之株可移植他处，或作材料；但十年以内者，不堪作材，此时已能结果，故宜移植，以增收量。树形以自然杯形最适，每年略加修剪，使枝疏稀；若本年结果之枝，呈衰弱之状，宜自基部剪除，否则听其自然。肥料不论何种，均可施用，于冬季施之最佳；繁殖于乡间，多用实播种，生长虽速，然难以结实；若将已结果之枝嫁接之，二三年内，即能生果；如欲保持优良种之固有品质，亦宜嫁接；通常以野生栎树，作为砧木。栗树行嫁接，活着最难；接时手术务求迅速，技术须高超，使接口两相密切；然后再缠以麻皮，并封以接蜡，以防雨水之侵入。

第三项　品种

吾国栗树，品种尚不多，其中以良乡栗最负盛名，宜兴栗次之，今分述于下：

（一）良乡栗　栗形最小，圆状，皮色浓；十一月下旬成熟，收量中等，实多而甜，品质最上。

（二）宜兴栗　栗形中等，亦作圆状，皮色较淡；成熟亦早，十月下旬已登场，收量丰赡，品质上等。

（三）浙江块栗　栗形最大，每苞能生五栗，皮色深褐，味不甘亦不香。

（四）珠栗　栗形最小，大如青果，每苞独粒；采收后，以筐贮挂檐下，风吹而干，称为风珠栗。其味之美，甘香兼有，实山乡之珍果；此种为浙西新嵊及奉化等邑之特产也。

第二十七节 枸杞

枸杞多野生，溪畔池边，以及壁隙墙角之间，皆有其迹；年久根古，虬曲多致，子实殷红，垂垂若珊瑚，颇堪盆玩。

枸杞属茄科之枸杞属，落叶灌木也。

枸杞之分布极广，吾国各地皆有之；枝干纤细，根深入地层，日久皮层厚实，可取以入药；枝上有棘，质柔稍呈藤性，但无攀缘之力。春季三四月间，萌发新叶，摘其嫩芽叶，清油炒之，味极清美，但稍带药气，乡人不喜食之。叶呈长卵状，端长而形小，只有寸余，簇生枝节间；初夏花蕾随新叶而生，厥梗细长，花作紫色，五瓣，形若小喇叭；花落子见，初青后黄，圆浑若卵，秋后果红，累累垂下，极为美观。北地所产之杞子，肉厚子小，堪入药用；江浙产者，肉薄核大，徒供观赏；入冬叶落，可采子收藏，候翌春播之自出，但生长极缓，故其繁殖，以分株最简便，收效亦速。栽处宜向阳，但抗力极强，虽阴处自能生长；移植亦易，于早春行之；根多独本，少分歧，故掘时不带宿土，亦能移活。肥料于冬季施一次已足。枸杞于庭园中为绝妙点缀，假山石隙间映以离离红实，最饶雅趣；亦有作为盆栽者，惟枸杞多灌生，欲择其根干苍老且粗大者，极为难得，因其生长不速，若根粗三四寸者，非百年不可；且又被采药者一见即掘，遂愈觉稀罕；根药名地骨皮，可得厚利；果实杞子，亦供药用，其用可谓大矣。若有根干古老者，栽于盆中，自能发芽萌叶；更养数年，且能结子殷红，殊为名贵。夏秋之间，叶易生瘤，此乃施肥过多之弊；且有黑色之小虫，盗食叶片，致叶片七穿八孔，有碍观瞻；故当随见随逐，该虫即行飞去；平时

◇ 枸杞

可洒波尔多液以预防之。

第二十八节 代代

代代花为姑苏之名产，花香浓烈，干之可入茶，芬馥可口；实熟时色黄，若不采下，经五年而不烂，皮色由青而黄，复由黄变青，可历多年，故称代代。

代代属柑橘科之柑属，常绿亚乔木也。

代代于江浙一带，多作盆栽；地栽绝少，盖气候有关也。盆栽者，大都不高，以三四尺者居多；丈余者虽有，惟不多见。叶作长卵形，叶柄有小翅；花五片，芳香浓厚，白色；果实球形，成熟后黄赤色，每株留四五枚，则结实大，若多留之，果因养分不足，形亦变小。入冬须移至温室内，否则受寒后，枝叶变黄而死；实称为代代橘，香气甚烈，多作盆盎观赏之用。

◇ 代代花

第二十九节 金柑

金柑别名金橘，味带酸甘，惟酸多于甘，香雾芬烈；秋深始黄，经冬不落，灿然如金，离离满树，植于盆盂，置书室中，雅趣盎然。

金柑属柑橘科之柑属，常绿灌木也。

金柑原产于暖地，但京沪一带，尚可栽植；入冬须移入温室，故多以盆栽之，地栽殊不相宜也。株高六七尺；叶卵状而端尖，叶柄上有小叶耳；初夏开花，白色，瓣五片；花后结实，至冬始告成熟，色澄黄，圆球形，亦有卵形者，称为金蛋柑；皮有甜味，而瓤反带酸，生食之，可助消化；当年成熟后，不立即采下，留待翌年三四月，食之更有甘味；以糖蜜渍之，风味尤佳。

第三十节 文旦

柑橘中最大者，厥推文旦，外观硕大，极其壮伟；色黄白，味清香，瓤有白有桃红，味有甘有酸，汁有多有少，皆因产地而不同也。

文旦属柑橘科之柑属，常绿乔木也。

文旦生于南国，故澳门、广西、暹罗等皆为名产地。树高丈余，叶花均与柑橘相似，入夏开花；及冬果熟，尖圆形，色淡黄，果皮厚，高有四五寸，径有六七寸，外有皱纹，瓤有白色，有桃红色等。澳门产者，瓤桃红色，味甘汁多；广西之沙田柚，味最甘，汁少，瓤白色；暹罗产者，无核，味略带酸，汁多，此三种品质极优。沪地多作盆栽，冬日移入温室，否则易冻死；枝以矮生者为佳，初期实留四五枚，大时仅留一二枚已足；粤桂等地大都用扦插繁殖之，结实甚易；予真如园中，曾以子播之，干径已有三寸左右，但不结实；而粤地运来者，粗仅若小指，已能结实累累，殆气候之故也。

第三十一节 橘

魏文帝云："南方有橘 其酢正裂人牙。"又简文帝云："甘逾石蜜，味重金衣。"古代帝王见珍如此，橘洵果中尤物矣哉。按橘之香、色、味三者，可谓俱美俱全，花有香韵，色白，细如点雪；啖其果，琼浆溢流，鲜甜无匹，更有蠲烦涤闷，沁润诗脾之功。

橘属柑橘科之橘属，常绿乔木也。

第一项 性状

橘性畏寒，喜湿润；春日发叶，叶长卵形，叶柄上有节；入夏开花，白色，花瓣五片，带有清香；结实扁圆，生时色绿，入冬成熟，外皮变黄赤色，闻之有特殊芳香；果皮因品种之优劣而有厚薄，瓤多汁甜，甘酸美味，并富含维生素丙种，大有营养价值；橘瓤之多寡，可审察其蒂筋之点数，于未剥皮前，即可决定之，因树之养分，均由此输入果肉内也。

第二项 栽培法

橘本生于半热带地方，性喜温和，但温度稍低之处，亦可栽植，只须有防寒设备。土质宜排水良好之黏质壤土；如肥土栽植，树势徒旺盛，结果期变迟，虽达一定之年限后，生产

可丰盛，然甘味少，品质次；而瘠薄土栽者，产量固少，风味则佳，若给以多量养分，亦可增加产量。地形以稍有倾斜者最适，定植之苗，选三四年生者，四月中旬行之，每株四方相隔一丈左右，发育虽缓慢，而枝条之伸长，较有规则；故整枝宜随其自然生长之姿态，大都最初养成基本形态呈半圆球形，每年略加修剪即成；接近地面之枝条，病害甚多，宜从早剪去；强枝自基部剪除，枝下垂者、密生者，以及枯枝、弱枝，均宜修去，当于春末四月上旬行之；惟寒冬务须禁避。橘树寿命极长，初八九年间，生育极慢；春日施肥，如腐熟菜粕等类，辅助其生育；但冬季肥料，切不可施，否则翌年树皮裂开，当蒙不利。温暖地方栽植，入冬无须防寒，惟于低温之处，寒风严烈，须用稻草包扎以御之；盆栽则于入冬前，移至利用太阳热之温室内，最为妥善。繁殖以嫁接为主，通常用枸橘为砧木；而枸橘可用子播之，一年后，可供砧木之用。嫁接行切接或芽接，通常以切接较多，于四月边行之，但芽接者，行于九月上旬；苗生长甚慢，须于苗圃培养二三年后，始能定植。

第三项 病虫害

橘类之病虫害亦多，而虫害尤厉于病害。今择其常见者述如下：

（一）介壳虫　每年发生二三次，幼虫越冬，入春虫体分泌白色蜡质卵壳，居其内而产卵，春季发生甚早，寄生叶枝上，吸收树液，繁殖甚速；喷波尔多液可预防之，或用烟精石碱水杀之。

（二）蜡壳虫　每年发生一次，虫之体外，披有蜡壳，寄生于枝梢，不甚活动，树即行衰弱，当用手捕杀之。

（三）煤病　凡一经介壳虫及蜡壳虫等寄生之枝条，乃诱起煤病之发生，枝叶及果面生煤状物，后即延及全树，树势因而衰弱；宜一发见病枝，亟须剪去，而烧灭之。

第四项 品种

橘之品种因地而异，吾国如粤之潮州、汕头、漳州等地，为橘之主要产地，今择其名种而述之：

（一）蜜橘　果呈扁圆形，皮厚，色橙红，凹凸不平，瓤之中心甚大，核亦少有；树性强健，枝条细小，叶密生，色淡绿；果味甘如蜜，绝少酸味，质柔软而多浆，果亦硕大，品质上等。

（二）福橘　又称漳橘，乃为漳州之特产。果形扁圆，形中等，皮淡朱红色，极薄，肉

色黄，味略带酸，亦为上品。

（三）天台山蜜橘　产于浙江省旧台州府北之天台山，亦名品也。形中等，皮为浓橙黄色，较福橘皮为厚，肉色橙黄，子绝少，味甚甘美。

（四）洞庭红橘　形小而扁，皮薄，香气极浓，味亦甘美；成熟最早，洞庭山之特产。前清曾进京入贡，惜因山人不思改进，更见桑茶获利稍厚，乃改植桑茶，而将橘树斫去，此种亦渐消失矣；且近来均以其核播之，而不以佳种之枝嫁接，竟将此劣苗出售，贸取其利，故此种苗已失优良之本性；若该地山人，再不从事改进而保全如此有名之良果，恐将失传于世，不禁慨然惜之。故予于八一三之前一年，采得十株，第一年因新经移植未能生果，第二年亦不见成熟，时适战事突起，罔及结果；该橘之不幸，抑何其甚，为之怅怅！

（五）广橘　即粤之新会橙，其声誉早已传之全球。果形中等，对径约二寸左右，皮薄而细致，底面平正，色红黄，核少汁多，味亦芳香，皮核及络均可充药笼之材，惟皮与瓤连紧，不易剥脱，须用利刃剖食之。此橘之甘味，驾乎橘类之上，可称为极上品，惜无人设法贮藏，否则终年有售，定可抵制花旗橘之输入；况美国人曾自诩之："百年之前，美国本不知橘为佳果，而百年之后，竟为一产橘国。"外人潜心研究，精益求精之精神，良可佩服。更闻某友谈："于美国某处，有一最大栽橘场所，火车开行约经二十余分钟之久，两傍均为橘林。"此场规模之宏，可以想见；但创办主人却为日人，由此亦可知日人之进取，犹水银泻地，无孔不入，该国地虽小，而向外奋发之毅力，能不使人闻而惊叹！

（六）贵州蜜橘　形似福橘，而香味尤胜；皮宽，瓤大，核少，味或在新会橙之上。据亡友赵守恒言及其戚曾于贵州某地办一橘林，成效颇着，收入亦甚丰；假如届成熟时期而无飓风之灾，年可获毛利数万金云；其时之价，每橘尚不逾数分，且因交通之不便，推销因而不广，未能供给各地之需求，是为一憾；逆料将来交通发达，火车、长途汽车、航空等线，遍及全国时，该橘林定能扩大推销，生产激增，大可乐观焉；予因曾讯探，该橘苗究采于何处？据赵君答，乃由四川运来也；然则此橘于四川，反没没无闻，而未尝应市，斯亦奇欤？

第三十二节　柑

柑与橘属同科同属同种，故其叶、花、枝、干等，均难以区别，惟有果味，稍示异耳。

柑属柑橘科之柑属，常绿乔木也。

柑之果形比橘为小，皮亦较厚，色纯黄，味带酸苦；温州盛产之；栽培法与橘同。

第三十三节 佛手柑

佛手柑于江南多作盆栽；枝叶茂密，四五月发花，白中带紫，相继开落；每株上留实四五，具有集指形，成熟后，宛如半拳，因称佛手；外皮皱，内层细，异香清馥，殊可爱玩。

佛手柑属柑橘科之柑属，常绿亚乔木也。

佛手柑本生于暖地，故江南多栽于盆中，及冬入室，以免冻害；叶长三四寸，长卵形，缘边稍有锯齿，端不甚尖，叶腋有尖刺，入夏叶腋发花，白色五瓣；果实至秋始熟，外皮鲜黄色，香气甚烈，以供清玩，古朴而有雅趣；赏又可入药，有开胃消食之效。

第三十四节 柠檬

柠檬，热带产物也，故粤地一带均栽植之，土名宜母子，又称黎檬子，而柠檬乃由英名（Lemon）译音而得；粤中凡孕妇肝虚，往往多食柠檬以为补品，故称宜母，与柠檬之音，亦相近也。

柠檬属柑橘科之柑属，常绿灌木也。

柠檬树形矮，不过五六尺，主干不易直立，枝条屈曲，伸长亦无规则，枝多丛生；叶长卵形，叶腋有刺，突出叶外，颇为显着；花与柑橘相同；果形中等，椭圆形，两端略尖，顶端有甚低之乳头状突起，底部有浅沟，表面平坦，有光泽，皮色鲜黄，肉瓤多汁，浓黄色，多酸，而有馥郁之香味；故多切片浸于糖汤中饮之，有开胃助消化之效；果皮榨汁，结晶而成柠檬油，可供饮料、食物等作香料之用。

第三十五节 枳

橘逾淮而为枳，此殆风土使然也。枳之枝叶湛绿，干上多刺；春夏之交，枝梢生蕾，蕊珠圆莹，花极芳香；实比橘为小，粗劣不堪食，干之入药，有平心和气之效；野人门巷，栽

以编篱，惜易遭焚如，宜谨防之。

枳属柑橘科之柑属，常绿灌木也。

枳俗称枸橘，枝干皆作绿色，分歧甚密，枝上密生锐刺；叶片由三片合成掌状，初夏开花，色白，花柄甚短，几着生枝上，花瓣五片，芳香浓厚；后结果实，初呈青色，成熟后色淡黄，球形，味酸苦，不堪食；干之即成枳实，作药用。性最强，生长甚速，故用以编篱，人畜均畏，终年常绿，天然之藩篱也；但着火甚易，一经燎原，立即四向衍延，此为美中不足。其栽培法与橘同。

第三十六节　橙

橙橘同类，辨别颇难，惟橙瓤极酸，少甘味，皮甘辛而香气强烈；若宿酲未醒，精神倦困之际，得此沉昏顿解，功在清茶之上。

橙属柑橘科之柑属，常绿乔木也。

橙亦为暖地产物，叶与柑橘相似，惟形稍大；初夏，枝梢抽出花蕾，旋即开白花，有芳香，瓣亦五片；实圆形，与柑相似，皮质紧密坚强，难以剥开，味甘，藏之经久不腐。

东印度群岛所产之一种臭橙，果呈黄赤色，形甚大，径有三寸左右，不堪作食；汁液榨出，当地土人用以代醋；果皮制油，称为橙皮油。

另有一种曰枹，俗名也，为浙、闽等山地野生之长绿乔木；树高丈余，果初冬成熟，叶大，形类文旦为小，皮色深黄，而较光厚；味则酸多甘少，尚堪一食。

第三十七节　香橼

香橼又名枸橼，硕大而圆，黄润可玩，芳香馥郁，久而不散，人多喜之；当实成熟，略留枝叶，金碧相间，盛于古磁盆内，供之案头，满室清芬，自饶画意。

香橼属柑橘科之柑属，常绿亚乔木也。

香橼暖地产之，干枝均生刺，尖而锐，叶倒卵形，边有细小锯齿；花亦与橘同，惟果实椭圆形，两端稍尖，径约二三寸，果皮甚厚，上生皱纹，并有光泽，熟后黄润，可供观赏；或制蜜饯，尚堪一食。

第三十八节 柚

世人往往名称滥用，文旦与柚互为指呼，殊属谬误；根据古籍说文及博物志两书所记之柚，亦并非文旦也。

柚属柑橘科之柑属，常绿乔木也。

柚树抗力甚强，生长较速，有耐寒力；然多产于闽、广等热温带地。枝梢多刺，叶长卵形，叶柄有翅，状甚大；初夏开花，白色，瓣五片；果中等大，扁圆形，上下稍凹，皮粗厚，色鲜黄，有光泽，并具特殊之香气，虽多浆液，无甘味，酸性极强，核甚多，不能生食。

第三十九节 枇杷

果中惟枇杷备有四时之气，秋萌冬花，春实夏熟；树干高大，枝叶婆娑，凌霜不凋，花贯霜雪而愈繁；初夏果熟，色作正黄，外披茸毛，汁多如蜜，江南之名果也。

枇杷属蔷薇科之枇杷属，常绿乔木也。

第一项 性状

枇杷为吾国之特产，唐代以前，已有栽培，距今逾一千余年矣。树高二丈左右，叶大，作长椭圆形，颇似驴耳，边有锯齿，背有淡黄毛茸，质厚，终年不凋，秋末抽蕾如小球；冬开白花，形小，瓣五片，芳香异常；来春结实，亦作球形，外有鹅黄毛茸，入夏成熟，有正圆长圆二形，色有淡黄、有橘红等，满树累累如金丸，殊可爱玩，果甚甘美。

第二项 栽培法

枇杷喜温暖气候，江南栽植，最称相宜；性甚强，花开于冬春之交，此时若气候严寒，雪锢冰冻，花蕊或幼果受其冻害，或妨碍花之受精作用，是年果必歉收，否则风和日暖，本年必得良果；故为预防气候特寒，则于果园之西北向，栽以高干之常绿树，如松、柏、广玉兰等，可御西北肃杀之寒风。表土为黏性而心土为砾质最佳，排水佳良，结果亦能提早，地形不论平坦或倾斜，均可栽种；移植于春季三四月间或秋季九十月间行之，每株距离二丈左右，务使两树之枝叶，不相交错为度；生长极缓，达结果龄亦迟；初植时，使其生长

成自然半圆形，然于特盛之强枝，当剪短之，以抑其势，内生者或衰弱枝，均需去除，务求各枝大小相称，发育平均。施肥时期因其在秋冬开花，而与一般果树稍异，开花前宜施以速效性肥料，如人粪溺、陈腐汤汁或禽羽汤等，助其开花结实，亦有施以豆粕等基肥者，亦有于根傍壅以河泥者，亦有施猪羊粪者，因各地所得肥料之方便与否，而有变更，惟其目的则一也；果收后，再施以肥料，则能年年结果。枇杷摘果必须行之，世人以为结果愈多愈佳，何必摘去，是实误解，摘果能使果大而圆正，质量改进，并防其间年结果之弊；在花蕾时，先加均匀，再于二三月时，摘匀幼果，以后视品种而异：大形种每穗摘存三四果，小形者可留六七果；若遇虫害多时，并加套袋。其繁殖法多行嫁接，以实生枇杷为砧木，以枇杷核于六七月间，播入肥土，发芽最易，三四年后，可将优良品种之枝，接于其上，于四月间行之最适。

第三项　病虫害

枇杷之病虫害常见者，不外下列之数种：

（一）炭疽病　果实成熟前，果面发生褐色斑点，渐次扩大，及果告熟，已呈硬化而腐败，或果已干燥，留于枝上，色黑如炭，故名；如四五月间，洒布波尔多液，可预防也。

（二）叶斑病　褐色小圆斑点发生于叶面上，斑点渐次扩大，最后叶渐枯死；此乃由于日光欠缺，空气不通，排水缓慢所致，故一方应矫正此弊，另方当用波尔多液预防之。

（三）毛虫　七八月间，枝叶发生红暗色之大毛虫，专食嫩叶，宜一见而捕杀之。

（四）蛀心虫　树干上见有蛀屑时，即当用刀剜拨，或铅丝通钩，获而杀之；或用百部屑或火油浸之棉团，塞住蛀孔，听其毒死在内。

第四项　品种

吾国枇杷名种甚多，尤以浙之塘栖及苏之洞庭产者，最负盛名；今以其优良品种，分述于下：

（一）软条白沙　为塘栖丁山河之名产；果梗长而软，作青色，果皮最薄，色淡黄，形大而圆，果肉白色，核小，浆液丰多，味甘似蜜；五月下旬成熟，品质极上，惜果熟后，留于树上不及一周，即形腐烂，一经风打，皮薄而破，故不耐贮藏，远地难以运往；然则，是弊亟应设法改良也。

（二）大红袍　亦为塘栖之佳种；果长圆形，梗短而粗，皮厚，肉皮皆作铜红色，故

得名；甘味较淡，汁少，品仅中等。

（三）细叶杨墩　树小叶薄；果长圆形，梗短，果形亦小，皮肉橙红色，核多，核周满络瓤与渣；味甘而微酸，品质尚佳。

（四）大白沙　为杭州之普遍种；实大味甘，皮色淡黄；生时味酸，熟后尚甘，产量极丰。

（五）金钱白沙　洞庭山名产；果小而圆，皮肉淡白色，汁多核小，味最甘美。据光福山人谓，此种本为光福所产，乃被洞庭山人将此种购去，而伪称为洞庭山之名产；今姑不问原产于何地，此种确属名贵非夸。

（六）长梗虎阳　果色黄而带红，梗最长，实小，味甘美，亦名种也。

枇杷共计三十余种，上述者，仅属吾国之名种而已。

第四十节　榧

榧，浙东一带，盛栽于山野之中；其核仁俗呼香榧子，松脆而甘香，大快朵颐；惜浙省产额有限，仅供本省人士之需求，尚不足运往外省也。

榧属紫杉科之榧属，常绿乔木也。

榧树高有丈许，其材白色，纹理甚美，且有香气；叶形扁平，前端尖锐，坚利如刺，叶色终年浓绿，密列如羽状；春夏之交，叶腋间开花，花有雌雄之别，雌花能结实，浑圆如橄榄，秋末成熟，即变淡褐色；去其外皮，曝而干之，核仁可生食，焙而啖之，甚为香脆。

榧宜栽于山坡之倾斜地，平地则不宜，栽处宜砂砾土，故沪地不宜栽植，如植之，亦不能结实，故只可作观赏之用；其繁殖以播实最多，惟成长甚缓，且不易结实，须行以嫁接。

第二章 生利木

第一节 松

朔风凛凛，大雪纷飞，百木均不堪蹂躏，落其叶，枯其枝，秃其干，肃杀之气，充沛其间，令人不胜萧瑟之感；惟百木中之松，兀立于寒风冻雪之中，针叶苍翠，老干劲立，枝条坚韧，不畏风折，不畏雪摧，不畏冰冻，不畏霜打；其坚毅不拔，不屈不挠之精神，令人钦佩，古人有云："岁寒而后知松柏之后凋"，嘉奖如此，故松列为百木之长，实不为过也。

松属松柏科之松属，常绿乔木也。

第一项 原产地

松各国均产之；吾国凡山地皆有，中以福建、云南、贵州、四川、安徽、浙江等省，最为著名，而以吉林长白山一带尤著。

第二项 性质

松不惧寒暑，抗力最强，原为常绿木中最易生长之乔木；况栽于窝暖之山地，更少飓风及大雪等灾害；然性爱阳光，忌暴风，如春雪一经冰冻，加以朔风侵袭，其枝梢必被吹折。

第三项 土质

栽松以砂质壤土最为适宜，更喜肥，故宜栽培于肥沃之地；松木生于山地者，栽之于倾斜地尤佳。

第四项 栽培法

松有地栽与盆栽两种，兹分述于下：

（一）地栽　山中栽松，以木材或燃料为目的；园中栽松，无非以作观赏之用。但不论何者，择地以倾斜形或排水便利之处，栽松最宜；移植以二月末至三月初，为最适之期。

【甲】播子　于霜降之前，即宜采收松果，若一经霜打，果实之鳞片即行裂开，子亦落下；故松果收后，先露于室外，天雨当收入室内，露晒七日之后，鳞片裂开，耙动之，使子全出果外，再经五分眼筛筛之，去其杂物。子形三棱，长三四分，壳质坚硬，形较乌桕子为长，惟色铁青，而桕子白色。然后以干黄沙与子相混，藏于瓮中；翌年春分，播子于砂质壤土中，每粒相距一寸见方，上覆三分至半寸松土，盖以草毡；除天雨外，时时喷洒清水，以保湿润。越三星期后，芽自硬壳中萌出，即见土略有坟起，此时宜去草毡，而改遮以有架之帘，以避日晒，夜晚去帘，俾饱受甘露；密处稍行疏拔，更毋任蔓生野草。黄梅后，若见有苗叶萎黄者，即土质欠肥之征，则可施以十分之一陈宿淡粪水或豆粕水；如天燥，分二三次施之，亦无妨。

【乙】定植　翌年春，幼苗即可移植；其法不二：若将来造林者或观赏用者，移植以浅为宜，入土未应过深，否则根部四周，空气不通，湿浊郁积，根部易生白绢丝病，日久即行腐烂，枝干亦枯萎；又造林用者，则于移植后之第三年，约长三尺以上，始可定植，因山地杂木乱生，措施较难，故苗木以较大者为妥当。至于山中之野生松，多节，干不直，不能作器材之用；若生于危崖峭壁之上者，枝条虬屈，针叶苍翠，天然之美态，呈于目前，甚可移植于盆盎之中，以作案头清供也。

【丙】管理　松作材用者，树冠挺直处，当防人畜之摧残。暑天宜将干旁之杂草与泥土加以翻松，若有其他杂木之枝条相碍者，当斫伐之。山野中不论何时，皆可施肥，如豆渣、豆粕等。五年内之幼苗，以野草覆于根部，待其腐烂而有肥分，渗入土中，可使根吸收之，更可防急雨之冲刷。五年后，每隔一年，将侧枝剪去，使其高长，十年以后，当以长剪或镰刀整枝；剪下之废枝，可作为燃料，以补人工之支出费用，则相抵尚有余也。

【丁】病虫害　当幼苗或幼芽时，易罹黑色蚜虫之害，最伤树力。另有一种青褐色之松毛虫，长二寸余，为害亦大。据予已故老友庄嵩甫氏尝于浙之富阳，创办一林场，松高至数丈，干径粗达尺许；于民国十八年时，发生松毛虫之害，所有松树，只存秃干，一时竟束手无策；走访各处之园艺家，探求杀灭之良法；有人告彼，喷撒青粉，可除此害，然所费浩大，力不从心；直至二十年，空中忽飞来一种羽似鹊而形似鸦之鸟群，多至不可胜数，数日之间，竟除去松毛虫之大劫；庄氏额手称庆，诚天之助也。二十六年五月，庄氏邀予共游浙之仁湖，途中复谈及彼场近状："凡长至干径二尺以上之松树，已有三十余万株之伙，获利颇巨云。"庄氏历四十余年之经营，顷闻不幸谢世，未知该林场迩日之景况如何？予颇为关怀，爰述此，聊为松树虫害之余闻也。

（二）盆栽　松栽以作观赏之用，取其终年针叶常绿，入冬不凋，反形苍翠，允为盆栽中之上品也；其栽培之法，姑述于下：

【甲】用土　宜用排水便利之土，普通以七分山泥与三分鱼眼砂（系粉岩风化而成）掺和，虽养分较差，但吸水易而渗透力强。

【乙】择盆　幼苗培养期，望其迅速生长，则以泥盆最相合，水分空气得以畅通；但当老桩欣赏时，宜栽紫泥盆，可增美观，更欲依其树形，而配以各式大小之盆，或方或圆，或大或小，因树姿而有异也；惟瓷盆不宜栽松，因透水不便，根易腐朽之故也。

【丙】上盆　以春分节边最宜；根窠下之细腐根宜剪去；如根土过湿，可略晒日光，稍干后，即行上盆；种宜浅，若盆嫌深，则盆底多填碎盆瓦片，再加煤屑或石砾，上掩棕皮，复铺山泥一层，乃以根窠置入，四围另加山泥，以竿用力镇压，至土覆没根窠即成。

【丁】置所　宜置于通风向阳之处，若只欲松针嫩枝修长，则于上午十时后，下午三时前，置入八尺高之帘棚下，少晒日光；如另欲针叶矮短，则于发芽时，盆土略带干，多晒日光，松针自短。

【戊】施肥　每年秋分节，施以菜粕最佳；以铜元状之小块，覆于盆土周围，约四至六枚，数不需多；若无块状而为菜粕粉末，则宜开穴，置于其内，面上不必盖泥；灌水时，更宜预防其溢出盆外。

【己】灌水　俗谓“干松湿柏”，由此可知松性喜干。黄梅时，空中湿气甚重，灌水当少；大伏与秋季，更宜留意，因大伏天时有阵雨，故灌水前，先行预测当日之气候，如有阵雨，则不宜灌水，否则水须浇足；当秋高气爽之季节，空气干燥，秋风大作，盆土水分蒸发亦速，灌水当勤，不可带干，否则松针早黄，而失却观赏之旨也。

【庚】管理　冬季气寒，当于向阳露天之处，筑一高畦，以盆松埋入土中，盆口离地寸高，上盖以斜顶之草棚，则可防盆土之冰冻，及盆之冻碎，更可得天然暖和之地气，一举而有三得之利；若有温室之设备者，置入盆松，最为得宜，但不可再加以人工之水汀而热之，否则一出温室，针叶皆有凋萎之虞，因松元性耐寒，不喜过热也。

【辛】整姿　每年只须一次，即无野生之势；若于春芽发定之后，再整姿一次更妙。整姿有用铅丝、棕丝或麻皮，各有其利弊：用铅丝者，人工最省，整姿可随心所欲，日人多用之，惟易嵌入干内，皮被嵌而凸起，骤现苍老之态；用棕丝者，色与干同，可避免觉察人工之攀扎，但棕丝亦易切入干皮，触之即折断；用麻皮虽无此弊，然麻又容易腐化而烂断，人工之费用较大，故通常将此三物混用也。整姿非需熟练之技巧不可，且须具有艺术

思想，否则必俗而不雅，顿失松固有之美致，则何必多此一举耶？

第五项 品种

松之品种繁多，予所知者列述于下：

（一）栝　俗称白皮松，原产于陕西关外等地，后传至北平。叶三针，皮无鳞片，初生者如白皮榆树，苍老者干白如雪。繁殖有实生与嫁接之别，以实生者最为名贵；嫁接者以黑松为砧木，上接以栝，则砧木之上有鳞皮，殊失美观，价值亦贱。栝为高大之乔木，性喜高燥而耐寒。松实于仲冬收藏，或于收下后，即播种于苗床中，至四月间发芽，初时与其他松苗相似，不宜日光直射，针翠绿而坚；成长后，若阳光不能晒及干枝，皮则呈青色，当将小枝剪去，日光即可直射。入春后，干之外皮即行脱落，更经二三年皮层之新陈代谢，渐冉现白，如树龄愈老，干色愈白。虫害于五月间始，当新枝叶已长定之时，忽见有倒垂无力之枝者，宜即剪去；又垂枝之下；见有白松脂屑，如小豆粒然，黏于一处者，速将枝剖开，中必有小孔，内藏若象鼻虫之小虫，当取而杀之，此虫形狭长、色黯、壳硬，为害最大。

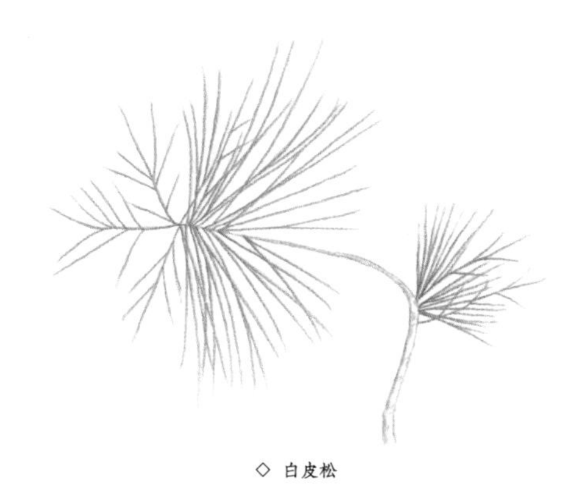

◇ 白皮松

（二）五针松　针五叶，故名。针长一寸左右；皮青黯有光，无鳞片，颇似白皮松，可由实生与嫁接两法繁殖之；其原产地据英人某氏谓："五针松原产于英国高山之上，因山高而耸直，他木不易生长，惟独此松针短而生长较适，无风吹雪压之虞，后由美传入日本。"此英人之所云，谅系确实，因察其树性，可断定其为高山植物也。此松因子出而有变种，竟多至三四十种，其中最普遍且经予手植者，约分下列数种：

【甲】长叶五针松　针长三四寸，性酷似白皮松，由其皮黯黑之色，即可辨之。

【乙】银叶五针松　此种又可分长叶与短叶两种：长叶者约寸半，可作庭园之用，叶背皆作银色，其白胜于寻常，生长较速，年达一尺左右；短者银白色较次，生长较迟，至多五六寸，作盆栽之用。

【丙】曲叶五针松　形与前述者同，惟针呈螺旋形，发育不甚速；此种同以上二种，不易区别，须细加观察，始能比较之。

【丁】金叶五针松　叶色黄黯，于冬季尤显，针长寸许，发育不易，年只一寸左右，故叶密而易分层次；姿态优美，有老风树格，名种也；栽于小假山上，最为得称。

五针松之栽培法，因其叶短，生长不易；且畏热，若于伏天烈日之下，叶头势必变焦，而蹙失雅观；性喜高燥，宜用疏松之土栽种；不喜新鲜粪水，否则叶转稠密，易生黑色蚜虫或蛀虫；故于春季，每隔旬日须亲自检验之，冬季喷洒波尔多液预防之。冬末春初，接枝于黑松之上，颇易接活。

（三）朝鲜松　即海松，产于朝鲜。叶五针，长四寸余，枝柔而横生，针密色黑；幼时皮光发黑，老时枝色苍悴，而干有薄鳞；发育与培植法均与五针松同。栽于假山之旁，最饶画意。

（四）花松　原产于扶桑三岛；皮色与针形，颇似吾国之柴松。惟针色颇为美观，针色黄绿相间，春天新叶时，色较淡；长成后，色渐加深；一经霜后，黄处即显微红，故此种殊为名贵；且为松类最美观者，适于庭园中之点缀。此松抵抗力甚强，惟独畏湿，故宜用砂土栽植；其繁殖以黑松作为砧木。花松又名黄金松，盖乃指其叶色而言也。

（五）垂枝松　枝柔而下垂，形似灌木，而实为乔木也。叶二针，性似赤松，故以赤松为砧木而行嫁接最妥；或播子亦可，但子播者生长迟缓，叶疏而柔，枝瘦而弱，不甚美观，故以嫁接者为贵。厥性不喜过燥，易罹赤枯病，喷洒波尔多液可预防之。蚜虫及蛀心虫亦易加害；蛀心虫蛀入嫩芽与老枝交生处，更宜随时注意及之，否则蔓延至他枝，枝叶将尽枯。此松状虽高大，而枝垂下，泥浆易溅留其上，使枝日渐枯萎；故每于春季发芽前或新枝长成以后，将麻皮附以竹竿，向上攀扎，令枝条向四周伸出；否则既不高长，而枝条过于繁密，病虫害即继而猖獗矣。若有低弹小枝而着地者，悉当剪除之；既可增树姿之美，又可助其生长也。

（六）三针松　原产于法国，惟原名已失。性强，叶三针，稍有螺旋；培植甚易，发育迅速。若以枝叶扎片，则针易屈曲，参差相交，形颇密切，亦甚可观。

（七）黑松　性强直，可作木材之用。叶二针，针密而繁，坚而粗，色黑绿，鳞皮厚；可用以接五针松、朝鲜松、垂枝松等；生长较速，结果良好。

（八）赤松　叶二针，较黑松为稀疏，色微黄绿；皮色灰白而较薄，嫩芽略带红色，故名。用以接平头松、花松等，最易活着。

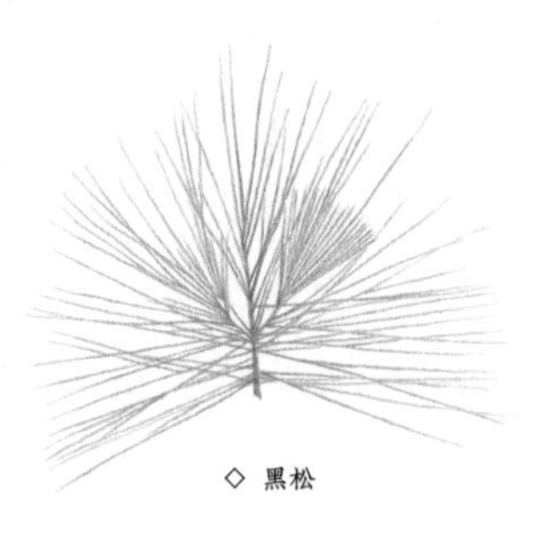

◇ 黑松

（九）朵云松　俗称平头松。叶二针，喜肥；各枝生长之速度，颇为均匀；栽于盆中，虽不经整姿，而自楚楚可观；叶色青而带黄，不易高大；头形似朵云，故名。若栽于堤岸之上，因其株短，无风吹倾折之虞；惟盆栽者，当谨防风害，因其头形颇大，风吹即倒，故不宜置于高架之上。此松性亦强，以黑松或赤松为砧木，可繁殖之。

（一〇）大王松　原产于美国。性喜肥；叶二针，色翠绿，长尺余，形似披发然，独干生长，不易分枝；当子萌芽后一二年，其干径仅达寸余，每年能长至一尺左右，若干高至二三丈，干粗不逾五六寸，分枝只有六七枚，由此可知其分枝之难也。此松畏寒，低湿之处，不宜栽植。若作盆栽之用，以二三年生者，最为美观，如年代愈久，主干愈高，而下无陪衬之枝，殊失盆栽之趣；地栽者，露天越冬亦无碍，惟针叶略呈焦黄而已。

（一一）独针松　原产于美洲。形色与黑松同，惟叶只有一针，长二寸左右；抗力甚强，以黑松接之，极易活也。

（一二）七针松与九针松　原产于滇省。惜予未经手植，民廿四年，吾友王伯群先生谓："七针与九针于滇黔两省山中，触目皆是；且白皮松亦不足奇，常作炊下之薪也。"云云。

◇ 雪松

（一三）雪松　原产于喜马拉雅山，故又名喜马拉雅松；后传入中欧，再由美传入亚洲，现今吾国大行栽培，已极普遍也。此松主干挺直，侧枝向四周平出，枝叶婆娑，自呈圆锥之形；姿态雄伟，堪作广大庭园中之栽植。惟生长不及山上之速，山生者十数年后即可成林；故栽之于山丘溪边，颇为适宜，盖得此寒林，而风景更形幽美也。其栽培之法，述之于下：

【甲】施肥　此松性喜高燥，于相当时期内宜施肥料；若于不适施肥时期中施之，则虽不致全树枯死，而老叶与新枝最易脱落而枯焦；故施肥前，须视其是否强健而定夺之。肥料以堆肥、糟粕、宿肥（人畜粪溺经久腐烂者）等，壅于四周细根之处，作为基肥。时期以十月至翌年一月底，为施肥最佳之机会；若生长势力尚嫌不强，以后可再略施轻肥；然而于伏天，则绝对不宜施肥也。

【乙】移植　以上半年一至三月，下半年九至十一月上旬最宜；而幼苗非春分后不可。

【丙】繁殖与管理　此松之繁殖，可分播子与扦插两种：播子以自山中采集六十余年老木所结之子为种子；因普通所生之子，不及成熟而寒冬已届，故不可用作播种；老树子则甚丰硕，粗似小指，于二月底三月初，即可行播；其法先于清水中浸约五六天，然后以山泥（来自奉化金鹅山）作一冷床，上有帘遮之，四周围以木板，以保持适宜之温度；子入土深一寸，灌水湿透，用干草覆之，以防水分之蒸发，是后不必再行灌水；清明后，土稍有隆起，此即松子发芽之征，及芽出土，则不宜过分潮湿；伏天与腊月均需有物保护之，以防暍伤或冻害；当年即能长至三四寸，次年尚不可移植，须至第三年，苗已长及十寸左右，方可移植于地，若移植适宜，当年可有半尺，第二年径能长至二尺半以上者；惟在幼苗时，枝叶恒长于干，故于五六月间，见枝有特长者，宜修短之，务使四周平均发展，使干易直，否则当用人工以麻皮等缚正之。扦插亦需用山泥，作一苗床，土厚四寸，下填黄砂二寸，石子二三寸作底，水分则可畅通，于十月中下旬为之；但苗床上须搭一玻璃棚，此时棚下水蒸气充沛其间，而病菌繁殖颇速，故以二月下旬，天气较寒时，行扦插最妥；插枝长约四寸，择当年充实之新枝，入土二寸，入土部分之叶，全须剪除，并斜向削去插枝之一面，或将其下端剖开，俾插枝与土壤接触之面积可扩大，而生根之可能亦复增多；然经剖开之枝细而柔，须先用小竹枝张之，然后将枝插入山泥中；直至黄梅时期，插枝之刀口，已呈凸出之疤痕，入秋后，插枝一小部分，渐形伸长，是后冬季已届，万木入眠，而插枝尚未萌出根须，易受冬寒或冰冻之害，其疤痕虽经寒冬三四月之久，尚不能测知有无生机；后届阳春，百木向荣，如插枝反渐萎凋，则可证明其已无生望，故插枝越冬，最宜留意；若管理周密，入春后，插枝一方生根，一方萌生新枝叶，虽亦有达二三年后，始有生根发叶者，此际当宜用芦帘等遮盖物保护之；直至第三年春，将插枝掘起，分辨其强弱，强者植于小泥盆中，弱者及不生根而有生望者，仍秧于苗床中；强枝只生独根，不生须根，且有长逾一尺者，则可蟠曲于盆中，并于独根上，刮破皮少许，根受此刺激，则易生须根，翌年春，即可移植于地。

（一四）落叶松　凡松皆常绿，惟此松入冬，叶即凋落，因此得名。发育最易，叶一针，轮生，皮色黪红而光润，干笔直，合造林之用。此松有两种：一为羽叶者，叶长二寸许；惜未经予手植，仅见于沪兆丰公园有三四丈者，已高大成林耳。二为轮生状者，肖似雪松，叶初发时，酷类金钱，爰又称金钱松；性喜阴燥，浙东诸山阴多栽之，发育速，二十多年即可合抱；然沪地殊不宜植，忆予初自杭州运来时，干枝秀密，栽于清静之地，保护周密，但一至夏季，即备呈“焦头烂额”之态，不数年而死；盖栽于沪地，烟煤多，空气又多尘

埃，致易枯死，此松宜栽于砂质壤土，浙东诸山多属此种土壤，加以气候温和，生长更为迅速。

（一五）金钗松　产于美国之山地。叶一针，轮生，长三寸余，叶厚而有棱角；枝性柔而叶茂密，树姿如塔形；喜肥，土略带滋润，过干则不宜；栽于通风向阳之处，发育良好，如栽于密处，叶易凋落。抵抗力较五针松为强，庭园中栽植相宜。

（一六）罗汉松　此松属亚乔木。性喜温和，畏寒，发芽较迟，往往于其他树木新芽长定后，始发芽挺叶；当四五月多雨之时，其子每于树枝间发芽，根须下垂，子叶蟠曲有姿，似一罗汉，因此得名。枝叶于四月中旬及秋后八九月间，生长尤远，但十月后一经冰霜，秋后之新嫩枝叶，即受冻而死。此松宜植于向阳之地，性稍喜湿润，奈易罹病害，非用波尔多液预防不可。枝不易向外伸长，可赖人工修剪使成自然之形。施肥于四月以前为宜，是后则不宜施之；否则秋后再生强枝，未免有损美观，且次年之发育，亦必受影响。其繁殖法，以四月或十月，行扦插或播子均可，然长大之枝，不易扦活。罗汉松有两种：一为长叶者，俗称朝板松（吾国之种叶阔，日本种叶狭长），叶约长三寸左右，发育较速，用作庭园最宜。二为短叶者，即系罗汉松，长仅盈寸，阔约八分之一寸，叶厚硬，发育迟，御寒力特强，用作盆栽最宜。又繁殖若不取用其子时，则当子结后，于秋间宜一一摘除之，不使其成熟，俾可节省养分，而助其生长之势也。

◇ 罗汉松

（一七）雀舌松　原产于吾国，常绿灌木。叶细小，约有半寸长，色翠绿，似羽状，抵抗力强。若地栽，气候过旱，则需灌水，更防淹水；十数年后，干径仅有寸半，生长颇缓，作盆栽亦合宜，取其叶纤小而常绿，经年可供玩赏也。干柔韧，易于整姿；栽之庭园石隙间，颇为美观。此松有四种：一为朝鲜植叶（日名），状如罗汉松，叶约长寸许，略呈圆形，着生于干之四周；干多散本，向上挺生，色深绿，抵抗力强。二为茄罗松，又名一位木；此种亦有三种，惟日本各园林场之名称不一；此三种均属散本灌木，抗烟力亦强；各干皆向上密生，叶多黑绿，叶较稀而枝干密，故不觉其叶之稀疏；叶细而短，性颇强。三为叶若榧子，自成盆形，色黑。四亦为盆形生，惟色微黄，叶细枝柔，颇为雅观，惜抵抗力较差。以上四种均喜潮湿，种于草地或假山之上均宜；惟不合盆栽之用，繁殖以行扦插最宜。

（一八）虾夷松　盛产于日本之北海道，原出于寒地。叶丛生似雪松，叶细小，色淡绿；生长不易，难于栽培，因沪地气候之不宜也。盆栽不可过深，幼时不可露根，过湿则叶落，过干则叶焦；不甚喜肥，施肥以鱼骨粉或陈宿鱼汁最宜。盆裁之，实较他松为美观，小株而有老树风格，悦目可爱，供诸案头，令人赞赏不已。

（一九）建松　闽省阴山中盛产之，可作材，故又呼材松；叶二针，色翠绿，繁而密，长八九寸，又名翎毛松。干直，质松，发育速，较阳山所栽者尤速；树龄愈久，其材愈大，价值亦愈贵，非有雄厚资本者，不能经营之。

（二〇）柴松　野生种，江浙山地之上，几遍处皆有。叶二针，细柔而长；因性恶黏土，庭园中栽植不宜；沪地一带栽之，亦不合。若用以造林，则殊为经济，因不必向国外采购苗木，成本减轻，即可增厚利润也。移植最宜于清明前后，其他时期则不宜之。

（二一）北罗汉松　原产于冀省，性喜寒而畏热。色黑，干直，形似锥；针长寸许，粗而，短互生，较刺杉之叶为短小。生长缓慢，每年最速不逾半尺，普通只长一二寸。果实较拇指为大，长可二三寸，初则微红，秋后黟然；子如半粒米大，生于南方者，子不熟而落，故不可用以播种；形与枞相似。

（二二）锦松　原产于日本。皮鳞突起，为松中最苍老者，几疑其干为菌类寄生所致。针叶苍翠，确合盆栽之用；性干湿参半，肥亦喜也。

（二三）杜松　形似笔锋，叶青翠，扁而有棱，长三四寸；喜肥，秋后老叶黄落，入冬可施肥；枝柔，质松，发育迅速，为庭园中不可或缺之点缀品也。

（二四）金松　叶色终年金黄，入冬尤甚；针短，喜干，松中之贵品也。

松之品种尚不止此，但未经予手植或目睹者，概不列入。

第六项　用途

松除作材与观赏外，尚有松花、茯苓、松脂、松蕈等之副产品，可供食用或药材也：

（一）松花　松于四五月间，簇生雄花，花粉生于其上；采收之时，须于雄花尚未开足之前，当即采下，置于匾内晒干，待花散放，粉即出，质颇细，筛之，即为松花；藏之历久不变，可供食用及药笼之材。

（二）茯苓　百年生之老松，多生茯苓。茯苓着生于入土三尺下之松根，但寻获不易；据老于经验者谈：若松根上已生有茯苓，则松干之上，必有奇形凸起之瘤，瘤若生于向南之主枝，则茯苓必在南面之土中，决不有误也。凡采者，即以尖锐之铁签，于松干之四周，

刺入土中，若一经刺入而似觉柔软者，将土掘出，即得外皮铁青色而里肉雪白之茯苓；质柔而嫩，大者可得五六斤，小者四五两，称为野茯苓；此为予幼时所目击者也。向有一种栽培茯苓，乃用人工方法种之；每届冬季，山人往山上伐材，遇有合抱百年老松，经旦日之斫伐，而变为薪材，其根窠仍留于土中，掘下，见根皮鲜红，似有生气，乃剖开其皮；事前以野茯苓切成二寸长、半寸厚之带皮小块，包于剖开皮之根上，扎以湿稻草，再覆土，至翌年黄梅后，顺根掘下寻之，往往于主根稍及须根间，即可得茯苓；但此种人工栽培之茯苓，不及野生者之有滋补力也。

（三）松脂　松之树龄愈老，脂亦愈多。松脂亦有人工及自生者两种：前者乃由人工割去树干梢之外皮，树液即淌下，凝黏于树皮上，采下融化，去其杂质，即成松脂；后者乃于吉林长白山一带，松林稠密，绵亘数里之遥，松干之间相擦，树皮不免有伤，惟该处人烟稀少，足迹罕至，历年久长，乃自行凝结成数百斤岩石状之松脂。（此乃根据舍亲赖贤教先生所言及，盖彼时往内外蒙古及东三省经商，所以常见之也。）

（四）松蕈　为松花随雨水而流入腐草间所出；若该年风大，松蕈必寡产，因松花皆吹往他处矣。八九月间，松蕈即生于腐草间，味美，而有松花之香，庖厨中之美品也。

第二节　柏

柏又名桧，生于山地；枝叶密生，干耸道而质坚，致有“松贞柏坚”之佳誉；柏不畏寒冬之雪打冰冻，而翠绿如常，故更有“松柏长春”之美称。故予以柏列于松之后，盖相得益彰也。

柏属松柏科之桧属，常绿木本也。

第一项　原产地

吾国中部数省之山地均产柏，现今全国栽植桧柏，最为普遍，其他品种则甚少见；惟浙省一带之种类较伙，其故是否为种子之变异，抑或一经鸟兽吞噬后而迁变，尚未及查考也。

第二项　性状

柏性喜湿，俗谓：“干松湿柏”，是语实不谬，而有至理；亦爱肥，土质不论为砂质或

黏质均宜；干性挺直，惟生长至一二丈以上，上梢叶重，则干不易直生，当由人工扶直之；凡生长于半阴山之上，或少暴风冰雪之处，十丈左右高大之老柏，或可发现一二，惟平地上栽培者，则难以求其矗直，此乃风土关系也。

第三项　栽培法

柏之地栽与盆栽者，略有不同，兹分述于下：

（一）地栽　柏不论作材用，或作庭园观赏之用，均宜栽于空旷之阴处。

【甲】播子　果实于立冬后成熟，立即收下；子有外皮，先埋入土中，经一月后，外皮烂熟，取出，置入石臼内，以旧草鞋缚于杵上，再捣去其未烂之皮，于箩内洗净之；每一果实含有种子四粒，大小与女贞子同，色深褐；阴干之，和以干黄沙，越冬，至翌年春分前后播子，法与松同。

【乙】移植　幼苗以三月左右分植最佳；子播者五六年后只有四五尺，若栽于庭园或作造林之用，非经数十年之久不可；否则如幼小之苗，栽于庭园之中，则毫无美观，若造林，则苗过于稚小，易为野草杂树所遮掩而枯死；故幼苗育至五六年，始能再行定植。

【丙】定植　豫择低阴而不积水之处，掘一穴，以柏株之根窠置入可也；穴不可过深，但其上覆土须较老根垛堆高一寸左右。

【丁】　管理　定植之初，不可施肥，须栽后半年，或至秋间，方准施以淡粪水，冬季则施豆粕类、家畜粪溺等均可。凡作材用者，当将侧枝剪去，使易于高大；庭园用者，修剪之形无一定，各视其所好而正之，大致以形式不野为佳。繁殖除播子外，扦插与嫁接均可，因播子者生长缓慢，费六七年之久，仅得数尺，故不如利用扦插或嫁接；然造林用者，总以播子为佳，俾树龄可较久也。

【戊】病虫害　初夏之间，最易发生赤枯病，自春至冬，终年皆有，一经加害，枝叶尽瘠。虫害则有松毛虫及青虫，最为普遍；凡园旁有甘蓝菜圃者，则柏不可栽植，因甘蓝最易传染此种青虫；预防之法，惟于冬季洒布波尔多液，或于发生之时，喷射砒酸铅杀害之，或用棉油乳剂涂杀幼虫，以绝其迹均可。

（二）盆栽　盆栽之柏：管理更须周密，不然，死多活少也。

【甲】用土　以壤土与腐殖土各半相和，然腐殖土中不可夹杂稻草等物，否则易生白色红嘴之地蚕及黑色地蚕为害。

【乙】择盆　不论泥盆、紫砂盆、瓷盆，均可栽植之；惟泥盆灌水当勤，其他则稍可

疏忽耳。

【丙】换盆　盆中栽植多年后，根须长满，再无生长之余地，此时乃需换盆，增加新土，借延树龄；因盆之容积有限，经多年之栽植，盆土之养分吸收殆尽，故有换盆之必要，否则盆柏发育不良而萎凋矣。换盆以初春及暮秋最为相宜，根窠略加整理，去其腐根宿土，略晒日光，稍使带干，换上较大之盆；而盆孔应覆以穹隆之瓦片，使排水便利，而空气畅通。

【丁】置所　若置所过于狡小，饮露不足，日晒不透，则枯死无疑，故宜择一空旷向阳之地为是。

【戊】施肥　嫩芽初生之期，不可施肥，否则易罹蛀心虫之害；嫩芽一经蛀蚀，必致发育欠佳；故当待至冬天，才能施以豆粕、菜粕、人粪溺等，法与松同。

【己】灌水　须较松稍勤，因柏喜湿润；每天灌水之次数，视气候而异；盆栽成绩之优劣，视乎栽培者之勤惰而判别也。

第四项　品种

柏之品种名目繁多，更有乔木、亚乔木、灌木之分；惟以乔木最为普遍，今择其主要者述之于下：

（一）乔木性　树姿高大而干独本。

【甲】桧柏　为柏中最普遍之种，常绿乔木，高可数丈，皮棕色。桧柏可分三种：其一呼刺柏，叶针形有刺，厥色黯绿。其二俗称混柏，叶混圆形，厥色微黄，若土质肥沃，叶多混形，否则叶呈针形，惟历年久长，复变混叶；此二种均来自苏州之黄沿林（译音），该地专以播子产苗为业；不论刺柏或混柏，干均挺直，枝叶轮生，树姿如一塔形。其三为金黄色之一种，叶刺形与混形夹杂，同生一干，色泽颇为美观；须栽于空气新鲜，土质肥沃之地。柏性畏烟煤，不适都市中之栽植，若栽于山乡间，其寿命之长，实为百木冠；叶色青翠而常绿，枝干历久而不枯，大都栽于坟墓之侧，以资点缀；若栽于庭园之中，固无不宜，惟移植非易，往往在未经移植前，颇为茂密，一经移植后，常不秀发，甚有不能活者。修剪之法不一，若作材用者，剪去下枝，可向上挺生；如作观赏用者，修剪之形无定；若需栽以多年老柏，可向山中物色数十百年之老桩，经多年攀扎后，即可养成美姿。予真如园中，亦栽有一株二百多年之老柏，占地半方，高可丈二，共有层迭之片凡十二，片片如浮云。大合数抱；系向苏州深山中采得者，经过十多年之时期，每逢春秋二季，行以整姿，

始告蔚然，见者莫不称奇；然自战事爆发，国军西移，该株老柏亦与国同难，现只留枯桩，惜哉！惜哉！

【乙】瓔珞柏　叶无刺，色翠绿；枝柔而下垂，姿态袅娜；性不畏寒，而喜半阴。此种柏有野生与嫁接两种：野生者，子落地而自出，或经人工之播种，其性强，发育迅速；嫁接者，以桧柏为砧木，上接瓔珞柏，生长较缓，而枝条更柔，下垂及地，抗力亦弱，庭园中栽培之珍品也。

【丙】绵柏　俗称羊毛柏，产于美国及吾国浙南一带；野生，性似瓔珞柏，惟其叶柔，手握之不觉刺人，犹似握棉然。枝叶亦下垂，发育之速，为诸柏之冠，抵抗力亦强；造林之佳品，行道木之优种；因其终年枝叶稠密，可增观瞻，若于战事期间，尚能隐避空袭之患。

【丁】意大利柏　原产于意大利，故名之；此柏干直生，叶繁密，枝短出，故与主干相挤而升，全不向外突出也。生长颇速，不数年间，高可达丈，叶色黯绿，自远望之，耸立蓊郁，森然可爱；惟因生长过于高耸，主干不易笔直，或有倾东侧西之虞，当由人工扶直之。

【戊】赤柏　形若桧柏，惟干色带红，叶色淡绿；生育均匀，树姿整齐，似经人工修剪者然；其叶有刺，不及桧柏之尖锐，发育迅速，抵抗力亦强，合造林之用；因其自然姿势之美态，栽于庭园之中，当无不宜。

（二）亚乔木性　树姿不及乔木之高大，惟较灌木为高，介于两者之间，故称之为亚乔木。

【甲】龙柏　原产于日本，又名绕龙柏，因其茁生之新枝，屈曲盘旋，皆向上绕生；抵抗力甚强，移植亦易，好肥沃，喜潮湿；叶色黛绿，四季不变，干直，叶密生无刺，为其特长，庭园中之尤物也。整姿之形不一，若有少数之强枝，向外或向上生长突速者，当于四月至八月间，行以摘心，务使其生长维持均匀，则自然之姿态更增美观矣。繁殖法有扦插、嫁接与播子三种：扦插当择生长强健之枝，而扦入土中，法与雪松之扦插相同，一年后始生新根，管理需十六月之久，灌溉及盖帘当随时留意，即保持土壤之湿润，及避免日光之直晒；嫁接法乃以子孙柏、桧柏、侧柏等为砧木均可，惟不及扦插之简便也；播子法与前述同；其中以嫁接者最佳，子播者次之，扦插者更次之，此柏于黄梅期，往往有病菌寄生，而罹赤枯病，此乃由于空气闭塞，湿气郁积之故；预防之法，惟有洒布等量波尔多液为宜。

【乙】云头柏　系日本东京近郊山中所产，枝叶扁生似一扇形，干挺直，形如圆柱；当微风吹动，大有层云浮动之态，甚为雅观。若有干矮生而屈曲有致者，可栽于盆盎中，以作案头清供，最是妙品。若干高而挺直者，栽于庭园之中，亦无不可。此柏有三种：其一为叶片边缘呈金黄色者，性喜高燥，不畏寒，宜栽于略有阴处，不可施以有刺激性之肥料，更忌含有咸性之人粪溺，盖其抵抗力较差耳；梅雨期尤须注意气候之突变，盆栽宜用山泥，入夏置于帘棚之内，以防烈日直晒，如此则叶边之黄色，更可明显，而绿色弥增娇嫩矣。其二为叶片全呈绿色，性较强，若无烟煤之处，均可栽植，姿形亦美。其三叶片不及上述二种之扁平而阔，叶端不如上述之混形而带有刺，惟枝叶较柔泽，予所见者最高约有二丈左右。繁殖行扦插，生根反较龙柏为易。

【丙】绒柏　针叶细柔，触之似绒，因得名；叶色苍翠，畏烟煤，若栽于砂质土壤，发育尤速；然移植不易，往往一经移植，老叶全变枯黄，仅剩新叶，致失美观；树姿屈曲似龙柏，性亦恶燥热，繁殖以扦插最易。

【丁】镶叶柏　予曾自日本采集五本，作为标本之用；叶色颇美，半呈白色，半为淡绿色；以一本栽之于盆，余植之于地，但一经盛夏，盆栽者死，地植者则死其二，生者亦呈憔悴之状，此乃因苗木之不强，或气候之不宜也。

【戊】侧柏　形似子孙柏，惟为高生之亚乔木，普通高达丈余，全株略呈球形，幼叶嫩梢直立，叶侧生而扁立，无表里之分，故称侧柏；性甚强，生长速，此柏均用以接龙柏，或作造林、围墙、坟墓甬道之用；其果实为球果，果鳞有六片，背部小有突起，颇尖锐。

【己】桢柏　产于徽州，形似龙柏，叶色黯绿，颇可爱，惟新枝不若龙柏之盘曲，生长不速，性耐寒。

（三）灌木性　形矮小而无独干者，谓之灌木。

【A】偃柏　俗称地柏，枝叶沿地面伸长，故得名。叶色翠绿，性强，若栽于过分潮湿或郁闷之地，易患赤枯病；届冬后，因其枝叶稠密而与地相平，害虫常作为御寒隐藏之所，故枝下宜保清洁，害虫或可减少；除此，当春初害虫开始活动之期，或冬季为其潜伏之期，洒以波尔多液，亦可预防之；至若病害发生剧烈时，非将其掘起而烧灭，不足以防蔓延而绝后患。繁殖法以扦插最佳。

【B】千头柏　即子孙柏，叶混生而色翠绿，结子繁多，可播子而繁殖，或行扦插法亦可，栽于庭园作围墙之用最为相宜；性喜潮湿而好肥，其叶摘下可作扎缚花园牌楼之用，历时经久不黄，故受人欢迎而乐用之。

【C】花地柏　形与地柏同，惟叶色白绿相间为异，且品种少见，颇觉名贵；予前向无锡某氏园中征得一株，惜多病，迄今尚未繁殖也。

【D】黄金柏　日本名伊吹，新生枝叶均呈黄色，遂因此得名。性矮小而畏烈日暴晒，最合盆栽之用；繁殖以扦插最易，盆栽当用山泥，肥料施以陈宿之豆粕水即可；然而培植良艰，于海上诸园中，尚未获见也。

【E】金银花柏　矮生性，能开黄白色之花，故称为金银花柏。枝叶黄者名金柏，白者称银柏；栽植尚易，若栽于花坛或假山之上，富有美观；亦可用盆栽，以扦插繁殖之。此种亦属名贵品种，盖不多见之故也。

【F】玉柏　即圆球柏，枝干细而密，性不易高大；若将其顶枝剪去，养成半球形，大可用作盆栽或庭园之点缀也。培植尚易，抵抗力亦强，惟其生长较为迟缓；予于十数年前，征得独本天然形一株，高有二尺半，与同样高之龙柏一并运来，迄今龙柏高者已达一丈三四尺，矮者亦一丈一二尺，但此玉柏，尚不及五尺；干下部甚粗大，约合半抱，而中部以上，渐形瘦小，仅有六寸对径，由此可知玉柏之不易高大也。修剪以球形最易，或其他之形亦无不可；若欲繁殖，常将各枝培养一年，而不加修剪，翌年春季剪下，扦插入土，即易生根。

【G】纪州真柏　叶似龙柏，色较深，枝多而密，形矮，可育成天然之小型，为盆栽之妙品；抵抗力强，生长较迟，以扦插可繁殖之。

【H】黑柏　性强，叶瘦小，色最黑绿；姿如龙柏，惟不及龙柏发育之速；形稀疏，干不直，故需竹竿扶直之。

【I】真柏　与地柏形相似，然其枝叶向上生长；发育较速，培植亦易。

【J】花柏　又称花杉，叶枝蓬松，为千头丛生之矮柏；予所见者最高仅有六七尺，大者可合三四抱，远望之似千头柏；枝叶多淡黄色，须发育愈盛，黄色愈显，否则非特黄色全无，且易罹赤枯病害；统观此柏之色泽与姿态，最宜栽于花坛、草地或假山之上。其繁殖以扦插为易活。

【K】线柏　枝性柔，叶短小，着生枝下，枝似不胜其重者，因随之而下垂，于是枝更形修长，细若麻线，故称之为线柏。姿似垂枝松，惟此柏枝叶混杂不明；抵抗力强，发育亦速，高者能达丈余，形颇蓬大，可与千头柏相比拟；繁殖以扦插最易。种类可分二种，其一为浅绿色者；另一为金黄色而内生之枝仍呈浅绿色者，可作为庭园中之点缀品也。

【L】黄金孔雀柏　新叶之端，现金黄色，若洒金云头柏；枝叶作不正之羽状，斑斓可爱，厥名殆由此而得。此柏性畏烈日，合盆栽之用，不适于园中地栽；盆栽须用黄山泥，生

长遂可茂盛。

【M】狮子球柏　日名立浪桧，姿似线柏，叶色较黑绿，各枝四向下垂，势颇均匀，似披发然，枝略带屈曲而密，为柏中珍品也；以山泥栽于盆中，发育颇强，若种于园中，一经烈日，即行枯去，由此更可知此柏喜阴之性也。

【N】箩纱柏　形似绒柏，叶作深绿色，枝叶稠密；若作案头小品，最为隽妙，亦柏之名种也。予初得此苗，栽以山泥，置入帘棚，苍翠悦目，历经数月，未有变化；迨战事爆发后，乃脱盆栽于地上，不数日，其一枯死，而余一亦憔悴不堪；可知此柏性弱，喜半阴也。

【O】翠柏　原产于湖南，枝干平生，长成片状，叶色苍翠，为他树所不及；而色泽之绿嫩，犹似银光，闪闪夺目，沪上未之多见；因此柏多野生，乡人对于移植及包装之技术欠佳，至沪，根既先受损伤；路途又遥远，多日耽搁，即不干枯，亦乏神气，生望已颇微弱；况来自苏地者，多接于一二寸径之桧柏上，接活后，又少移植，乃运至沪上，加以空气之恶劣，土质之不配，故鲜有回活者，可见此柏培植之难；然予以为若有合理之管理，亦非全无办法也。繁殖以扦插最妥，经二月之久，始能生根，但性喜阴，故伏天最易萎凋。在苏地，大树之下，多栽此柏，生长自告茂盛；如在上海一带，虽采同样方法以栽植之，仍多不活；惟依予经验，改栽以山泥，秧于盆中，则尚有生望，而定能欣欣向荣矣。

【P】鸡足柏　喜阴，不畏寒，叶色翠绿，为柏类中之异品。予于沪上，购得二株，高可二尺余，形奇特若鸡足，故不惜出重价以得之；嗣经栽植，并将新枝剪下，行以扦插，成绩尚佳；一年后，地栽之二株，其一先行枯秕，另一亦渐萎靡；而盆中扦活之小株，反觉青翠可喜，此乃置于帘棚之下，少晒日光之故，由此亦可知其特性所近也。

【Q】螺旋柏　产于日本，枝叶浓密，身矮小，色深绿，略似绒柏，抵抗力殊强。品有两种：其一有少数之细枝向上挺生，性不下垂，较线柏之质为坚，或可称为狮子柏；另一种则无细枝挺伸，而叶更稠密。予购入第一年，栽于盆中，培植亦易，欣欣向荣，更无病虫害之发生，生长较绒柏、线柏为速；迨战事一起，即将其脱盆栽地，第因苗株幼小，栽植后，连日气燥而热，略失水分，竟死其半，后尚存半株，已是半枯半活之小苗矣；故此可知此柏培植之不易，惟其叶密而秀美，盆栽与地栽均宜，但水分则不可或缺也。

【R】竹叶柏　予于南翔曾见之，此柏之皮似柏而叶如竹，诚柏树中之奇品也。

柏之种类，实较松为多，上述之二十九种，仅择其最普遍而曾经予手植或目睹者也；其他之名种奇品，尚冀海内外园艺家有以赐告，俾广闻见也。

第三节 竹

竹之神妙，乃在虚心劲节，筠色润贞，异于寻常草木；遭霜雪而不凋，历四时而常茂，风来自成清籁，雨打更发幽韵；若于书斋窗前，偶栽一二，大有清趣。自古高人逸士，赞美竹之诗词，随在可供吟诵：如唐代白居易之咏竹诗，“青青复篱篱，颇异凡草木。”以及宋代苏东坡“宁可食无肉，不可居无竹”之句，尤传诵一时：更如晋代嵇康、阮籍、山涛、向秀、刘伶、阮咸、王戎之辈，常作竹林之游，世称为“竹林七贤”；而王徽之乃竟有“不可一日无此君”之语，想见古人爱竹之甚也。

竹类为禾木科之多年生植物，乃东亚之特产，性喜高燥，宜气候温暖之地；土质以带有砂质者，栽之最适。今姑以其栽培法及种类分述于下：

第一项 栽培法

（一）地栽法

【甲】移植　于沪郊一带，其时期较他地为早，约于春季三、四、五月或秋季八、九月两期最妥；冬季移植，不特使竹叶枯落，竟有夭折者。相传农历五月十三日为竹醉日，是日移竹，十有九活；此说经予实验，确属可信。至若竹之移植方法，通常有移鞭、移竹两种；而于粤省，尚有插竹一法，惟沪地多不用之。

一移鞭　乃于出笋之前半月内，此时竹鞭之上，已附有多数之笋苗，择定此种竹鞭后，即在鞭之两侧，达一尺外切断之，长须二尺左右，勿伤鞭节之根须；如该处之土质富有砂质，则掘起较易；掘起时，无须带有宿土，而可移往目的地。先将鞭埋入土中，约六至八寸，鞭首向南，其上之笋芽须向上直生，鞭尾向北；（所谓鞭首与鞭尾之区别，即系于鞭掘时，其一端与母竹或其他竹鞭相连者，称为鞭尾，鞭之梢即称鞭首，蔓延力最强。）盖因竹鞭当蔓生新鞭（俗呼竹芽或行芽）之时，多向南伸延，鞭首向南而置，可顺其势也。然后覆以肥松之土，灌足清水，笋芽当年即可出土而上生，惟弱而无力；迨至次年，小竹上复生新竹芽，六七年后，方渐次长大，若土肥沃而气候适宜，则与原竹相差无几焉。

二移竹　将一二年生之新株，一株或数株丛生者，掘成一泥垛，大约二尺见方，掘起后，去其竹梢，仅留竹叶二三盘，顶与节齐，以浸油之棉絮包扎其顶，使雨水不致侵入，而可防竹竿之腐烂；然后以此泥垛移往目的地，栽于高形土中（低地不宜栽竹），深约一二寸，每垛相隔五六尺，再以松土填实，清水浇透；以此法移竹最佳，不三年即成一竹林矣。

三插竹　广东等地多行之；择竹节较密而强壮者，截成二尺左右，插入肥土中，即可生根。予于十数年前，曾以竹竿缚扎苗木，以防倾倒，将竹竿之一端，插入土中，讵料及至春夏之交，忽见该插入土中之竹竿，竟生枝叶，予大为惊奇，乡人均不解，乃误会其处必为好风水；后经粤友岑博泉君相告，广东均以插竹繁殖之，故更可证实此法之不谬也。

【乙】灌水　竹本无须灌水，但若土质富有黏性，或气候干燥之处，或竹栽植过密，或生笋行鞭之际，此时当需灌水；因生物全赖水分而能生长，若土中既无水分，而竹鞭虽有强大穿土力，此时亦受阻碍而不能充分生长，乃需人工灌水以补救之，否则受损颇大。有人以为将嫩草盖覆土面，可防水分之蒸发，但嫩草中易杂有害虫，受害匪浅；如覆草过久，竹鞭不深入土层，而向上生长，日后覆草枯死，竹鞭全露土面，亦非妥当。若竹园中灌水不多，灌后一二日，又告干燥，土便硬结；故灌水须充分，务使水直透土底，则可维持土质湿润，达三四日之久，以后再灌之，至少能至十日以上，尽可停止灌水，盖此时天气亦起变化，不致再告旱矣。竹园之面积，过于广大，当利用机器灌水，面积小者，人工灌水亦无不可，惟乡人多听其自然也。

【丙】施肥　竹性喜肥，故施肥须加以注意也，但施肥以求经济及便利为要旨：故于冬季作业空闲之时，可挖掘河泥，培壅竹根，河泥一经冰冻，即变干松，于出笋之前，将其耙平，耙平之后，可将浅生之竹鞭覆没，则笋出土必肥大而味美；而河泥既富肥分，又所费无几，殊为值得。或以新鲜马粪，于十一月初旬，盖于土面，不特使土肥沃，更增土温，当出笋时，耙去马粪，堆于地面，使其发酵而腐熟，及笋成竹时，再将此腐熟马粪壅于其上，深约四寸左右，与土相混，土质亦变松而肥矣；若笋仍不见肥大，再施以陈宿人粪溺即得，因当此初成新竹之时，根最发达，吸收力亦极强，如新竹长成后，土中肥分亦渐告罄，竹鞭继生力将受障碍，故斯际施以人粪溺等之追肥，以加强竹鞭之伸长，则来年笋亦必肥大无比。竹林中不可用含香之芝麻或落花生等作肥料，以防蚁类之群集，有碍竹之生长也。

【丁】壅土　竹鞭本于土中平行蔓延，若一遇物阻，或土面有杂物遮盖，或鞭芽为疲弱者，往往向上生长，此种竹鞭所产之笋，形必瘦小，且有碍深入土中之竹鞭，当将其去除，或壅上肥土以制之，再因竹鞭一部分之弓形隆出土面，鞭梢深入土中，已极粗壮，掘去似觉可惜，故乃以壅土为最妥。壅土除用河泥外，菜圃及农田之土亦可，每次壅上二三寸，时期以秋后至翌年一月间行之，每年须加土一次，是故竹园每较他地为高。加土乃使竹鞭深入土中，须知入土愈深，则所产之笋亦愈肥大，竹竿亦必粗大；若鞭浅，根亦浅，所生

之笋亦瘦弱，啖之不美，故此壅土须年年行之也。

【戊】翻掘　竹园因年年加土，地形过高，终至碍及其他各地，此时当行翻掘矣。其法先于竹园南首，每隔八尺左右，连底鞭完全掘起，理去一切陈腐鞭根，如地形高者，将土挑去，使地稍低，与他处相平；惟翻掘时期宜于将生竹芽或出笋之前行之，而秋后亦可。复利用此空地，可播种秋季之菜秧；但白菜与塔窠菜，不易栽植，因多虫害也；该处之土，在一二期内，能不发生害虫；且一经种菜之后，土质更为疏松而肥沃，翌年邻近之竹鞭，即向此处蔓生，不三年又成林矣。凡此区之竹，生长既复旺盛；再将未经翻掘之竹区，亦依上法行之，则五六年内，可使地高者复变平地，而竹更形茂密；故若多年之老竹园，渐趋衰弱时，或竹竿挤生过密者，亦可行此法，而使之复盛也。

【己】伐竹　竹成长达三年后，方可伐去，以供应用；盖二年生者，生鞭最盛，去之可惜；一年生之新竹，更不宜砍伐，因质尚嫩弱而不耐用也。伐竹之时期，以冬末春初最佳，他季虽亦可伐之，然碍及竹林之发育。伐下之竹，易罹虫蛀。当行伐竹时，不可贪利而尽取强壮者，须选定密处伐之，竹老者亦可伐去，细弱者亦宜及早砍除；每株竹之距离，以二尺见方最合理想，但竹之疏密，往往不克尽如人意也。砍伐之具以利锄最佳，锄时将根一并掘起，但莫损及竹鞭；若仅以锐刀齐土面砍伐，则留下之残根，虽经十年亦不腐朽，然则该处必永为根所占据而成废地；故若不将根挖去，当将其捣碎，使其于短期内腐朽之；又尚有一种篾竹，于冬季伐去后，只需加菜圃之松土三寸左右，不二年仍能茂密如前；此法乡民多用之，盖可省去翻掘及挖根等之工作焉。

【庚】修枝　细弱之竹枝当宜去除，即过于低矮者亦宜剪去；大概在竹竿八尺以下不宜留枝，此乃使林中空气流通，土壤易于干爽，而竹根不致霉烂，害虫亦可减少也。

【辛】锄耙　林中本少杂草乱生，但仍常加锄耙者，可保表土疏松，既增清洁美观，又可使笋或鞭易于生长；故于出笋之前，或在初成新竹之时，加以耙锄，即可得笋或行鞭笋，尽够添供食用而不碍竹林之生长也。

【壬】其他管理　笋与鞭之心中，往往有长约一寸之蛀虫，色红褐，体坚硬，口尖利，藏匿其间；凡笋生长过迟，而根部尚幼嫩者，最易发生此种害虫；宜于来年，先行锄土，见笋即锄去，因此种笋乃由一时之温暖而生长，但土面上之空气甚寒，随即停止生长，而变僵状，自后天气日暖，诸笋亦大批出土，不旬日已有尺许，此为旺盛期。以后虽仍有出土者，但高至二三尺时，不再上长，迨掘土而视之，下端已腐，此因一鞭上已有数笋先后出土，所有鞭中养分，消耗殆尽，而最后出土者，尚有一部分之养分，故上生至若干高度后，

其先出土者，已强大而成竹，根部日渐老硬，蛀虫亦无从侵入，于是蛀虫乃侵入最后出土之幼笋中矣；故笋于旺盛期后出土者，须及早掘去，以免消耗养分也。

（二）盆栽法　竹为清高之物，高人雅士，均以此作为盆栽，供之案头，萧疏之形，袅娜之姿，朝夕赏玩，饶有清趣；惟盆栽之竹，宜疏不宜繁，如清代郑板桥氏，以画竹闻名，寥寥数枝，旁缀一石，最为得神；故盆竹当以古画为蓝本，始可算得上品，不然杂乱无章，宛如野草一堆，殊失盆栽之趣矣。

栽法：择小竹数枝，挖之出土，秧于泥盆中，活后始栽植于长方或椭圆之浅盆；盆以紫砂制，最有古意，若五彩瓷盆栽竹，殊不合竹性也。种时适当幼笋方出土数寸，最易活着；掘时须带有鞭及老竹；形以矮小为宜，粗若拇指最佳，剪去其顶上之枝叶；又当掘时，须注意竹与笋宜集于一处，竹枝以奇数为佳，即一本或三本、五本等；栽于盆中，配以灵石，置入阴处，一月后可晒阳光；当年竹芽出土，生成竹林，依其姿态，适者留之，否则去之；翌年新笋出时，再宜注意修剪，在一盆之中，使数株集于盆之一隅，他处偶留一二株，期与天然之竹林吻合，切勿使笋任其漫生，致满盆密株而无余隙，竿亦不分，大乏雅趣也。

第二项　品种

竹之种类亦伙，有供食用者，有备观赏用者，有作器具用者，今分述于下：

（一）晏竹　其笋最为可口，种类有迟早与大小之别，早种萌笋约在二月中旬，产量亦裕，而竹竿径有二寸左右；迟者竹较矮小，至三月初旬笋始盛出，竿径仅有一寸半，笋亦鲜美。于正月中旬及二月初旬，可行锄耙，深约三寸左右；及五月初离新竹半尺以上，再锄耙一次，深可四五寸，以免新竹高出老竹；但此时新竹之根尚未老结，当防大风之吹倾，又在此期中亦可施肥；以后至十月中旬再将土耙松，深亦四五寸，以马粪壅上最佳。此竹之竿薄而质脆，供晒衣竹竿，颇为轻便，但不能制器具也。移植时期，以二月初旬前后最佳。

（二）篾竹　笋味不美，形细长，笋箨色红褐，枝叶密而盛，竹性软而韧，肉亦柔桡，可劈篾制器。竹竿之大小，以一寸左右最为普遍，三月中旬笋出；竹密而耕锄不易，惟见瘦弱者，均宜砍去，加上熟土四寸左右，于初正二月行之；若不全部伐去，每年冬季将三年生者砍去，更为妥当。此竹蔓生既速，其鞭亦较多而浅生，故土宜常加；翻掘之时期亦短，但若不妨碍他处，则无须翻掘也。

（三）毛竹　砂质土壤及地高之区，可种毛竹；此种为竹中最高大者，畏飓风，故于高山峻岭中，反多毛竹；竹之大者直径有六寸左右，若于避风和暖之处，有高达四丈以上者；用途最广，用以筑棚、搭架、编篱，或于浅水溪流中制筏以代舟，又可劈篾以制各种小器，若竿粗一尺外，则可作庙宇柱对之用。予爱此竹，特由浙移来栽种，初以技术欠佳，遭受失败，且运来之竹垛小而鞭短，虽有半数以上栽活，但不出新竹，后以黄砂代土，至今犹存在而仍未见出笋，恐水土不服之故也。竹供器用外，笋亦可供食用，入冬乡民将深近一尺处掘出之幼笋，称为黄泥笋；翌春三月，出笋旺时，笋箨有毛，故称毛笋，毛竹之名，亦由此而得；笋之重者有十余斤，其利颇巨。乡人每于冬季前，以钩刀截去顶，编其枝可制竹帚。此竹为深山所产，故肥料不便施之，全赖山土自然之养分而足给，盖因竹叶及杂草，每于掘笋时，将之一并埋入土中，经久腐败而生肥分也；此外可用牛粪壅之，惟于沪上，施用牛粪亦不合，因牛粪性寒，而不比浙之山中多黄牛，粪性较暖也。苏浙皖尚多荒山野地，大可利用以栽竹；栽法每隔一丈，掘一三尺见方之土穴，去除杂草树根，乃将竹或鞭移入，此后再行开垦，并繁殖竹苗，时间与人工均可节省，成功之期亦可提早。

（四）哺鸡竹　五月出笋特盛，宛如雏鸡一并孵化之状，故名。其种类不一，大概分为白壳、黄壳、黑壳，视笋壳之色泽而分：中以黑壳笋最大，三寸径最普遍，亦有四五寸者，竹肉较厚而性亦柔，可供劈篾制器之用；当笋未出土前，色微白而带淡黄，将出土时，则变成紫褐斑色，形尖而粗短，故成竹时亦较密，笋肥嫩可口，笋竹两用之种也；其鞭之蔓延力甚强，若与他种竹同栽一区，不久即可将他种淘汰；于伏天生长最速，故对于施肥壅土，最宜注意。黄壳者，予自杭州移来数株，现均栽活而出笋矣；此种大者较晏竹略粗，节略平，每节之距离亦长；笋出土一二尺，其色为淡黄色而略有褐色小斑点；出笋之时期，约于五月初旬，较黑壳为迟二周。白壳者则予尚未栽之，故不详。

（五）九丈青竹　与哺鸡竹相似，竹粗约二寸左右，节平生，竿长而高，为竹中最挺秀者；于五月出笋，故又名五月鸡；笋可食，竹可供制器用。

（六）烂梢季竹　于五月笋出，壳为紫斑色，头尖而根粗，笋尖之壳须甚长，均呈姜黄色，笋味不美；每于次年新笋出时，老竹梢大都烂去，故得斯名。竹肉厚而性重，可供篾或其他竹器之用；竿不甚粗大，直径约有寸半左右。

（七）山芦头竹　竹壳肉均薄，节距最长，故竹亦高，而不及其他竹等之有用也，但以之制普通家具，亦能经久耐用云。四五月笋出，色初黄，后变淡褐色，壳须尤长，而笋形亦长；味甚苦，食时须切小，浸于冷清水中数小时后，趁熟油未热时倾入锅中炒之，则

其苦味可略逊；秋间亦有笋出，惟均瘦弱也。

（八）金毛狮子竹　为浙江硖石之名产；竹不甚粗大，色淡绿，其笋色黄，上有毛，故得名；竹性脆，由高地堕下即碎。

（九）简竹　节最长，约有一尺四五寸，径不甚大，约有一寸，予自奉邑采得之。

（一〇）筷竹　竿粗不及小指，节长而甚细小，中若无孔；竿可供竹筷及胡琴之拉弧棒或帚柄之用也。

（一一）方竹　竹以圆形居多，独此竹竿为方形，惜无棱角，远视之或不以其为方也。竿粗者不逾一寸，竿愈粗，其方形亦愈显；节长约一尺，节上多瘤痕，肉薄不甚坚；移植后，色由绿而变成淡土色，枯后竿干瘪，不若他竹枯后而质仍坚硬如生也。方竹仅供观赏之用；原产于杭州、澄州、桃源，今江南一带均已有之。

◇ 大明竹

（一二）大明竹　此竹有鞭向外生出，叶较密茂，层层叠叠，宛如塔形，可供狭小庭园中之点缀也。

（一三）连环竹　四月初出笋，其根上之节斜生，大者与毛竹相似，形状甚奇；昔时庙宇中常作为陈设，将竿一劈为二，假以充阴司打罪人之刑具也。

（一四）佛肚竹　此竹不甚高大，仅有六尺上下，为福建以南等地所产；性畏寒，根端各节细小，节短而突出如佛肚，故以名。笋出四五月间，专供观赏；除隆冬寒天外，他季均易于培植。

（一五）观音竹　竿粗若拇指，根端各节相距甚近，约有六七节向外凸出，其上则与他竹无异，竿色淡绿而黄；种于地上，不能显出其特征，故多作盆栽之用，因根上之凸节，即可显露，始有美意。竹形差小，故供观赏之用外，无其他可取；培植极易，于四月间笋出，即可繁殖之。

（一六）紫竹　竹竿色黑紫，故名之。此竹可分大、中、小三种：大者竿粗一寸；中者大如中指；小者竿矮小仅有尺半，粗不及大种之幼竹，叶色较深绿；此三种均于四五月间出笋，大者之笋可食，惟味较差；小者不堪食，故紫竹以观赏为主。当年生之新竹现绿色而不作紫黑色，与他竹同；须经二三年后，紫黑之色始显。相

◇ 紫竹

传紫竹出南海普陀山，今浙省皆有之。

（一七）红竹　竹细小若小指，竿上略有极淡之红色；不易培植，仅供观赏。

（一八）黄金锏竹　竿色淡黄，粗约一寸内外，竿上杂有淡绿色之直纹；三月下旬笋出，笋壳紫斑色，虽可食而味不美；培植尚易。

（一九）黄金嵌碧玉竹　产于闽省，一称翠条金丝竹。竹节较长，色绿若碧玉，中有金黄色之直纹，甚为明显，颇感悦目；叶色亦绿，其上亦杂有黄纹；节上簇生枝叶，多而密；五月出笋，大者粗可三寸，惟予所得者，仅有一寸而已。初不知其性，入冬即死；再向闽省采购，冬季置入暖室，竟安然越冬，翌春移诸土中，发育尚佳。

（二〇）金镶碧玉嵌竹　竿色金黄，每节有凹纹，嵌以碧绿色，因斯名之。竿愈粗，色愈显；三月笋出，壳之色泽较哺鸡竹为红紫，颇为夺目，而新生之竹，色更灿烂。生长极易，培植不难；盆栽亦可，惟须择较粗大者，当笋将变竹时，将其四五节以上之梢剪去，俾形成矮桩，而使其三四节上萌生枝叶，以合盆景。竿细者之色，不及大者之明显；笋味淡而不堪食，竹之异品也。

（二一）黑斑竹　与紫竹相似，惟此竹竿上有斑；当初成竹时，色亦全绿，入秋后始生有稀少之黑斑点，二年以上者，则竿上全为黑斑，而绿色反少；培植甚易，生长率亦颇速。相传此竹之由来，乃因曩有某王妃，姿色倾国，一日王死，妃偶抚竹痛哭，泪洒于竿上，泪干而成斑，故有黑斑竹之名。

（二二）慈孝竹　此竹根无鞭，笋出四五月及七八月两季，其四五月间出者，限于竹丛之内，乃所以防新竹之受暑，而七八月出者，必于丛之四周，乃所以防母竹之受寒；故新竹辄与母竹相连亘生，慈孝之名，盖由此也。繁殖法，系于四五月时，将原丛掘起，以利斧或铁铲劈之；根甚坚，结连成块，不易分拆，故经百年后，锯去根块之上下端，可作草亭中桌面之用，颇具古意。其竿高有一丈二三尺，节修长，肉甚厚，每节着生之枝不定，乃由多数小枝密生一节之上，是为其特点。性畏寒，越冬梢叶尽枯，至翌年三四月后，始转绿色；肥亦喜，枝不向外蔓延，占地甚少，故合狭小庭园之点缀也。此竹除观赏外，其竿尚可入药。

（二三）凤尾竹　又名米竹，高约二尺左右，竿瘦小而性柔，叶狭细而密生，故竿梢略形下垂，其得名之由来也；此竹能开花，形似稻麦之花，故别称米竹。一经开花，则易枯死，宜于花开茂盛时，速将花枝剪去，俾根下复生新竹，可不全行枯死。此竹抵抗力甚强，繁殖亦速，夏初出笋蕃庑，故多簇生一处，大都作盆栽用也。

（二四）印度竹　竹叶甚长，繁殖迅速，抗力坚强，四月出笋；其名之由来，无从考证，据闻来自印度，故历史谅颇悠久也。其枝与叶均极茂密，自节上丛生；竿上下同粗，高有八九尺；鞭似土面抽出，倘恐其向外生长，则于其旁掘一深沟以遏之，或于发鞭之时，将四窜之新鞭芽掘去，更妙。

（二五）屈曲竹　竹高二三尺，粗大于指，竿性屈曲；四月中旬出笋，高仅四五寸，不见其长，不久即行死去，此或系于出笋之前后，或移来之时不适也。

（二六）黑叶竹　性甚矮小而强，高仅六七寸；竿密叶盛，色黑绿，盆栽之妙品也。

（二七）玉叶竹　性亦矮小，叶亦稠密；新嫩之叶，色白如玉，故名；形颇美观。

（二八）翡白竹　叶狭长，其上白绿两色，相间而生；入秋后，白色略黄；形至矮小，喜暖，好阴，笋出四五月；吾国江苏等省均产之。

（二九）绞叶竹　叶色亦白绿相杂，高约三四尺，体性亦强。

（三〇）矮竹　矮竹之种类亦伙，大别有下列之四种：

【甲】叶长三四寸，阔一寸左右，枝叶特密，高不逾尺外；富于抗力，生长极易；栽之于石隙间，最为相宜。其种因甚强悍，各地均有植之。

【乙】叶不及前种之密，节亦长；予得自姑苏，据该地光福山人谓，此种矮竹，仅产某氏坟上；予乃亲往观之，见该坟四周，围以石栏，外有小河，尽生矮竹，别无其他树木；山人指称是竹，即死者于生前向异国觅得之奇种也。后予又于南翔古漪园中，亦曾觏之，闻说该园原为明季某宦所建，忽被人诬奏于廷；致触皇怒，合家尽赐死于该园之东南一隅，卜葬于此，是处遂出此竹，故相传称此竹为怨竹云。此种竹较光福出者为高，而竿较细，抗力亦强，生长迅速，亦名种也。

【丙】此竹高二尺左右，竿粗，节长，不及前二种之细密；叶矮小，生长更速，抗力尤强。

【丁】竹矮叶绞，而叶最阔，叶边入冬后变为黄枯色，高不过一尺左右，毫不美观；临冬如叶枯黄，宜刈取之，待翌年新竹出时，矮而有姿，但参差不齐者，宜亦剪去之。

（三一）笠叶竹　竿不甚高，约二尺左右，叶阔四寸，长尺余，生长亦速；此种之叶，有大小之别，大者可制箬帽及裹角黍之用也。

（三二）箭竹　《花镜》中称曰思劳竹；叶长八寸，阔一寸半，质厚，节平；长有二尺，中不通而实，昔以之制箭杆；浙闽等省山地中均有之。笋幼嫩时，用以制纸，质较他竹为佳。

（三三）四季竹　是竹四季生笋，竿丛生，上下略有粗细，笋有苦味，不堪尝食。

（三四）龙须竹　笋出时壳须特长，显呈下垂之状，色彩美观，浙省特多产之；笋可制干应市，运至沪地待沽。

（三五）苦竹　节特长，约有一尺余，离土之节较密；中孔小，因其质坚韧，可作农具之柄；性喜阴，笋出不多，味苦，故名。竿高不及二丈，枝叶稠密，堪作盆栽之用。

（三六）扁竹　竿高不满三尺，形扁，节密生，叶细而柔，山之阴处均产之。

（三七）湘妃竹　叶碧绿，竿上有黑褐色之旋纹，如溅泪痕；初生时，色浅，二三年后，旋纹愈显。喜肥，冬季施以豆粕及稻田泥可也。

◇ 湘妃竹

（三八）梅绿竹　竹竿上之色，粗视与湘妃竹同，而实有异也。竿上之旋纹，犹如凤眼，色较湘妃竹为深，深入竿之内层，人多取以为扇骨之用。

（三九）枪尖竹　俗呼龙刀头竹，笋粗若指，味美，节肉均嫩而可口；浙西乡人晒干之，称为吉笋干，用以馈礼；笋初出之时，其头犹如枪尖，故名。竹枝极短，竿高不盈丈。

（四〇）乌竹　笋出二月，壳色乌黑，故名。竿用以制器，劈篾；竿径一寸半，节疏；施肥宜腐草及犬粪，性好阴。

（四一）花竹　初春连叶开花，花色黄褐，颇为美观；花簇生枝上，而不见叶，惟根株之小竹，略有小叶。予自苏州潭东太湖畔掘得，亦奇品也。

第四节　榉

江浙诸省，多栽榉于宅第之旁；往往年久宅废，而榉仍兀立于丛草荒烟之中，令人兴沧桑之感也。

榉属榆科之榉属，落叶乔木也。

第一项　性状

榉大致以苏浙皖闽四省山地中，野生最多。树皮坚硬而有光泽，色灰褐，有瘤状之小

突起及粗糙之皱纹，质最坚韧；老榉之树皮，每年剥落，状若鳞片；叶呈广披针形，或带尖长卵形，边缘有锯齿，顶端尖锐；春日开花，新叶亦挺出，花甚小，不足观赏；花落后，结扁平小形之果实。

第二项 栽培法

此木宜造林用，若庭园栽以遮荫，亦无不可。培植极易，惟生长不速，树龄甚长，可达数百年之久；病虫害亦少见，盖因抵抗力强之故。若用以造林，其栽植之距离，可分三期：

（一）初期　苗木尚幼小，每株相距五尺已足；在此时期内，务使其独干向上挺生，不宜分枝，故管理需勤，若有旁生小枝，加以剪去，盖此时期中，仅冀其生长迅速而已。

（二）中期　苗木生长十年以后，已长成树本，栽时每株相距宜一丈。

（三）后期　树本生长二十五年至三十年后，距离改栽二十尺；并将屈曲而发育不健壮者完全剔去，以后再视生长情形，斟酌而定夺之；因时期至此，树干已高大而蓬勃，然百年之老榉木，其对径尚不逾一二尺也。

若用以造园，只供观赏之用，栽植之距离，可无一定也。施肥法，于腊月中锄松根株之土，每株掘三穴，施入豆粕至少五六斤，再覆肥土即成。

第三项 品种

榉之种类，据予所知者，仅有白皮榉与青皮榉两种：

（一）白皮榉　木质黄白而坚韧，老者之材，其色如檀香木，可以制器；干直生，形婆娑，若用以作材，非至五六十年不可，而最高者不过四五丈；但名寺古刹间，或有数百年之古木，高达七八丈者，则毫不为奇。

（二）青皮榉　叶大而平，木质青而坚韧，材虽不及白皮榉，惟生长较速，其五十年生者，已有四五丈高之谱。苏浙皖三省，作器材之用，最为普遍；至作园艺者，系多年老桩，乡人辄担之来售，栽之易活，用以盆栽，最有雅趣。

第五节 榆

榆树春初缘枝生荚，累累成串，未熟色青，已熟色白；结子为榆钱，可煮羹、蒸糕、拌

面，又可酿酒、造酱，故乡人于家宅旁多栽之。世人辄以榆榉误而为一，实则不能相混也。

榆属榆科之榆属，落叶乔木也。

第一项 性状

榆为江浙诸省山地产物，多野生之；生长颇速，培植亦易，故高大者有五丈上下，可作材用。干皮深褐色，上有扁平之裂口，每年脱皮，剥落如鳞片；叶为大椭圆形，边缘有深刻之锯齿，叶片厚而刚，叶面粗糙；三四月间先开花，后出叶，花甚细小，色紫中带绿；花后结实，形状扁圆，两侧有膜质之翅，可因风而飞散，便于传播，而扩大其分布范围，故属翅果。其栽培法与榉相似。

第二项 品种

榆之种类亦多，惟叶均相同，不过皮色及木理略有出入，故品种因而有异也：

（一）榔榆　树形高，皮褐色，皮每年脱落一次，新皮呈红赭色之斑纹；质坚，可制家具。

（二）刺榆　枝节间有刺，果略带长形，熟时色黄，根有芳香，木质亦坚。

（三）朴榆　皮色淡褐，不甚高大；子圆形，大似赤豆；当子青色时，村童将此子作为弹丸，塞于竹管之二端，以竹签塞击，即有噼啪之声，故土名噼啪子树。

第六节　桑

桑虽非园中物，然于塘池之旁，如能遍处栽植；夏则绿阴沉沉，饶有凉意，春则摘叶，用以饲蚕，故桑亦为有益而生利之木也。

桑属桑科之桑属，落叶乔木也。

第一项 性状

桑原产东亚，有野生于山间者，亦有栽培种植者。叶卵形而端尖，叶面平滑多光泽，边缘有缺刻；春末，叶腋间抽出花蕊，花小，外有淡黄色之萼；雌花能结实，椭圆形，累累下垂，初色青，熟变紫色，味甚甘美，称为桑椹，堪供食用。野桑之皮、椹、叶、枝，均入药用；皮富纤维，可作韧纸及麻织物之原料。又四五十年之野桑，其干合抱，堪作器材；

质虽不及红木紫檀，然胜椿榆多多矣。

第二项 品种

桑之种类颇多，通常有家桑与野桑之别，兹分列于下：

（一）湖桑 叶大如掌，质最厚实，为桑中冠，干上有凸起之斑点，枝粗而短，叶节亦疏。此种多栽于浙之硖石、长安等处，其叶喂蚕最宜。

（二）火桑 亦属家桑之一，发育最速；叶形小，质亦薄，树龄较短。

（三）垂桑 桑枝性柔，其形下垂，叶片细碎似爪，适庭园中栽植，取其姿态之美也。

（四）青桑 干皮薄而斑点平，枝瘦弱；叶节稠密，致叶片小而质薄。

（五）鸟桑 此为野生种，叶细碎如鸡爪；俗传系桑子经鸟吞食后，未曾消化而随粪泄出，入土后仍能发芽，故叶形起变化作用，而质亦最薄。山间独多此种，即俗呼野桑也。

第三项 栽培法

湖桑不结实，故其繁殖法，惟有嫁接一途：通常以青桑为砧木，因青桑结实繁多也；当青桑于四月下旬，桑椹已老，乃事采收；先将桑椹捏碎，和以草灰，可不黏手，然后播植于松土层中；或手取桑椹，于草绳上勒之，则子可嵌入绳间，连绳入土，亦能萌芽；苗生长颇速，当年即长至六七尺，此时可行嫁接（或届春季行之），将青桑离土四五寸处加以锯断，择湖桑之强枝嫁接于其上，双方活着极易；若秋接者，待至翌春，即可定植；若春接者，则至秋季行之可也。栽植处宜高燥，先掘一穴，对径近二尺，深二寸半，下置腐殖土，厚约一尺，和豆粕二斤，约有半寸，上盖草木灰二寸，最上覆以熟土；于是将苗木栽入，每株四周隔一丈五尺，俾成长后枝条得免两相接触；每株当年可养成三分枝，即须将此三枝维持一定之地位为要；若防吹折，扶以竹竿，最为妥当；直至第四年，已养成强枝九枚，而产叶亦最丰盛矣。如于初种数年内，株间尚有隙地，可播种短期矮性作物，以补收入。

第七节 黄杨

黄杨盛栽于温带地，故浙皖等省常见之。木质坚细，生长迟缓，枝丛叶繁，四季长青。材之小者可制成梳、栉、印等小件，大者作器具之用；庭园中则栽以供观赏，取其常绿也。

黄杨属黄杨科之黄杨属，常绿树木也。

黄杨之性状，因其品种而有别，栽培法则大同小异，故今就其品种分述于下：

【甲】锦熟黄杨　生于暖地，性喜湿，好肥，爱日光；枝叶密生，叶椭圆形，若西瓜之子，故俗称瓜子黄杨。叶质厚，有光泽，外有蜡质，缘浑而无锯齿；入冬叶腋间结成土色若丸状之花蕾，叶经霜变赭红；至翌年春二月，花簇开，色淡黄；结实大如豆粒，子下有座，采而放下似一鼎，八九月霜降时实熟，呈土色，向外裂开，爆力甚强，其中之子色黑，约有三四颗；收下曝干，播入肥土，任其冰冻露晒，正月施以浓粪水，盖以薄土，至三月初旬，自能发芽矣。嫩叶前端微尖，叶老时，则有凹纹；苗长至三四年后，即能结子，凡苗不论其大小，一经结子，则枝叶生长之势为之抑制，枝亦老而无神；故于正月中旬，当将此花蕾尽行摘去，则三月后，即发新枝叶，否则必待花开后而发叶，致发叶期为之延迟，生长之势，亦为之抑制矣。移植以春秋或黄梅期为妥；春夏间施肥，以人粪溺、豆粕、血粉最宜；此木虽喜肥，但肥料施之过多，则于三月中旬，叶间发生青虫，形若蚕，身上略生毛，最大者有寸许，体色与新叶同，群集叶上而蚀食嫩叶；若不加注意，不二周，无论高大之木，尽行食去而露出干枝矣；故若一见，即宜捕去。该虫于五月间，即吐丝造茧而蛹伏，暑天后羽化成蛾，产卵于秋芽上，翌年再行孵化而为害；倘一树于春秋两季均罹此害，不特绿叶全无，且日趋枯萎焉。杀虫之法，除人工捕捉外，可利用砒酸铅药液杀之；然此药剂殊不经济，不如于新叶未发之际，喷射波尔多液为预防，于三、四、五、六四月中，再各喷洒一次；（喷射之日，须天晴，始有效。）不过此液系淡蓝色，沾于叶上有碍观瞻，但虫害可防止焉。此木叶色黯绿，形小而密生，可作栏墙之用；或于庭园之中，修剪成各种式样，惟行修剪之前，须先视此树修剪之后，是否合乎理想，若尚嫌幼小，则当再养一二年后修剪之，因一经修剪之后，不易重行长大，仅能密生而已，故先应养成大形，然后剪之，不一二年即成完满之美姿矣。又此木树皮灰黄色，树龄愈老，皮亦粗糙，而色亦渐白。国人多作为盆栽，一入盆盎，生长即缓，自幼苗栽以四五十年，高不过尺许，其本大如拇指；故作盆栽之黄杨，可于乡间古宅旁搜寻之，截去梢头，连根掘起，插于园圃中，日渐缩小根株，多年后待枝叶茂盛，即可移植盆中，则幽静清致，自觉古气盎然也。

锦熟黄杨可分二种：其一叶大，长五六分，阔四分，叶面光滑，皮粗色褐，生长速；其二叶小，长四分，阔二分，皮细色白，俗称温州黄杨，品种较为名贵。

【乙】鸭舌黄杨　叶狭长，成椭圆形，长一寸，阔三四分，形如鸭舌，乃形容其狭长而已，亦为其名之由来。枝叶稠密，易向上生长，故愈觉紧凑，比较瓜子黄杨更为美观；

实不结，于五月下旬，以新枝芽行扦插易活。此种沪上不多见，其虫害独甚多，而以食叶之青虫为害最大，每当发见时，亦必为数已多，实有捉不胜捉之苦；故宜于冬季，从早喷射波尔多液，则效甚显，盖青虫之发生，原系上年之蝶子化身，若未雨而绸缪，为害实不足惧。

【丙】草黄杨　形若鸭舌黄杨，叶较小而茂密过之，丛生而矮，为多年生之宿根植物。抵抗力特强，不畏寒；庭园中点缀老树干部之良物也。或栽植于途边，亦颇得宜；以分株可繁殖之；作盆栽，亦甚美观。

【丁】豆植黄杨　俗呼豆瓣黄杨，因其叶厚似豆瓣也。生长极不易，叶不及瓜子黄杨之半，抗力亦强，故病虫害甚少见，而鲜有夭折者；繁殖于五月下旬，用山泥或砂质壤土行扦插，易活；性好肥，略喜半阴，而不畏寒暑。此木可分四种：其一白边叶，其二黄镶叶，其三青色叶，其四叶青而隆起；此四种均可扦活，种于小假山之上，或用作盆栽小品皆宜。

【戊】大叶黄杨　俗呼广东黄杨，日名正木。抵抗力为黄杨中最强者，都市中栽以作墙围之用。喜肥沃，好湿润，生长极易，高者能达二丈；四月间开花，形细小而有花柄，色香俱杳，乏人注意。亦有青虫之害，防除之法同上；又有蛀心虫一种，在根部蛀蚀，宜人工捕杀之。繁殖可于五月中旬，以新枝扦插，三周后，才能生根，而始可晒日光；在此时期内，灌以多量之水分，每日浇之，最好扦后，如遇霖雨四五次，则得活可操左券，几有百分之九十能把握也。入冬清除枯叶外，略以糠或灰等物保护之，免受冻害；翌春二月左右，即可分植矣。此木之种类不一，性质略有不同，今更一一述之于下：

一青叶黄杨　有圆叶、尖叶，及其他变种之分：圆叶者枝干粗硬，叶大而稀，故枝干全露，此种最劣；尖叶者则较佳；此外变种如灰白种与金心种，系全绿叶所变化者，灰白种叶形尖而大，枝亦硬，形蓬松不大，叶色亦较淡；金心种则与圆叶相仿，非佳品也。

二金心黄杨　叶之中心，呈鲜明之金黄色，边缘仍保有深绿色，颇为美观；但如施肥过多，辄变成全绿色，而引为遗憾。

三玳瑁黄杨　叶薄而密，边缘淡黄色，延至中心，敛变淡绿，枝干较粗巨，性易高而难于大；当三四月间，新叶萌发，色彩之鲜艳，莫可伦比。若将此苗修剪成独本，叶自根干抽出，与龙柏相互混植，高矮相间，楚楚有致，颇为美观也。此种变色甚少，然过肥或阳光不足之处，则能变成灰白之绉叶；所谓灰白色者，即银边而青心，叶呈绉卷，似少生气，不为人喜。其中有易变绿色者，此即为尖叶种。

四黄金黄杨　满树金黄色，远望似一镀金树，为树木中之奇姿；入冬尤黄，杂错于深

绿树木之间，黄绿相互掩映，悦人心目，深秋之唯一景色也。

【己】曼藤黄杨　性略喜阴，叶小若瓜子，生长不易；树系藤本，故须搭棚架，任其生长；否则着地蔓延，即易生根，而雨后污泥溅于叶上，必易脱落。此种多为白边绿叶，经霜后乃变成红色及淡绿数色，更增美观；但其中有全绿枝叶者，当宜剪去，不然全株将尽行变成绿色。又扦插之时，如用绿枝，则成全绿之苗，而永无洒金美色呈现矣。

【庚】红梗黄杨　野生于江浙诸山之中；叶较瓜子黄杨为小，枝多细硬，着生于枝上呈不规则形，枝硬微红，故名。枝叶甚密，而生长迟缓，其色至冬不变。乡人在山中掘得者，根须甚少，难以栽活；即活，亦不及山中之繁茂也。然而，若将苗木，先移种于当地圃中，俟其伏土后，再栽于盆中，略加修剪攀扎，即可成为盆栽之上品。

【辛】大叶藤黄杨　形若青叶黄杨，但须依树或缘壁而蔓生，借自身细干上之吸根，吸着他物以延升；抵抗力甚强，生长亦速，孕花不放，其纯朴之态，有欠美观，故不为人喜。

【壬】鱼鳞黄杨　叶光滑，重叠生长，排列如鱼鳞，节稀枝疏，性喜肥；多作庭园栽植之用；由扦插或播子，均可繁殖之。

第八节　杉

春阳初动，杉芽即发，色最青翠；待新叶茁长，更枝条婆娑，临风招展，厥态动人。当耶稣圣诞佳节到时，尤为西人所欢迎之点缀品也。

杉属松柏科之杉属，常绿乔木也。

第一项　原产地

四川、贵州、湖北、浙江、安徽、福建诸省之深山中，可随处见之；盖杉子成熟后，即行落地，因而抽芽发苗矣。

第二项　性状

杉之叶片短小如纫针，向上略有弯曲；干直生，不屈曲；入冬，叶变褐绿色而不凋，及春，复现翠绿之色；至夏开花，花多单性，有雌雄之别，结实如球，小如指头。性喜肥，不畏寒暑，抵抗力甚强；惟畏烟煤，都市中不宜栽植。凡二十年之杉木，质白而松韧，不

合于用，非迨四十年后，木色渐变微红而质自坚；故凡树龄愈久，木色亦愈深，方堪称为良材。

第三项 土质

杉木生于山地、倾斜地等处，则生长甚速；故栽培宜用山泥或质松而有充分腐殖质之壤土，因腐殖质富于肥分，适投其所好也。

第四项 栽培法

杉多作造林之用，园中栽培，殊不适宜；然有空旷而少烟煤之地，栽植一二株，亦无不可。其叶苍翠，枝婆娑，干挺拔，具有雄伟之概；如栽于空气欠畅通而湿气郁闷之处，枝叶尽枯，绝难生色。杉干叶皆有刺，栽于园圃四周，既可作藩篱之用；年久则又可作材，诚一举而两得也。

杉大别之，有刺杉与柳杉之分：刺杉叶端有刺，着生似羽状，枝叶扁平而生；柳杉叶混圆而无刺。管理方法，大致与柏相若，惟刺杉与柳杉略有不同，今分述于下：

（一）繁殖

【甲】扦插　刺杉可行下法扦插而繁殖之，因本种抵抗力较强也：其法当于来年冬季，将畦土锄松，深耕约尺有二寸，使土细匀；于清明前后，择一二年生之枝条，剪达尺半长，下端削成斜面，去除细枝，留其嫩芽，即于露天行之；枝插入土约六七寸，上遮帘箔，以防日光直晒；并时常喷水，保持其湿度；至黄梅时乃发芽，下端亦新生根须；至秋季，根始长成；是后越一二年遂可移植矣。

【乙】播子　柳杉虽亦可行扦插，惟十九枯死；故宜行播子以繁殖之，历时需久长，固不及扦插之迅速也。柳杉结实岁龄甚早，如达五六年者，已能结实；实作圆球形，直径约有一寸左右，于十一月子已告成熟，可将实收下，是时外壳由青色变成黝褐色，而渐行裂开，裂口有六，子即落出，大小如芝麻子，青黑色。播子有两时期，一于子收后，即行播种，至春分后始发芽，颇为整齐，需时较多，更防杂草乱生；或于春分时播子，管理期虽短，但发芽后有再枯死者，此乃下种太促之故。当发芽初时，颇似松苗，数月后，方能辨别其为杉。

予尝见浙西及闽省山中，伐去大刺杉之干而不去其根；五六年后再过此山，仍见高有丈余之大杉，干粗四五寸，均自老根发出；询诸山人，始知老根不去，而复生新株，亦属

刺杉繁殖之一法也。

（二）定植　当初生苗植之园圃时，每隔二尺栽以一株，每畦可植二株，作三角形排列之；倘管理周密，则五年后，母株宜隔十尺，此后再陆续放大其株距；若栽植过密，可将其密处之杉干，尽行伐去，以供燃料或木桩之用。斫伐以根株尽行挖去为妥，以免再生丛苗；如造林，则株距须大，每株相隔五六丈；更视土质之肥瘠，而定株距，土质肥者宜疏植，瘠者宜密栽。

（三）施肥　初植十年之内，可以施肥，然年久后，根深入底土，能自由吸收肥分，虽不施亦可；如施则木质变松，故还以不施为宜。至欲施肥当于冬季行之，其料以豆粕最佳；但豆粕须先与石油相混，因山中野兽横行，豆粕正为彼等喜食之品，每易被挖食，如和以石油，则不复贪之矣。又施时应离株距三尺左右行施，或挖一半圆形穴，深约五六寸，就穴而施之，穴不宜过浅，致易为山土泻去。肥料之多寡殊无一定，视经营者之经济能力而定也。

第五项　品种

（一）刺杉　有吾国产及日本产两种，本国之种性较强壮，姿亦美，合造林之用；叶入冬变红，而日本种则不然。

（二）柳杉　种类较多，试举述于下：

【甲】杭杉　本国种，产于浙之杭州，因名。发育最速，干矗立，枝略呈下垂；抗烟力甚弱，不宜栽于都市也。

【乙】日本柳杉　大致与杭州柳杉相似，但针叶较短而密，枝性柔，不若杭州柳杉之杂乱无章；入冬叶稍变色，其他时期，均苍翠可喜。

【丙】袁猴杉　针短，枝特长，连枝带叶，粗若小指，但各枝突出，长达一二尺；生长颇速，培植亦易；庭园中栽以点缀，亦多妙趣；然如作材，恐不适用，盖杉质松耳。

【丁】万代杉　叶硬，作深绿色，枝亦坚硬，形颇茂密；惜易患赤枯病，往往本属苍秀者，乃一二日后，忽呈焦枯之状，或死去其一段，是为憾事。予于民国二十六年春，采得百株，初不知其性，雨季竟死其半数，虽时喷洒波尔多液预防之，亦未见效；且喷以此液后，液黏于枝叶，则有减翠色。迨自抗战发生，更乏管理，迄今，此种已完全枯死矣。

【戊】万吉杉　枝叶甚雅致，生长则缓慢；但四五寸之小株，已有老树姿态，诚盆栽之绝妙隽品也。

【己】玉叶杉　新生枝叶呈白玉色，其他与日本柳杉相同。

【庚】翁杉　与玉叶杉相同，但白色不只限于新枝叶；枝扁而阔者，竟达二寸；性较万代杉为强，枝叶略柔，色亦苍翠悦目。

【辛】南洋杉　色�绿，枝平生而整齐；易生长，须于温室中培植之。

以上诸种，为予最近采得，而供试验之用；其本均为幼小之苗木，不见花实，概由扦插以繁殖之也。

第九节　棕榈

棕榈本生于川、广、闽、浙诸省，现今各地均有栽植；此木生利极富，确有提倡之必要。山麓溪边，栽种此木，既可护土，又能固岸，更增风景，有利而无弊也。庭园中栽以成丛，如屋角之阳、凉亭之侧、假山之旁、池沼之畔，点缀数株，自别具一番景色也。

棕榈属棕榈科之棕榈属，常绿乔木也。

棕榈树干，亭亭玉立，高有二丈余，上无分枝，干作圆柱状，四围包以棕皮，并留有叶柄之旧痕；叶形硕大，作掌状分裂，酷似一扇，叶柄亦长，质极坚硬，叶簇生干顶，披向四周；五月，叶间抽出淡黄色之花苞，苞裂花现，花小形，亦作淡黄色，集生花轴之上；此时子已结就，可采下，稍干磨粉，岁歉时，堪供食用，或饲家畜，平时乡人均贮藏之，以备不时之需。其繁殖多行播子，入冬子熟，呈黑色，可收而播入土中，翌春发芽，略施肥分，二三年后，择其发育佳良者，可行分植，于春夏之交，行之最适；先择一向阳高燥之地，掘下一二尺，其下铺以瓦砾或石屑等易于透水之物，然后将苗每株隔一丈栽之。榈性亦喜肥，每年春冬两季，施以豆粕或厩肥等迟效肥料，作为基肥，于苗之四周，掘穴壅之；平日更时常注意株旁野草之蔓延，免耗养分。初栽之数年内，欲求其迅速发育，故一见抽出花苞，即宜连苞之基部，一并剪除为妥。若苗发育佳者，五年后即可剥取棕皮，第一次，先将树干基部之棕皮剥清，惟棕尚短，不堪上选以供用；翌年春可剥一二张，棕亦与日俱长，秋季不宜再剥；第三年春可剥三张，秋季可剥二张；以后视其发育如何，酌量剥之，一年中至多剥取七张，即春剥四张，秋剥三张；倘若贪利，多剥棕皮，则反致阻碍其发育也。八年后于干梢叶间，抽出花苞，而发育未臻完善，以剪除为宜；非待十年后始可留之，以作收子繁殖用也。

栽植棕榈，利益溥厚，闽浙老农常言道："千株桐，万株棕，世代儿孙吃不穷。"由此可见获利之一斑矣。棕榈之木材，堪供桥桩及厩柱，不易朽腐，克以耐久；棕皮抽其长丝，可绞绳索；短小者可制床褥，编织蓑衣，或制帚刷等；棕皮两旁之硬板，又能盖园亭之顶，鳞次栉比，颇为美观，且经久不烂不断，节省经济；其他如叶可绞绳，耐湿之程度，较麻为尤佳。且棕榈之寿命极长，虽百年不足为奇。而棕皮之价亦极昂，每株年产一斤余；若栽以成林，每年收入不赀，稳可坐享其利；老农之言，信不谬哉。

第十节　油桐

栽植油桐，获利奚啻倍蓰；子可榨油，即成桐油，为工业上所需之涂料；且为吾国出口之大宗。故现今各省普遍栽种，每年之出产，当甚可观也。

油桐属大戟科之油桐属，落叶乔木也。

油桐别名罂子桐、虎子桐、紫花桐等；树大至合抱，枝叶婆娑；叶作尖心脏形，庞大若巨掌，面有光泽，柄颇修长；四月终开花，集生梢上，色淡黄带紫红心，瓣成五片；花后结实，圆球形，有子四五粒；榨之得油，不能食用，仅作涂料防腐用。种有三年桐及五年桐之别，三年桐者，于定植后三年，即能结实，惟结实虽早，而树龄缩短；五年桐者，即定植后五年，始能结实，树龄可较长；然不论其为三年桐抑五年桐，树龄均在五十年以上也。

栽培法：入冬将子收藏后，于明春二月间，播诸肥圃中，每子相距五寸左右，随即喷足清水，至五月见苗大部已出齐，渐施肥水，直至秋后为止；当年可长至二三尺以上，于十月十一月间掘起，分别大小，寄植于温暖之土中，待至下载三月可分植之。惟当年之苗，若欲运输远地，难免损伤，须以二年生者为宜，因生长较强盛，不致受损也。于分植之前，该决定此次栽植，为永久性抑或暂时性；若暂时者，栽植之距离稍近，亦无碍树苗之发育；永久者，距离以愈稀愈佳，每株初距二丈，至第三年，每隔二株之间，移去一株，如此交至第五年，即能开花结实，此乃指五年桐而言；若为三年桐者，则定植期提早为妥耳。秋后实熟，每实有四五颗，多至七粒，富有油脂成分。

油桐性极强，惟低湿地不宜栽种，如栽之根必向地下四窜，其发育将较枝尤胜；故于荒山旷野中，即使为新垦之处女地，反可栽种，虽处于丛草野木包围之中，亦自能向荣；更

以此故，凡当不毛之地开垦后，其他树木不易栽活者，可改植油桐也。植时，每隔一二丈开一穴，播子二三枚，待子出后，将苗柔弱者拔去，留其强者，壅以肥料，如此日后无需移植，自会繁华，三五年后即可收实榨油，利益难计，而该地虽童山，亦因之而得垦熟矣。

予又闻老友赵守恒先生，谓其故乡贵州种植油桐之法：先将田地划定苗穴，穴中野草根全行掘去，并将枯叶等堆之穴上，火煨之成灰，然后播入子实，再加桐子饼屑一把，施于其上，覆土盖没，浇足清水；如斯萌芽，发育特强，日后时将野草锄去，勿使蔓长，则不数年内，即可收子云。此法诚善，造桐林者，大可效之也。

第十一节 乌臼

乌臼树形蓬大，深秋叶赤，耐人欣赏；入冬叶落，实大三分许，作十字裂，色白似雪，累累欲坠；子中多脂肪，可取以榨油，当作涂料，并收蜡为烛、为皂，故此木实为生利之佳树。庭园中栽以点缀秋色，亦殊适宜也。

乌臼属大戟科之乌臼属，落叶乔木也。

乌臼又称臼子树，本生热地，故浙东一带，栽培极盛。树形硕大，占地二三方丈者，不足为奇；木质亦坚细，叶作心脏形而端尖，形适中，面披蜡质，故发光泽；夏月开花，花有雌雄之别，花小色黄；秋暮实熟，外作褐色，内仁雪白，富含基酯类；可榨油，名为青油；初仅供点灯制烛之用，现有科学方法，提炼成机器用油。性极喜肥，施肥愈多愈佳；生长亦速，栽地宜高燥；若以收实或取材为目的者，每株栽植之距离，以五丈一株为妥；庭园中栽以观赏者，则可不论；惟宜栽于竹林或常绿树之前，当霜落叶红时，衬以绿叶，益觉明媚。栽植后发育颇盛，干不甚高而枝叶蓬大，可借作遮荫之用；惟干在一丈以内，勿使分枝，一见即剪，故幼苗在三年中，设或将枝条尽行剪去，施以重肥，仍能萌芽抽叶；当年可长至八尺左右，养成独干，不令分枝，次年更能长及一丈以上。凡乌臼子出者，难以结实，须加嫁接，故当苗木高有一丈以上者，尚可接之，活着极易；又山中常有树干合抱之野生乌臼，亦可另将结果之乌臼枝，嫁接于各分枝梢上，而未有不活者，此为乌臼特殊之性，非他木所能强同也。总之，乌臼树一经嫁接后，结果必丰满，多者每株能产臼子百斤以上，少者亦有数十斤；然当叶落子熟，最易为禽鸟啄食，幸臼子食后，不易消化，而

与鸟粪同出，入土仍有萌芽发叶之机，从而可知其子实抗力之强；且臼子一经被食，随鸟远行，益可扩大其分布区域，诚能符合其撒布种实之本旨焉。又臼树若经嫁接后，树势不免受损，故移植须待伤势恢复、接枝发育强盛或接口密合后，约至第三年方可定植他处；但老树嫁接后，毋需搬移也。

第十二节　漆树

漆树盛栽于闽浙两地，沪地虽可栽植，惜艰于旺生，罕有大量种之；予真如园中偶栽一二，聊备一格而已。

漆树属漆树科之漆树属，落叶乔木也。

漆树原产东亚细亚，我国皖、浙、鄂、湘都植之。高三丈许；叶羽状复生，小叶甚多，卵形，端尖，全边；株分雌雄，夏开小黄花；花后雌者结实，形小而扁圆，采其蜡可制烛。

漆树之繁殖，取其种子，而于秋季播入土中，虽经冰冻，翌春自能萌芽；入秋可分栽，栽处宜向阳高暖；土以砂质为佳，取其排水便利，土中先施以茶粕豆渣等，作为基肥；如大量栽植而土质肥沃者，可不必施肥。栽处之土应常加耕耘，不使野草蔓生；六七年生者，至黄梅时，可收漆矣。漆即树皮内之树脂，可供髹物之用；收漆之法，通常取一尖刀，破其树皮，掘一小孔，以竹箬插入，即能引漆液滴入容器内。据予某闽友谓：一二丈高大之漆树，每年可收漆液四五斤；如树干粗大，其材更可供器具之用，故漆树实为生利之佳木也。

第十三节　桐

桐树俗号范桐，又名花梧桐；枝叶极茂，绿荫繁密；干心中空，故又称空心桐。花开向上，状若喇叭，有白紫诸色，殊为美艳；白花桐一名白桐，或呼泡桐；紫花桐亦名冈桐。

桐属玄参科之桐属，落叶乔木也。

桐树皮色粗白，木质轻松；叶片修硕，对生，上披毛茸；四月间开花，簇生枝梢间，色有紫、有白，瓣五裂，形颇长大；果熟则两裂，子四散，不易采得。故通常将根剪段，埋入土中，根上即能萌芽；或老株移植他处，土中仍遗留断根，亦能萌发新枝。若土质肥沃，

一年能长至六尺以上，可移往预先划定之圃中；并将齐土面之干，全行剪去，来年生长更速，一年中可长至八九尺，二年后干粗可达二寸半径；因此木生长特速，木质亦变轻虚；若移植后不加修剪，枝即萎缩而不旺。我国浙东诸山地，均有此木；惜不加改进，日渐衰退。此木抵抗力甚强，培植易，作为行道木，甚为相宜。木老时，质颇致密，可制箱箧及琴瑟等具。

第十四节 梧桐

梧桐碧叶青干，修柯长枝；庭园中种之，绿阴浓密，蔚然大观；风吹雨打，厥响清越，皓月当空，清影扶疏，秋声秋色，尽在于是。

梧桐属梧桐科之梧桐属，落叶乔木也。

梧桐又名青桐，因其干皮青色，表面滑流也；亦有干土色者，则皮较为粗糙焉。树形挺直，木质疏松，根若萝卜，叶身大而分裂若掌状，色青翠，面有光泽，而背有毛茸，叶柄硕长；夏日开花，花小略呈黄色，果实奇特，熟时裂开如叶状，边缘附有种子二枚，可收而播之；性畏水湿，生长亦速，抗力甚强，绝少病虫害，堪作行道木。其繁殖，于秋后将树上子实采下，翌春播种于地，即能萌芽；子又可炒食，香而肥美。移植自九月下旬至四月中旬，均可行之，惟当冰冻连天，以不移为妥；当年子出之苗，可达五寸至一尺，根粗一寸半径，深入地层，细小之根须亦少，故于冬季移植时，虽将肉根掘断，亦无大碍，且因此而根须多出，生长更为茂盛；但若作行道木，则一经修剪后，生长较缓也。

第十五节 法梧桐

法梧桐原产法国，故得是名，形酷似中国梧桐。叶较小而多毛，干皮白色，发育旺盛；初三四年内，皮呈绿色，交夏，老皮脱落，即呈白色之新皮，每年有新陈代谢之作用。早春花叶同出，入冬果实老熟，经风目裂；子上有绒毛，飞扬远地，着土子出。故此木生长极易亦极速，抗力亦强；木质细致，性松脆，易腐烂，不可充材，仅作行道木之用。惟子与叶上均生绒毛，经风飞飘，吸入鼻管，有碍卫生，希注意之。

法梧桐共有二种：一为小叶种，皮色粗糙，子出者均为此种；另一为大叶种，皮白色，

品种较佳。

（一）栽培法　现今法梧桐，已大量栽培之，其法有述如下：

【甲】繁殖　宜用五六年生之大叶种，将当年生之强枝剪下，长约一尺左右，其上至多留有五芽，直插入沙质土中，下三芽入土，上二芽露出地面，宜于二月下旬至三月中旬（春分前后）行之最适；若于五月以前扦插者，大多能发芽，惟须俟过梅雨后，芽已长至三四寸以上，方可定夺其死活；否则初见插枝发育甚盛，然经烈日曝晒，死去大半，亦常有之事；故扦插成绩之优劣，半视土质，半赖天时。若扦插苗床之上，有帘遮之，苗固受益，且十能九活，惟属限于少数扦插者；倘行大量之扦插，未免过于浪费，得不偿失，殊不经济也。

【乙】移植　时期于九月下旬至十一月末旬，或于二月上旬至四月初旬，行之最适，而万不宜于冬季冰冻天行之。九十月间叶落后，可将扦活之苗，全部掘起，分成大小数级，假值于和暖之地，以土覆没其根，勿暴露于外而受冻害；翌春二三月时，将苗木依其大小，种植于肥地上；若地形狭小，每株相距二尺余，而以五尺一株最佳；因栽植过密，枝干修长，质自柔弱；而稀植者，干直且强盛，皮色洁白。种时苗木稍向北倾斜，剪除梢头，上留一二芽，来春发叶抽枝，自能直生；若将苗木直种，反使新枝横生，故移植时必须注意及之也。

【丙】移植后之注意　当苗木栽植后，来春萌芽，于四五月间，枝梢芽头丛发，宜摘存一强芽，当年可长至丈余；至十月及十一月间，并将株间瘦弱小苗木，尽行移出，否则翌年肥大之苗木，亦必为挤死；至移出者，与次年扦活之苗，可同植一地。凡在六月以后，见扦活苗上有分枝者，每隔二周，宜修剪一次，使苗独本挺秀为是；又若移作行道木，种植后干易屈曲，须以木桩缚护之，俾干能挺直，一望齐整，而枝叶茂盛，如伞蔽日，清荫满地矣。

【丁】施肥法　此木最喜肥，不拘何种肥料均可；于冬季施以基肥，至梅雨时再施以追肥，而在伏天地土干燥时，亦可续施之。

【戊】修剪　苗木分栽后，至第三年春，可长达一丈余，当于一丈至一丈二尺处剪平，高低一律，于是新枝从剪口处萌生矣；然分枝不宜过多，大概以三枝为佳；若养至五年，仍未定植，须再剪一次，即在三分枝上之一定处剪平之。惟分植后第三年春，再移植一次，即于每三株中，移去中间一枝，分栽他处；若栽植疏者不必再分植，若栽种密者而多年不分，则苗木不易长大，且易患病害。至栽于道路两侧者，树形宜作杯状，则多年后两侧之树梢，

可相交错，绿荫茂密，夏日尤生凉意云。

（二）病虫害　树干多蛀虫，宜在梅雨前后，视干上有无幼虫或虫卵潜入皮层，如有则其潜入处长约半寸，阔不及三分，皮必已破，盖为天牛撒子所致，而木质即呈褐色而疏松；当用尖刀于近根部之处，钩出虫卵而杀之；若至深秋，虫已长大而深入内层，则捕杀不易，虽可用百部，或煤油浸棉花，或糊状烟精等塞之，但所收效果不及捕捉之切实也。

第十六节　杨

杨树高大耸天，挺生颇速；叶两相对生，甚易茂密。今人往往并称为杨柳，实则杨枝硬而扬起，柳枝弱而下垂；二木回不相关也。

杨属杨柳科之杨柳属，落叶乔木也。

杨树虽称落叶乔木，而性喜丛生，更宜育于湿地；若栽于河岸池边，可固堤岸，又增观瞻，大有裨益。木质尚细，生长极速；叶呈长卵形而端尖，质稍厚，缘边有微细浅锯齿，叶面有毛茸，背面灰白色；早春发叶，旋即开花，花后结实。庭园中不论何处，均可栽植；每年冬季，略加修剪，自成美态；栽培极易，入冬略壅肥料，来春发育更盛。

杨树之种类亦不一，据予所知而常见者，不外乎下列二种：

（一）溪杨　叶大而色淡紫，枝干亦带紫色，树形不甚高大；生于水边，当水涨淹没树顶亦不死，从而可知其性质之强，栽培之易矣。小枝可供燃薪，大料可供器用。其繁殖以扦插，最易活着。

（二）直杨　杨树形婆娑，叶狭长，酷似柳叶，惟不下垂；春日开花，花后结实。不畏烟煤，适于都市栽种；若荒山低地大量种植，收利甚大。其繁殖于春间扦插极易，不论枝之强弱粗细，均能扦活，而以当年生之新技，产根更速，生长亦较盛；性喜湿，好肥，若大株移植后，土中残留余根，亦能萌芽成株，惟不及扦活者之挺直。扦活后之次年，即可分栽：第一期每株相距二尺半，施肥多者，三年后可高至二丈，干粗二寸以上；若施肥不足，须待五六年后，始能达此高度。第二期每株相距五尺，经六年后，如管理与施肥较勤，则可长至三丈余，干粗可达四寸以上。第三期每株相距一丈，是后不必再行移栽：若欲求树形更加高大，则每株相距得改为二丈；其间挤生之树，可取为材料；因此时树高已达五丈左右，干粗一尺以上也；然造林之范围，既经扩大，当无大量之肥料可施，则培养之年数亦较长矣。

第十七节　白杨

白杨酷似杨树，本生寒地，树形矗直，多作行道木用。叶圆而有光，风吹打旋，闪闪发亮，并作簌簌之声，每当夜深人静时，闻之颇有清出之意；庭园中栽以一二，亦极得宜也。

白杨属杨柳科之白杨属，落叶乔木也。

白杨树之竞长力，实较他树为强，高有五六丈余；树皮暗灰色，幼嫩之时平滑，后生裂纹；叶形圆而尖，边有纯锯齿；春日开花，花作穗状，雄花之穗长二寸余，雌花较短；雌花于受精后结实，熟则四裂，散出种子，子上有毛，洁白如棉。木材可供制火柴梗及牙签等用，尤为板盒造纸最好之原料，愿造林家速起而为之。

白杨之品种，据予真如园中所有者计四种，今分述于下：

（一）大叶白杨　又名美国水白杨，树形笔直，枝蓬不大，生长极速，抗力最强；叶圆而且大，叶柄略长，叶面光润，风吹作旋；国人仅知供庭园中之点缀，而不知其为造林之良种，殊可惜也。

（二）小叶白杨　叶形较小，枝细而密；树形酷似毛笔之端，枝系生树干之两侧；颇宜靠墙夹植于他树中，以当屏阵，惜易罹虫害耳。

（三）银叶白杨　叶小形，背生白毛，故名银叶。干不甚高大，枝向外挺生，故树形蓬大；树皮斑白色，抗力极强，生长亦易；实有白毛，随风飘扬，着地自生，生长极快，抗力亦强；惟干质较松，易遭虫蛀为憾。凡低湿地或其他作物不可种植之处，均可改植此杨，因大材亦可制具也。

（四）江南白杨　皮青白而有斑点，叶形较圆，面光润不及大叶白杨，背面亦有毛；生长甚速，树形矗直，亦可作造林及行道木之用。

白杨之虫害，以蛀虫与盗叶虫最盛，宜注意之。当其初生荒野低洼之处，或无虫害；但移植至园地中，一见此虫，当即捕杀之；此害虫之发生，乃随购入幼苗而运来，故白杨幼苗宜自行扦插为妥；否则蛀虫一经蛀入树干，为害甚烈。盖此虫专事蛀蚀树心。经一二年而树心蛀空，三年后羽化而成虫，此即为天牛也，俗呼杨牛；雌雄交尾后，复产子于树皮之中，孵化而再入内。然而，树若为虫所蛀，树龄当受影响不浅矣。经营苗木者，均当十分留意；在入夏及初秋之际，为天牛活动时期，当捕而杀绝之，以防蔓延也。

第十八节 女贞

有人以为女贞即冬青也，实则不然；女贞叶片青翠，严冬不凋；结子黯黑，异于冬青赤色之子也。宜丛簇栽之，并加剪栽，自成篱落，称曰翡翠墙；庭园中与丹枫高下相间，时交深秋，红绿相映，便成佳观。

女贞属木犀科之女贞属，常绿乔木也。

女贞生于山野之中，高可三四丈；叶卵形而尖长，长二寸左右，阔约半寸，全边质厚，面有革质，故发光泽；木质坚细，堪作良材。五月中旬，枝梢抽花轴，花着生轴上，形若一穗，花白而细小，瓣四裂；花后结实，初时绿色，后变黑色，卵形头尖；入冬如遭大寒，雪压冰冻，厥叶或落，或呈焦枯之状。其繁殖即用黑子播之，法于入冬前，将子采下曝干，与黄沙相混而藏之；春分阴雨时，浸入水中，六七天后，去其外皮，内有子实，洗净之，播入土中；土须疏松，子上覆以薄土，再盖芦帘，或稻草亦可，喷足清水；至清明时发芽，当将帘揭去；若遇烈日，复架帘盖；黄梅时始可分植之，或行密栽以作围墙之用。然夏季易罹病害，往往生白棉虫；若一见此害，须将病树连根掘起，用火烧毁之；或患处将虫捕去，再以煤油涂之，皆能免患；或于土壤中以福母林药水洒之，可灭其种。女贞除编篱外，更可作丁香之砧木。性喜肥，冬季尽施以浓肥，然他季肥料宜淡，肥料以人粪溺及豆粕最佳。女贞若不修剪，易丛生，故误以为灌木，实则乔木也。（另有一种细叶者，叶形细小，较为名贵。）

第十九节 冬青

冬青为女贞之别种也，叶长而子黑者为女贞，叶微圆而子赤者为冬青；乃常人以为冬青即女贞，其实稍有异也。

冬青属冬青科之冬青属，常绿乔木也。

冬青自生山地，木质坚而细，皮淡白而光润，叶卵形而尖，厚而光；夏日开花，花黄白色，形小，花疏而不密，数花攒簇而生；果实圆形，熟时色赤，点缀枝头，状甚可爱。苏州光福山盛产之，且多野生；予亦向该山采得之，讵料掘法欠佳，死去一半；现今真如园中所植者，均能欣欣向荣，惜无花果，盖土质不宜也。其繁殖于五六月间，将新芽扦插，惟

生根甚缓，须有四五月以上之管理，始可得美满之结果；故今多以播子而代之，其发芽生根较扦插为易，且管理亦较便也。

第二十节　香樟

樟木坚细，能发香气，故称香樟。叶常青葱，花细子小，不足观赏。第树形扶疏挺特，具干霄之势，其肌理错综有文，堪作良材也。

香樟属樟科之樟属，常绿乔木也。

香樟木质细致，香似樟脑，高达数丈外，寿命极长；叶面革质，上有叶脉三条，颇为显著，叶卵形而尖端，叶柄长形；夏初叶脉间抽出长轴，花开黄白色；果球形，初青泛红，后变黑色。此木生长颇速，将子播后不及十年，可高至一丈数尺余；抗力亦强，不畏烟煤；惟在幼苗时，不耐冰冻，往往有一苗于夏秋之际，发育特盛，经冬后竟变枯株；嗣由根部在三月间重发小株，致形成丛生，若不修剪，恐难养成独株焉。凡见枝丛生，于翌春至夏初，如将丛株掘出而分种之，则可得多数之小株。移植时期，以四月下旬至五月下旬，于阴天或大雨之前行之，虽及丈外之老株，亦可移活；惟既经移植之后，则尽量剪除新枝叶，而仅留秃干，如此可以减少水分之蒸发，醒活之望，可操左券矣；若移植不得其时，十无一活，此为香樟之特性也。施肥以豆粕、河泥及腐草堆肥最佳；切忌人粪，若施即死。苗幼小时，亦畏寒，非三年生者高已至四尺余，始能渐不畏寒。夏秋之间于枝叶丛中，时可发现黑色小球，其内密集黑色青虫，若树木一受此虫害，虽不致全树萎凋，而发育大受影响，更且有碍观瞻也；故一见此虫后，宜立即去除，最好用火烧之，燃着极易，青虫亦必全数死灭，永可免于后患。至若喷射药剂，则球壳厚实，药水难以透入，杀虫之效终不见，故务以人工去除，方可奏效；或者，暂不杀除，待青虫蜕化成蛾后，以砒酸铅液洒杀之亦可。

香樟木可分为二种，乃由其叶色而分：其一叶色略带淡红，木质亦呈淡红色；另一种则叶色全绿也。木质均极细韧，香味浓烈，酷似樟脑；制成衣橱、书箱、文房器具等，可防虫蛀；惟樟木须充分阴干压平，否则易于扭裂也。此外功用尚多，若供建筑、取蜡、疗伤等；又若小儿患风疹，以樟木小块煎汁，用布蘸而搽之，则风疹易透出，而可望早日痊愈也。

第二十一节 青秀与白秀

青秀、白秀与香樟同科，均为常绿乔木也。

（一）青秀 树皮青绿色；叶作椭圆形，长二寸余，面光滑；夏至开小白花。

（二）白秀 树皮灰白色；叶长有三寸，背披白色茸毛，故绿颜中略呈白霜；花亦作白色，花后能结实。

繁殖以子播与扦插均可，惟播子之苗，生长极速；扦插生长反缓，因其节长之故也。栽处须向阳高燥，土壤以黏质砂土最宜；肥料以豆粕或菜粕为佳，厩肥亦可施用。移植于未发芽之前，约于春分节左右，行之最妙；发芽后则万不可移之。造林每株相距二丈，庭园中栽植则距离无一定。当山地造林经五十年时，干粗已有一尺，始可取材；木质细腻而坚韧，性重，堪供器具之材料也。

第二十二节 香椿

香椿又名猪椿，树多高直，枝叶密簇，分枝极少；皮细木坚，色泽赤紫，难以腐蚀，堪作栋梁之材；嫩叶香甘可食，庖厨之佳品也。

香椿属楝科之椿属，落叶乔木也。

香椿树干耸矗，木质坚红，叶形广大，由无数小叶作羽状排列，嫩时呈红色，摘下后盐之，为佐粥佳味。夏初枝梢开花成穗，小而色白，不足观赏；花后亦能结实，人都不注意及之也。性畏湿，栽处宜高，土质则不拘；繁殖以分株最佳，当苗至五六年时，注意枝梢之芽头，是否受损，若分生多芽，宜剪存最强有力者之一芽，养成独本；故欲摘取嫩芽，以不妨其发育为限。夏间树干中易生蛀虫，木质即分泌胶质，蛀虫因之窒死其中，惟效力甚少；若一经蛀入，干皮粗劣，且有碍发育，故即宜用尖刀刺杀为是。性畏寒，移植自九月至翌春间，均可行之；肥料亦不拘何种均可施之。

第二十三节 椿

椿树多野生，又名臭椿，其嫩芽不堪食；抗力极强，生长亦速，非他木所能及也。木质

坚细，堪作良材；虽栽于丛竹深林中，仍能突出竹林众树之上；栽六七年，自能成林；干可高达二三丈余，生长之速，由斯可知。此木蓬生枝梢，最惧飓风，易为吹折；故注意修剪，为当务之急，否则全树吹倒，顶枝均折断矣；盖凡各枝修剪均匀者，枝叶既稀疏，遂无虑病虫害，更不畏风折，是诚宜随时留神也。椿之成林期，不甚久远，二十年后可高至三四丈，收利极富；采伐分四期行之，初四年内，施肥与管理，应加当心，以后采下，即可作副产品柴薪之用焉。

第二十四节 槐树

槐树蓊然而大，栽数株，即荫蔽一园，暑月就绿荫之下乘凉，几忘赵盾之威。花细而下垂，状若缨络，香亦清馥，夏日之佳木也。

槐树属豆科之槐属，落叶乔木也。

槐树多高大耸直，寿最长，木质坚重；叶形羽状，小叶狭长而尖，背略呈白色；夏初枝梢抽穗，其上簇生小花，花蝶形，色黄白；实作长形，种子间有丝相连，如连珠状，子酷似大豆，可收而播之；子又可入药。槐树生长颇速，种于沙土中，生长更速；干不易挺直，故种后三年须连枝截去，俟其重发，一年后即可长至八尺左右；子于冬初收之，春可播种，当年能长至二三尺，不论何时何地，均得移植；性甚强，培植极易，堪作行道木，又可作盘槐砧木之用也。

第二十五节 琴槐

琴槐据闻来自德国，当德人经营青岛时，道路两侧，全栽此树；故称洋槐，又呼德槐，并有洋皂荚之名，现今吾国遍地皆有之。

琴槐树与槐相若，枝叶较茂密；叶亦作羽状排列，其形较槐为长，小叶卵圆形，排列亦密；枝上生尖刺；根之蔓延力极强，固堤护岸，最为相宜；五月间于枝上开花，花辫垂作蝶形，色有白、有淡红、有淡绿等，惟以白色居多；结实如豆荚，长约四寸，扁而狭，子亦扁小，入冬可采而播诸于地，与土同冰冻，萌芽甚佳，亶于交春三四月间播之者，成绩反劣。栽处宜高燥，低湿积水处，不宜栽植；肥料则不拘何种，均可施之，施肥愈多愈佳。

此木除作行道木及防堤岸外，尚可造林；栽植宜稀，每株相距一二丈；十年后即可取材，栽于铁道旁尤宜，既可坚固道路，又可遮阴；一二十年后，得伐而制枕木；且斫伐后无须再种，宿根内自能再发生新枝，二三年后又成绿荫满地矣。

第二十六节 楝

楝树扶疏多枝，叶细而密，作羽毛状；木质坚韧，可充屋材。

楝属楝科之楝属，落叶乔木也。

楝树本生暖地山野中，故成长速而抗力强；干皮黑色，上有无数白点，质黄而细；堪供建筑及器具之用。叶复生，作羽状排列，小叶片如长卵，边有锯齿；夏日枝梢抽花轴，花作长形，淡紫色；秋后落叶，果实即露出，作黄色，累累下垂，即国药中之金铃子，于冬季采下，可播种之，待交春而发芽；若栽处土质肥美，不五年，干可长至四寸对径。其树形不甚高大，净高二三丈，亦可作小行道木；植之时，每株初距一丈，一二十年后，两株间伐去其一，再以幼小苗木补栽之，如此可得相当之生产也。

第二十七节 黄楝树

黄楝树形似楝，春日嫩芽已发，摘而加盐腌之，其味可口，江南人所谓黄楝头是也。

黄楝树属黄楝树科之黄楝树属，落叶亚乔木也。

黄楝树亦野生，叶黄色而细小，幼嫩时略有苦味，渍以盐，苦略减；零食或代茶，有清火生津之功。叶亦复生，酷似楝树；花后结实，可收而播之。木材供制器，树皮可充染料。

第二十八节 梓树

梓树老干上挺，花最繁密，形似蛱蝶，开若紫霞，落如红雨，真异观也。

梓树属紫葳科之梓树属，落叶乔木也。

梓树形至高大，为百木长，有木王之称。木白色，而质较疏松；叶作掌状，稍有浅裂，酷类梧桐叶而略小，叶柄则较长，叶色淡绿而面不呈辉，夏日开花，花作唇状，色淡黄，上

带有紫斑纹；花萼亦作唇形，裂口颇深；花后果实细长，形像豆荚，熟后可收而播之；生长尚速，培植亦易；木供材用，亦可作行道木也。

第二十九节 香桂

香桂树姿耸挺，叶质厚实，摘而嗅之，芳香异常；枝叶稀疏，长年不凋，园中佳物也。

香桂属樟科之樟属，常绿乔木也。

香桂大都产于杭地，据当地乡人相传，系香樟树之子，经鸟食而排遗于地，所茁遂变成香桂，其说殊不可靠。此木干皮作灰褐色，极为致密；叶质臃厚，略有光泽，形长卵而端尖锐，上有三大脉，颇为明显，由此再分细脉，是为其特异之点。木质亦香，惟较香樟为差；夏月枝梢另抽小枝，其上开黄绿色小花，殊不足供观赏之用；花后结子，初青后黑，可收而播种，即能繁殖之；生长颇易，抗力亦强，虫害少见；移植时期，以春季行之最适；移后须将老叶一并剪除，以减水分之蒸散；待生根发叶后，可施肥料，择于腊月中，施之最佳；肥料不拘何种，均可施用。庭园中栽之，蔽日遮阴，殊为相宜，即都市中亦可栽植也。

第三十节 肉桂

肉桂树亦直生，叶质更厚实，而边呈皱凸之状，叶背淡绿色，面作黑绿色；试折叶而闻之，似有异香；年久干皮日厚，即成桂皮，堪入药用。

肉桂属樟科之肉桂属，常绿亚乔木也。

肉桂木质坚脆，且有芳香，与香樟同属良材；叶厚革质，作广披针形，叶柄黑赤色，叶主脉之基部并为赤色；四月开黄色小花，簇生叶腋间；结实圆形，暗褐色，可播之入地，萌芽尚速，但不及分株或扦插为易；扦插当于六月择新枝长定者剪下，将枝下端略削去其皮，刺纳于松土中，生根亦易，二年后始可分种。移植以四月间行之最妥，否则时期过早，经霜打或受冰冻，致叶呈焦枯，纵不夭折，发育当受影响，虽荏苒数年，难以繁茂；抗力亦强，但栽处不通风，易受介壳虫之害，即使频频以绿矾药水喷射，药性极难透入虫体，故杀虫之效不易显见，通常将被害枝剪下烧灭，或人工用刀削去，患处涂上波尔多液，以免

后患；此木喜肥，惟不宜人粪，栽处宜暖和向阳，及空气畅通之处最佳。

肉桂之种类不一，据予所知者有二种：

（一）叶较稀疏，枝长叶小，生长尚易，抵抗力亦强；形不高大，略具灌木性状，故须时常修剪，否则难成独本。五月间开白花，小而繁密，瓣小蕊长；于上半年二月或下半年八月，将枝剪下，长约四寸，扦插易活；作为盆玩，颇逞人意。

（二）叶长大而质柔，上有毛茸；产于热地，入冬须入温室以御寒气，沪地种植，仅作盆栽，不宜地栽也。粤人每将其叶采下，与肉同煮，芳香可口，大快朵颐，故称为肉桂；热地栽培极盛，而以云南之桂皮，最为名贵，每两辄值百金以上；国药中之唯一热品，所谓附子与肉桂是也。

第三十一节 鸡丝树

鸡丝树为乡间土名，常绿乔木也。予采苗自闽浙山中；木质细致而坚韧，皮作铁青色；树干稍起棱角，并不作圆筒状；挺生尚迅速，枝叶婆娑，酷似香桂，常人难以区别，惟其木质之纹条作丝，故得鸡丝树之名。叶作椭圆形，全边，质厚实，面有革质，故发光泽，与香桂之叶亦颇相肖也。

鸡丝树性喜沙质土，移植宜于二三月间；花开于初夏，花小而色白，成串下垂，花作四瓣圆形，稍有清香；花后结子，子实细小，不易采收；其繁殖以扦插最便，于黄梅节行之，上覆遮帘，秋季即能生根，若发育佳者，来春可以分栽他处，若发育不佳，再养一年始可移植。多年生之鸡丝树，砍伐作材，木质细致，洵美品也。

第三十二节 枫杨

枫杨树形似杨而实若枫，一木兼有两树之征，故得是名；子实作长串，杂悬枝梢间，各小子形若元宝，俗呼为元宝树，又称溪口树。

枫杨属金缕梅科之枫杨属，落叶乔木也。

枫杨树亦高大，木质轻而韧；叶复生，长约八九寸，各小叶片椭圆形，排列成羽状；春日花轴与新叶同发，轴长而下垂，其上着花，花蝶形，黄白色；花后结实，两侧有翼，故

称翼果，剧类元宝；入秋成熟，打之即落，实旋转而飞扬，落地后覆上薄土，翌春自萌芽叶；苗养一二年可移植他处，但冬季不宜分植，恐其枝焦，以入春二月中旬至四月上旬最佳。若用以造林，每株相距二丈半较妥，生长极易；根辄向上拔生，初种时其根虽于土下半尺，而多年后其根仍可隆出地面一二尺，故不论低湿地，亦可栽种，最宜种于岸边，可护堤岸；修剪亦宜每年行之，惟冬季以不修为佳，因一经修剪，剪口即泌出树液，虽不致死，终有碍发育，故宜于夏秋之交，行之乃适；性极喜肥，不拘何种肥料均可施之。

第三十三节　合欢

合欢叶细而繁，相对比生，至暮则两两拢合，故又名夜合，晓则复开，了不牵缀；花类簇丝，苏人称为乌绒，京师呼作绒树；秋后结荚，酷似马缨，故又称马缨花；扬州人号之合昏，浙东称以萌葛，一木而有六名，繁复亦甚矣。

合欢属豆科之合欢属，落叶乔木也。

合欢本生山野中，树干淡白色，皮不甚粗糙；木质细致，坚而性轻；树形高低适中，作自然杯形；叶复生，排列成羽状；夏日梢头开花，花瓣变成丝状，簇结成球，色有淡红、桃红及红色中带有黄晕，状甚美观；果实至秋月成熟，形似豆荚而大，内有种子。此木抗力颇强，生长亦速，性畏湿，种于沙地，发育更佳，堪作行道木；其繁殖仅赖播子一途，萌芽极易，只待出齐后，翌年自春分至清明即可移植他地；初栽三五年之内，宜密栽，则树干挺直，向上生长，得养成独本，否则干多分歧，枝多横生，将来不堪以供材用；五六年后，树高已有一二丈余，可定植庭园或道路上，栽植宜稀，则树形更可养成美态；其移植时期，于春分至清明间，或于秋分落叶后，均可行之。肥料亦不拘何种，皆可施用。树干粗至四寸对径，于外皮层之内，内皮层之外，易生小蛀虫，为数甚多；一经染患，皮破肉绽，枝叶即行萎垂，虽不致死，惟发育大受阻碍；亟当于树干上喷浓度之波尔多液，以杀绝之。

第三十四节　皂荚树

皂荚一树，枝繁叶密，绿荫低亚，叶嫩可餐；秋末结荚，下垂叶底，离离可观；打荚

成浆，浸卤水之中，用以洗濯污垢，故得是名；又因枝多角刺，亦名皁角。

皂荚树属豆科之皂荚属，落叶乔木也。

皂荚树高三四丈，皮黑色；干枝上有尖锐长刺，集生一起；叶羽状复生，小叶长卵形，其数甚多；夏月叶间抽穗开花，花小作黄绿色；荚扁平，长七八寸，内有子，至秋末取而藏之；入冬或翌春播之于土，萌芽尚易。若树已合抱，仅开花而不结实，可于近土之树干处钻一孔，塞以铁砂，当年即能结子云。树之木质细韧，堪作材用；连子带荚煎汁，或浸于盐汤内，待腐烂后，可代肥皂之用。查肥皂之制成，除用油脂酸等外，而皂荚之汁，亦为不能少之原料，如无皂荚，则肥皂不能去污垢矣。昔时栽培较盛，因初无肥皂之制造，人均栽植此木也。皂荚本属野生，培植极易，病虫害亦少见，不论何处均可栽植。皂荚除可去垢外，树久能成种种良材：若烟囱日久，内壁之煤烟凝结成岩，日后积塞，必酿成火灾，倘以皂荚树为薪，燃后自脱；又若锅底烟煤，结成硬块，常须用铲刮去，而刮锅之声，刺耳难闻，若以皂荚壳燃之，亦自能脱落，而可省却一番手续。故栽植皂荚，利莫大焉，吾人岂可忽之乎？

第三十五节　茶树

茶为我国之特产，名闻寰球；早采为茶，晚采为茗，尤于谷雨前采者，最属贵品。茶虽各地均产之，而除供给当地之需要外，又须输出异邦，致国内产额尚感不敷焉。

茶属山茶科之山茶属，常绿灌木也。

茶树生于高山峻岭，地多砂质，饱受云雾；根际丛生，高六尺有余；叶尖长，边有细锯齿；夏末开黄白色花，花蕊纯黄，瓣五片，芳香极浓；花后结实，扁圆形，上有三棱，入秋成熟，晚者冬后成熟，即行裂开，内有种子，可取而播之；或以种子榨油，称茶子油，可供涂料；其渣滓称为茶饼，富有肥分，为肥料之用，并为杀灭土中地蚕之妙药也。茶树木质坚细，堪称良材；肥不甚喜，入冬施以干肥，如豆粕、菜粕等，散布根旁，耕入土中；发芽时不宜施肥，否则茶味不美。茶以谷雨前采者最贵，称为雨前茶，芳香可口。若茶树已老衰，可将其枝干斫去，以枯叶柴草烧之，翌春又发芽，可摘取其芽，即能繁荣如故，此为茶树更新之法。茶虽有绿茶与红茶之别，而茶叶则一，惟制法不同耳。产茶之地殊多，北地不多产之，其最著名者，为衡之松罗、伏龙、天池、阳羡等地，他如龙井、虎丘、武夷、

六安、天目、天台山、祁门等亦为产茶之名邑。茶叶宜密闭于锡瓶中而藏之，芳香可保经久不散；但茶性甚淫，若妇女油手取之，满瓶茶叶亦变油气；若与茉莉、玫瑰、代代等花同置，片时茶亦染其香。按此种理由，乃因茶叶一经烘干，而性极燥，叶中不含丝毫水分，致吸收外界湿气之力甚大，故需密闭瓶中也；至若手之不洁及油手取之而改味者，亦因空气中含有油分或其他之气味，茶叶突然吸收之，致茶香尽失；是故拿用茶叶时，当注意手之洁净与否也。

第三十六节　椒

椒有三种，即白椒、黑椒、花椒是也；黑白二椒合称为胡椒，花椒则别称为秦椒，前者来自海外，后者乃产自秦地，两者之性状，异也。

胡椒属胡椒科之胡椒属，蔓生植物也。

胡椒乃为东印度群岛之产物，故性喜热；蔓生甚速，高丈许；叶长寸半，作长心脏形，晨开暮合；花细小成穗，抽自叶节；果实球形，两两相对；当叶闭合时，乃裹果于其中，借以保护；果初绿，熟则变红；干燥后果皮生皱，即变黑色，称为黑胡椒，去其黑皮，即为白胡椒；芳香而有辛味，研之成粉末，可作香料及药用。胡椒在沪地，不能培植，故其栽培法亦不详也。

秦椒属芸香科之秦椒属，落叶灌木也。

秦椒即花椒，生于山野间；庭园中亦可栽植。树高七八尺，叶复生，犹如羽状；叶节之上，生有尖刺，锐利无比；夏日开花，花簇生，单性，雌雄异株；果结于叶腋间，球形，熟即裂开，内中黑子可供香料及药用；枝叶与树皮亦有香气，近树即可嗅得。沪地尚易栽植，栽处宜高燥，故土以砂质最佳；繁殖可行分株；肥料虽稍疏无关，如施以油粕类肥料亦妙；入冬为避免受冻起见，宜以稻草包扎，若属大株，抗寒力较强，则或可不行之。

第三十七节　楮

楮树多系野生，枝叶扶疏，绿荫稠密；砮招禽鸟之来集，啁啾作清歌；故庭园中栽以一二，大有声色之娱也。

楮属桑科之楮属，落叶乔木也。

楮树生长极速，山野中遍地皆有，不足为奇；树形高大，约有一二丈；干枝性韧，折之多乳白色之浆液；叶掌状三裂，上密生毛；花单性，分雌雄株；结实如球，酷似杨梅，色鲜红，秋初成熟，随风坠地；果多甜汁，易诱蝇类相集，嗡嗡嘤嘤，满地肮脏，故小庭园中不宜栽之。

楮树性特强，不论何处，均可栽培；虽荒山瘠地，亦容繁殖。其树皮富纤维，供制纸原料，自古已利用之。繁殖法甚易，取其子实播地，未有不出者，且生长极速，不二年即高有四五尺；肥料亦不必施之，自能向荣。乡人常将其液滴下，搽抹癣患，颇有功效云。

第三十八节　栎

栎与栗同音同科，性亦相近，遍山皆有之；故取而作栗树砧木，最为合宜。其材坚硬，堪供薪炭，又可制器；其余如树皮可鞣兽皮，或作染料；叶以饲野蚕；种子充食用等。

栎属壳斗科之槲属，落叶乔木也。

栎生山野中，高三四丈许；干皮粗厚，作灰褐色；叶酷如栗，呈长披针形，边有深刻锯齿，叶之新生者，表面皆披有白毛；夏初叶间生花，雌雄同株，雄花呈穗形下垂，雌花能结实；实外有小刺包壳，壳质坚，圆而小，肉苦，不堪食用。

栎树抗力极强，随处随地均可栽植，果实虽落土面，能自行生根萌叶；凡园场中如栽以数株，不数年间便可成林，且不需人工之管理及栽培；故敝园中亦任其繁殖，毋庸费多大人工，而可收自然之利也。

第三十九节　檀树

檀树有紫檀与黄檀之别，前者只能生于热地，乃觉名贵，后者各处皆有，且多大材，为用甚广也。

紫檀属豆科之紫檀属，常绿乔木也。

紫檀原产于东印度群岛，性喜热，沪地不能栽种，予亦鲜知其性状，故略之。

黄檀亦属同科同属，均为落叶乔木；各地皆可种植，惜生长迟缓耳。性坚韧，而质重，

入水即沉，故抗力甚强，绝少病虫害；春末萌叶，迟于他木，叶圆而复生；黄梅时开花，萼上有毛，花冠作蝶形，色为黄；果实有翼，宛如豆状；秋末叶落而入眠，直至春末，再行吐芽，休眠期之长，冠于各树；相传乡间农民谓："檀树发叶早，黄梅时节做亦早；檀树发叶迟，黄梅时节做亦迟。"颇为灵验也。

第四十节　楠木

《本草纲目》载李时珍云："楠木生南方，而黔、蜀诸山尤多；其树直上，童童若幢盖，枝叶森秀，互不相碍，若相避然，故又名交让木。"楠木虽生南方，沪地一带亦可栽植，只生长不免稍迟耳。

楠木属樟科之犬樟属，常绿乔木也。

楠木干甚端伟，深山僻地中，高者有十余丈，巨者数十围。木纹细密，气甚芬芳；叶菱形，长圆而尖，经岁不凋，新陈相换；花开黄赤色，花后亦能结实；实似丁香，色青，熟则变黑，可取而作繁殖之用；栽处宜高燥而向阳之倾斜地，土以砂质最佳。

楠木于黔蜀诸省遍地皆有，不足为奇，往往取作柴薪之用，此乃为予友赵守恒所言者。赵君黔人，诚厚有长者风度，年龄正届有为之期，不料竟斋志以殁；事变后，其眷属音讯杳然，言念及此，为之怅痛无已。

予初信楠木，只产于西南诸省，他省或不出；然于民国二十六年夏初，承老友庄崧甫先生之邀，游雪窦寺，予亦以多年未返梓里，欣然应诺；同行者有竺通甫、陈粹甫、李云裳诸君子，多属知友，畅谈甚快；抵溪口后，当地人士殷勤招待，并参观武岭学校，设备佳良；复游公园，道旁多植楠木，系来自黔省，发育颇呈健全，予始悟浙省之气候亦适于楠木之生长也；后乘车入山，再搭肩舆，途中殊不舒适，乃舍舆徒步，至岭之半麓，稍行憩息；是时庄君遥指西首山麓之庄尾一楹而询之，竺君答曰："是即昔日草莽英雄王恩普之宅地也。"庄君慨曰："其人如能折节易行，亦邦国之俊杰，奈不安分守己何！"予等为之相对嘘唏者久之；复行三四小时，而达鹁鹕岩，下有草庐凡三五椽，入内小休，明窗净几，精神因之一爽；是山野生苗木特多，为予见所未见者甚伙；庄君忽指对一丛树苗，顾而谓予曰："此非溪口公园所见之楠木乎？"予闻之大奇，趋近观认，确属楠木，高有二三尺，五六尺不等，且为数尚多；予等皆深讶异，盖从未闻及浙省有自产楠木，今能发见此苗，

同行诸君无不欣然；并以为既见幼苗，必有大木，遂踪往深山僻谷中寻觅之，未几，果获一株茸大之楠木，高有二丈余，十相尺许，枝叶幢幢若盖，姿态婆娑；予等大喜过望，咸窃议溪口公园之所栽楠木，何舍近而就远，岂不愚乎？竺君知予沪园尚无此木，拟掘而赠予携返，予却之曰："非适当移植时令，徒供柴薪而已。"竺君笑道："人皆誉君为郭橐驼，今不适时令，亦难以为力乎？"庄君则驳辩曰："时令之不合，植物与人正复相同；昔日吕蒙正未得其时，欲谋一饱而不可得，及时运之适也，前呼而后拥，所谓'此一时彼一时'耳；世间万物皆当以适时为贵，不可强违也。"庄君之言，含意深长，予等相顾而默然。后复遍游各处名胜，身心大快。不久八一三沪战爆发，良友星散，庄君已道归西山，李竺二君不知飘游何处，陈君偶会过沪亦仅匆匆一谈；数年来人事之变迁，世运之推移，能不令人感慨系之耶！

第三章 观赏木

第一节 山茶

山茶密叶苍绿，经冬不凋，间以丹葩，若火齐云锦；花耐久开，弥月不落，射以朝阳，浥以宿雨，倍增绚丽，尤属美之上品。

山茶属茶科之山茶属，常绿乔木也。

第一项 性状

山茶本生暖地，高有三四丈，枝干交加，形颇茂密；干株光润，若无皮然，色作黯白，木质坚细；叶长卵形而端尖，质厚实，上披蜡质，颇有光泽，边生缺刻，有深浅之异；花期甚长，约自十月开放至四月方止；花大，形不一，色有白、红、紫、黄及洒金等，更有单瓣及重瓣之别，花中雄蕊极多，雄蕊位于其中；花后结实，圆形，秋末成熟，即裂开，内含种子二三粒，淡黑褐色，壳坚硬，用以榨油；性喜温和半阴，宜栽于沙质土中，因其本生山地之故也。

第二项 栽培法

山茶除花单瓣者作地栽外，余均作盆栽；因沪地之气候，不十分适宜栽种山茶也。山茶多产于云贵等地，气候较暖，空气亦潮湿，而沪地之气候，当与云贵等地大相径庭；故宜栽于盆中，以人工管理之，亦能开花向荣，爰以盆栽法述之于下：

（一）用土　土质以疏松而易透水者为合格，故沪地之土质，不能合用，须采用山泥，即奉化金鹅山所产之兰花泥也；因此种山泥系枝叶与山土粉岩经久烂成，作黑色或红暗色，质肥而松，最宜栽种山茶及杜鹃等较为名贵之花木。

（二）择盆　盆宜用深瓦盆，其大小则视全株之大小而定，过大或过小，均有碍株之发育，日后灌溉亦多不便；然株龄与大小不能一定，惟以大概而论，可作一比例如下：

【甲】三四年生者，高有二尺，干径约半寸，分枝三四枚，则用口径六七寸之盆种之。

【乙】七八年生者，高有二尺半左右，干径约一寸，枝叶盛密，则以口径十寸盆种之。

（三）移植　花单瓣者可作地栽，多于十月后行移植，春季反少行之；若气候过寒宜上盆而置入温室中，待交春三月以后栽之于地。盆栽者之翻盆，可于九月中旬至十月上旬，或于二三月间行之，除此二期外，亦可于温室内行之；然在此时期正萌发花蕾，需要大量之水分，倘一经翻盆，根易受伤，不生新根，吸水作用亦停顿；故翻盆不合适当时期，殊有碍其生长也。至若翻盆之法，与后述杜鹃大同小异；盆之大小须配合株之形态，若有一二株发育独大者，根粗壮而不能入盆，则可剪去突出之强根，不致再撑及盆边；行此手术后，非特不碍其发育，且一年内，断根刀口之四周，并能簇生无数之新须根。盆底有孔，盖以瓦片，填以碎砖粒，以利排水；略加山泥，置入根垛，再加山泥至七八成时，将盆摇动，使泥与根相互密接，即取一小木棒，将土冲实，切勿断根；然后加土离盆口一寸左右为止，浇足清水，或将盆置入储水之木桶中，使水分自盆孔徐徐渗入，最为妥当；并置于无风阴处，旬日后再置于固定处可也。又翻盆若行于秋季者，宜移入温室内；行于春季者，当置入帘棚下。

（四）遮帘　山茶性喜半阴，故宜用遮帘以掩护之；当山茶于三月移出室外，此时阳光尚和煦，无须遮帘，惟于晚间须盖帘，因此时枝叶尚幼嫩，以防晚霜；自六月初旬起，始置入帘棚之下，以避烈日；今以遮帘之时间，简述于下：

【甲】六月初旬——于中午十一时至午后二时左右，仅顶上盖帘，四周不必悬下，一任斜射之日光照入；若遇大雨，帘宜早盖而迟卷，及地面略干，始可卷开。

【乙】七月初旬——于晨九时至午后五时许盖之。

【丙】七月中旬至八月下旬——于晨八九时至午后六时盖之，此时已临大伏天，气候炎热，阳光强烈，切不可使之射及枝叶；苟不慎而被骄阳逼晒三四小时，则该处之叶必全变焦黄，故棚之四周，亦需悬帘也，其法如下：

一上午——东、南、北三面悬之。

二下午——卷起东帘，垂下西帘。

【丁】九月——东帘已可不悬，盖帘时间，亦渐可减短；初自晨十时至午后四时盖之，至九月中旬，仅于中午盖以一二小时已足。

【戊】十月中旬——帘可不用矣。

【己】十一月初旬——气候日寒，晚间当盖帘，以御寒霜；十一月下旬起宜移入温室。

（五）灌水　山茶略喜湿润，方翻盆时，水一次灌足，数日后盆土略干，再灌之；以后每隔二日，灌水一次，不宜过勤；惟于九月中旬翻盆者，灌水仍可照常，因根垛不碎，仅将

盆放大而已。待其开花时，略增加灌水；夏季气候炎燥时，晨八时灌水毕，即须盖帘，午后六时卷帘后，再灌之；晨午二次，清水均应灌足；但此所谓二次，以盆土透水便利，而无病虫害者为限；又当夏季枝叶长定而花蕾渐大时，如以气燥而热，亦应灌水多量，既可减低盆土之温度，复能供给花蕾所需之水分。择水须清洁，灌水之前，宜先积储缸内，最为妥当。中秋后，灌水该减少，一日一次已足；十月以后，非待盆土略干，勿再灌水；惟此时渐入冬季，盆土亦不可有旬日之干燥，致有碍花蕾之萌发也。

（六）施肥　山茶最忌春季施肥，因此季适为发叶期；若施以肥料，枝叶之生长虽甚迅速，然易生蛀虫，蚀入新枝而倒萎。九月翻盆后，于盆之四周，视盆之大小，掘成小穴，壅以粪坑沙，再盖土，最为合适，但此时切勿施液肥；若无坑沙，或用菜粕屑及骨粉等亦可，至于未经翻盆者，则初夏可用各种液肥一二份，加清水八九份之淡肥水施之；九月后，液肥可加重至四五份，半月施一次；十一月后，再加重液肥，液肥以菜粕或腐草汁水最佳；而二月至五月间，又不宜施肥矣。

（七）摘蕾　山茶之花蕾　多四五枚集生于枝梢上，叶芽亦萌生其间，花形颇大；且各蕾开放，适逢同期，则嫌其过密，既碍及叶芽之生长，又耗养分，故有摘蕾之必要。但行摘蕾时，须注意下列之数点：

【甲】择花蕾中最健全者一二留之，然事先须注意当花蕾开时，是否与邻近之蕾同时而开，开时是否有相挤之弊；故欲免开时相挤，乃留其向左或向上之蕾，而邻近之蕾，可留其向右或向下者，则自无此弊，且枝之上下四周均有花开，形颇美观。

【乙】若摘成各蕾同时开花，则花期较短；故宜将蕾摘成大小不一，使其络续而开。

【丙】花蕾生于叶芽中，犹须注意叶芽之发育；故当摘蕾时，使叶芽向外伸出，俾花蕾不受阻碍，则树姿完整而强壮。

【丁】芽蕾密生一丛，若不摘匀，枝梢负担过重，最易折断；故摘时宜执住枝梢，轻轻摘下废蕾，若蕾已老化，则用尖头剪刀剪去较妥。

【戊】摘时以八月左右最佳，过早难以区别各蕾之孰强孰弱，过迟亦徒耗养分；故宜于适当时间摘之，则各蕾之强弱自极明显也。

（八）繁殖　以扦插最为普遍；嫁接用裹接法，亦难以接活；压条虽可，极少有利。是故欲得新种，非经交配而行播子不可；今将扦插与播子二法，分述于下：

【甲】扦插　于六月下旬行之，择当年新生枝，其上花蕾全行摘除，叶大者剪去其半，以减叶面水分之蒸散，插枝长三寸左右，下端略削去皮；于清晨露水时剪下，下端用山泥

浆蘸之，待干，插入土中二寸左右，即成。若行大批扦插者，须于苗床中行之，少数者扦于浅口盆内亦可。

一、苗床　择一坐北向南之地，长十余尺，阔五尺左右，床作长方形；先将地基滚平，惟地形仍宜高出地面，中央略作凹形，填以石子，打坚之，作为横沟；南北每隔六尺，掘一纵沟，作斜形，与横沟相通，沟上铺粗湖砂二三寸，上盖以山泥；四周围以十寸厚之砖墙，购十斤重之大砖最佳，否则以小砖代之，亦无不可，二砖之间，用干石灰与砻糠灰相和而堆砌，以防蚯蚓或其他害虫之侵入；矮墙砌成后，外抹以石灰，内涂泥，粉平之；东西两面宜平，后方宜高，前方高出山泥一二寸，而纵沟须通出前墙之外，以利泄水。山泥宜用木板割平，然后可行扦插焉；扦时须于下午六时后行之，南北每隔四寸割一线，枝插于直线之上，面向南，插枝宜疏，叶片切不能相接；插时人立于木板之上，而板搁于南北两墙上，扦毕，灌以多量之水，见水自纵沟中流出时为止。此时土已低陷二三分，至大雨时，山泥即无流出之虞。插枝避免日晒，须搭架遮帘，架高三尺左右，盖帘两层，并有垂帘下垂至砖墙为止，切忌日光射入床内；并为防止家畜等侵入，四周应栏以铅丝网或其他障碍物；每日于清晨六时前用喷雾器喷足水分，然后将帘盖上，午后七时卷帘，再喷水一次；如是者凡匝月，枝之下端伤口，周围已起臃肿，乃即将发须根之征；若插枝嫩者，生根虽易，柰易腐烂，老者，抗力虽强，发根较难，或至数月后不生根者；第至十月十一月之间，大部已生根，芽亦见粗大；若插枝上遗有花蕾，亦能开花，顾于将来发育大有阻碍，以摘除为妥。时至十一月中，气候日寒，北墙宜加高至五尺，南墙略去砖一二块，仅留三四寸高已足；前后搁以洋松木档，厚二三寸，阔七八寸，再配玻璃窗于其上，玻璃每块阔十六寸，长二十四寸，三块排列成一纵行，总计南北长七十二寸，前方有凸出之檐，阳光得能充分透射，床内亦可温暖如春矣；但插枝不能直晒日光，故窗上仍须覆帘；自晨十时至午后四时，阳光较强，床内温度过高，故宜开窗数扇，而帘仍须盖之；每日并喷以清水，使床内空气常保湿润；如是交春二三月时，见新芽萌发，将插枝过密者，四月可上盆；若插枝较疏，不必分植，再养一年，待其根须茂密时再分之可耳。入夏后，须将玻璃窗拆下，四周砖墙亦宜拆去，上盖以帘，入冬已成大株矣。山茶扦插活着最易，成绩甚佳，约有百分之九十七可扦活，仅有少数夭折者。

二、浅口盆　若行少数扦插，可不必筑苗床，而扦于浅口盆内较为简便。盆土宜用山泥，盆底孔填以多量之碎砾，排水通畅；然后以插枝同法扦入，冬入温室，夏置帘棚下，亦能扦活之。

【乙】播子　三月中先将易结实者，作为母花，去其雄蕊，留以雌蕊；另将欲行交配者为父花，取其雄蕊之花粉，涂于母花雌蕊上；随后把母花旁萌出之芽，一并剪除，使养分汇集花中；待花凋后，雌蕊渐形发育，而结实矣。实中之子甚大，冬初采下，翌春三月播于山泥中，喷足清水，日后即能萌芽；但所得之结果，反变成劣种。播出之花多单瓣，色泽并不美艳；其优秀之新种，渺茫不能预计，即有亦仅十之一二，已算成绩优良；由此可知佳种之不易多得，诚如谚云："可遇而不可求也。"

第三项　病虫害

山茶最畏蛀虫蛀入新嫩枝，尤于六月初旬，新枝渐老之际，益为猖獗；新嫩枝叶一经被害，即全行萎缩，一折即断；细察之，枝中有小孔割开，孔中已为白色小虫蛀蚀枝心矣。大抵此虫之发现，最初自秋末至春初，在枯萎枝干上，常泄下暗色细小之粪迹，及挑穿即见长不盈寸之红暗色小毛虫；偶或不见者，则粪堆之附近定有窖孔，用刀尖划开，其虫必潜伏于内；倘不除之，翌春将羽化而飞出，重产卵于新枝上，旋更孵化而蛀入新枝内。据专栽山茶之李金龙氏谓："此虫之为害，乃由于发芽时壅粪之故。"予曾经试验，而为害如故；嗣改用波尔多液预防之，却竟能奏效；其法系当山茶移入温室前，枝干宜浸波尔多液一次，及出温室而未生新枝时，续浸一二次，至六月枝叶渐老时，又浸一次，于是即可避免斯害；六月往后，枝叶已老化，抵抗力亦增强，无虑此虫之为害也。但仍须注意者，于见有萎垂之枝叶时，当即剪下，聚而烧之；或于冬季捕杀毛虫可矣。此外叶干上易生介壳虫，俗称叶虱；干上易生癣菌及霉菌；均可浸波尔多液杀之；惟新枝上若生黑色蚜虫，则宜用烟精水扑灭之。

第四项　品种

山茶之品种亦颇繁复，今以花瓣之多寡，分述于下：

（一）单瓣　花仅有五瓣，花蕊甚多；盆栽或地栽均可，且能结实。

【甲】铁壳红　花为深红色，萼焦黑如铁，上生毛茸，花期有四月之久；果实含油质最丰，榨之而成茶油，可供食用。

【乙】磬口　花深红色，瓣圆而大，若磬口，

◇ 山茶花

故名；花开于四月初旬。

【丙】锦袍　瓣红白相间，色颇芙艳。

【丁】杨妃　花为桃红色，叶形狭长而色淡；花开最早，自十一月至四月，络续放之；性不畏寒，地栽最宜。

【戊】茶梅　山地野生，多生于石罅岩壁间；花有单瓣复瓣，有红白绞色，花期甚长。因叶与花似茶，故与山茶花亦可分为二类。

◇ 山茶花

（二）夹套　瓣分二三重，计有十一二片，中多花蕊；花形长而期久，能结实；力尚称健，多作盆栽；而大形者，则于向阳或避北杀气之地，并地形稍倾斜之处，亦可作地栽。

【甲】大松子　花桃红色，瓣大而薄；花迟，须至四月而开。

【乙】赤松子　叶小而深绿，形若松果；花作鲜紫红色。

（三）武瓣　花外围有平瓣五六片，中心有无数紊乱之小瓣，作圆球形；或一层正瓣，间以一层乱瓣，或各乱瓣结集一起；各瓣之间杂生花蕊，形若牡丹，花后结实。此种花形，种类最伙，而以川、滇、黔等省特多。

【甲】宝珠　花开最早，十一月间已放，花期亦短，仅有一月左右；外瓣五片，色淡，中有小瓣一球，有黄、红、白等色；叶狭长而稀，为山茶之异种。

【乙】鹤顶红　花期长，色大红；瓣中心丰富，隆起如鹤顶；叶圆而小，色深绿；出于云南、贵州二省，亦为名种。

【丙】老韦陀　与鹤顶红相似，形较大；其间有显明之白色，而红色不及鹤顶红。

【丁】五色牡丹　花形似牡丹，色红、白、粉红等相混。

【戊】五色绒　花圆正，色为白、红、粉红掺杂其间；瓣上若生有绒，因此得名。亦属名种之一。

【己】韦陀甲　花淡黄色，瓣平正。

【庚】四面锦　花红色而卷心有四，故名。

【辛】石榴红　形若石榴，中有碎花。

【壬】踯躅红　色深红，形若杜鹃。

【癸】串珠茶　花粉红色。

【子】茉莉茶　色纯白，花久而繁，性畏寒。

【丑】照殿红　花红色，叶大形。

（四）文瓣　花由多数平整之瓣重叠而成，花蕊极少，形大而整；花后不易结实，为山茶之极上品。

【甲】雪塔　花大而色纯白，枝易横生。

【乙】西施晚妆　花为桃红，边镶白色；花形大而平，名种也。

【丙】三学士　花形最大，径有五寸；色粉红，中嵌有多数红色直纹，俗呼抓破脸；又有半朵红、半朵白者，即称二乔；色均艳丽，与形相比，可为双绝。

【丁】六角茶　花瓣排列，最为整齐；有大红、净白诸色。

【戊】点雪　瓣鲜红，上有明显之白点，因名。

【己】七星灯　红瓣中有白色七点，或白瓣上有红色七点；《花镜》书上载称“一捻红”，为四川之名种也。

【庚】玛瑙茶　花瓣有红、黄、白、粉色等；产于温州。

【辛】小桃红　花初放桃红，开后心泛白色；花形小，因名之。

【壬】孔雀尾　花瓣边缘有点，状若孔雀之尾，故名。

【癸】晚山茶　三月花方开，色多粉红。

【子】南山茶　叶有毛，结实甚大；种出于广州。

第二节　瑞香

早春万卉未吐，瑞香冒寒作花，直与梅相互媲美也。花小成簇，蕊偶不冠；形若丁香，气胜幽兰；枝干婆娑，广叶璘瑞；既苍翠之常保，尽终年而赏玩焉。

瑞香相传称为花中之贼，其由何来？或以其香，有损他花之发育欤？予屡究之，终不获其解；然竟贸然蒙此不白之恶誉，花而有知，当呼冤不置矣。予爱花成癖，见花之艳者，不敢以手触之，香者不敢以鼻嗅之，盖深恐亵渎佳葩也。故尝自誓，如有再称瑞香为花中之贼者，予必斥之，认为非吾徒矣；欲知花木之易发害虫，不得责之于花，当归咎于花奴为是；若人能护花，花乃以鲜艳之色，馥郁之香报之；有如寂寥之际，忽报知友来探，其快何如！

◇ 瑞香

瑞香属瑞香科之瑞香属，常绿小灌木也。

瑞香别写睡香，相传庐山瑞香始开，一比丘昼寝盘石上，梦闻花香，既觉，寻香求之，因名睡香；复因此引起四方之珍奇，谓为花中祥瑞，遂以睡字易瑞。瑞香枝矮丛生，干作黑色，上略有黄点；叶厚而平，上有光泽；入冬，枝梢叶间着生花蕾，交春开花，团聚成簇；花细小，瓣四裂，有白、紫、淡红等色，而以白花芳香最为浓烈。

瑞香性喜高燥，好阴；不甚喜肥，尤忌人粪。其树皮纤维，可供制纸原料。沪地多作盆栽，以山泥栽种；夏时置于帘棚下，以避日晒，入冬移入温室中，以免冻害；根富肉质，易罹病害，患者其叶即行凋萎，不一二日，邻株亦必同染之；按此白霉病，先于根生白色之霉点，五六日后，发出霉臭之气；凡五月及八九月多雨之季，最为猖獗，入秋后即行枯死；若种以山泥，罹病较少；因斯症之发生，乃由于盆土排水不便，空气积塞之故。地栽以倾斜地最适，平坦地易积水，霉病必生，故低洼之平坦地不宜栽种也。繁殖以扦插最易，其法于伏天后，剪下新枝，剖开下端，嵌以砂粒，扦入沙土，生根甚易；盖插穗下端经过劈分，面积扩大，吸水力亦增大，生根自然较易矣。

瑞香花有红、白、紫三色，叶色亦相异，故可分为下列数种：

（一）金边瑞香　叶边黄色，花未开为红色，开后则泛白。

（二）绿叶瑞香　叶作绿色，花有二种：其一为纯白色，香最浓烈；另一系淡红色，香味次之。

（三）紫花瑞香　花作紫色，种不多见。

第三节　结香

《花镜》上云：“结香俗名黄瑞香，干叶皆似瑞香而枝甚柔韧，可绾结连蒂，因以名；花色鹅黄，比瑞香差长，亦与瑞香同时开放，但花落后始生叶，而香大不如之。”

结香属瑞香科之黄瑞香属，落叶灌木也。

结香性丛生，枝干质柔，弯之，可打结而不断。茎常分枝，枝丫三杈，故又名三桠或

三杈；江南诸山中均有野生者。叶作广披针形，长四五寸，色深绿，光润可爱；秋末叶落，枝梢上已着生下垂之花蕾，蕾由无数小花密集而成；入春开花，小花作萼筒状，长寸许，略具香味；未开时各小花结成小白球，开后则心内呈黄色。性喜高燥，而宜半阴，土质以砂性更佳；因其根黄色，犹如肉根，质颇柔弱，若排水不良，颇易罹病；倘夏秋阵雨后即放烈日之光，须遮帘箔为妥，否则，恐防其烂根也。其繁殖以分枝最易，余不甚妥；结香除供观赏用外，干皮多纤维质，并作制纸原料之用。

第四节　玉兰

玉兰乔柯上耸，绝无柔条；花开于早春，其色绚烂，其香馥郁；花落抽叶，夏日绿荫浓密，足祛暑热；且花时亭亭明艳，大可悦目。世人辄以玉兰、木笔、辛夷误而为一，实则各有异也。

玉兰属玉兰科之玉兰属，落叶乔木也。

第一项　性状

玉兰爱肥，而喜润畏湿，低洼处不宜栽植；叶呈倒卵形，全边，互生；根形若兰，富有肉质，是为肉根，须根甚少；水分过多，最易腐烂，故移植至感困难；肥料须待移活后，始可施之。抗烟力甚强，适于都市栽培；盖此为玉兰属中，通有之性质也。

第二项　品种

玉兰之性状，因品种不同而有异，有落叶与常绿之别；开花期亦有参差，落叶者春初开花，常绿者于六月前后始放；今将其性状及栽培法，分述如下：

（一）落叶　落叶玉兰中，可分辛夷、木笔、二乔、白玉兰四种，当更一一述之：

【甲】辛夷　生于山野中，为落叶亚乔木，高达五六丈；叶似倒卵形，而略带尖；开花较玉兰迟数日，未开时蕾作深紫色，开后略淡，瓣之内侧色更淡；花瓣六枚，长

◇ 辛夷

椭圆形，花后结实；果为弯曲之长圆形，状甚奇特，成熟后裂开，子自抛出；子有丝状之柄，野生者即借此而繁殖，需时悠久，始能成树；故通常利用分根及压条，二三年即能开花：分根法乃于冬日，将地上之茎梢一并砍去，耙松株旁之土，施以粪水，再壅上肥松土，入春，枝旁即萌起无数嫩芽，下连有根，可分出而栽之；压条法乃以枝压入土中，即能生根，半年后可以移栽。辛夷性较强，发育亦速，故常用作白玉兰、广玉兰及同科花木之砧木也。

【乙】木笔　其名之由来，乃据李时珍之《本草纲目》所载："辛夷花初出枝头，苞长半寸而尖锐，俨如笔头，重重有青黄茸毛，顺铺长半分许；及开，似莲花而小如盏，紫苞红焰，作莲及兰花香。"然则，本草云云，亦是含糊；其实木笔虽易与辛夷相混，仔细究辨，确有异处也。木笔之叶较辛夷为尖小，色亦深绿，花瓣略狭；夏秋或能开花一二，故又称四季玉兰；枝叶丛生，难以育成独干，即使于春间剪剩一株，明年后仍能展至数株；盖其性不易高大，与灌木相近也。繁殖除分根之外，若有肥松之土壤，亦可行扦插。

【丙】白玉兰　落叶乔木，吾国之特产也。隆冬结蕾，一枝着一花，而无挺生之粗枝；故树梢平生，及长，屈曲有老态，此时始可称为完美之树矣。花开于二月之中下旬，别名望春；若有一二黄鸟试鸣枝头，恰又晓英盛吐，则一片银光，白如皑雪，春色为之占断矣。花大形如莲，有瓣九片，色白而厚，微晕浅绿，有香似兰，故称玉兰。开花之时，若值天晴，满树生花，异常悦目；否则天不作美，风雨连朝，花开不数日，为之摧残殆尽，良可惋惜。当花落后，叶始自蒂中抽出，叶片宽大，呈倒卵形，边无缺刻；宜与常绿树互相陪衬而植，俾际此大好春光之中，白花共绿叶相映，令人更为夺目也。玉兰虽亦为野生者，但以嫁接繁殖之，一年以上即能开花；嫁接于秋季落叶后行之，春季亦可；以辛夷为砧木，其法与普通接枝同；接后需物遮盖，勿任雨水滴入，则有接活之望。

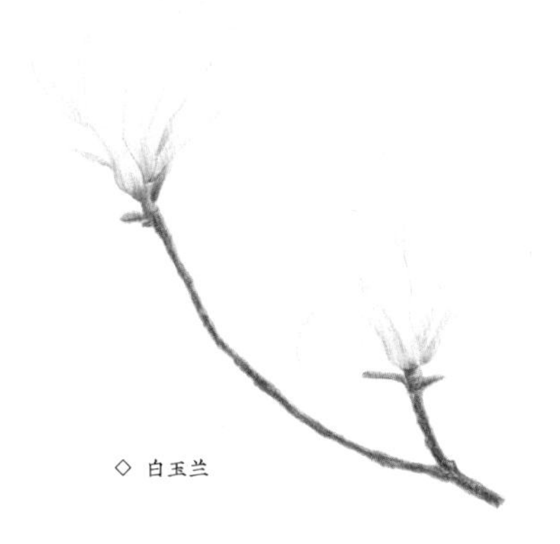

◇ 白玉兰

【丁】二乔　开花期较玉兰早四五日，花形亦大；瓣之外为淡紫红色，内作白色，故称二乔。树性略矮，叶较白玉兰为圆大而略薄；繁殖以压条最易。

（二）常绿　上述玉兰入秋均行落叶，惟广玉兰叶不落而终年苍翠，亭亭如盖，永拥春妆；花期亦不同，自黄梅至七月下旬，络续开花，故不及白玉兰之花团锦簇，而香则过

之。树性高大，叶片大而厚，外有光泽；移植须逾二月后，若于冬季移之，活者甚少。此种亦分三种，性各不同，容摘略于下：

【甲】圆叶种　叶最大而厚，面发黑绿色之光泽，背则呈红暗色，且有毛茸，入冬，叶背红色愈显，面之光泽亦更亮，此为其特点；花开于六月上旬，幼小之苗木花不开，非至四五年不可，广玉兰中之佳种也。

【乙】尖叶种　叶狭而尖，色不及圆叶种之美丽；惟开花易，发育较速而繁盛。

【丙】薄叶种　发育为广玉兰中最速者；叶薄，其正背两面，均呈淡绿色，偶尔有红暗色，亦不显，若经冰冻，则变黄白色，移植后，更多焦枯；开花亦殊稀少，故此种最劣；可以子繁殖之，用作圆叶及尖叶两种之砧木也。

第五节　厚朴

按《本草纲目》云："其木质朴而皮厚，味辛烈而色紫赤，故有厚朴、烈朴、赤朴诸名。"

厚朴属木兰科之木兰属，落叶乔木也。

厚朴树多高大，皮质厚实。叶广大，互生，作长倒卵形，边略卷而呈波浪；叶片中脉显明，侧脉颇多；表面滑泽，色深绿，背面绿色披有粉白色。枝梢生花，形若玉兰而较小；花单瓣，有八九片，瓣亦作小倒卵形；雄蕊极多，花丝作紫色，雌蕊大形而隆出雄蕊之上，有芳香。宜栽植于广大之庭园中，形亦婆娑而有致。材可制印版及器具，皮供药用。

第六节　迎春

迎春花开早春，先梅而放，亦百花之先锋，故得名。条柔形方，散垂婀娜；花缀枝节，色作淡黄，繁秾而涵韵也。

迎春属木犀科之迎春花属，落叶小灌木也。

此树矮而丛生，高三四尺；枝柔若柳，其形作方，茎之上梢略似蔓状，嫩时呈绿色，老则作土暗色；叶生枝节间，复叶，封生，由三小片合成；早春花先叶而茁，淡黄色，单瓣，花冠六裂，形若喇

◇ 迎春花

叭，长寸余，未开时略作红晕，及放遂成金黄色，惜无芳香，花期亦长，连开二月，花尽叶出；节间带根，得土即活，故繁殖极易，梅雨期剪枝插入土中亦活。性最强，任何肥料均可施用，其量之多寡，亦无大碍；而开花之前施以肥料，则花期可延长，花色更加肥美也。迎春宜栽于高燥之地，若池边、石罅、墙隅，栽以一二，花开时颇为美观；盆栽亦甚合宜，然须择枝干苍老者，始具雅致。若扦活之小苗，干难粗大，可先植诸地上，凡历数年，时加修剪，俾成独干，而变苍古之态；且种时故使其根屈曲有致，枝条四垂，栽以悬崖形，则尤合迎春之本性；其栽法亦易，年年着花甚繁，岁朝清供之上品也。

第七节 紫荆

紫荆枝干丛生，花发无常处，缘干附枝，上下遍布，故又称满条红；春日先叶花开，细碎无瓣，呈深紫色，一簇数朵，花梗短而不见，故枝为风动，花朵亦娇颤不自胜，若有软丝相系者然。紫荆虽非奇卉，然亦点缀春光之妙品也。

紫荆属豆科之紫荆属，落花乔木兼落叶灌木也。

◇ 紫荆花

时当三月，紫荆花簇开于干节上，当花盛时，满干皆紫，花冠呈蝶状，花谢叶出；叶互生，作圆心脏形，梢头有尖，正面发光泽；花后结实，果似荚，扁而平；秋后子熟而收之，翌年春可播种，二年后始开花，为时甚长；故繁殖多改用分株法，当年即能开花，用扦插亦可。木质甚坚，故少病虫害；抗力亦强，不论栽植何处，未有不活者。若与碧桃并植，开花一致，一片绯红之色，天半朱霞不啻也。

紫荆为紫花种，另有一种花白色者，称之为白荆；性状与紫荆无异，惟花色不同，极少见，弥觉珍贵也。

第八节 海棠

艳阳天气，海棠含苞待放，犹似一捻脂痕，及既坼蕾，色绝妍丽，灿比红霞，愈嫣然

入妙矣；然色泽虽美，惜无芳香，未免认为憾事，幸其风姿绝艳，直足傲视群芳也。

海棠属蔷薇科之棠梨属，有落叶乔木，亦有灌木，固因品种而异也。

第一项　性状

海棠本生北地，故性不畏寒；抗力亦强，培植甚易，不问何种土壤，均可栽植；但以阳光充足，空气透通，地处高燥，最为紧要。叶长卵形，或作长椭圆形而略尖，边有锯齿，上有微毛，幼嫩时稍呈赤色；春日先抽新叶二三片，复生花梗，其端着花，蕾之时作朱赤色，开则半红半白，内侧露粉红色，艳丽悦目；花萼赤黑色，结实圆小，可供观赏之用。

第二项　栽培法

秋季叶落后，至翌春发芽前，弗计天气之寒燠，均可移植，根部损伤虽重，亦可栽活；冬季施以基肥一次已足，若施肥过多，病虫害发生亦烈，而赤枯病尤为猖獗，用波尔多液分一二次喷洒可预防之；至其程序：当于叶落后，将叶完全扫去而烧灭，再调制浓石灰波尔多液喷之，及三月后，叶尚幼嫩，用淡石灰波尔多液洒之，时当入黄梅期，病虫害之传布，尤为剧烈，故至六月中旬，再用浓石灰波尔多液续施之，则一切疾患均可防除，而害虫亦无由为祸矣。其繁殖法多循嫁接，利用压条、分株两法者甚少：嫁接以野生海棠或野生苹果为砧木，而野生海棠等可由扦插而得；二月前后行芽接或枝接，接口务宜低，否则砧木上簇生小株，而接穗反形萎缩，或竟致死焉。

第三项　品种

海棠之种类，可分垂丝、西府、贴梗三种：

（一）垂丝海棠　落叶乔木，花梗细长，花初开向上，及开下垂，花瓣丛密而色娇媚，花色淡红，较西府海棠略逊一筹；据谓海棠由樱桃接之而成此种，故花重下垂，柔蔓迎风，如不自胜。

◇ 垂丝海棠

（二）西府海棠　又名海红，亦为落叶乔木，木坚多节，枝密挺直，不生侧枝；三月左右开花，瓣五出，初开色浓似胭脂，及开则渐变淡红，梗长寸余，淡紫色，花形最大。

◇ 西府海棠

（三）贴梗海棠　落叶灌木，枝丛生，上有小刺，花柄甚短，花几贴近枝梗，故得名。花未开时，略向下，形大，色淡红，作磬口状，

开花早而艳，不及西府海棠之动人；繁殖可由压条，但分株之成长较速，开花亦早，而压条生根甚难，故不多取之；性不喜肥，春日开花，秋日亦放，是为可取之处。

第九节 木瓜

木瓜黄润可爱，香极酿醪，供之书斋，清芬满室，可经数月而不散，深耐人静挹也。

木瓜属蔷薇科之木瓜属，落叶亚乔或灌木也。

木瓜鲁省宣坡栽之最盛，高八九尺；叶厚而光，抗力甚强；三月下旬先开花，后发叶，花色深红，微带白晕；结实大如鹅卵，略有凹凸，成熟后色黄而着粉；除供观赏之用外，可充蜜食及入药之用，更能治疯症。性畏日，喜肥，觅以犬粪浸化而壅之，最佳。移植于秋季落叶后，较之春季为妥。其繁殖有播子、压条及嫁接三种，而以嫁接最为普遍，成绩亦属优良；子播者成长较迟，压条需时太久，故不多取之。树之主梢宜剪除，任其侧枝向外挺生，则结果自丰茂；否则徒长主梢而不结果，故主梢之剪去，乃抑制其生长之势也。木瓜藏于衣箱之中，不着箱壁，可经久不坏，而香馥常存，且能防衣服之蛀蚀，一得而备两利也。

◇ 木瓜花

第十节 木桃

木桃与木瓜，世人讹缠为一，实相歧异也。

木桃木瓜同科属，但木瓜为亚乔，木桃则小灌木也。

木桃本生于山野，普通以一二尺最多，最高者与人齐，已不多见，故除作假山罅隙间之点缀外，而以盆栽最适；以丛本修剪成独本，枝条亦以短为佳，株干略有弯势，即可成早春案头清供之佳品。枝有刺，叶甚小，呈倒卵形，叶色翠绿；花于春冬二季，着生最繁，若将木桃上盆，置于温室中，略加温度，于农历大除夕左右，花已盛放，堪供岁朝之观赏，

◇ 木桃花

惟不耐久置耳。春季三月前后，开花最繁盛；色以红者居多，间有桃红、粉白、黄赤等色。花后结果，其形不一，较木瓜为小，肉质亦硬，香气更逊；但性甚强，不畏寒暑，有抗烟力，亦为适于都市栽种之花木。其繁殖法，大都以分株及压条最多，于二三月间行之；倘属名种，应行以嫁接，则枝短而开花较勤也。

第十一节 樱花

扶桑人士以樱为国花，每当樱花盛放，恒举国若狂；缤纷艳丽，花团锦簇，自远望之，纯白一色，犹如凝雪，赛似传粉。然色虽妍媚，惟乏香气，与海棠同憾；最适庭园点缀，或则漫山遍野，盖大块文章，于斯已极矣。

樱属蔷薇科之樱属，落叶乔木也。

第一项 性状

樱树性强健，生长较易；而抗烟力尤强，故为都市庭园中之主要品。春日叶与花同时萌出，叶卵形而有尖端，边缘有锯齿；花瓣于未开之前，红色较浓，开后淡红色，远视之为白色；花梗甚长，其上有毛，数花簇生于同一节上；瓣有单瓣者，亦有重瓣者；果实甚小，不堪食用；木材致密而坚，可作木版器具等用；树皮浓褐色，生有横纹，间有紫黑斑点；花开虽早，但为期甚短；树荫浓沉，夏日憩息其下，如处翠幄中也。

第二项 栽培法

樱花之栽培法，大致与樱桃相同：单瓣者培植较易，而重瓣者不易生长，且重瓣之枝辄向上挺茁，初不向外侧生，致形态瘦小，各枝相互挤凑，而益形细弱，花遂少生，最后花或竟不生；惟重瓣如于山上栽培，生长较平地栽培之速率，可大六七倍，待高及一丈左右时，才不易再高大，然枝条渐向外侧生，姿态亦变优美，不妨移植至平地也；惜此种方法，所费甚巨，因树形已大，搬运困难；欲减轻重量，当于正二月间掘起，不留泥垛，仅有长根则尚可；故此法终不妥善，亦仅属理想耳。至若平地栽培而枝条挤生者，可用麻绳将各枝向下攀扎，凡五尺以下之短枝完全剪去，及三月中旬，再将密生之细枝略加修剪；但樱花之修剪，须有一定之时期，不可任意行之，以致妨碍其发育，而使日形萎缩，是为栽培

樱花最须注意者；倘一见其萎缩即谬然修剪，势必大坏，欲知愈加修剪，愈形萎缩，最后及于死地；因四月以后，枝叶均达生长旺盛之期，如加修剪，树力一时不能恢复，乃失去同化、呼吸、蒸发等营养作用而形成颓败也。肥料以堆肥最佳，人粪尿、豆粕等次之。其繁殖法大都以野生樱扦插成苗，作为砧木，或樱桃作为砧木亦可，然后将各种樱花之强枝，嫁接于砧木上即成；但接口愈低愈佳，因接活后，再行移植，须以接口埋于土中，使接穗发生新根，树龄可达久长；除嫁接法外，压条亦可繁殖之，扦插亦然，不过应用山泥培壅，而管理亦较严密也。

第三项 病虫害

樱花易罹天狗巢病：凡初见樱花之枝条，发育异于常态，树梢之枝条，散出如帚状者，至冬期而尤为显著，此乃菌之寄生枝条，局部之机能受其刺激而异常兴奋之故也。如发现此病，当将此枝剪下烧灭，否则非但该株不能开花，且有传延他株之虞；樱桃亦多此病，故樱花不宜用樱桃为砧木，更不可与樱桃并植，如犯，惟有每年喷洒波尔多液预防之。又夏日叶面生有蚜虫，吸收叶中养分，叶渐焦枯时，当用烟精水、煤油乳剂或棉油乳剂杀之。此外于六月间，或发生成群之盗叶虫，（其色红黯，外有介壳，先潜伏土中，家禽甚喜食之。）为害樱花、白杨、柳等；而盗叶虫性喜光，当利用灯光捕杀之，其体则尚可充鱼类之食料也。

第四项 品种

樱花种类繁伙，予共集得五十余种，单瓣重瓣均有；惟大同小异，骤观之，一时难以区别也。

（一）单瓣

【甲】吉樱　花色淡红，性最张，生长速。

【乙】寒樱　十月后开花，色桃红。

【丙】十二月樱　花色白而形大。

【丁】彼岸樱　花小，淡红色　极美丽；性亦强，生长尚速。

【戊】布屋樱　花为纯白色。

【己】车返樱　花为淡红色。

◇ 千重樱花

（二）重瓣

【甲】贵妃樱　大花，淡红色。

【乙】日暮樱　花为淡红色。

【丙】有明樱　花大，色淡白。

【丁】郁金樱　花中形，色淡黄。

【戊】大善樱　大花，淡色。

【己】天川樱　花色淡红，花耐开而美艳。

【庚】关山樱　大花，红色。

【辛】提灯樱　大花，色浓红，瓣万重。

【壬】普贤樱　有桃红及纯白二种，花最美。

【癸】红樱　大花，红色。

【甲】松月樱　花色淡。

【乙】红鸭樱　大花，红色。

【丙】奈良樱　花色淡薄。

【丁】南殿樱　有红白二种，花均大形。

【戊】紫樱　花紫红色。

【己】手球樱　花红色。

【庚】八重曙樱　花薄色。

【辛】都红樱　花红色。

【壬】牡丹樱　大花，淡红色，抗力强。

【癸】盐樱　花淡色。

（三）垂枝

【甲】熊谷樱　花红色，瓣万重，枝下垂。

【乙】御连返樱　小花，色淡红；单瓣，垂枝，生长最速。

第十二节　杜鹃

仲春时节，江南草长，杜鹃啼血，旅客思归；其时有蕊密攒簇，花色浓艳如毡，烂缦

如锦者，乃以杜鹃之名称之。花虽经风雨，仍灼灼可爱，叶虽遭霜雪，犹苍翠迎人；凡老松之下，叠石之旁，盆盎之中，偶栽植一二，当盛开之时，花丽叶绿，倍有佳趣。

杜鹃属石南科之石南属，系常绿灌木，然山野中多亚乔木也。

第一项 性状

杜鹃性丛生，根细而密，交结成团，色带黄黯；枝干褐色，质坚而脆；皮甚细致，光而润；叶多绿色，亦有淡绿色，而冬变赤色者；叶形不一定，有卵形、有长卵形、有狭长、有大形、有小形，叶面有平滑者、有毛茸者；当春夏之交，枝梢开花，外包有苞，黏性，苞破花出，花开五瓣，状若喇叭；花色繁多，有紫、有红、有白、有黄、有洒金、有镶边等；花后结子，极细，可播而繁殖之。性喜阴湿，但低洼积水之处，亦不相宜；适期施肥，颇有成效；花大而艳，惜无芳香。

第二项 品种

杜鹃种类，名目甚众，现有千种以上，每年且有新种续出；然而大别之，可分为春鹃、夏鹃、西洋鹃及春夏鹃四类，今一一述之于下：

（一）春鹃 入春四月，花先叶而开，此种又可分而为二：

◇ 春鹃

【甲】大叶大花种 花叶形状顶大，叶片多毛；性极强，生长甚速；枝条稀疏，每枝着花三四朵；色以紫及红者为最多，洒金与白者次之。种亦有三十余，其中以琉球红、万里红、毛叶白、毛叶青莲，为著名之旧种，新种则多以夏鹃与西洋鹃交配而成者。花期自四月下旬起至五月下旬止，络续争开。内除毛叶白及毛叶青莲可作地栽外，余均宜盆栽；地栽虽亦可，但多虫害耳。

【乙】小叶小花种 枝多向上挺生，叶面光滑，形略圆小，枝梢着花至少八九朵，故于开花之时，不见枝叶；花开于四月初旬至五月初旬，若置于六七十度气温之室内，每日用温水喷雾，滋润其枝叶，冬季亦能开花；但春日花开过久或过密，老叶易脱落，新芽反不生，枝干继之而有枯萎之征；若欲谋补救，即于三月中旬时，摘去外生枝上花蕾三分之二，留中间各小枝上任其满花，则于花开时，不致嫌少，仍觉艳丽也。直至四月初旬，花

已呈凋萎之态，当将花连蒂全部摘除，如斯可让新芽萌生，及夏枝叶重复繁盛矣。予真如园中，有此种不下五百种之多，色亦以红紫最多，洒金次之，全白者最少；瓣有一重与夹套两种，少有重瓣，若有，形亦不美也。

（二）夏鹃　五月下旬，花随叶之后而开。叶形尖狭，密生毛；枝多横出，形矮而性丛生；花大而瓣平，花最大者三寸半左右；根干易生小枝，宜剪去之；花蕾隔年已生，入春叶自花蕾之侧萌生，直至五月下旬花始开；花若过密，略加剪摘，每枝开一花已足，否则有碍枝叶之发育；早春叶既先花而发，此时尚有晚霜，嫩叶芽易受霜害，故于晚间，盖帘以御寒，最为得策。此种枝多短性，叶极茂密，入冬翠绿；春夏之间，花大而艳，盆栽之唯一妙品也。又此种花色，千变万化，不下七八百种；瓣有单重、二重、间有多重者；如吾国如皋所产之五宝、绿珠等五六种，均为此中之名种，其花非特重瓣，而且花之中心，生有小蕾如珠，色淡绿，待瓣凋落，珠蕾又成一花；但不可遭受雨淋，否则珠蕾腐烂而不开，是当宜注意者也。上述各种发育较迟，仅有纯红、纯白、白红及复色数种；惟四川成都所产之夏鹃，有纯黄、纯绿等花色，则确为珍品。民国二十二年，予曾致书成都某友人，乞代为搜求此珍种，嗣得回音，果有此种；乃更请其购以寄沪，惜信至蓉，而友人已他适，未获答复，致成画饼，然予至今犹念念未忘也。

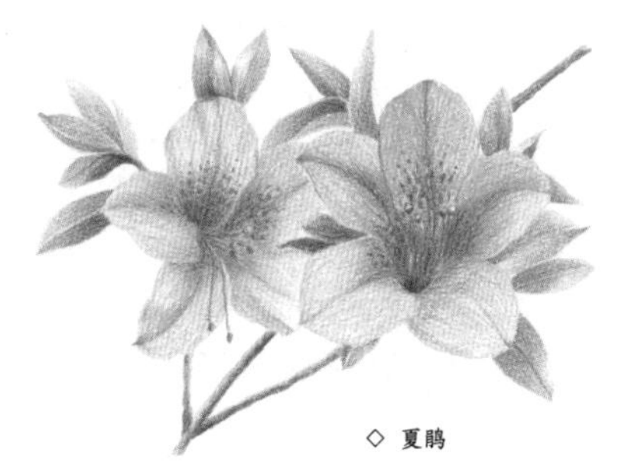

◇ 夏鹃

（三）西洋鹃　原产于荷属东印度；春夏之交，花叶同发，花大而艳，多重瓣，叶厚而有光泽；形矮，喜暖，好肥，爱阴润；花色变化多端，种亦有近百之多。

◇ 西洋鹃

（四）春夏鹃　花期最长，自春至夏，花开不绝；斯种乃由春鹃与夏鹃交配而成，配法与理由颇简单，凡以春鹃为父本育成之幼苗，形定如春鹃，反之则肖夏鹃；若于一二月间，置入利用日光之温室，可提早花期，且对于其生理，亦毫无影响也。

第三项　栽培法

杜鹃以盆栽为最适，因其病虫害甚多，管理须周密，便于发觉及省手续也；地栽除非性强者，始可一行，否则死多而活少；然地栽者，若能以盆栽之法管理之，亦无不欣欣向

荣；盖盆栽与地栽，其法则一耳。

（一）用土　杜鹃用土，因其根须细密，当加注意。若以黏土栽之，殆无一能活者；但春鹃性较强，若用砂质土，亦能维持其发育；而夏鹃及西洋鹃，非有山泥不可，尤以奉化金鹅山所产之黑山泥最佳；若只有山泥，亦未尽善，还须加以配制，方才有用；其法，取山泥七份，干苔草屑一份，干腐叶土二份，干肥一份，（干肥为糠及菜粕、豆粕，经四月以上之腐熟，晒干即成。）四者混合而成，栽以夏鹃及西洋鹃最佳；若栽春鹃，则用山泥六份，干苔草屑一份，干腐叶土三份可矣，而山泥并非须用最佳之兰花泥，若有还盆土亦可，因春鹃性较强也；凡用此配合土，栽种杜鹃，排水畅达，又富肥分，将万无一失焉。

（二）移植　自九月至翌年开花发叶前，均可行之；惟地栽者于冬季冰冻时不宜移植，因其不若盆栽者可移入室内，而难免冻结也。杜鹃苗当自他地运来时，根盘无宿土，若地栽之，入夏必日渐枯死，即使有活者，亦丧失其精神；故当先上盆，栽以一二年，然后择夏秋天晴之时，脱盆入地，灌足清水，则尚可保持数年之久。

（三）上盆　一二年苗，宜栽小盆，俗呼蛋壳盆；四年苗，高有七寸，可用小扦盆，口径约四寸；五年生者宜用中扦盆，口径五寸；六七年生者须用大扦盆，口径六七寸左右；盆以泥烧者为佳，灌水可较便也。盆底多填石砾，略盖山泥；以苗置入，再加土，毋庸紧压，将苗摇之，使土深入根中，与土密接；然后略加骨粉、菜粕屑或坑砂粉，埋入土半寸，灌足清水乃毕。至于上盆时期，不论何季均可行之；惟夏宜带阴，冬宜移入室内；而春秋雨季，则无须置入阴处，任其日晒可也。

（四）灌水　水宜汲清洁者，其灌法因时季而不同；但于冬季灌水更难，故先冬而秋以述之：

【甲】十一至一月为冬季，此际万木入眠，杜鹃亦畏寒，盆宜埋入土中，或置于室内以御寒；每隔二三日灌水一次，于晨十时至午后三时，阳光下行之最佳，或灌注或喷雾，各视情形定夺，若逾此时，恐土冰冻，以不浇为宜；且灌水不可太勤，因此时树已冬眠，无需多量水分，但盆土为日光晒干，故略灌之，以保持土之湿度，不致枝干枯也。

【乙】二至四月为春季，树液流动，萌芽发叶，此时水分已宜多，盖三月中旬，花苞渐长，盆可出土或离室与阳光接触矣；春鹃于晨九十时间，灌水一次，夏鹃、西洋鹃，其发育尚迟，水量略少，无妨；惟至四月中旬，不论何种，一见盆土微干，每日需灌行一次也。

【丙】五、六、七月为夏季，发育渐盛，五月中旬，新枝叶已大，每日早晚灌水二次；

至六月中旬以后，宜移入帘棚下，烈日不可直晒，此时枝叶业既长定，然天气炎热，空气干燥，虽于棚下，除早晚灌水二次外，须视中午，盆土燥度若何，盆如嫌过小，则宜立换大盆为妥；否则中午亦须灌水，若一不经意，致有干死之虞。

【丁】八、九、十月为秋季，每日晨灌水一次，若有少数盆土干者，再多灌一次；十月以后，又届冬季，灌水量当减半，使枝干中水分少含，而增强其抗寒力也。

（五）施肥　杜鹃性虽喜肥，若施肥不得其法，不得其时，反受肥害；世人或以为杜鹃不爱肥，实有误也。须知杜鹃根细如发，肥料之浓度，配合之方法，对于根之吸收力，大有关系：肥料浓度大，根无法吸入，而变枯萎；配合不得法，枝叶徒茂盛，但花色不艳，甚致花竟不开者；故肥料以菜粕、豆粕、鱼腥汁、牲畜肠毛、嫩草汁为主，人粪尿虽亦可施用，而以愈陈愈佳，否则苗木反遭其害；余尝数闻园丁，多以为杜鹃不可施粪，其实亦谬。至若施液肥，必俟盆土充分干燥后，始可施之，是为施肥之要诀；今以每月施肥法，述之于下：

【甲】一至二月——宜施干肥，如菜粕、豆粕、坑砂、骨粉等，其量视盆之大小而异；分壅二三处，每处先挖入土半寸，作一小穴，以干肥屑末埋入之；普通一平匙，即家用之汤匙，可施蛋壳盆三十盆之谱；计小扦二十盆，中扦十五盆，大扦十盆。

【乙】三月——以牲畜之肠毛汁一份，加水九份，肠毛汁系预先贮藏于铁桶中，经一年以上腐烂而成；每隔一周，施以一次，如此三四次已足，可助花叶之发育，因此种肥料富有磷、铁等养分。

【丙】四月——春鹃花已开，待谢而摘去花蒂，以豫经二三月腐熟之肠毛汁与菜豆粕混合汁二份，加水八份，灌以二次至三次。

【丁】五月——混合汁中再加嫩草汁一份，（此嫩草汁，乃系蚕豆壳、豌豆壳、绿茶叶等，质嫩易腐，且含有多量肥分之物，以之浸入清水，常加翻调，经一月后，滤去其渣滓而成黄绿色之汁液，亦称绿肥，味臭，着地干后即变黑，须加水方可施用。）每隔三四日当施一次，因是月杜鹃发育达最旺盛之时，根蔓延甚速，枝叶茂盛，所需之肥分，亦最殷切也。

【戊】六七月——杜鹃生长渐停，当改淡肥，用肥汁一二份，施一二次已足；因此时不甚需肥，若多施之，非但不得益，且引飞蝇群集，害虫亦因以传染，故肥以少施为妥。

【己】七月下旬至八月——重入秋季生长期，则又宜勤施肥料；初以湿肥一份，（乃将鱼腥物、虾壳，或小虾磨烂，或蚌蜞打腐，浸入桶中，经四十日以上而成者。）加水九份，

每三日施行一次，后渐加至二份；至八月中旬，湿肥水二份中再加陈宿人粪尿一份，和以清水七份而灌之。施人粪尿之时期，须注意者二点：一右于萌生新叶或盛夏之季，误施过浓肥水，则杜鹃未有不死者；二若于萌生花叶之前，或八月以后，施以淡宿粪水，则亦无不可。

【庚】九月中旬以后——无须施肥。

【辛】十二月——不论何种汁液，取二三份，加水七八份，施以一二次，作基肥之用。

（六）遮帘　入夏烈日当空，气候炎燥，然杜鹃性喜阴，尤以夏鹃及西洋鹃为甚，故伏天暨秋初，宜置于帘棚下；及冬，晚间更寒，当须盖帘以御寒；早春时，亦有晚霜，花叶易受霜害，而呈焦伤之态，既损观瞻，又碍发育，故晚间亦必遮帘也；而遮帘之时间，随月季而异，今述之于下：

【甲】三四月间，晚霜已无，夕中不需遮帘。

【乙】四月初旬至五月中旬，日光渐强，晨十时至午后四时，须遮之。

【丙】五月中旬至六月初旬，日光更烈，晨九时半至午后五时半盖之。

【丁】六月初旬至七月下旬，晨九时至午后五时盖之，四周亦须悬帘，以防强烈日光之斜射或下昼之西晒。

【戊】八月初旬起，晨九时半至午后五时盖之。

【己】九月初旬起，日光已变温和，晨十一时至午后三四时盖之。

【庚】九月下旬起，可不盖帘，任其日晒。

帘棚高七八尺，人手能触及，四角打以木桩，上架竹竿，以帘拦于其上即成。盆不可着地而放，以长形木板或石条，铺作二级，盆置其上，或以空盆颠倒填之，或以二砖承搁，其间相离寸许，使盆底之孔，得以透露于空中；地面铺以粗煤屑四五寸，滚平而作盆基，最为妥当。

（七）御寒　入冬西洋鹃抗寒力甚差，须置入温室内；而春夏鹃性较强，置入草棚，即足以御寒。草棚须坐北朝南，四角打以竹桩，上架竹竿，盖以帘，厚铺稻草，东北西三面遮蔽之，前高九尺左右，后高二三尺，顶作斜形，使每日阳光能充分透射；乃将所置各盆，均埋入土中，盆口仅留土面一寸左右，盆底置以煤屑，以防蚯蚓钻入盆口；如此既可防盆之冰碎，又能得地气也。

（八）繁殖　杜鹃之繁殖，有播子、扦插、压条、嫁接等法；其中以扦插最速，压条最妥，播子可得新种，嫁接最难活着而须技术高超，故采用嫁接法最少见，今一一述之

于下：

【甲】播子　播子可得新奇之品种，故现今杜鹃花色之繁多，几皆由于播子；而播子须先行交配，故先以交配之法为说明：

一、交配法　将欲行交配之杜鹃，于开花时移入玻璃温室中，择花形最大者留之，中扦盆者，至多留下四五朵，作为母本，待花全开时，剪去花中之雄蕊，花旁之新芽，亦须剪除，候雌蕊柱头分泌透明黏液，是为雌蕊已告成熟之期；乃另觅一认为最合交配花色，作为父本，摘取有花粉之雄蕊，触及母本雌蕊上，花粉即黏着于柱头；同时若欲得复色之新种，可再用别种花色之雄蕊花粉，粘于母本雌蕊之上，然恐于一日内行之，雌蕊不易受孕，宁于次日，再粘同花之雄蕊花粉于雌蕊柱头上为妥；至第三日雌蕊业呈半枯，然后移出室外，至十二月二月间，实全部枯黄而成熟，乃采下；其中有无数黯黄色极细之小子，仅及荠菜子之半，须于实尚未裂开之前采收之，否则子已被风吹散矣。子收后放在水盆中，漂去浮于水面之杂物，如草屑、瘪子等，其沉于盆底者，均为丰满之子，再阴干之，以待来春播种可也。

二、播子法　播子用土，以奉化金鹅山泥最佳，经糠筛筛过，然后置入蒸饭之笼中，再经沸水焖炖，如此可将野草子及其他病虫害之根源，一并铲除，否则后患无穷；乃取一播子盆，高仅四寸，口径尺外，底有孔，铺以棕皮数层，其上加木炭屑、碎盆屑，一寸左右，即将蒸过之消毒土置入，加及离盆口一寸半，于是以子徐徐播入，上盖以薄土即成。另取一大桶，中盛清水四寸，将二寸厚之重方块物填底，随放入播子盆，使清水自盆孔渐渐透入，直至盆土全行湿透为止，乃取起置入阴处，晚间移出室外露之，惟切勿受雨淋打，盆土干燥时，乍以清水用喷雾器喷之。施播若于三月上旬，不三旬渐出，若温室中，旬日已出，若透风室中，经二十日亦可发芽；直至黄梅时，苗是有分许，乃用细小竹夹，将苗轻轻夹出，一一分植于其他播子盆内，栽时宜稀不宜密，置入室内，日光不可直射，略有斜光已足；切忌施肥，否则苗即行枯死，晚间露之，但仍不能被雨水冲打，至次年渐可施以极淡绿肥水。当年生之苗，最高者不及一寸，第二年仅有二三寸，第三年已有六寸左右；三年后方有少数开花，至四年后已多开齐，是时始能区别品种之优劣，佳者留之，劣者淘汰之，异种当宝之。

【乙】扦插　扦插虽较播子为简，开花亦速，然佳种难以扦活，仅普通种尚可殖之也。至欲行扦插之强枝，当属开花期，不宜开花，枝芽亦不宜多发，否则徒耗枝中养分而使活着困难。其时期以黄梅天最佳，因此期湿气较重而使活着容易。苗床为尺半左右之方木箱，

高约四五寸，先以棕皮填没底孔，与播法同；土以粗粒小泥，经粉筛筛去细粒五份，加干苔草屑五份，混合而成，再经蒸过待用，倘以湖沙代山泥亦可，不过扦活后，即宜移植，因湖沙中不含养分也。插穗之口端须平滑，若佳种须以清洁干苔草包裹，形成直径半寸左右之小圆球，上以细纱扎牢，埋入湿黄砂中，深约寸许；经一星期后，择一而检其口，是否有白色新根，若已萌生，即须去除苔草而栽入山泥；若不见根须，再埋入之，如是检视二三次；虽因各地气候不同而异迟速，然可十有九活，所难者工作较烦琐也。活后先掘小穴，深约一寸左右，待将插穗种入，略向一侧倾斜，一行复一行，插满全苗床；自此每日喷雾数次，湿润叶片。此时切忌日光晒射，故须置入温室中或帘棚下，晚则徙出露之，若得淋以细雨更佳；一二星期后，扦口渐行活动而发生微细之根须，叶亦见有生气，乃徐徐引近较弱之日光，接触插枝；三四星期后，根须渐长，乃可直接日光；土勿过潮，除沙扦外，越二月略以轻肥水施之；及冬置入温室最妥，翌春可分栽小盆中焉。此种幼苗非特要时常注意及精密管理，并需防杂草蔓生与病虫之为害；若稍不经意，极易夭折，且不时宜施以绿肥水，促其向荣也。

选择插枝，以当年新芽长定而老化者，扦之最易得活，至来年老枝则生根最难；其法择当年之肥壮新芽，于基部以右手拨下，叶节宜短，而不逾一寸为佳，断口若毛而不平，须以利剪剪平之，生根自较易也。

【丙】压条　佳种不易扦活，可行压条以繁殖之。其法以枝压入山泥中，于压入土处，须刮伤下端之皮，促其生根，惟所需之时期较扦插为长；土常带湿润，待伤处生根后，而剪断之，即成一新株矣。

【丁】嫁接　杜鹃木质坚脆，故行嫁接者，通常以毛白等粗强种为砧木，行以诱接法，俗称呼接。自四月至七八月间行之，至次年三月间，方可分栽。

第四项　病虫害

杜鹃之虫害，多于病害，害虫如军配虫、蚜虫、介壳虫等，其中尤以军配虫为害最烈；夏秋之间，叶背有灰白色翅之小虫密集，吸收叶中养分，叶色即变焦白色，当剧烈时，全树均呈萎靡之状，发育全受阻碍也；此虫为数甚伙，捕不胜捕，且繁殖特速，虽至冬季，潜伏枯叶之内，不致冻死。予常于新叶长成时起至八月止，每月用烟精水与肥皂液（固本肥皂一方，和烟水百斤，每五十斤烟草屑可浸水二担，浸入二十小时后，沥出即成）喷以一二次，

再晒阳光，如此均可杀死；然事前亦预防之，当于十一月至二月间，喷以波尔多液二三次，盖斯非特可预防虫害，又能预防癣菌锈病等之发生，而使叶片翠绿可爱，勃勃有生气。此外盆土中易生白地蚕，蚀食须根，至七月盆土渐松，株亦萎死，倾出视之，根已食尽；此乃由于山泥中带来，故山泥须在伏天最烈之日光下晒之，入冬再经冰冻，自可免除此害；若盆中一罹此害，除倾出捕杀并换去新土外，或以茶子粕浸水，灌之亦可杀死，且有肥分也。

第十三节　纱罗鹃

纱罗鹃于大江以南，深山幽谷之中，均有之，尤以浙之雁荡为最盛；叶较枇杷微小，而背无毛披，酷似杨梅叶；当春夏之交，枝梢苞破，花开成簇，密不见叶，状甚美艳云。

纱罗鹃属石南科之石南属，常绿亚乔木也。

纱罗鹃即石楠也，生于山陵深处；枝干坚致，叶大而厚，富革质，有光泽；初夏枝梢上苞裂开，其中花朵五六，旋即开花，色多作淡红，亦有黄色者，属珍品也；形较杜鹃为大，色颇鲜丽，惜无芳香；性喜阴湿，与杜鹃类似，故栽培法亦相同焉。

第十四节　山踯躅

山踯躅俗呼映山红，又名山石榴，漫生山野间；晚春发花，满山皆红，然山踯躅除红花外，尚有紫花、白花、黄花等数种，惟不及红花种之茂盛耳。

山踯躅属石南科之石南属，野生小灌木也。

山踯躅叶与杜鹃相似，亦为长倒卵形或披针形，惟枝叶皆荷毛茸，密而长，枝脆而坚；晚春发花最盛，簇生数花，萼片颇小，花形作漏斗状，边缘五裂；色泽不一，惟红花居多，紫色及白色次之，黄色最少，着花繁多，不见枝叶。黄踯躅或称闹阳花，俗称石绿球，恐乃踯躅鹃之呼别也；入冬叶落，枝多挺直，不分歧；花开最迟，形最大，色亦艳丽；其性毒而猛，家畜误食即死，故昔时用以制晕药。

山踯躅一经移植，活着最难；故自山中掘得后，须先假植于山地，待其根簇生细根后，始可以山泥栽于盆中，否则尽行枯死，决无余方，其他管理与杜鹃同，可参酌之。

第十五节　丁香

春日丁香枝茁，与新叶齐发；未几花开，极为繁密，形虽细小，而清香袭人，洵春会之佳木也。一名鸡舌香，产于热带；花蕾为芳香性之调味药，又可蒸馏之以制丁香油。

丁香属木犀科之丁香属，落叶乔木也。

丁香花开五六月，色紫、白、黄不一，花甚细小，簇生于茎顶；春日先放叶，然后抽出花轴，花瓣与花蕊难分；叶薄而有光，形似心脏而略尖，边无锯齿。春秋均可栽植，地宜高燥，若栽于低湿之处，往往萎凋而死；肥亦不甚喜，限于腊月壅之，或施以人粪溺则可。其繁殖法多用嫁接，以冬青为砧木而行高接法（即行之于砧木之高处之谓），故冬青须三四年生者，于离地四五尺处接之，若接口过低，则不易见其高大；接后不二年，丁香之枝条已甚茂盛，若砧木土发生冬青之枝叶，须立即剪除，否则丁香之生长力不及冬青之强，致日后枝叶萎缩而死，而冬青反欣欣向荣，殊失嫁接之目的，是为丁香栽植最须注意者也。

丁香之种类不一，就予真如园中，已计有十六种，此乃根据其花色之不同而分之；大都以紫、黄、白三种居多，紫有深淡，白有浓浅，而黄仅有淡色者；更有淡红种，则属丁香之佳种；其中以紫、黄二种芳香触鼻，尤为可爱。丁香品种优劣之区别，乃视其叶片之形状而定；叶愈圆，种亦愈佳，若叶片尖长，可不待开花而即断定其必为普通种，此系辨别丁香之秘诀；故知是者，庶不为信口雌黄之花贩所欺也。

第十六节　月季

月季即蔷薇也，俗称月月红、四季花；花备千态百色，香如浓麝龙衣；逐月开放，四时不断；种之篱落间，最为得宜。其尤妙处，在春秋佳日，芳菲缕续，耐人久赏；夏日，晨露未干，鲜妍有态；冬日，映雪生姿，愈觉可爱；故月季一名胜春、长春，又名斗雪红是也。昔人宋祁

◇ 月季

有奖饰之句云:“花亘四时,月一披秀。”月季诚当之无愧矣。

月季属蔷薇科之蔷薇属,常绿小灌木也;但暖地落叶较少,寒地较多,因地而异焉。

第一项 性状

月季高有六七尺,茎上密生尖刺;由三至五片小叶合成复叶,边缘有锯齿;小叶呈尖卵形,平滑而有光泽,大小不一,因种而异。开花甚勤,但以春日开者最为鲜艳;花形亦大,花托如壶状,花瓣有单有重;色泽千变万状,有单色者、有复色者、有镶边者、有洒金者;瓣形亦各各不同,有卷瓣者、有翘角者、有圆形者、有长形者;其花之繁复变化,不在秋菊之下;而芳香馥郁,色泽艳丽,色香兼有之佳卉也。花后结实,形如小壶;内有小子,可播种之。

◇ 月季

第二项 栽培法

欧美各国现均行大规模之栽培,故栽培法亦日新月异,今一一分述于下:

(一)移植 自九月至翌春三月初旬,均可行之;尤以二月中,移植最佳,故欲移植远地,可不带宿土,仅以苔草包之,吸足清水,路中即经一二月之久,栽之亦能活;因此时寒冬已过,气候变暖,将发新根,虽经移植以后,损根伤枝,亦无大碍;盖根如受伤,自能生新根而代之,使枝叶水分之蒸发,不感缺乏也;惟老枝须加修剪,以减轻其过负。四月下旬最旺花期已过,亦可移植;然宿土不可碎失,根须不可过伤;移植后再盖芦帘,以蔽烈日。除此两期外,七月下旬至八月中旬仍可移植;根株若不多伤,则于入秋后,尚有花可观。若于九十月以后移植者,须置入利用日光之温室中,否则以不移为妥矣。

(二)土壤 不论何种土壤,皆能栽种;但欲观美艳之花朵,或品种为名贵者,土壤当以肥松为佳,而盆栽或地栽均可用之。其配制法:以腐叶土四份,煤屑或火煨土(即普通土壤曾在火堆中煨过而打碎),再用一分眼筛筛过者一份,普通土五份合成。(所谓普通土即他种盆栽物枯死后倾出之土,俗呼还魂土或稻田泥、河泥而经冰冻及晒干,再灌以人粪溺二三次者。)此数种土壤皆肥沃而疏松,因月季性本喜肥也。

(三)定植 地栽者地宜高燥,土宜疏松而肥,于春日定植;每株之距离因株形之大小而别,通常以四五尺栽一株;否则当生长时,枝条相互挤轧,日光射照不足,病虫害乘机而起矣。盆栽者盆宜深,以泥烧者最佳,透水便利也;盆之大小需视苗之大小而定,通

常一年苗，则栽于口径六寸、深十寸之瓦盆中；底用五六枚碎盆片，填没底孔；称加粗粒土，上盖一层细土，然后将苗置入，添细土至七八成时，略了揿实，再将细土离盆口寸半许加满，俾清水灌足，可不致溢出盆外；置于稍阴之处二三日后，即可移至空旷之地，任日光晒射也。

（四）灌水　地栽者无须时常灌水，即使气候过旱，而对于苗木亦无大碍，唯恐生花太大，则以喷水壶当露水干后，或夕阳西坠之际，徐徐喷洒之，并防泥浆飞溅而粘着叶花，致贻叶黄花凋之弊，是灌水时不可不注意者也；翌日泥已略干，再以锄头耙松泥土，否则一经太阳晒射，因土面坚实而平滑，即将日光之热反射回出，茎叶因而变焦，故泥土时加耖松，一便透彻空气，二能吸收阳光之热，三可促进土中肥分分解，四得防根部之霉烂；又灌水于开花期中无妨较多，以助花放，且可延长花期也。盆栽者，四月开花后为发育最旺之季，灌水亦许需要多些，晨十时或午后四时，见盆土已干，可灌足清水；五月、六月、七月，此三月间虽有花开，为数不多，花形小，枝叶发育亦较差，须见盆土确已干透，始将清水灌足，时在晨九时或午后六时许；七月、八月、九月，此三月间，花又繁生，水亦随之增加；十月后气候变寒，生长受阻，一二日灌水一次已足，盖此时仅为保持苗木之湿度，不致因空气或土壤之干燥而受害也。夏季如遇大雨，盆中一时排水不易，势必囤积，故当于雨停后，即将盆中积水倾出；否则太阳出后，盆中污贮，热腾欲沸，苗亦为之蒸死矣。

（五）施肥　月季性好肥，故施肥亦不可忽略；肥料以人粪溺、豆粕、粪坑沙、草汁、鱼腥汁等最佳；土若瘦瘠，当可加豆粕、粪坑沙等基肥，于一二月未发芽时，施入土中；惟若为肥土，则无须再加基肥。初种时恐伤苗木，则于三月初芽已长成，每隔二三日施以人粪溺，或陈腐草汁，或鱼腥汁一份，加水九份之合成液，此种汁液若浸于铁锈桶中，或加烂铁屑亦可，能使花色更为浓艳；又此种肥水于四月中旬，花开前施之，其浓度应加重一倍，即水八份，和以人粪溺二份；至花谢后而浓度减少，每五六天施一次；直至八月初旬，再加重一倍，因此时重届开花期也；十月后另加基肥一二次后，施肥即可停止而越冬。上述诸法，系专用于盆栽者；至地栽者只须将浓度加重，而可省却上列手续，每周用二三份之人粪溺灌之；夏间施肥则暂停止；于七月中旬起始渐渐施之，至开花时而此；十月以后，每月施以基肥一次，至一月时为止；如斯即可使苗木肥美矣。

（六）整枝　月季整枝甚繁，苗移植后，即应施以修剪；枝之长短须有一定标准，各枝上留芽二三，以向外侧生者为妥；若生有特强之肥枝，不妨留之，借使替代过弱之枝。干粗者至多分枝四五本，花不过五六朵；但花络续而开，当花开至二三分时，不待其谢，就

须剪下，俾可免耗养分，而使后开之花亦可匀得养分一二也。至五月初旬花期已过，气候渐热，苗之生长亦差，故常将弱枝一并剪去，不必苛求各枝高低一律也；然修剪过分，恐抑制其生长势力，或竟不能萌芽而闷死者，此亦须顾及。八月初旬，气候转入秋凉，复放美花，宜不让多开，亦不许开足；至十月天寒，而花不克再生，即可行剪定，并将病弱枝同时去除，使养分集于枝中，以助强其抗寒之力。

（七）交配法　月季花色逐年增加，全赖交配得法，以其子播之，乃可得新种；然月季花之雄蕊，短而密集，不易摘去，移传花粉，良感困难，而花期又四时不断，故择交配之时期当加注意也。月季以四月中为开花最佳之时，花亦强健，交配多于此时行之；当花半开，即取小镊子夹去全数雄蕊，用玻璃纸包之，待花盛开，将他种有花粉之雄蕊夹下而加诸去除雄蕊之花朵中，但此时雌蕊是否成熟，尚未可知，故每隔数日宜传布雄蕊之花粉，频频使其受精，直至花瓣脱落为止；行此交配法，以盆栽较便，因可移入温室中以避风雨，地栽者须有遮蔽物保护，手续较麻烦，然盆栽者所结之实，不及地栽者之强也；结实后，该枝上不宜再使开花，一见花蕾当即摘去，以免耗损养分而可转集于果实中；同时药剂亦不可施用；如是至十月时，实已黄熟，遂可采下，剥开之，即有半粒芝麻形之子藏着；当年可播于苗床中，待其发芽，二年后即能开花，并一变而为新奇之种矣。

（八）繁殖　月季通常以扦插与嫁接为主，若欲求得新种，则非播子不可，故今以此三法，分述如下：

【甲】播子　苗床宜低设，掘入土中一尺许，四周砌砖墙或泥墙，上盖玻璃窗，面向南方，俾可得充分之温度；然地形过低，苗床宜高，否则水必淹之；土须用轻松之腐殖土，下层填有石砾数寸，以便排水；每距三寸，播子一粒，上略盖细土，喷足清水，窗上遮以帘；二月初旬已能萌芽，发育甚速，三月下旬径可分植盆中或地上；弱者二年始能开花，强者当年秋季即能开花，但花多变白色，瓣亦变成单重，佳种难得也。

【乙】扦插　宜露天地面行之，其时期有三：一于早春，一于黄梅期，一于八月下旬秋分节近，但以早春扦插者成绩最佳。早春于三月初旬行之，干上来年生有无花之强枝，俗称龙头，当新枝发芽时，扯下扦之，活着最易；若嫌其过长，可将梢端剪去，上留三芽，相距近者为妙，以四五寸最合标准；下芽插入曾经冰冻而晒过之干土中，枝之四周略加揿实，不必盖帘灌水，除非土质极干略喷清水，三周后即能生根。至于黄梅或八月下旬扦插者，管理须周密，帘必须遮盖，喷水亦宜注意；通常每日灌水一次，但扦后十日中，每隔二日一次，切勿过量，只要供土之蒸发，及保持插枝之湿度已足，否则枝非特不易生根，且易腐

烂；二周内根已能生，灌水更宜减少；帘亦不必多盖，使新芽受以日光，而增强其势力；二月后帘可去除，略施以淡肥水，并防野草之蔓生，至翌年一月初旬，乃行移植，先秧于地，养一二年方可上盆，或定植于地中。凡佳种若能扦活，抵抗力强而易于培植也。

【丙】嫁接　佳种难以扦活，则可行嫁接而繁殖之；砧木以野生之蔷薇行枝接法，接口愈低愈佳，俾使接枝着土而簇生新根，兼可延长其年龄；时以腊月行之最妥，河南多行此法也；接后移于温室中，埋入黄砂，翌春三月，接口见芽萌发，始得分植之。

（九）早花法　花市上终年有月季出售，以供插花及花篮之用，均行此法：盖月季本栽于向南之地，在八九月时，乃就地依形，上搭以架，四周围之玻璃，而成一临时温室，使其既免冻害，又畅透阳光，室内温暖如春，月季亦遂欣欣向荣，而络续开花矣；乃剪而出售，此时花之价格亦贵，利润亦益厚；直至春季三月，气候转暖，将此活动温室拆去可也。此法非仅省却移植之手续，而花于冬日仍能开观及应市；裨玩资利，诚一举而两得焉。

第三项　病虫害

月季之病虫害颇多，原因为施肥过度，或灌水过勤，加以地处低洼，空气不通，病虫害乃乘之而猖獗；今择其常见者，述之于下：

（一）白霉病　当老枝生长而尚未老化时，最易罹此病；枝叶上似沾白粉，叶卷枝缩，后即枯死，且能延及他枝；是为菌类寄生所致，事前当喷洒波尔多液预防之。

（二）蚜虫　自三月初旬直至秋后，正蚜虫嫁祸最盛之期；幼嫩枝叶悉为其寄生之处，吸收树液，为害匪浅；故应于开花前喷洒烟精水杀死之，但开花时以不用为妙，因花一经濡染此液，大减美色，殊失欣赏之旨。

（三）蜡壳虫　干上易生有白色小虫，俗呼为蚤，乃由于水分过湿或湿气郁塞而起；此虫寄生于近土之根干，吸收皮中养分，须及早驱除为安；其法以竹刀片刮去，再以波尔多液涂之即效，更使土带干屑，则亦能防患于未然。

（四）锯蜂　三月下旬后，每见肥嫩之枝，特形萎倒，细察之，枝上划有一细长之纹，长不逾寸，乃将病枝剪下剖开之，则系淡黄之虫卵也；该虫卵孵化后，由幼虫而变成虫，黑翅能飞，脊亦作黑色，腹呈橘红色，其肛能锯破树皮而产卵于其中；故称锯蜂，《花镜》上称为镌花娘子；当臀入枝桠时，生子三五而死，后出黑嘴细青虫，专食嫩叶，而存叶筋，为害甚大；欲辟除惟有剪去受害枝，捕而杀死之，并于冬季或伏天或阴天喷洒波尔多液预防之。

（五）其他害虫　若军配虫、金龟子、介壳虫等，可用砒酸铅杀之也。

第四项　品种

◇ 月季

吾国以河南山东等省，栽培最盛，而欧美各国亦爱此花，且加科学之管理，品种日多，不胜枚举；但以色香两具者，可称佳种，若有色无香，或有香无色者，皆为美中不足，未得认作佳种也。

（一）吾国种　品种繁多，色香咸称，瓣多而密，是为其佳处；惜枝性高长，须在二三尺以上处，始能开花，有失美态；且性弱易病，难以生长；或花瓣过多而不易开放，致花呈僵状；或花重枝柔，花倒垂而开，须以竹竿芦梗扶之；是为其缺点，而亟当加以改进者也。

（二）欧美种　形色并重，色均鲜艳明媚，枝多挺直，花着生于短枝上，若以花形大别之有三种：其一为长瓣，花瓣形长，花朵亦作长形；其二为短瓣，花瓣形短，花朵亦短小；其三为扁形，花瓣扁平，形亦呈扁平；此三种各有所长，要以瓣不宜多，而各瓣紧抱为妙；然斯种在半开之时，观赏最佳，若花开足，易露花心，即行凋谢，是为美中不足耳。

若以干形而分，亦可分下列三种。

（一）矮生形　枝丛生而形矮，花多而小；花自三月下旬至九十月间，相继疏开，最合盆栽之用。

（二）蔓生形　须搭承架，任其蔓延，或引于竹篱之上，开花不绝，颇为美观；花有大有小，如香水、白月季等是也。

（三）灌木形　较矮生形者为高，即普通所谓之月季也。

第十七节　野蔷薇

野蔷薇，野生种；花多白色，瓣均单重，不足观赏；然最甜香，故亦有人栽植之。

野蔷薇属蔷薇科之蔷薇属，落叶灌木也。

野蔷薇，野生于原野间，性最强，茎细有刺，尖锐而密生，高有三四尺，茎长而蔓生；

叶羽状复生，有小叶五片至七片，椭圆形，上生细毛，边有锯齿；夏初开花，花多单瓣，五片，白色，亦有淡红色，芳香甜美；花后结实，熟则色红；花瓣可制香水精，亦为贵品。其繁殖行扦插最易；肥亦多施为佳；通常以野蔷薇作为月季嫁接之砧木也。

第十八节 玫瑰

四月花事阑珊，玫瑰始发，浓香艳紫，可食可玩；江南独盛，灌生作丛，其木多细刺，与月季相映，分香斗艳，各极其胜。

玫瑰属蔷薇科之蔷薇属，落叶灌木也。

玫瑰茎作黑色，高有二三尺，密生尖刺；叶复生，作羽状排列，叶片生细毛茸，呈椭圆形，色绿；花大而艳，多重瓣，芳香颇烈，色有紫、有白、有黄，黄者颇少见，最为名贵。花片常充食用，以之作馅、浸酒、泡茶，其味无穷；根皮能供黄褐色染料，大可生利也。

玫瑰宜栽于砂质壤土，求其排水便利也。肥亦喜，初春发芽时，株旁壅入干鸡粪，新芽即能簇生；仲春浇以淡粪水，促花蕾密生；花后再施入豆粕，和土壅之，若鸟兽多处，当掘穴埋之。栽植宜稀疏，每株四方相距四五尺，可使新株繁生，又得便于工作；每年须将新株移栽别处，以保持老枝之不衰，否则新株与老株一并生长，老株之发育势力当不及新株之强盛，而渐行枯死，故又名离娘草，顾名思义，则株非分不可矣。株间不可杂生野草，随见随拔；枯株剪下，宜即收拾；否则日渐堆积，犹如荆棘满地，难以工作。夏时每多棉虫繁生，当用棉油乳剂杀之；或届冬季，洒布波尔多液预防之。吾国陇海路一带，大量栽植；每年有大宗出产，输出海外，以作香水精之用也。

第十九节 木香

木香茎长易茂，编篱引架，蔓生其上；花细小而繁，每颖三蕊，千枝万条，上缀白色，望之如香云，纷纭可爱。

木香属蔷薇科之蔷薇属，蔓生木本也。

木香栽于寒处，入冬叶落甚伙；暖处则叶色仍觉碧绿，叶落较少；故木香为常绿，抑

为落叶，因地而异也。木香茎长叶小，枝易蔓延，须拴架编篱，任其攀登；春日随叶发蕾，夏初开白花；花有大小二种，小者每颖三蕊，花密生；大者每颖一花，花香颇浓，络续而开，故不及小之繁茂；小花种甚为普遍，大花种不多见，乃觉名贵。叶羽状复生，由五小叶而成，叶形稍尖，面平滑有光泽，边缘有锯齿；大花种之叶亦大，易于区别也。栽培法与月季相同，故不赘述；架形无一定，株条不宜交错，以平出最佳；当新芽数寸时，风吹成浪，殊为美观；修剪亦宜随时注意，俾更加生色也。另有一种黄木香，花大而香较白者为尤烈云。

第二十节　十姊妹

十姊妹蔓生，结成花屏，蒨粲可人，落红成堆，每不忍扫；若缘树而生，上引下垂，可延蔓丈余，花间树梢，如缀红玉，洵足悦目。

十姊妹属蔷薇科之蔷薇属，蔓生木本也。

此木系落叶丛生，叶呈小圆形；花较蔷薇为小，一簇数花；亦有十花者，称为十姊妹；七花者称为七姊妹，通常以五六朵居多；花有千重或单瓣，色亦不一，有深红、淡红、紫、白等别，气香不浓，而姿甚艳；发芽前移植最宜，繁殖于八九月间行以扦插，活着甚易。

第二十一节　牡丹

牡丹为吾国特产，溯自唐代，洛阳牡丹，已极盛称，故其由来也久矣。牡丹号称花中之王，又有富贵花、百两金、木芍药等名。姿韵妍冶，仪态万方，花大而丽，与凡卉不同；谷雨时节，花始盛放；富贵人家，旁设朱栏，下砌白石，上张翠幕，以蔽日色；悬灯以照，更形美艳；他花纵极娇媚，不得不甘拜下风也。

相传洛下各园，有植牡丹数千本者，每当盛开，主人辄置酒延赏；若遇风日晴和，花忽盘旋翔舞，香馥异常，谓为花神莅止，主人必具酒脯，罗拜花前，移时始定，岁

◇ 牡丹

◇ 牡丹

◇ 黑牡丹

以为常；虽属神话，但由此可见其盛况之一斑矣。

牡丹属毛茛科之牡丹属，落叶灌木也。

第一项 性状

牡丹之根，富肉质而肥厚，若兰根然；叶大而复生，作二同羽状排列，小叶分裂成二三片，裂口有深有浅，色为浅绿、淡紫等，质亦肥厚；春日先抽叶四五片，始发花蕾，花萼绿色，后即开花；花大而艳，色泽不一，有紫、白、红、苍黄等，瓣有单重、千重、万重，且分绉瓣、光瓣，亦见厚薄之别；花开约六日至九日，初开三日，夜开而日放；花有芳香者，亦有香淡若无者；花中雄蕊极多，雌蕊仅四五枚，周围有囊状之盘；花谢结实，种为蓇葖，上密生短毛，七月间实熟裂开；其中子圆黑色，大似黄豆，可播种而繁殖之。

牡丹生长极迟，于春夏发育期间，形似觉蓬大，秋后叶凋，仅存老茎寥寥数枝；细察各枝，高虽有尺许，然于春夏所生长者仅二三寸左右，其上附有一二芽，以待来春发育，上梢之茎殆全已焦毙；此或因开花而致枯死者，或以天时不正而耗残者，或经移植而折损者，或摘花而受伤害者，或管理欠周而病秃者，此皆足以使其茎夭殂，故欲其高大，诚非易事也；然其发育虽不速，而树龄寿长，辄有数百年老株者，惟种多属普通，每当花开之时，累累千百朵，花团锦簇，殊可爱也。牡丹之生长状态，异于他种花木，当一茎向上挺生，根部亦簇生细茎，故呈丛生之形；若生长至相当时期，根之四周，于春秋雨季抽出无数之芽，然老干向外突生，枝叶密茂，致使根旁小株，不能得充分阳光，三四月后仍枯死；故秋季九月，须将根旁小株，分植他处，如此既无碍老干之生长，又可分得新株也。

牡丹畏热不畏寒，除大冰冻外，惟恶湿，故于盛夏之时，上盖以帘，最属佳妙；栽植处地形宜高，每作牡丹台以栽之，此即取其高燥之故也。性又好肥，如将已死之家畜，埋

诸牡丹相近之处，能引其根来，面花亦肥美云；此乃古人形容之词，喜肥确有之，而引根萌新，则无此理也。

第二项 栽培法

牡丹仅可地栽，而芍药根接者可作盆栽，惟生长之势，总差一筹；故当开花之时，始上盆以供观赏，并需适当之管理，方能开花，花后重入地栽之，否则翌春难以再放矣。故今以地栽及盆栽之法，分述如下：

（一）地栽　地宜择高燥、暑无西晒太阳、冬能御朔风凛气，且向阳而通风之处；若地形低洼，常筑台以栽之。

【甲】移植　自九月至二月初均可行之，惟以十月上旬至十二月初旬最妥。当于地上挖掘之时，须将上干之大小作为泥垛大小之标准；若移栽远处，留根愈多愈佳，先将土完全拍碎以减重量，再以妥法包扎之，虽经一二月之运载，亦无碍其发育。二月以后树液已发动，此时移植，途中不宜多延时日，根亦不可多碰伤，外加以得法管理，则尚能开花一二，惟花形较缩小矣；否则非特无花可观，且初见其枝叶似尚生长，然日形退萎，入黄梅期终渐至枯死。故二月中旬后，不能移植，若必欲移植，当待花蕾已大，枝叶亦长定，所掘之泥垛须特大，其围圆与地上干叶蓬头同等，所谓蓬头即枝叶各端畅达四周之度位，如枝叶铺出有一抱大者，泥垛亦需一抱大；总之泥垛愈大愈佳，惟移动不便或易致破碎，是当须注意者也。移植后，上须盖帘，一次灌以清水已足，只不使日光直射，以后不必再行灌水焉。

【乙】土质　土以沙质而轻松为佳，俾便于排水；惟以培养土最合理想，须及早调制之以待应用：其法以肥沃田土三成，川砂四成，腐熟厩肥三成，各用豆眼筛漏过，充分拌匀，再加生石灰乳液作消毒之用，更和少量之菜粕屑混合而堆积，其上不时灌以人粪溺，数月后即成；不论牡丹台抑或盆栽，均适用也。

【丙】定植　定植前预为择一地形高燥、排水便利、表土深而肥沃、日光充分透射、避免强风之处，筑一牡丹台；台高出地面一尺或尺半，大小以四尺至六尺幅最适，长无一定，须视基地之大小而决断；台中用土即前述之培养土，然后可以定植焉。先掘一潭，深度以所栽牡丹根之长短而定，大抵以根长为标准，若根长一尺，则潭深一尺；底填以碎瓦片，或螺蛳、蚌壳等，略加木炭屑更佳，上盖培养土数寸，乃以根垛渐渐置入，使根向四周展开，平铺潭底；根富肉质而性脆，颇易摧折，其内虽有中筋相连，不致完全折断，但一经挫损，伤口易受菌类所侵害，故未栽以前，为预防断根起见，先以波尔多液浸之，少待阴干而种；然后可倾入干燥松土，深有半潭，将株连根稍加提起，使根引直，再将土略予桩实，松土另加至四分之三处，更椎实之，随即灌足清水，翌日将土添高与地平，是后当无须灌溉矣。

【丁】施肥　定植以前三月，土须掘松，并经冰冻、晒干，再加基肥，待定植之时，肥料已充分腐熟，种入后，牡丹自能繁荣矣；惟初种之时，切忌施浓粪，若误施之，虽不立即枯萎，日渐根必发霉而死，或不全株尽枯，则四五年后始发新根而老干全已替死；是故种后施肥须过半年，当落叶殆尽，略用陈宿淡粪水或宿豆、菜粕水，待天晴土干，每月施以一二次，至二月初旬乃止。花不宜多开，囚徒耗养分，有损各部之发育也；花后四月下旬，可施肥水一次，至八月再施一次，九月以后，则加重施之。肥料以家畜毛肠烂于铁桶中，变成黑水后，施之最佳；干肥如豆、菜粕屑，宜雍于根外四周土下三四寸，或分数穴壅之亦妙。

【戊】摘花　一枝生一花，则花大而艳，若一枝数花，即不能开足，花若过密，不特花形变小，且有碍次年花之开舒；故于三月中旬，花蕾已大时，择其形小而密生者剪去，留剪之长度，较花蕾下之第一或第二叶为长，否则被其他长大之各枝遮蔽，将反形萎缩；并于花谢前，连花下一叶，一并剪去，以免亏耗养分。

【己】管理　牡丹之管理较繁，今分条列述如下：

一、栽植后若逢大雨，土即被雨冲去，致接口露出；故雨后必须加土，如斯二三年后接穗自生新根，树龄可较久长也。

二、种后二三年，每逢春季，根际砧木上发生新芽甚多，须全行剔除，使养分集中于接芽上；否则开花不特瘦小，且致接芽日形萎缩也。剔除之法，乃取一竹片，阔一寸，长一尺，下端削成刀口形（剔除时更须谨防接口之损伤）；先将表土耙开，让接口下之砧木芽全行暴露，俾可彻底剔除之，切勿遗留，不然反使剔折处多萌芽三四枚，愈耗养分，宜加注意为是；砧芽既经刮毕，上仍覆土，高出接口二寸以上。

三、栽植一年内，根部宜加充分保护，寒地尤甚，如敷以稿秆等物，可不致冰冻焉；但明春三月间，当速扫清敷物。

四、去年无花之枝，其梢必有叶芽（即顶芽也），吸收养分之力特强，为各腋芽所不及；故当腋芽萌生花蕾之时，宜摘去叶芽，否则翌年腋芽仍不开花，且不发叶分枝矣。

五、炎夏之时，连续干燥，须以稿秆或杂草等，薄敷株旁之土面，以减水分之蒸发，若盖帘箔则更佳；他种花木于干燥时可灌水，惟牡丹独不行，盖因蕨根富肉质，水分一多，易

起腐烂，故不可灌水也。

六、凡牡丹经嫁接而以芍药为砧木者，三数年后，芍药之本根特大，接口处牡丹所生之须根反少，于是因芍药根易为地蚕蛀食，叶芽即行萎缩焉；故栽后四五年，待牡丹生有根须，即可掘起，用利刀削去芍药根，重新栽种，如斯非仅可延长其树龄，且发育亦速；否则不及十余年，牡丹渐老，卒致沉枯。但据专种牡丹者言，渠等均不用此法，普通任芍药根自行腐烂，树龄亦能达一二百年之久，高有五六尺，花多至百数云；然此法，于普通种行之尚可，因其性较强能耐，而佳种却未宜也；除非以粗种牡丹作为砧木，则可无此弊耳。

七、牡丹新栽，切忌施肥，予初不甚信之；某年曾购得牡丹二千株，种之于地，冀其向荣，施以重肥，叶发，初甚繁茂，但未几渐行萎缩，不二年已死去大半；后复购得五百余株，品种不及前次之优秀，亦栽于地上，仅灌以清水，一年内不施肥料，结果大半均活，且能开花；由此遂信服其说，而奉行惟谨矣。

【庚】繁殖　分株、压条、扦插、播子、嫁接均可；但以嫁接及分株居多，而播子则可得新种也，兹一一于下述之：

一、嫁接　于九月中下旬，即秋分后五日行之最佳；以芍药根或牡丹单瓣花之粗强种为砧木。先将芍药或粗种牡丹自地掀起，择根粗强而附有多数枝根者剪下，阴干一二日，俾切时较软且少裂断之患，此时细小之根须已干枯，可剪弃之，但枝根宜保留，毋损为要；然后另选名种牡丹之肥枝剪下作接穗，上留芽一二，下端一面削成马耳形，另面略削去表皮（详接法附图），削面均须平滑，活着亦易；乃将砧木之根劈开皮层，以接穗插入，双方密切为妥，外扎以麻皮或稻草即成，惟牡丹根接者须用棕线；将接就者，排之土中，用细土填实，盖以帘，或将接就者平眠缸中，缸须埋于地中，以受地气，缸口露出地面半尺，然后一层土，一层接株，土以干潮适中，滋润为宜（即手搏之不成块者），上再用一缸合封之；如气候适当，个半月即能出缸，多则二月，可分秧畦中；不过明春花之有无未定，而如欲养其枝干，憝以不留花为是。若用粗种牡丹为砧木，则花大寿长，但于二三年内见砧木有芽，立即除去为要。

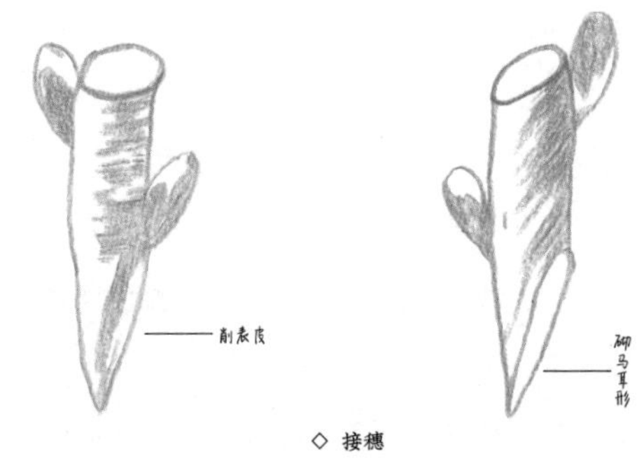

◇ 接穗

二、扦插　扦插于春分时行之，但成绩不甚良好。当枝梢芽已萌发，大如笔头，择其肥大者扯下；上有二三肥芽，扯口修平，剪去上梢之芽；仅将二芽扦入浅盆或温室之苗床中，或浅盆者移置于日光热之温室中，惟露天总不宜。土须用山泥，取其疏松，芽插入土二寸至二寸半，喷以清水；清明可发叶，迟至谷雨，是时略晒日光，以增强其生力；至十一月上旬，枝芽茂密而强壮者始可分植地中，发育较差者仍在盆床中，再培养一年后分植之。

三、播子　牡丹之新种与日俱增，此乃由于交配得法，播子而得之效果也；故交配之法，实较播子为要，爰先述交配，后叙播子：

A.交配法　凡欲行交配之牡丹，宜择十数年以上之老株；且务求愈老愈佳，则花亦愈大，结实亦强而有力也。行交配之前，每枝开一花，不可多留；以花千重者为母花，因千重者结实较易，而将其他千重或万重者及色泽艳丽者为父花。当母花将开时，去除其花中之全数雄蕊，待父花开放极盛时，取其雄蕊之花粉，置于母花之雌蕊上；若母花雌蕊有四五枚，实亦结四五枚，初秋成熟，剪下藏之；但收实过迟，子恐有脱落之虞，故以早收为妥。

B.播子法　十月时连实播于露天苗圃中，圃下填以砖屑与熟炭屑等，上再铺肥松之土，如是越冬，任其冰冻，四周宜加栅栏，以防家畜之侵入；每子相隔五寸，喷以清水，顶盖以帘，避免日晒，当苗抽芽后，宜防风吹雨打，四五年后，方能开花也。

四、压条　黄梅期中行之：牡丹压条宜用高压法，择二三年生之嫩枝，以竹筒裹着；接土之处，略加割伤；盛以苔草山泥，灌以清水，日后常保湿润；叶落后，已生根。低压亦可，须检当年生之新技，旁壅以土堆，填实之；然后取一树枝桠叉，将新枝压入土中，若压入三节，三节处略破皮，该处即能生根须也；然后与母本截断，即能成新株；时经一年，始可剪而分植之；如须根不旺，再留一期或一年不迟。冬季宜壅松土约半尺左右，以保冰冻之患；黄霉宜爬去土，使根略出土面；伏天则上盖干蒿，以逭暑气。

（二）盆栽　牡丹盆栽，殊不多见，若种之，亦难开花；予始甚信其证，然一经实验，却非尽然，盖在于周密之管理与否也。试以牡丹栽诸木桶及深盆中，其底填以砖瓦等易于排水之物，加入上好山泥，施以粪水，初时枝叶犹生长，及后渐行卷缩，入夏置入帘棚下，枝之上梢，仍尽行枯死，此时乃知为粪水所害；于秋后复种于地，四五年后乃归茂盛，细考其缘由，实因所种之桶为柴油桶，当不合牡丹之性也。民国二十五年冬，予再将牡丹栽于深泥盆中，灌以清水，翌春盆盆开花，夏秋间枝叶亦颇挺秀，由此可见牡丹亦可盆栽也；今姑以其法，陈之于下：

牡丹用盆宜深，至少深尺许，以泥烧之黄色或黑色瓦盆最佳，缘此种泥盆最易排水也；盆底填碎盆片，再以砖屑或蚌壳置入；然后铺放棕皮数层，借防蚁虫等自盆底孔钻入，而食

根须；上再加木炭屑一层，御病菌之侵害；又加干山泥寸许，此时盆中已占去四寸左右；于是置入牡丹根垛，根须平铺，续加土五六寸，将根垛提起寸许，俾土可深入其下；最后加面土离盆口寸许，坚实其土，不使根垛摇动；乃灌足清水，若水不能透至盆底，分数次灌之，直至盆底见有水渗出时为止；是后待盆土稍干，再灌清水；夏季可置半阴之处，入冬可渐行加肥；置处宜于向阳不冻地，或埋土中使盆没入土内。倘芍药根接之牡丹，作盆栽则最适。

农历除夕，择牡丹芽苞圆大者，可移入高温度之温室中，促其开花，此即所谓烘花法，然后上盆，以作岁朝清供；牡丹一经烘开后，花谢好宜栽地，三四年后，始能有花再见焉。

第三项 病虫害

牡丹病虫害亦多，尤以名种易受遭其凶，而致夭折；最常见之病虫害，有如下述：

（一）白绢丝病　牡丹根部常发生白色之菌丝，根部遂形腐败，叶亦自下而上，渐次枯萎；此乃由于牡丹栽处低洼，排水停滞，日光缺乏，空气不流通所致，若根部浇以硫黄石灰剂，可消灭之。

（二）枯腐病　即于叶片之边缘，初为灰白色小点，旬日内叶似经油浸过之状，被害部渐行向内扩大，终及全叶枯萎，以致株亦干瘪，皱缩而死；倘一见发生，即宜首先烧去，再洒布波尔多液消毒，或用石灰水喷射；并每于发叶后至秋初，隔半月或一月，洒布波尔多液预防之为要；秋后，叶须扫清，枯叶不留。

（三）地蚕　此害虫喜食根部，色灰黑，状若蚕，长寸余，不论何季均食根须，入冬潜伏土中；凡一经被食，枝叶下垂而干枯；故于清晨日出之前，见有叶萎凋者，细察其株旁之土，而发现高耸者，可挖开，即睹虫伏于其内；当捕而杀之，或用茶粕液灌之，亦可杀除；茶粕出于浙东之新昌、嵊、诸暨等县，俗称茶饼即是。

（四）蛀虫　干根相交之处，屡有蛀虫为害，尤于落叶前后最常见之。该虫夏初已有子产于干内，被叶遮蔽，不易看得，落叶后始显露虫粪；当时即可用毒药塞孔而杀之，如百部屑等，均大有效果也。

第四项 品种

牡丹本产于陕西，而洛阳最负盛名，因该地多豪富人家，喜栽牡丹，其间相互媲美各家之名种异品，尝盛极一时；然四方人士集中该地，搜求名种迨徧，更因栽植墨守旧法，故

名种日渐消失，洛阳牡丹亦徒有浮名矣。沪西法华乡徐家汇于同治年间亦栽有牡丹一百余种，时有法人见此奇葩而输往法国，加以科学之栽培，精密之管理，新种日多；后传至德，再由德运日，栽培法亦日新月异，奇种乃逐年而增；返顾吾国牡丹之种，非特不增，反有衰落之势，致日本每年有牡丹输入吾国，且品种亦较吾国为多；喧宾夺主，岂不怪哉！然则，由此推之，吾国园艺事业之不振，可见一斑，能毋令人气短而又长太息也。

现今牡丹品种极多，即予真如园中，已有四百余种，且年年犹在增加中；今据《花镜》上传载，吾国古有之名种，约得一百二十九品，录之于下：①

（一）正黄色，计十一品

一、御花黄——千叶，似黄葵。

二、姚黄——千叶楼子，产姚崇家。

三、淡鹅黄——平头，初黄，后渐白。

四、禁院黄——千叶，起楼子。

五、甘草黄——单叶，深黄色。

六、爱云黄——花大平头，宜重肥。

◇ 黄牡丹

七、黄气球——瓣圆转，色淡黄。

八、金带腰——腰间色深黄。

九、女真黄——千叶而香浓，喜阴。

十、太平楼阁——千叶，高楼。

十一、蜜娇——本如樗，叶尖长；花五瓣，蜜蜡色；中有蕊，根檀心。

（二）大红色，计十八品

一、锦袍红——即潜溪，绯千叶。

二、状元红——千叶楼子，喜阴。

三、朱砂红——日照如猩血，喜阴。

四、舞青倪——中吐五青瓣。

五、石榴红——千叶楼子，喜阴。

六、九蕊珍珠——红叶，上有白点如珠。

七、醉胭脂——千叶，颈长头垂。

①所述内容与现今流行版本有出人。——编者注

八、西瓜瓤——内深红，边浅黄。

九、锦绣球——叶微小，千瓣圆转。

十、羊血红——千叶平头，易开。

十一、碎剪绒——叶尖，多缺如剪。

十二、金丝红——平头，瓣上有金线。

十三、七宝冠——千叶楼子，难开。

十四、映日红——千叶细瓣，喜阳。

十五、石家红——平头千叶，不甚紧。

十六、鹤顶红——千叶，中心更红。

十七、王家红——千叶，楼尖微曲。

十八、小叶大红——头小叶多，难开。

（三）桃花色，计二十六品

一、莲蕊红——有青趺三重。

二、西番头——千叶，难开，宜阴。

三、寿安红——平头细叶，黄心；宜阳。

四、添色红——初白，渐红，后深。

五、凤头红——花高大，中特起。

六、大叶桃红——阔瓣楼子，宜阳。

七、梅红——千叶，平头，深红色。

八、西子红——千叶圆花，宜阴。

九、舞青霓——千叶，心吐五青瓣。

十、西瓜红——胎红而长，宜阴。

十一、美人红——千叶，软条，楼子。

十二、娇红楼台——千叶重楼，宜阴。

十三、海天霞——平头，花大如盘。

十四、轻罗红——千叶而薄。

十五、皱叶红——叶圆而有皱纹，宜阴。

十六、陈州红——千叶，以地得名。

十七、殿春芳——晚开，有楼子。

十八、花红锈球——细瓣，圆花。

十九、四面镜——有旋瓣，四面花。

二十、醉仙桃——外白内红，宜阴。

二十一、出茎桃红——茎长有尺许。

二十二、翠红妆——起楼，难开，宜阴。

二十三、娇红——似魏红而不甚大。

二十四、鞓红——单叶，红花稍白；即青州红。

二十五、罂粟红——单叶，皆倒晕。

二十六、魏家红——千叶，肉红，略有红梢；开最大，以姓得名。

（四）粉红色，计二十三品

一、观音面——千叶，花紧；宜阳。

二、粉西施——淡中微有红晕。

三、玉兔天香——中二瓣如兔耳。

四、玉楼春——千叶，多而盛开。

五、素鸾娇——千叶楼子，宜阴。

六、醉杨妃——千叶平头，最畏烈日。

七、粉霞红——千叶，大平头。

八、倒晕檀心——外红心白。

九、木红球——千叶，外白内红，形如球。

十、三学士——系三头聚萼。

十一、合欢娇———蒂双头者。

十二、醉春容——似醉西施，开久露顶。

十三、红玉盘——平头，边白心红。

十四、玉芙蓉——成树则开，宜阴。

十五、鹤翎红——千叶细长，本红末白。

十六、西天香——开早，初娇后淡。

十七、回回粉——细瓣，外红内白。

十八、玛瑙盘——千叶，淡红，白梢，檀心。

十九、云叶红——瓣层次如云。

二十、满园春——清明时节开。

二十一、瑞露蝉——花中抽碧，心如合蝉。

二十二、叠罗——中心琐碎如罗纹。

二十三、一捻红——相传昔有贵妃匀面脂在手，偶印花上，来年花生，皆染指甲红痕，至今称以为异云。

（五）紫色，计二十六品

一、朝天紫——金紫如夫人服。

二、腰金紫——腰间围有黄须。

三、金花状元——微紫，叶有黄须。

四、紫重楼——千叶，花最难开。

五、万巾紫——圆正，富丽如巾。

六、紫云芳——千叶，花中包有黄蕊。

七、紫罗袍——千叶瓣薄，宜阳。

八、丁香紫——千叶，小楼子。

九、茄花紫——千叶，楼深紫，即藕丝。

十、瑞香紫——浅紫，大瓣而香。

十一、舞青猊——千叶，有五青瓣。

十二、驼褐紫——大瓣，色似褐衣；宜阴。

十三、紫姑仙——大瓣，楼子淡黄。

十四、烟笼紫——千叶，浅淡交映。

十五、潜溪绯——丛中特出绯者一二。

十六、紫金盘——千叶，色深紫；宜阳。

十七、紫绣球——千瓣楼子，叶肥大而圆转；即魏紫也。

十八、檀心紫——中有深檀心。

十九、叶底紫——花在丛中，旁必生一枝，引叶覆上；似墨紫，即军容紫。

二十、泼墨紫——深紫色，类墨葵。

二十一、尘胎紫——千叶，紫瓣上有白点，俨若鹿皮纹；宜阳。

二十二、魏家紫——千叶，大花；产魏相家。

二十三、平头紫——左紫也，千叶，花大径尺，而齐如截；宜阳。

二十四、乾道紫——色稍黄而晕红。

二十五、紫玉——千叶，白瓣中有紫色丝纹；宜阴。

二十六、锦团缘——其干乱生成丛，叶齐，小而短；厚花，千瓣，粉紫色；合细如丛，瓣有细纹。

（六）白色，计二十二品

一、玉天仙——多叶，白瓣，檀心。

二、庆天香——千叶，粉白色。

三、玉重楼——千叶，高楼子；宜阴。

四、线边白——瓣边有绿晕。

五、蜜娇姿——初开微蜜，后白。

六、万卷书——千瓣，细长；即玉玲珑。

七、银妆点——千叶楼子，宜阴。

八、水晶球——瓣圆，俱垂下。

九、玉剪裁——平头，叶边如锯齿。

十、白青猊——中有五青瓣。

十一、莲香白——平头，花香如莲。

十二、伏家白——以姓得名，犹如姚黄。

十三、凤尾白——中有长瓣特长。

十四、玉盘盂——千叶大瓣，开早。

十五、玉版白——单叶，细长如拍版。

十六、鹤翎白——多叶而长，檀心。

十七、金丝白——瓣上有淡黄丝。

十八、羊脂玉——千叶楼子，大白瓣。

十九、青心白——千叶，青色心。

二十、玉碗白——单叶，大圆花。

二十一、平头白——花大尺许，难开，宜阴。

二十二、一百五——瓣长多叶，黄蕊，檀心，花最大；此品尝于冬至后一百五日先开。

（七）青色，计三品

一、佛头青——他花谢后，此花开始；一名欧碧群。

二、绿蝴蝶——千瓣，色微带绿；一名萼绿华。

三、鸭蛋青——花青如蛋壳，宜阴。

以上百余种，予真如园中皆有之；而其他二百余种，均属新种，有有名者，有无名者，且多不一律，因地而异，因人而称也。

第二十二节 芍药

芍药之种，古推扬州；今大江南北，均有栽植。庭院短垣，下叠石砌，排比种之；春夏之交，参差烂熳，红鲜可爱；若花含晓露，叶笼晚烟，其姿态色泽，尤为可喜；故牡丹与芍药，并称为花中二绝也。

芍药属毛茛科之芍药属，多年生草本也。

第一项 性状

春末自宿根抽红芽，茎叶嫩时色绿或带赤，高二三尺；叶复生，各小叶深裂为三片，面有光泽；初夏茎顶发蕾，花大而艳，色有红、紫、黄、白、洒金等，瓣有单重、千重之别，因种而异；单瓣者花蕊甚多，并分泌蜜汁，引诱蜂蝶；花后结实，可取而播之。根肉质，供药用，低洼处不可栽植；畏热而不畏寒，性大致与牡丹同。有将离、婪尾春、没骨花等名。

◇ 芍药

第二项 栽培法

芍药之栽培法，与牡丹大同而小异；而芍药之性较牡丹为强，故栽培亦较易也。移植时期，凡于长江以南，冬季不十分冰冻处，九月下旬至二月上旬行之最佳；若在九十月前移植者，翌年即能开花；逾时虽亦不碍，但无花可见，因芽得春气而长，花即不复开，俗谓："春分搬芍药，到老不开花。"确有至理，但不致到老不开花，惟于移后数年以内，不易生花耳。又若逾时必欲移植，以作观赏，则可于花蕾半放时，于晚间移诸盆中，灌以清水，

置诸阴处，则花仍不减其色，惟此法须就近处，方可利用；苟移栽远地，难以适用，且一经此移植后，数年不发矣。至适当时期移植之法，可将一丛根垛完全掘起，只勿多损细根，全去宿土，并加包扎相宜，虽经二三旬亦无碍；既达栽种地，即将全株栽入穴中，纳以最干松之细土，叶芽较土低下一二寸，灌足清水，加盖松土，与土面齐平，以后则无须再灌水。土质以砂质黏土最佳，地宜向阳而高燥，无积水之患，若栽于阴处，非特瘦弱无花，且渐萎凋；故栽处四周以空旷为宜，取其空气畅通，日光充足也。移植后数月，切勿施肥；迨花开前或花谢后，约四月下旬至五月上旬，可施以淡肥水，（即用宿粪一份，加清水三份，或豆菜粕水一份，和清水三份亦可。）每三日一次，于晴天施之，勿近根株；自后秋末，可再施较重之肥水；至十一二月间，肥水加重二份，清水一份；及花落后，再用肥水一份，和以清水一份施之；从此即依上例，施以浓肥水可也；但牛粪易生地蚕，不宜用之；若用豆粕屑，宜于十一月中旬至一月中旬为妥；盖不适期之施，易生蛆或霉菌，切记。秋后剪去枯枝叶，并将土薄锄之，俾土质变松，杂草枯死，而便于施肥；至十二月间，再锄土面，略加河泥一二寸，然土质黏者，不宜壅之，因再施河泥，质便变坚，早春芽更不易出土；倘不易使土变松，可先将河泥挑至沟中，使其冰冻，干后再壅，则可免此弊。三四月间芽已全部出土，当锄去野草，否则因头形大而不易辨明根株，锄头又忌用，较长之野草将用手拔之矣；七八月枝叶渐枯，根株分明，可再锄之。五月初旬，花蕾渐次显露，每株留一花已足；当花将谢时，花梗宜剪去，勿使养分消耗。芍药花形甚大，茎系草质而柔，故须用竹竿扶之，以免易为风所吹折。其繁殖以分株最普通，每隔三四年分一次；若任其自然生长，则株不见长大，且因根过密，枝叶反形萎缩；分株当于秋季十月，叶已枯落，将苗全部掘起，勿多损细根，将宿土拍去，乃以尖刀于二三芽处，切成一株而分种之；每株相距尺半，若经此分株后，当年开花不免减少；然分后一年中，禁施重肥；宁于分种前，地预先耕松，则次年开花复盛矣。除分株外，亦可播子，惟须注意交配法：凡欲行交配之株，种宜稀疏，花开时即可行之，其法与牡丹同；花旁萌生小枝，均需剪除，使养分集中花中；当花未开之时，茎柔花易倒垂，以八棒四线系成，法如下页图，使花朵位于四线交叉口中，若茎过高，下部再加一层；除此法外，虽亦可以竹竿缚扎，但缚扎之后，茎中养液，不免受阻，致有子未熟而先枯之患也。初秋实熟，收而藏之；翌春三月，播于土质松肥之苗床中。

第三项　品种

予真如园中亦有芍药四百余种，花有单瓣、重瓣、起楼之别。单瓣者，花瓣五片，花

蕊甚多，开时最早，色甚鲜艳；重瓣者，心有雌蕊一球，雄蕊之数则甚少；起楼者，外有大瓣一重，中有无数小瓣，结成小球，状如起楼。按《花镜》上载有芍药八十八种，今录之于下：①

◇ 栽培

（一）黄色，计十八品

一、御袍黄——色初深后淡，叶疏面端肥碧。

二、袁黄冠子——宛如髻子，间以金线；出自袁姓。

三、黄都胜——叶肥绿，花正黄，千瓣有楼子。

四、道妆成——大瓣中有深黄小瓣，上又展出大瓣。

五、缕金囊——大瓣中于细瓣下抽金线，细上杂条。

六、峡石黄——如金线冠子，其色深似鲍黄。

七、妒鹅黄——大小瓣间杂，中出以金线，高条叶柔。

八、鲍家黄——与大旋心同，而叶差不旋。

九、黄楼子——盛者叶五七层，间以金线，其香尤甚。

十、御爱黄——色淡黄，花似牡丹而大。

十一、二色黄——一蒂生二花，两相背而开，但难得之。

十二、怨春妆——淡黄色，千叶，平头。

十三、青苗黄——千叶楼子，淡黄色，内系青心。

十四、黄金鼎——色深黄，而瓣最紧。

十五、蘸金香——千叶楼子，老黄色而多香味。

十六、杨家黄——似杨花冠子，而色深黄。

十七、尹家黄——花色同上，因人之姓得名。

十八、金带围——上下叶红，中间以数十黄瓣。

（二）深红色，计二十五品

一、冠群芳——大旋心，冠子作深红，叶顶分四五旋；其英密簇，广及半尺，高可六寸，艳色绝伦。

二、尽天工——大叶中叶密直，心柳青色。

①所述内容与现今流行版本有出入。——编者注

三、赛群芳——小旋心，冠子渐渐添红，而花紧密。

四、醉娇红——小旋心，中抽出大叶，下有金线。

五、簇红丝——大叶中有七簇红丝，细细而出者。

六、黾池红——花似软条，开皆并萼，或三头。

七、拟绣鞯——两边垂下，如所乘鞍子状；喜大肥。

八、积矫红——千叶，如紫楼子，色初淡而后红。

九、杨花冠子——心白色而黄红，至叶端，则又深红。

十、红缬子——浅红缬子，又有深红色。

十一、试浓妆——绯叶五七重，平头，条赤绿，叶硬而背紫。

十二、赤城标——千叶大红，有高楼子。

十三、湖缬子——红色，深浅相杂而开；喜肥。

十四、莲花红——平头，瓣尖似莲花。

十五、会三英——一蒂中三花并出，最喜肥。

十六、红都胜——多叶冠子，最喜肥。

十七、点妆红——红而小，与白缬子同，绿叶微瘦长。

十八、缀蕊红——蕊初深红，及开后渐淡。

十九、髻子红——花头圆满而高起，有如髻子。

二十、绯子红——花绛色，平头而大。

二十一、骈枝红——一蒂上有两花并出。

二十二、宫锦红——红、黄、白三色相间。

二十三、柳浦红——千叶冠子，因所产之地得名。

二十四、朱砂红——色正红，花不甚大。

二十五、海棠红——重叶，黄心；出蜀中。

（三）粉红色，计十七品

一、醉西施——大瓣旋心，枝条软细，须以杖扶。

二、淡妆匀——似红缬子而粉红，无点缬；花之中品。

三、怨春红——色最淡而叶堆起，似金线冠子。

四、妒娇红——起楼，但中心细叶不堆，上无大瓣。

五、合欢芳——双头并蒂，二花相背而齐开。

六、素妆残——初开粉红，逐渐退白，心青，淡雅有致。

七、取次妆——平头而多叶，其色浅淡。

八、效殷红——矮小而多叶，若土肥则易变。

九、倚栏娇——条软而色媚。

十、红宝相——似宝相蔷薇。

十一、瑞莲红——头微垂，大似莲花。

十二、霓裳红——多叶，大花。

十三、龟地红——平头，多叶。

十四、芳山红——以地得名者。

十五、汚池红——花类软条，须竿扶。

十六、红旋心——花紧密而心红。

十七、观音面——似宝相而娇艳。

（四）紫色，计十四品

一、宝妆成——有十二大叶，中密生曲叶，四裹圆抱；高八寸，广平尺；小叶上有金线；色微紫，独香。

二、凝香英——有楼，心中细叶，上不堆大瓣。

三、宿妆殷——平头而枝瓣绝高大，色类绯，多叶而整。

四、聚香丝——大叶中一丛紫丝，细细而高出。

五、蘸金香——大叶中生小叶，而小叶尖蘼一金线。

六、墨紫楼——其色深紫，而有似乎墨。

七、叠英香——大叶中细叶廿重，上又耸大叶而起台。

八、包金紫——蕊金色而花紫。

九、紫都胜——多叶，有楼子。

十、紫鲙盘——平头而花大。

十一、金系腰——紫袍金带。

十二、紫云栽——叶疏而花大。

十三、小紫球——短叶、圆花如球。

十四、多叶鞍子——瓣两垂似马鞍。

（五）白色，计十四品

一、晓妆新——花如小旋心，顶上四向；叶端有殷红小点，每朵上或三五点；白花上品也。

二、银含棱——花银缘，叶端有一棱纯白色。

三、菊香琼——青心玉板，冠子白英，团掬坚密，平头。

四、试梅装——白缬中无点，缬者即白冠子。

五、莲香白——多叶，阔瓣；香有似乎莲花，甚香。

六、玉冠子——千叶而高起。

七、玉版缬——缬中皆有点。

八、玉逍遥——花疏叶大，宜肥。

九、覆玉瑕——叶坚而有点。

十、玉盘盂——单叶而长瓣。

十一、寿州青苗——色带微青。

十二、粉绿子——微有红晕在心。

十三、镇淮南——大叶冠子。

十四、软条冠子——多叶而枝柔。

以上八十八种，予园中均备具；且每年皆有新种，及西洋种之输入；名有定者，亦有未定者，不下二百种；惜黄花种已不多见，故不赘述。

第二十三节　金丝桃

金丝桃花色金黄，心吐长蕊，茸茸作缕，瓣五出，较天桃为大；别具风格，诚非俗艳所能比也。

金丝桃属金丝桃科之金丝桃属，落叶小灌木也。

金丝桃树形矮性，丛生若圆球；枝性柔弱，易向四周倾斜；叶对生，全边，色淡绿，作长卵形；叶柄短而不见，早春先萌叶；春末，枝梢始着花，金黄色，瓣五片；蕊细若丝，长有寸许，为数极多，披及花瓣；花后亦能结实，果熟后裂开，散出种子，难以收获；故其繁殖不以子播而行分株或扦插，且分株最易，当年即能开花；性颇强，庭园中不论何处，均可栽植，惟地宜高燥，不可积水，栽处稍阴亦无碍；若用以点缀花坛及大树根部，最为相宜。

第二十四节 泼溇花

泼溇花，又名麻叶绣球；早春花开，满枝缀花，不见枝叶；宛若皑雪，绚烂异常。

泼溇花属蔷薇科之珍珠梅属，落叶小灌木也。

此树高约三四尺，丛生；枝细柔，质坚，暗红色；叶色鲜绿，倒卵形，叶之上半部边缘有纯锯齿，叶背略带白粉；各叶腋间，簇生白色小花，综合有二十余朵，簇生成半球形；花后亦能结子，多不采收。其繁殖，以分株为最速；性极喜肥，秋冬施以人粪溺，或壅河泥，来年着花更繁；花后略加修剪，任其多分细枝，次年分枝上均能开花，不啻琼林玉树也。

第二十五节 珍珠花

珍珠花俗呼雪花飞，阳春开花，滴缀枝间，花谢之时，白英委地，犹如雪花片片，故得雪花飞之名；且因枝性细柔，宛若柳丝，故又称雪柳。栽诸碧水之边，随风飘荡，有似拂尘然，而掩映生姿、倒影眼底，殊可喜也。

珍珠花属蔷薇科之珍珠梅属，落叶灌木也。

珍珠花丛生，枝干暗色，木质坚韧；春日先叶开花，白色五瓣，密簇枝梢间；叶旋即萌生，叶柄短小，叶小而作披针形，边缘有细锯齿，当花谢后，绿叶勃发；花有单瓣与重瓣之别：单者枝更细柔若柳，形不甚高，花密生于新枝上，略形下垂，花极易开放，凋谢亦易，花期仅有一二旬之久；重者花形较大，花虽繁密，重重叠叠，琐碎不堪，枝因粗硬之故，不及单瓣者之袅娜，花期亦长，约有二三旬。其繁殖以分株最简，扦插亦可，惟不及分株之活着较易也。抗力颇强，病虫害少见；寿命亦长，盆栽者宜养成独本为佳。予曾于地上培养一株，迄今达二十余年，干粗尚不及大拇指，高不过五尺余，故仍未上盆；当花谢后，略将细枝加以修剪，使其多发新枝；而突生之强枝有碍观瞻者，亦宜剪去，来年花开必更繁盛也。

第二十六节 郁李

郁李俗呼小樱雪，形亦丛生，枝叶婆娑，满条生花，庭园中春日之美花也。

郁李属蔷薇科之樱桃属，落叶小灌木也。

郁李枝条簇生一丛，干微红，多年后转成暗色；四月上旬叶萌出，叶作广披针形，边有锯齿；花与叶同放，花之重瓣者有淡红与白色二种，单瓣者花后结小圆核果；花瓣五出，色泽不在夭桃之下；实七月成熟，呈紫赤色，液甘酸而美，堪入药用。其繁殖有分株、扦插、嫁接三法，嫁接以桃树为砧木；惟以分株为便，春季三月行之最易；抗力甚强，喜肥，不畏烟煤，故普遍作庭园中之点缀。花后当将枝干齐根剪去，待来年重发，则枝生均匀，着花尤盛也。其别名尚有奥李、郁李、爵李、车下李、雀梅、英梅、常棣等称。

第二十七节 榆叶梅

榆叶梅与郁李同科同属，落叶灌木也。因其叶似榆，花若梅，故得榆叶梅之名。

榆叶梅性丛生，枝稠叶密；春分后开花，满生枝上，花有淡红、桃红、白等色，瓣有一重、千重二种，形大若桃，色最鲜艳，花期亦长；白花种，叶绿色，上生绒毛，叶更稠密，抗力甚强。其繁殖以嫁接最易，生长极速；扦插虽可，惟多丛生；沪上此木多来自山东、河南、河北，故性耐寒而恶湿；叶落后当略加修剪，施以人粪；夏季易遭蚜虫之害，可用烟精水杀之；若见枝叶突行萎凋者，冬季宜洒波尔多液预防之。凡以此木之枝条，接于老梅干之上，活着亦易，用作盆栽，颇相宜也。

◇ 榆叶梅

第二十八节 连翘

连翘有大翘、小翘二种，因此亦称异翘；春日满条生金黄色之小花，俗遂呼为黄金条；又名金盏花，浦东乡人直叫之黄金盏；其一木有数名，盖随地而异也。

连翘属木犀科之连翘属，落叶灌木也。

连翘丛生，枝条伸长，略有藤性，着地自能生根；质柔韧，乡人用以编筐；三月下旬先叶开花，花金黄色，花梗短小，（又有大花而枝长大者，是种沪上少见。）簇生枝上，花冠

合瓣如筒状，深裂为四片，裂瓣作椭圆形；花谢叶出，叶卵形，对生，或三叶复生，亦时有单叶者，边有锯齿，质薄无毛；花后结实为蒴，作心脏形，但此实不为人所注意。性极强，惟枝心中空，易遭虫蛀，但无妨于发育。其繁殖以压条或扦插最易发根，于三月中下旬，择前年之充实新枝，剪下扦入土内，未有不活者；移植自秋至早春均可行之，过迟或过早，则有碍发育；花后亦宜整枝，施以浓肥，着花更可繁密也。其茎、叶、根，皆供药用。

第二十九节　石䕷

石䕷为浙江之名，而吴人称为铁岭，又名扇骨木。树形婆娑，童童若幢盖；枝叶森茂，新陈相继，经岁不凋；叶初发者，其色鲜红，过于丹枫。

石䕷属蔷薇科之枇杷属，常绿乔木也。

石䕷树形，并不高大，而枝叶易丛生；叶质厚实，作长卵形而端尖，边有锯齿，春初发新叶，作鲜红色，颇为艳丽，及后红色稍淡；五六月间，枝梢分歧开花，含苞待放时，微呈黄色，开后变白，花集结成球，故当盛开期，满树见花不见叶，一片银白，犹如皑雪；花后能结子，其色黑；秋后收之，及春播地，而可繁殖。此木抗力差强，故栽处稍低亦无碍，若栽于带有砂质之土中尤佳；移植最难，不得其时，即便萎凋，而以黄梅新芽叶长定后始可行之。栽后叶顶须剪除，浇足清水，自能萌生新叶；生长尚速，入冬叶色略呈紫绿，故庭园中栽植，殊为相宜。通常以此木作为枇杷之砧木，活着还易，寿命亦长，惟风味较次，且砧木上易发新枝，须时烦剪除也。

另有一种小叶石䕷，木质更为坚韧，树形挺直而高大，大异于石䕷之丛生性也。浙江诸山中，野生极多，惜未为人所重视；此木亦为常绿者，叶较狭小，质亦厚，色微呈红色；生长不甚速，于四月中旬开小花；结实为数极少，难以收得，惟培植尚易耳。

第三十节　毛叶海棠

毛叶海棠又称凌家海棠，花若茉莉，惟香不及；无锡人称为五色茉莉，因其花初开时，原系白色，后渐淡红，既而变全红，最后泛成紫色而凋谢，遂有此名。

毛叶海棠，乃落叶灌木，培植至易；木质柔松，其心中空；叶若芝麻叶，四五月叶腋间

开花；花多单瓣，色常变化，开遍枝头，极为茂密；树形本作圆球样，若修剪成独本，可成伞式，栽于空旷处，四向可观赏焉。另有一种花较早开者，花形亦小，有红、白等色；花后结实，长约寸半；落叶后须加以整枝，否则不甚雅观。其繁殖以扦插最易，生长颇速；亦春季中唯一之点缀品也。

第三十一节 粉团花

粉团花聚众花成朵，团圆如球状，初开厥色嫩绿，盛开则褪而变白；不染点尘，镂琼琢玉，锦簇花团，此花当之，洵不虚也。

粉团花属虎耳草科之粉团属，或认作常绿亚乔木，实系落叶灌木也。凡气候冱寒处，落叶甚烈，仅存寥寥数小叶而越冬；若栽于较暖处，则叶落甚少，似觉其为常绿者然。

粉团树皮微皱，叶绿而黑，形若卵，边缘略状锯齿，叶面粗糙起皱纹，上被毛茸，背面生有黄绿色之细点，故色较叶面转黄；秋末枝梢已含花蕾，形小，蒂有二片小叶，似作保护之用，蕾虽经冰冻雪压，并不碍其生机；三月中旬花开，初呈青色，渐次变淡，后泛白色，由无数小花攒簇成球，小花瓣四片甚薄，着生于花蒂上，全花形大如斗，故又名斗球；此时若无风雨摧残，可维持一二旬，但一经风雨，易于枯焦，旋亦花谢矣。

粉团花色雪白，都市煤烟多处，栽植不甚相宜，盖叶面易被沾染而变黑色，故最宜栽于空气较新鲜之乡郊也；抗力亦强，性尤耐寒，不论何种肥料均可施之；地以高燥为佳，或浅种堆土亦可；花后须全部连蒂剪去，否则非特有碍观瞻，且新叶芽之萌发亦必受阻。繁殖均以八仙花为砧木而行诱接法，杭人亦有行压条者，惟恐花易变小耳。

◇ 粉团花

第三十二节 绣球花

《花镜》云：“俗以大者为粉团，小者为绣球，实不误也。”绣球与粉团同科同属，然花与叶稍有相异，易混二为一，故特分而述之。

绣球花形较粉团为小，仅有二寸对径，而粉团大者，对径有一尺许。叶长卵形而端尖，边缘有锯齿，叶面支脉，向里面凹陷，致叶片生有皱纹，上亦有毛茸，俗呼麻叶绣球。又绣球之叶色，青而微带黑，春月开花，为聚伞花序，色有白者、亦有红者，更有白花而边有红晕者；而粉团花仅纯白一色，其不同即复在此。

另有一种草绣球，俗呼洋绣球，形较矮小；多作盆栽，冬入温室，喜肥腴湿润；茎梢草质，下端木质，故得名。夏初开花，色以白者居多，亦有碧蓝、粉红等色：蓝花者须以鲜猪血或铁砂灌之，则蓝色明显，否则色变白；红花种施肥爱勤，花前肥料宜灌足，花后施以淡肥，移入帘下，以防日晒而叶易下垂。其繁殖以扦插、分株二者最妥；亦有用子播之者，惟需时较久，始能开花。予园中约有十六种之多，悉依其色泽之不同及瓣之单双重而分别也。

第三十三节　八仙花

八仙花于日本，又名紫阳花，属粉团绣球之类；惟八仙花多野生，花亦不成球形耳。

八仙花属虎耳草科之粉团属，落叶亚灌木也。

八仙花树形较粉团绣球为矮小，叶对生，亦卵形、锯边，甚难区别也；惟叶平滑，而于夏七八月顷开花；花有正花、假花，而不作球形；假花形大，一蒂八蕊，簇成一朵；中心为绿色小蕊，即正花也；入花围于其外，因得名。花后小蕊结实扁形，秋后色变红而质坚，可以之繁殖；春日播子入土，旋即发芽，二三年后可作砧木，用以接粉团绣球，活着最易也。

第三十四节　金雀花

荒村野屋，墙根溪畔，丛生金雀；枝柯铁色，节生小棘；仲春花生叶旁，长条直垂，行列清疏；取其老本，种盆盎中，下列奇石，饶有清趣。

金雀花属豆科之金雀花属，落叶灌木也。

金雀花一名黄雀花，野生于江、浙诸山中；高有四五尺，枝干黑色，枝上有棱；节上有刺，刺旁生叶；嫩茎平滑而绿色，老则变黑；叶掌状复生，由三小叶合成，而无卷须；入

春三四月间萌生新叶，并着蕾一二枚，至初夏开花；花冠蝶形，色金黄而有晕，倒悬枝上，形尖，旁开两瓣，势如飞凤，故又称飞来凤。花后结实，实作荚状，内有子一二枚，可作繁殖之用；性甚强，栽后无须精密管理，亦乏虫害诸病；不论何处均可种植，而庭园石罅之间栽之，未有不敷荣吐艳者。仲春将株分开，栽之即活；虽遗下之宿根，亦能萌发，其性之贱，由此可见矣。凡盆栽最宜择其本有老态而独干者，修剪成矮形，再加相当之技术，栽于深盆中，枝干作下垂之势；然后施以浓肥，随时稍为注意干湿，则来春新叶萌发，花缀枝上，摇摇欲坠，微风吹拂，花冠颤动，真有似凤之来仪矣。

尝记某年，一英吉利友人，赠予洋种金雀花子一袋，形若大豆；予初信以为名贵之物，珍宝异常；将子半播于盆，半撒诸地，甚为经意；顾未及旬日，二处之子，皆抽芽而欣欣繁荣；此时始知估计错谬，而实为一易于培养之物也。故此，当又忆及于兆丰花园中，予曾见有一株，高达六七尺，其本非草非木，不胜讶异，乃私折而扦之，不活；今乃悉其亦为子出者，正同斯种。考是木秋后落叶，枝干挺生，无屈曲之状，枝带不正方形，幼时色绿，老时呈土色；于四月间开白花，亦有红黄诸色者，形式与吾国之金雀花相同，惟色泽大有异也。

第三十五节 黄柏

黄柏亦即黄檗，属芸香科之一，落叶灌木或乔木也。

其树如属灌木者，干高四五尺；如生山地而属乔木者，高三四丈；外皮黑色或灰白色；根深入土层后，吸足养分，逐渐长大；内皮金黄色，为制染之料，亦药笼之材。树形蓬大，枝干上有刺；叶形若瓜子黄杨，细小而薄；五月开黄花，单瓣，无香；性极强，故无病虫诸害；栽处宜高燥，阴阳不拘，土质亦不论。其繁殖分株与扦插均可，于春天行之最适。此木叶分二种，一为绿叶，一为红叶；红者枝叶皆作暗红色，较绿叶者为贵，庭园中点缀景色，与常绿树为伍，最是适宜也。

第三十六节 木角角

木角角俗名也，系常绿亚乔木。性略喜阴，不畏寒，好湿爱肥，栽处不宜向阳；抗力尚

裕，对于煤烟，亦能抵御，故都市可栽之。高丈余，其细枝与叶背均作红暗色，叶面深绿而有光泽；叶形较瑞香略圆，树姿仿佛若圆柱，亦为观叶树中之宠品。春开小花，秋后实熟，可收而播之；或伏天剪新枝而行扦插，效力与子出同；宜栽之半阴地，生长更为茂密也。

第三十七节　山头红

山头红亦俗名也，产江、浙、闽山野中。干皮细致，质亦坚韧，酷似山茶之干；叶色淡绿，形若木角角，叶柄红色；抗力亦强，栽于阴处发育颇盛；春或秋开花，花瓣外侧绿色，内侧红色；花大，对径半寸，形若碗口，略向下垂，苏人称之曰月桂，惜未为人所推奖。予观其花极为美丽，曾自故乡奉邑采得；乡人称为山头红者，因其叶柄红色，遍生山上，远视之，几疑满山皆着红色，故名之也。七月间可行扦插，惟发根不易，栽种当用山泥为妥云。

第三十八节　珠兰

珠兰之花，类粟颗，初时色青，及后变黄，故一名金粟兰；花形似珍珠一串，又称珍珠兰。草本蔓茎，叶生节间，只可盆种，插竹为栏，以棕线系引之，茎始得直；花香最幽馥，干后瀹茗，兰香愈溢。

珠兰属金粟兰科之金粟兰属，常绿灌木也。

珠兰原生闽、粤二省，故性畏寒，形不高大，约为二三尺；枝干丛生，枝上有节，节间生叶，枝叶皆作深绿色；叶厚实，形椭圆，略似茶叶，上有蜡质，闪闪发光；初夏枝梢抽花穗，形甚奇特，穗上着花粒，颗颗若鱼子，无花被，初时色青绿，旋即泛黄；芳香浓郁，仿佛若兰，取其蕊干之，焙茶甚妙，故日本谓之茶兰。性喜阴湿，畏烈日直晒，暑天须置入帘棚下；施以陈宿菜粕、豆粕水均可，惟鱼腥水当为最佳；其繁殖多采分株法，用山泥而盆栽之。然沪地上市者颇涌，每年可自闽粤运到，故沪上不必繁殖也。

珠兰可分二种：其一为藤本，枝柔弱，干细长，难于直立，须以架栏之，再以棕线系诸架上；其二为木本，干比藤本为坚实，叶色淡绿而形狭，长约二寸，阔约半寸，叶对生，抗力较强，夏可不入帘棚，惟冬亦须入温室，黄梅时节，剪枝而扦插之，即能催活。

第三十九节 茉莉

夏初茉莉发蕊若圆珠，及晚而放，芬馥绝伦；其花期甚长，可延至秋令，故花泛分为数期，以炎夏最繁；晚间乘凉，采置枕席间，直足以清魂梦焉。

茉莉属木犀科之素馨属，常绿亚灌木也。茉莉本生南地，气候炎热，终年不落叶；但于江南栽培，冬季须人温室，叶略有凋落，气寒之故也。形不高大，干质有木本及藤本之分；木本者多来自闽广，干质较坚；藤本者江南盛栽之，惟质柔弱，须扶架而引之。叶绿团尖，上罩光泽；初夏叶腋抽小花，色白如玉，有单瓣，亦有重瓣，清香袭人；又有红色者，中土不多见；花皆五月中旬盛开，夏中之名花也。

茉莉原出波斯，移植于南海，今滇、广人多莳之；若京沪一带栽培，管理更宜周密，冬入温室，夏秋则架帘棚保护，以避日光之直晒。《花镜》载茉莉之培植法，详而且确，今引述于下："——当花开时，连花摘取嫩枝，使枝再发，则枝繁花密；以米泔水浇，则花开不绝，或黄豆汁并粪水皆可。性喜暖，虽烈日不惧，但五六月间，宜于午后，每日一浇水；至冬，即当加土壅根；霜降后，须藏暖处；清明后，方可移出；尤畏春之东南风，故藏自宜以渐而密，出亦宜以渐而敞；如上藏太干，日暖时略浇冷茶，直待发芽后，方可浇肥——"。

茉莉性喜湿，烈日亦畏，因盛夏之时，气干日炙，致盆中水分供给不足，枝叶多有萎凋而死，俗呼"油"死；故盆中宜灌足清水，且不时以喷雾器，喷以极细之雾，弥漫空中，沾湿其叶，滋润其花，则未有不茂密者。繁殖以分株、压条、扦插均可，而扦插奏效最著；法于黄梅时节，自节间摘枝，折处劈开，嵌以泡熟大麦一粒，扦于肥阴地，灌足清水，即能生根；因麦日久分解而有甜性，恰投茉莉之所好，况折处面积既大，生根当亦易也。

茉莉之品种，据予所知者，约有下列数种：

（一）藤本茉莉　枝条蔓性，干繁枝柔；花形较小，均为单瓣；而每一叶腋间，均能生花，故花开之时，满架缀花，芳香扑鼻；晚间置入房内，则香满一室。此种在姑苏之虎丘一带，山氓都大量栽培之。

（二）木本茉莉　枝干较粗，亦属丛生；花大而稀，单瓣，着生于幼嫩叶腋间；其种多来自闽广等山地。

（三）宝珠茉莉　花重瓣不见心，枝亦细柔；香重，名种也。

（四）洋茉莉　生长速，抗力强；为丛生落叶灌木，高者可达丈余；花开于五月，大若桃花，白色五瓣，而瓣性硬；

◇ 洋茉莉

清香可人，地栽之美木也。另有一种叶较狭，有毛茸，花重瓣者；形若千重茉莉，花着生枝梢间，亦是佳品。

（五）金茉莉　来自欧美，性强而耐寒；花五瓣，若小喇叭，黄金色，叶常绿而不凋。

第四十节　十大功劳

十大功劳亦称鸟不宿，叶坚而有刺棘，尖锐若针，故鸟兽远而避之，致得鸟不宿之名。子实经霜，红若天竺，而叶更苍翠，红子绿叶，极为艳丽；西人每逢圣诞佳日，辄以此为点缀，故又称圣诞树。

十大功劳属木犀科之木犀属，常绿乔木也。又见别载，科属小蘖，类系灌木；但误否待究，因并录之。

十大功劳，干最坚细，皮作灰色；叶对生，质厚，面有革质，能发光泽，叶边多刺，终年常保青翠；初夏叶腋间开小白花，花有雌雄之别，且雌雄花生于异株，雌花能结实；果初呈绿色，入冬成熟，有红黄二色，因种而异，但以红子种较为美艳；如果实不结，或结果寥寥者，可另将结实繁密之枝，接于其上，来年结实自能丰多也。其果实为白头翁鸟之恩物，当啄食时，虽其嘴及目为叶刺所伤，亦不忍放弃此美品；故当果实成熟期前，宜用罗网保护之。此木培植极易，不论何种土壤，均可栽种之；即都市中栽植，亦无不可，惟多烟煤，叶面变黑，且罹介壳虫之害，致子实不结；但有二法可补救此弊：其一，将枝叶修剪稀疏，便于通风透气；其二，常喷波尔多液，早为预防之；及既生介壳虫，当用砒酸铅喷杀之。性喜高燥，肥料亦不拘何种；惟能多施磷质，则结子更稠密而色更为鲜红也。其繁殖虽可用实播种，但成长极慢；故通常于母株根下，掘取丛生小株，入春四五月间，掘起而分栽他处，活着亦易。此木生长极缓，育成合抱大之老树，非数百年不可；干若至一尺半对径，其材最为稀珍。据亡友赵守恒氏谓，其亲戚家藏有此木制成之方桌；桌面花纹，错综交互，有山水、花卉、禽鸟、走兽等；生动活泼，极尽美观，视为珍宝。更有故交郑竹卿氏，姑苏光福山人也；亦谓曾闻其事，惜未目睹，认为遗憾。予闻此言后，乃赴江浙各地寻觅此树；徒多矮小者，而终乏大材；耿耿在念，未知他地有此合抱老树否？得能考其究竟，亦一快事。树子即十大功劳，为妇科之要药；若括取其内皮，打成浆，富有黏性，可作接胶及捕害鸟之用也。

第四十一节 刺桂

刺桂，酷似十大功劳，惟叶形较小且薄；花开如桂，花期甚长，自十一月下旬起至十二月方止；香气不烈，实亦不结；只因枝条与桂佥同，叶边有刺，故称之为刺桂。

刺桂之生长，似不甚速；抗力颇强，无病虫之害，不论盆栽地栽均可。其繁殖以扦插最便，于七月初旬行之，将当年新枝插入沙土，插枝之下端宜削成光滑平面，使生根较易；移植时期甚长，自九月后至翌春四五月间，皆可行之，惟冬季冰冻天，以不行为妥耳。此木之种类，乃因其叶色而分；有叶全绿者、叶边白者、叶边黄者三种，其中以黄边种色最佳。形作圆柱状，叶亦常绿，故栽处宜畀以空旷地位，俾树之四周均得而观赏也。

第四十二节 虎刺

虎刺干不高大，有寿星草、伏牛花等别名。叶绿多棘，花白手红，春日新花已放，旧实未落，间以密叶，三色映发，颇有美意。枝叶婆娑，形虽小而有老态，具大树风格；植之盆盎中，缀以阴石，极有平远之意态，不啻一幅山水画也。

虎刺属茜草科之虎刺属，常绿亚灌木也。

虎刺野生于浙闽山中，形最矮小，高仅二尺许，生长极缓，不易高大；干直，枝多，叶繁；叶间密生尖刺如细针，长约半寸，与叶同长；叶作心脏形，革质，故发光泽；夏初枝梢抽出小花，花白色，单瓣，形如漏斗，瓣端裂成四片；花后结实，初绿，入冬泛红，圆形。经久不凋落，为腊月中唯一之点缀品。性喜阴湿，畏烈日；沪地栽植，殊难结实，恐风土不适之故；故沪上所需，每年由他地运来，以供花市之出售；若自行培植，决难有成绩也。

第四十三节 百两金

百两金名系由牡丹之别名转借而来，俗呼曰地竺，愚以为反较胜也。兹果殷红，如南天竺之实，而下垂叶底，其向适与天竺相反，故呼之地竺，可谓天造地设之巧合。

百两金属紫金牛科之紫金牛属，常绿亚灌木也。

百两金本生热地，干直立，少分枝，高约尺许；叶簇生干梢，浓绿色，质厚实，长椭圆形或披针形，边作隆起波状，面光泽而无毛；夏日叶腋抽出花梗，花呈伞形亦如盏，五裂，色淡红带白；结实圆球形，十一月间果熟变赤，果梗亦作红色，杂缀叶下，颇为美观。此木性喜阴湿，生长慢极；沪地宜作盆栽，取其形小而果色彤艳；惜沪地气候不适此木之性，故结实极难丰蕃；即使结实，亦寥寥无几，不足观赏；庭园中通常作大树下之点缀而已。

第四十四节　白兰花

白兰花叶片润滑，质柔而厚，青翠碧绿；夏开白花，香若幽兰；通常多作盆栽，但非备观赏之用，仅缀花为鬻卖计耳；姑苏虎丘山附近居民，多业此营生，故培植亦兴盛云。

白兰花属木兰科之木兰属，学名待考，常绿亚乔木也。

白兰本生南国，故滇、黔、桂、粤、闽等省盛产之。树大合抱，终年常绿，惟沪地多作盆栽，形不易高大；冬季叶略有凋落，木质松细，叶面平滑，形作长椭圆而端尖，叶大者长有六寸；夏月叶腋抽蕾，外有绿苞，苞脱花开，瓣白色，亦有黄色者，长约一寸许，花心绿色，及开，香气浓馥；黄者香更扑鼻，白者有大有小，以大花种为贵，香入夜尤烈，妇女多喜之作簪花。性畏寒，入冬须移温室内，以避寒气；春夏之交，生长颇速，抗烟力较弱，都市中难以培植；喜肥沃，故于生蕾之前，宜略施淡肥。沪地花市上所见者，多来自苏州、奉化、福建、广东四处；苏、闽、粤产者，形大而性强；奉邑产者，形瘦长；故若运沪途中，耽搁过久，受害匪浅。上盆时须剪去其半，置入帘棚内；入夏始冶生花，新叶已长成，渐可施以淡肥。其繁殖多行嫁接法，以辛夷为砧木，最易活着，盖同科同属之缘也。

第四十五节　含笑花

含笑得名之由，据《群芳谱》云："含笑花产广东，花如兰；开时常不满，若含笑然，而随即凋落，故得是名。"

含笑花属木兰科之木兰属，常绿木本也。

◇ 含笑花

含笑花又名寒霄（谐音），高一二丈，沪上多盆栽，故形矮小；叶色淡绿，叶互生，有柄，全边；花开四季不绝，惟气候较寒处，冬须置入温室，免致生长迟缓或停止；无须多量水分，多则花即停生；但有相当温度之处，亦可栽诸地上越冬，然须择其干长枝强者，否则难以栽活。木质坚硬，根多肉根，故盆栽宜用砂土或腐殖土；施肥尤宜注意，宜淡不宜浓，浓则根易伤害；花长不及寸，单瓣，长卵形，淡黄色；香若香蕉然，又似甜瓜，故俗呼酥瓜花，为夏季盆玩之美品。其繁殖以辛夷为砧木而嫁接之，扦插亦可，惟不及嫁接者之佳也。

第四十六节　夜合花

夜合花酷似白兰，常人难以区别；产自广东，并生福建。花晓开夜合，香味幽馨，入晚更烈，亦夏夜之名花也。

夜合花属木兰科之木兰属，落叶灌木，冬置温室中，则为常绿木也。

夜合花，根似玉兰而较细，干若白兰而稍矮，叶亦平滑而比之白兰为狭小；初夏开花，络绎不绝，含苞待放之际，外有青苞三片，及青苞破，微露白色，朝放夕收，旋即凋谢，故名。花六瓣，色洁白，亦有微带黄者；长近一寸，厚较玉兰为尤；瓣作匙状，花势向下垂。叶易变焦黄，故土宜用山泥，置于半阴处，而常保湿润；肥料以豆粕等最适，人粪虽可，为防其叶焦，终以淡性相宜也。

第四十七节　锦带花

锦带亦即海仙花，俗称五色茉莉；花初开时，内白外红，后转红褐，花色常变；形较茉莉为大，得名因此。按《花镜》云：“长枝密花，如曳锦带，故有锦带及文官花之名。”

锦带花属忍冬科之锦带花属，落叶灌木也。

锦带花高仅六七尺，干色灰褐，质稍柔垂；叶对生枝上，面平滑，边有缺刻，形作椭

圆而端尖；春夏之交，叶腋间生花，形若喇叭，上广下细，作淡红色，后转深，待变紫色后，即行凋谢，一花而色数变，远望之，彩色缤纷，颇为奇特；惜花虽艳而不香，美中不足也。

锦带花性喜湿好肥，故栽处稍阴亦可栽种；若栽于向阳处，反使叶焦枯。其繁殖以分株或扦插最易，分株当年即能开花；扦插于春初择其健枝而剪段之，长约半尺，扦入松土，灌足清水，经二旬，即能发芽，旋行生根；黄梅后，始可分栽，然开花则待二三年后也。

第四十八节 六月雪

深山丛林之下，有小木一种；六月开小白花，灿然枝梢间，繁密异常；自远望之，似同白雪，其名谓之六月雪；树形纤巧，枝叶扶疏，盆栽之美品也。

六月雪属茜草科之满天星属，常绿灌木也。

六月雪性丛生，形极矮小；宜盆栽而不合地栽，庭园中只可点缀假山石隙之间。干多分小枝，相集甚密；叶小，作椭圆形；春夏间开小白花，形若喇叭，无花柄，杂缀叶片间，花有重瓣与单瓣之别：重瓣者，花色更洁白，六月开花最盛，枝干零乱，无秀气，叶更细小，漫生枝上，往往与枝相混，不易区别之；单瓣者，花亦白色，未展时微带淡红，花不及重瓣之茂盛，而开期颇长，叶亦较重瓣者为大，有全绿色，亦有边镶以白色之种，枝多直生，且生长较速也。树性喜阴湿，畏阳光，每野生于树林之下以求庇；肥虽喜，惟施淡肥为宜；于黄梅时行扦插，可繁殖之。

第四十九节 阴木

阴木酷似六月雪，常人难加辨别。枝叶茂密，堆积层层，集生于桠梢间；叶较六月雪大而尖，色深绿，略有光泽；着花亦作白色，略带红晕，为数不及六月雪之多，花多重瓣，形如喇叭。亦由扦插转生，而生长不易；且喜阴湿，肥不宜多施；亦为盆玩之上品也。

第五十节　栀子

暑月中花香最浓烈者，莫如栀子；叶色翠绿，花白六出，芳香扑鼻；庭园幽僻之所，偶植数本，清芬四溢，几疑身在香国中焉。别名有三，即木丹、越桃、鲜桃是也。

栀子属茜草科之栀子属，常绿灌木也。

栀子高六七尺，枝干丛生，终年常绿；叶椭圆形，面平滑而有光泽，边全整无缺刻；夏日枝端生蕾，绿色，花托细长，紧抱花瓣；旋即开白花，形有大有小，瓣六出，排列成回旋状；香气颇浓，有多数小黑虫聚集其中，不可近嗅，若吸入鼻官，有碍肺部。花久开后变成淡黄色而脱落，后即结实；实椭形，两端尖，并有纵棱，熟则黄褐色，干后用以繁殖。

栀子移植，宜春不宜冬，以三四月间最佳；性极强，不论何处均可栽植。繁殖通常于夏日，行扦插最易，水分稍多给，未有不活者；大花种宜以土压枝，久则生根而分栽之；野生单瓣者，以子播之即出，惟达开花期较迟。性亦喜肥，以淡肥施之，花叶茂盛；倘肥过多，易生害虫，反受其害，则得不偿失也。

栀子之品种有六，其大概可述如次：

（一）大花栀子　又称荷花栀子，花叶俱大形，惟不结实。

（二）小花栀子　又名丁香栀子，叶仅及大花种之半；着花繁多，香甚浓烈。

（三）黄栀子　野生山中，花单瓣，色不及前种之白；能结实，内呈丹黄色，土人取之为染料；干矮，用作盆玩，颇称相宜；其果可入药，即常用之山栀也。

（四）黄金栀子　予友美国人某氏之花园中有植，花作金黄色，瓣千重，形大，在美一花值数元，足见其名贵矣；原产美国，据予所知，此种于吾国尚未得见。

（五）朝鲜栀子　出自朝鲜，形最矮小；叶狭长而尖，抗力甚强；四五月开白花，宜栽于花台及石边；尚有叶为白边者，同是韩国种；均可于五月间行扦插以繁殖之。

（六）圆叶栀子　来自日本，叶略带圆形，色最苍翠，三四月即能开花。

第五十一节　夹竹桃

夹竹桃在吾国首由域外移植于岭南，而后再传及各地；叶类竹而花类桃，因此得名；姿态萧疏，色泽妍媚，故此木兼有桃竹之胜。自初夏着花，经秋乃止；园林获此一丛，以

为点缀，常有绿叶可观，好花可赏也。

夹竹桃属夹竹桃科之夹竹桃属，常绿灌木也。

夹竹桃高有七八尺，大者竟达一二丈，枝干丛生；叶狭长，轮生；夏秋间，枝梢着花，与山踯躅之花相似；色有桃红、有白、有黄，瓣多重，美丽芳香。原产于东印度，性毒，畏寒而幼时尤甚；但抗力甚强，凡不十分严寒之地，如江浙一带，尚可栽植；都市中栽种，亦能络续开花，故为都市庭园之唯一佳品。栽植处宜高燥，低湿之处，切不可栽；秋末冬初，地栽者当用稻草包扎；连枝带叶捆成一束；盆栽者宜置向阳处，若移入温室或草房更佳。肥亦甚喜，不论何种肥料施之，来年花自膴美，叶必更苍翠。繁殖以分株最为方便，当年即能开花；或于梅雨季，行扦插亦妥，惟开花非三四年不可；移植最宜春中，冬季则切忌也。

◇ 夹竹桃

品种因其花色及叶色之不同，遂分为下列四种：

（一）红花夹竹桃　此种最为普遍；叶色较深，形亦阔；花作桃红色，更续不断，赪艳过人；豪家贵族，最宜栽植之。

（二）白花夹竹桃　叶较狭长；花初呈淡黄色，后转白色；艳丽虽不及红花种，然有清逸之气，充溢其间；书斋轩前，栽植雅适。

（三）黄花夹竹桃　福建等热地原产，畏寒成性；若一遇寒霜，枝叶尽枯，故冬季非有温室不可。花作喇叭形，长三寸余，色金黄，有糟香；且能结实，色绿，核大而坚，以此播种，即可繁殖；设欲行扦插，则难以活着。其叶最最狭长，阔仅半寸，而长至四寸有余；枝叶一经剪断，即有黏汁渗出，多剪未免伤树元气。查黄花种不多见，故觉贵重；入冬，须有高热温度；然减少水分，亦能过冬；夏季培植颇易，因适其性也。

（四）银边叶夹竹桃　此种叶边白色，是为与他种不同之点；花亦作桃红色，殆红花种之变种欤。

第五十二节　棣棠花

《群芳谱》云：“棣棠花若金黄，一叶一蕊，生甚延蔓，春深与蔷薇同开，可助一色。”

棣棠花属蔷薇科之棣棠花属，落叶灌木也。

棣棠花多数丛生，高五尺许，原生山野中，今各地均有栽植；茎皮绿色，入冬即枯，来春再发；叶长卵形，尖端，边有锯齿，黄绿色，互生；花开于夏秋之间，连绵可及月余，色金黄；瓣有二种，单瓣者，瓣五片，形似金钱，花柄甚长而略下垂，枝干较柔，长可及丈，多雄蕊，雌蕊仅五，花后能结实，花时最为美丽；重瓣者，非惟不结实，瓣徒然密列而不整齐，花柄又短，故不及单瓣者之美观也。性喜肥，抗力强，不论何处均可栽植；当老枝枯死后，宜齐根剪去，俟其重发。繁殖以分株及扦插为灵，且其根蔓延极易，故分株最有成效。

第五十三节 荼蘼

荼蘼一字酴醾，俗音荼玫，亦呼香水花；枝条乱抽，酷似蔷薇，常人难以分别。诗云：“开到荼蘼花事了”，又云：“荼蘼不争春，寂寞开最晚。”可见其花当于暮春时吐艳也。

荼蘼属蔷薇科之悬钩子属，落叶亚灌木也。其外号随品而异，有百宜枝、琼绶带、雪缨络、白蔓君、传粉绿衣郎、独步春、沉香密友等。

荼蘼虽称灌木而蔓性，枝自根丛出，多刺；叶羽状复生，每小叶稍呈皱缩；暮春新梢抽花，冠重瓣，色黄微带白晕，或全红色；花柄较十姊妹为长，故花下垂；盛开时色最烂缦，蔚为大观。繁殖以压条最易生根，扦插亦可。花宜酿酒，不亚玫瑰；又可实枕，甚益鼻根。

第五十四节 青木

青木又名桃叶珊瑚，性丛生；其叶似桃，子红若珊瑚，故得是名。

青木属山茱萸科之青木属，常绿灌木也。

青木矮形，枝叶皆作翠绿色；叶长卵形而尖端，边有钝锯齿，长约五六寸，面有革质，能发光泽；叶对生，其柄是一二寸，故叶略作下垂状；三四月间，花蕾与新叶同出，簇生枝梢间，花小四瓣，有雌雄之别；实初呈绿色，至十二月顷实熟，作红赤色，光润动人；酷似小红枣，故俗呼外国枣树。性畏寒，亦畏伏天之日光，故宜栽于阴处；发育不甚速，除地栽外，尚可作盆栽；入冬宜入温室中，以御寒气。此木虽有抗烟力，而培植法须加注意，

因其木质不甚坚硬，且根亦柔弱也；用土不宜过于黏重者，而以取易于排水之腐殖土最佳；肥亦不甚喜，少施为宜。

此木又因叶色之不同，而可分为下列三种：

（一）金边叶　叶形最大，色泽鲜明；培植较难，最为名贵。

（二）金斑叶　绿叶中有黄色斑点也，而亦分二种：其一黄斑多而密，另一则黄点少而色淡；均在初夏开小花，后即结果，入冬变红，酷似小红枣。

（三）金绿叶　叶作深绿色，形小而尖狭；最易结实，但种次下，不为人取。

青木之繁殖，于伏天将新枝已长定者剪下，扦之即活；惟冬季须移入室内，故宜以枝条扦于盆或木箱中最妥。

第五十五节　紫阳花

紫阳花生山野或河边，厥叶似杨，花色淡紫，因而名之；树性毒，当花谢实老，捣成粉末，调以黄泥浆，投入河中，可令鱼麻醉，以便捕捉，故又名醉鱼草、闹鱼花、鱼尾草也。

紫阳花属马钱科之醉鱼草属，落叶灌木也。

紫阳花高不过五六尺，略呈草本状；叶对生，作广披针长椭圆形，端甚锐，边全缘，而有短形之柄，背密生灰白色毛茸；春夏之交，干梢抽穗着花，花穗呈圆锥筒状，穗上生小花无数，花不齐整，形如唇，略带紫色，花期颇长；栽于大树之下，假山之旁，实为点缀夏季之美品。惟此植物，蕴含酖质，故不宜栽之水边池畔，药害游鱼。枝梗粗大者，可用圆竹扦通，内有大灯蕊，可供小儿手工之玩具。其繁殖以分株或扦插均可，而宜于早春行之。此外另有一种英国产者，花开于三月间，树姿婆娑，叶亦若杨；惟花作白色，其香极馥郁，故常剪下作瓶供之用。

第五十六节　海桐

海桐生海滨，俗呼山藩；枝叶茂而常绿，栽以作篱，亦颇得宜。叶浓绿似杨梅，边缘有反卷性；夏日开白花，瓣五片，香殊触鼻；入秋实熟，外壳作三裂，内有红子，殷殷可爱。

海桐属海桐花科之海桐属，常绿亚乔木也。

海桐树形不高，约丈余，而枝叶婆娑，叶色深绿，有光泽，作长倒卵形，端圆钝，长二三寸，阔寸余。质亦厚实；五月中旬开小花，蜜白色，虽有香气而不清，嗅之有特殊触鼻之味，不足取悦；结实大如指头，入冬裂开，中有多数之子，色鲜红，有黏性，鸟最喜啄之。

海桐抗力最强，不论何处均可栽种；性极喜肥，但栽植宜稀，否则易罹蜡壳虫之害，全树即行萎悴；当开花之际，易诱蝇类群集，虽可用波尔多液喷洒之，若栽于庭园中，则大失美观。其繁殖法可由播子而得之，乘果熟而裂开之时收下，惟子外披有黏汁，须与灰或沙相拌，即于年内撒播土面，上盖腐草，以防冰害；翌年春自能萌芽，发育极速，待芽出齐后，直届黄梅季中分秧之，常年苗即长至尺许；其后土一干，略施淡肥，并防野草之蔓延，则颇易茂荣，二年后且可为之定植。然此木多虫害，故编篱常以青药黄杨替代之；致其用途，除庭园中聊以充数外，已日渐减少焉。又海桐亦为刺桐之别称，同名而异树也。

第五十七节　木槿

园中绕堑设篱，辄编木槿而成；蟠织纵横，茂绿盈望，花开时节，犹似锦屏绣幄；长年不坏，苍翠可人。其别名有椵、榇等称，日本亦称木芙蓉为木槿云。

木槿属锦葵科之木槿属，落叶灌木也。

木槿矮生，高七八尺，枝条性柔，屈曲不断；叶互生，卵形，端裂三片，而如楔状，犹似鸭掌及剑头，苏人呼之为剑树；夏日开花，分白、紫、红、洒金诸色，瓣有单重之殊，朝开午萎，故又有日及之异名。单瓣者结实为蒴，上有毛茸；重瓣者实不结，深秋果熟自裂，子即出落，上亦有毛。性喜肥湿，栽处地形稍低亦无碍；其繁殖以扦插最易，于黄梅雨季行之，十有九活；惟翌春分秧时，根株须带有宿土，否则难以移活。若以木槿编篱，须时加修剪，免其蔓长，于是始有规律也。古时妇女，每遇七巧日，将槿叶捣汁，洗濯发丝，以去油垢，故至今山村中尚偶行此风云。茎之内皮富纤维，可造纸；单瓣白花者，则尚堪入药。

第五十八节 紫薇

紫薇树干光润，木质细致；皮不顽皱，净滑可爱；当残暑初消，正繁英新吐时也。花有红、紫、白、翠诸色，然以紫为正色，因总称紫薇；花开数月不绝，故亦称百日红；又呼无皮树，年自剥落外皮一次；人或手搔其皮，彻顶动摇，又名怕痒花；墙阴壁隅，随处可栽。

紫薇属千屈菜科之百日红属，落叶乔木也。

◇ 紫薇

紫薇树龄长寿，可达二百年以上；身大可合抱，高有二三丈；树皮细腻而光滑，木质坚硬，可作材用；叶卵形而尖长，全边，对生或互生，春日发叶较迟，初呈红色，后变翠绿；四月间，枝梢抽花轴作穗形，随即开花，至秋始止；花形奇特，先端细裂，瓣多皱襞，似一轮盘，色有紫、淡紫、大红、粉红、白等，不下数十种之多；花后结实，大如黄豆，霜后叶变红色，旋即脱落；枝上满缀子实，可取而播于苗床中，三四月即能发芽成苗；若不欲收子者，须将当年生之新枝，尽行剪去，略留其一二寸，并施以多量之肥料，庶来年满树可以开花；否则枝条茂密，反多枯死，花亦因而大减；是故在秋后春前，须行整枝为要。紫薇性丛生，可将各细干纠成一起，不数年各干相互生合，厥形颇奇。性尤好肥，一年之中，随时可予施肥，而不为害。繁殖以扦插最易，播子或分株亦可；扦插择其强枝三四寸者断之，春分插入肥土中，当年即能发根；叶落后掘起，斜秧于地上而行假种植，翌年春分即可定植矣；若植后弱者宜离地寸许剪断，强者任之，交春后芽自萌出，复留其强而去其弱；则所生之枝条，均能挺直，不然易于倾斜焉。凡栽植应稀，施肥当足；果如斯，其树未有不向荣者也。

第五十九节 木犀

凡花之香者或清或浓，不能两兼，惟桂花清可绝尘，浓能溢远；仲秋时节，丛桂盛放，邻墙别院，莫不闻之，当夜静轮圆，几疑天香自云外飘来；苟复兴佳，或寻友招饮其间，或闲步徘徊树下，阵香扑鼻，沁人心肺，岂仅以蠲忘世虑为足，抑亦可拟之于神仙中事也。

木犀俗称桂，产高山而独秀，故一名岩桂；属木犀科之木犀属，常绿乔木也。

木犀树高丈余，质坚，皮薄，叶长椭圆形而端尖，厚实而强硬，边有锯齿，对生，面披革质，发光泽，经冬不凋；秋末开花，丛生叶腋间，花冠合瓣四裂，形小，香气特烈，色有白、黄、红等；性喜高燥，好清洁空气，多烟煤处栽之，不特无花可观，枝叶渐行焦枯。肥虽爱，但忌人粪；冬季施以菜豆粕、猪羊粪最佳；若萌芽时施之，则新叶变焦。移植木犀不得法，三数年内不复开花，或误以为雌雄之别，实则谬也。木犀性固耐寒，但移植时期，以入秋开花前后旬日或至多一月间可行之；过早气候尚热，过迟气候日寒，生长即行停止；若遇冰霜，叶槁而脱落，且有致死者，或翌年半死半活者；若于含苞待放时移植，不特其花依然开放，且于十月十一月间，能生新根；此外于三月中旬至四月下旬移植亦佳；五月下旬左右，新枝叶已老，且入黄梅季，得梅雨之润，亦可移植，惟是年秋季花开必少；若年久未经移植之老树，须于三月中旬，方可移植焉。木犀多细根，泥垛能团结不碎，故掘时泥垛愈大则发育愈佳；大概干粗四寸径左右，至少掘下二尺半为度，复须将干三尺以上之各枝锯去而种之，以维均势。予于杭州曾见当地乡人将大株掘起后，锯去枝叶而不即种，反曝于日光之下，且以晒之愈干，谓发育愈茂云；不过此法若行之沪地，则该株万无生望矣。繁殖寻常采用压条，时在早春新芽未发前，以枝攀入土中，上加树枝桠叉强压之，惟枝梢宜向上，入土之枝稍加损伤，使发根较易，于是二年后可与母本剪断，而分植他处；嫁接法亦可，通常以木犀或冬青为砧木而接之。据《花镜》上云："木犀接于石榴树上，其花即成丹桂。"然据予理想，恐不易收效；因石榴与木犀之性，根本不相近，一为落叶，一为常绿；一形高，一形矮；木质亦异，欲两相密合，诚困难也。又相传木犀接于楝树上，可变黑桂；然楝树生长颇速，木犀生长颇迟，性亦不同；故予觉此二说，皆不足凭信耳。

木犀之品种甚庞杂，如细按其叶色、叶形、花色、花心、花粉、花须及开花之时期，可分为七十余种，常人每不易区别之；惟大别之，可分为下列数种：

（一）丹桂　叶狭小，边无缺刻；花色绀红，不甚香。

（二）金桂　叶大形，厚而刚，缘边有锯齿；花色如金，花开最为茂密，香殊芳醇，可闻数里。

（三）银桂　叶较小，花繁，白色，香亦浓馥。

（四）四季桂　虽名四季，实非四季开花；花以秋间一次最繁，日后叶腋间略有一二络续而开；花后能结实，形若小橄榄仁。

（五）月桂　月月开花，为数稀少；以十月最盛，花香较次。

（六）寒露桂　花开最迟，于十月中旬，寒露节前后始开故名。

（七）柳叶桂　叶形狭长，颇类柳叶；色淡绿，名种也。

（八）早黄桂　花较他种早开半月。

（九）大叶黄　叶形较大，边缺刻亦深，花开黄色。

（十）小叶黄　叶较小，花色亦黄。

〔附〕桂花储藏法　桂花储藏，除糖渍、盐腌外；将制青梅之梅卤，浸之最佳，因可耐久藏也。其法当桂花盛开时，用手摘下，去其蒂梗；不可遇热，否则色香均变；然后倾入梅卤，揾拌使透，须沉至卤之下层，不使浮起；如是能保二三年，色香不变；用时即将桂花取出若干，以清水洗净，加入茶点中，有香留齿颊，暖沁脾肺之妙。

◇ 银桂

第六十节　木芙蓉

清溪数曲，宜栽芙蓉，临水照之，潇洒无俗韵；且杂以红蓼，映以白荻，花光波影，上下摇漾，犹似云霞散绮，绚烂非常。

木芙蓉属锦葵科之木槿属，落叶灌木也。

木芙蓉略称芙蓉，又有地芙蓉、木莲、拒霜、桃木等异名。性丛生，茎高丈许；秋间抽蕾，初冬花开梢头，艳绝，有红、白、桃红诸色，形扁圆而大，对径四寸许，瓣薄而润，有单瓣及重瓣之别，络续开花，直至仲冬时为止；枝干畏寒，严冬辄枯萎，当剪除之，可待翌春由宿根或干之下半截重抽新枝也；枝嫩时草质，老后木质，色青褐，生长甚速，至秋已有五六尺；节间发叶，叶作心脏形，掌状有浅裂三五；花放于枝梢，花后结实为蒴，有硬毛，子亦生纤毛，随风飞散；若收下播种，当年即可长至尺余，且亦能开花焉。性特强，不论何地，均可栽种，好温润，水边池岸，栽之最佳；花影入水，更增美丽，即所谓照水芙蓉也。据《花镜》上云：“俗传叶能烂獭毛，故池塘有芙蓉，则獭不敢

◇ 木芙蓉

来。”未知确有此妙用否?

芙蓉栽种颇易，分株及扦插，均可繁殖之；入冬继以浓肥，如牛粪、马粪、人粪溺等最佳；当叶落后，剪肥条而埋于向阳处，以土掩没，待来春插入肥松土，则未有不活者。干皮柔韧，如于花谢叶凋后，将干齐根剪去，缚成束捆，系以重物，投入水中，约经壹月捞起而剥之，皮即脱落，色白似麻，洗净俟干，可纺之为线，或编蓑衣之用也。

木芙蓉之品种不多，花少重瓣而多单瓣，色以桃红者最常见：大红者大花重瓣，酷似牡丹，瓣中多蕊，颇为美丽。黄芙蓉，花黄色，不可多得，素称异品。另有醉芙蓉者，清晨开白花，晌午转桃红，晚显深红，一日而迭变其色也。此外更有西种芙蓉，干高不过四尺；叶片广大，长五寸许，阔二寸余；六月中旬花已渐放，入冬尚开，色泽鲜艳，花色不一，有十余种；惜多为单瓣，瓣较狭小，形似喇叭，大若牡丹；结实圆形，质坚硬，八九月间将子收藏，来春可播种于花台之中，秋容不致枯淡矣。

种木芙蓉有三利：其一皮可制麻，干为薪料；其二山麓堤旁栽之，可以固基，使砂砾不得直冲溪间，河床即无虞淤塞；其三庭园中栽植，为时令之名花，怡情悦目，破我寂寥，昔人称之为冷艳，洵不谬也。

第六十一节　天竺

天竺枝叶扶疏，入冬尤为青翠；梅雨开花，子结枝梢；经霜子赤，殷红璀璨，累累若火珠，虽经霜雪亦不落；盖与蜡梅同为岁寒隽品也。

天竺属小蘖科之天竺属，常绿灌木也。

天竺生南国，故又名南天竹。性丛生，干直少分枝；质坚细而黄色，皮色略黯，根亦作黄色；叶羽状复生，初夏枝梢抽花穗，开白花成串；花细小而单瓣，色香缺如；蕊中分泌蜜液，引诱蜂蝶，传播花粉；花谢后结实，圆果满穗，生时色绿，秋后渐变色，或红或黄，白头翁鸟最喜啄斯；故子成熟时，务予以保护，将夏布袋包之；但因日晒雨打，果袋相黏，即易腐烂；当宜用旧灯笼壳套之，不特鸟类不能偷啄，且无碍日光透射，果色更形鲜艳也。

天竺之栽培法，因大批栽植及庭园栽植而略有差异，今分述如下：

（一）大批栽植　天竺性喜阴暗，故栽处宜有竹林荫翳；冬季即就竹林中间之南北向，搰出一畦，阔八尺许，长无一定，依竹林原有之长度或栽植天竺之多寡而定；先将土完全翻松，作成畦町，两侧各掘一沟，以利排水，并使竹鞭蔓延时，勿伸入是区土中；于是施以各种基肥，如豆粕、菜粕、人粪溺等均可；四月间乃将天竺苗种入，每株四方相距二尺，三四株栽成一丛；种就后，剪去所有各枝，仅留数寸，令其重发新枝，然各剪株至萌生新枝时，亦只准留其一枝，而不宜多留；当年虽不能开花结实，但根际新生之苗则宜留之，待第二年即能开花结实矣。若株无果或太弱者，可于花时剪去，俾结果之他株能得充分之养分，增密株叶，繁硕厥实，同时剪去之株，根际仍发新株，次年或能生果也；及三年以后，若丛生过密，犹宜多剪除瘦弱之株，如此则历年均可有穗满之果实焉。

（二）庭园栽植　庭园中栽植，为数较少，略作点缀而已；其栽植处可择于他树之下。但勿过近，因近他树之处，土中养分或雨露均被他树吸收或遮蔽，如此则蒙受不利；故宜栽于墙之阴隅，若吾国古式老屋之廊侧或小天井等处，地多阴向，略见日光，既能受雨露，又无他树之侵害，是皆为栽种天竺最适之场合。性亦喜肥，而基肥尤须浓厚，故多以豆粕、河泥等，于每年腊月中壅之，来年未有不叶绿果美也。天竺相传掩以红蜡烛油，果色能更为鲜明，此设确有至效；其法于伏天时，蜡烛油稍融，和以草灰，壅入根旁，天竺子果会光泽耀目，色彩益形明艳；此无他，因烛油中含有油脂等成分也。

天竺多以子播种，虽分株、扦插均可繁殖之，而播种可得新种：其法于十二月后，将果收下，腐去皮肉，即可得子；每果有子二三枚，播于地上，上略盖薄土，施以人粪，清明后或黄梅时即发芽；若三月间播之者，秋季已可出齐；偶亦有迟至翌年出芽者，究为少数。分株于春初行之，扦插于黄梅季行之，最易生根得活。

天竺之品种，大别之可分为二：

（一）观叶种　叶色美艳，多不结子；形较矮小，最合盆栽，而地栽亦可；但此种亦有十余种之多，今择其最著者述之：

【甲】琴系南天竺　干永不高大，叶质细柔，盆栽最宜。

【乙】五色南天竺　形极矮，叶最密；叶色四季常变，有黄、青、白、紫、红诸色，终年可供赏玩也。

此外尚有屈曲天竺、红叶天竺、黄叶天竺、细叶天竺、长叶天竺、短叶天竺等，不下十数种之多。

（二）观子种　天竺之子，有红黄两种，与蜡梅同为岁暮不可或缺之点缀品也：

【甲】红子天竺　以常熟所产之狐尾种，最为名贵；子穗长达一尺余，子形均匀，颗颗鲜红，穗之状若狐尾，故名。其次为狮尾种，花市上最多此种；子穗较短，而形最大，生果极易。再其次为满天星种，株形短矮而枝叶茂密；子虽满生枝梢，每穗仅有十余粒；盖穗形短小，种最低劣也。

【乙】黄子天竺　花市上甚少见，人多尊视之，但其色泽不及红子种之明艳；子穗有长短二种，长种约高一丈，产于苏州，叶色翠绿；短者子穗短而少，入冬叶均变黄，盖子叶二美之种也。旧时缙绅大家，当居丧读礼之期，岁朝清供，辄避去红色，故往往采购黄天竺以代之；而其时之价，亦殊昂贵也。此种干之大者，可制小器具等，颇饶雅趣。

第六十二节　天南星

天南星即属其本科之属，多年生草本也。

此植物有毒，形至矮小，茎高三四尺，株色与天竺相似；叶较大形，面深绿而现光泽，入冬变红；背亦作绿色，边缘有深锯刺；五月间开黄花成串，子实虽结，形颇细小，不足观赏。性至强，不论何地均可栽种，大抵于阴陬或树荫下及其他花木不能栽种之处，植之以为点缀也。亦喜肥溽，壅以河泥最佳，二三月间扦插易活。

◇ 天南星

第六十三节　黄天竺

黄天竺亦丛生，其形更短；叶深绿色，于五月间开黄花，子不结；枝叶与花色，略似天竺，故俗呼黄天竺，实非结黄果之天竺也。性亦强，扦插或分株，均可繁殖之；为大树下、石隙间之点缀品，而亦宜栽于湿肥之地也。

第六十四节 蜡梅

蜡梅密蕊繁瓣，花片内层带紫色，外围各片黄蜡色，香气浓郁；与天竺合栽一处，共插一瓶，相互掩映，色泽分明；故不论布置庭园，点缀案头，均能生色无穷。

蜡梅属蜡梅科之蜡梅属，落叶灌木也。

蜡梅又字腊梅，因腊月开花，二名遂通写之。树形丛生，高有丈余，根大可合抱，具有芳香之气；叶长卵形，端尖，全边，对生，密披细毛，长约四寸，阔二寸余；黄梅时叶腋间已生花粒，待秋风一起，叶黄而落，花粒饱和，初冬起络续开花，直至翌年二月之末方休；花被之片数颇多，色金黄，俨似蜜蜡，故称蜡梅；花香浓馥，待花落尽，新叶乃吐焉。

蜡梅树龄长寿，抗力甚强，不论种于何地，均能开花；惟地以高燥最宜，多烟煤之处，不宜多栽，因厥叶粗糙，易枯烟煤，而变成黑色，有碍观瞻也。性极喜肥，冬月当施以豆粕等基肥；花后则略加修剪，粗强枝亦随同剪去，以整树姿。其繁殖以分株最妥，惜其根质坚固，非用脱利之斧锯不可，分时若干略有根须，即能栽活；然干上枝条须尽行剪除，以减少水分之蒸散；栽后，施以淡肥，灌足清水即可，倘盖以帘箔则更佳。砧木以独本之狗蝇蜡梅为之，或以佳种蜡梅行诱接法亦可。更闻人谓，蜡梅可行扦插；予曾试之不下六七年之久，未获成功；即使压条，亦需三年以上方见生根，然已不及分株之迅速矣。

蜡梅之品种亦不一，大别分之如下：

（一）素心种　即花瓣、花心、花蕊均作黄色，绝无杂色相混也；其种亦有数种：

【甲】磬口蜡梅　花瓣圆形，花最耐开；虽开至谢时，花仍若半含，宛如一磬，故有是名；香味最浓，其中心有蜡光者，更为世珍。

【乙】早黄蜡梅　十月已开花，花亦作黄色，多来自扬州；惜多经诱接，接口甚高，故接穗极易枯死，盖共砧木即为荤心蜡梅也。此种培养数年后，花心渐变红荤，但花瓣还整，尚称佳品。

【丙】普通蜡梅　花开于十二月至二月中旬，香味亦浓，色黄而有蜡光，瓣作长形；开后，花口向外翻出；此种以尖瓣者最劣，色淡花小，不为人取。

（二）荤心蜡梅　外瓣黄色，内瓣带紫色，即狗蝇蜡梅也；形小色淡，香味亦次；系野生种。故花后能结实；可取而播之，作为他种蜡梅砧木之用。此种亦有圆瓣、尖瓣、磬口、翻口等之别，抗力特强；叶颇大，色墨绿，密生茸毛；干枝繁密而杂乱，树姿殊欠美也。

第六十五节 柳

早春柳条初荑，丝丝交萦，似烟如雾，空蒙一片；而黄莺栖止其间，弄舌作好音，最为动听；此明圣湖边，所以有柳浪闻莺之胜景也。

柳属杨柳科之柳属，落叶乔木也。

世人常以柳与杨视而为一，其实杨叶圆润而尖，枝条短硬；柳叶狭长而色青绿，枝条瘦软，全不相似。更有人谓，以杨枝倒插土中，即变成柳，此则尤为妄谬也。

柳干高有三四丈，多植于河畔池边，与天桃间植；当阳春三月，桃红柳绿，轻风飘拂，与微波相映，大有逸致。柳枝纤细下垂，叶互生，狭长而尖，作线状披针形，边略有锯齿；春日先叶后花，呈暗紫绿色，单性，排列成穗状，雌雄异株；子实外披有白毛，成熟后随风飞扬，几如舞雪，着地亦能发芽；惟子出者枝呈半垂性，不及扦活者之枝柔下垂也。

柳多栽植庭园以作观赏，或为道路树之用。性喜肥好湿，故栽处稍阴，亦无大碍；腊月中壅以人粪，翌春枝叶更为茂盛。移植自九月至十二月初旬，此时叶落而入冬眠，或二月早春时及至四月初旬以前，行之最适；惟掘起之泥垛，切不可碎失；一经栽定后，将枝梢一并剪除，仅留粗枝已足；再略施以陈宿淡粪水，当年即可恢复原状；又定植时，株之距离宜稍远，因树形蓬大，每株相隔非达二丈至二丈五尺不为功也。其繁殖以扦插最易，活着亦速，于二三月间行之为妥；扦活后常施肥料，一二年后，可长抵八九尺矣。柳树易遭虫蛀，为害颇烈，凡被蛀者，经多年之后，树心尽为空蚀，树龄亦即短促；故发现干上有蛀屑时，当寻觅其孔，去皮即可得蛀虫，而顺手捕杀之；俗谓："十柳九蛀，如柳不蛀，可作天柱。"可见柳最易招蛀，推其原因，为天牛羽化后，正柳荫浓时，雌雄即行交配，后一日，乘凉啮破树皮，撒子于其中，不数日孵化成虫，遂为害树心；且柳皮质极弱嫩，最易为虫咬伤，而受其荼毒也。

第六十六节 龙柳

龙柳又称曲柳或九曲柳，与柳同科同属，形亦相若；惟枝屈曲多姿，状若游龙，因称龙柳。宜于池边河岸，种植一二，斜出河面之上，临水照之，犹似蛟龙出水，亦颇有雅致也。培植极易，生长尚速；质性与柳全同，故不赘述。

第六十七节　黄金柳

柳多乔木，惟黄金柳则为灌生；叶较垂柳为短阔，背有白毛；当叶落后，新枝变易金黄色，故得是名；但经三四年后，枝干老化，色随变褐；故春季宜将老枝剪除，使重发新枝，于是满株均呈金黄色，而更为美观。此木培植极易，抗力亦强；予曾托人向英伦采集，初疑其非吾国所有；后闻于任之先生谓，黄金柳在蒙古，几遍地皆是，不足为奇也；自是始知此柳亦为国产，惟栽培不得法，繁殖不满盛，遂因少见而觉可贵焉。

第六十八节　棉花柳

棉花柳又称水杨，栽之河边，亦甚可观；为欧美人士点缀圣诞之必需品，故又称圣柳。树为落叶灌木，原生湿地；叶略阔大，端窄尖，边无锯齿；枝挺直而色黯赤，叶面色浓绿，背生密毛；秋后叶落，春芽已胀；剥苞即现白绒芽絮，状若棉花，名即因此也；剪而插瓶，经久耐供。予园中有大花与小花二种，抗力特强，生长奇速，将枝扦地即活，不三四年树形蓬大，荫占一方；春日绒芽抽长，旋即开花，长约半寸余，大花长寸许，绒毛尤白；花后叶出，变为绿色；四月下旬以后，花渐行变焦而自脱。树干易为虫蛀，当宜预防之；苞芽遇天寒气肃颇难大，可效贩者剪枝插水瓶内，置入温室，则达圣诞期，苞芽膨大而绒毛显明矣。大花种生长不及小花种之速，每年须将枝齐根剪去，如是可年得新枝，且绒毛更形肥大也。

第六十九节　柽柳

柽柳又有赤杨、人柳、观音柳、西河柳等称，《群芳谱》载："赤茎弱枝，叶细如丝缕，密生如鳞接，婀娜可爱；一年作三次花，穗长二三寸，萼绿瓣红，形如蓼花，故又名三春柳。"

柽柳属柽柳科之柽柳属，落叶亚乔木也。

柽柳高丈余，宜栽水边；枝细长，上生小叶，酷似柏叶；四五月间，枝梢开淡紫色花，颇为美艳；花细碎无瓣，雄蕊占五，雌蕊居一，故多花粉，常随风飞扬以传播；秋间新梢

重抽花轴，花能再开。繁殖于春季剪枝七八寸，扦入肥土，极易活着，一年内即可达五六尺；干之苍老者，堪作盆栽，饶有清趣。其枝叶可入药，小儿痧症不能透发，煎汤洗之有奇效。

第七十节　红梗木

红梗木，鲁人呼为瑞木，经霜叶落，现出新梗，红若珊瑚，颇为美观。

红梗木系丛生，高不过六尺左右；抗力甚强，枝干有新陈代谢作用；每经二年，枝老枯死，或茎变暗色；故宜于发叶前，将全丛之枝，齐根尽行剪去，待其重发，当年可是至五六尺，而全丛皆作赤色矣。叶形狭长，较柳叶为大，色淡绿，其背略有银白色之毛茸；植时宜与常绿树或黄金柳混栽池边，则更显美艳。其繁殖以分株最便，或于二月间行扦插亦可。

第七十一节　红叶梧桐

红叶梧桐，落叶丛生，高者近丈；干直少分枝，皮色红黯，质较疏松；梢端节节生叶，春初叶茁，红若丹枫，惜至三月中旬后，叶色渐行淡却，四月以后，全变绿色；叶广圆形，面现粗糙，其上生毛，一无雅观；当叶初出时，于叶柄下同开小花，色亦红黯，殊不显着，有人名之为桂圆树，惜予从未目睹桂圆树，故不敢悬断之。其根向四周蔓延，上发新枝，可分而繁殖之；若栽于常绿树中，早春万物向荣，绿红相映，极为得宜。

第七十二节　掌叶桐

掌叶桐之叶，大若人掌，形状似桐，因是得名，常绿灌木也。

掌叶桐丛生，高不过六七尺，木质松柔，枝叶蓬大，可合数抱；叶厚实碧绿，作五裂掌状，面有革质，能发光泽，冬日枝梢抽穗，上开小花，色白略呈黄荤，形小不足观；花后能结实，圆之大小似小杨梅，初见绿色，春季四月中实熟，变紫褐色；可收而至秋季播之，

惟须播于低温床中，土质宜疏松，始能发芽，且不及分株之迅速。扦插可于三月中旬，将枝剪段，长约三四寸，扦于沙中，上盖以帘，数月后发育长成小苗，惜活者较少，不及分株之简便也。性喜高燥，好阴不爱阳，故宜栽于乔木之下，假山之隙，则终年苍翠可喜；若栽于白日光天之下，叶多黄而易焦，未免有碍观瞻；性亦喜肥，土宜略带潮润；抗力极强，病虫害殊少见；盆栽者冬宜置入室内，免受冰冻之害为要。此木有二种，其一叶色全绿，乃常见之物；另一种则叶系全边，叶多八角，俗呼八角金盘，最是美观。

第七十三节 铁树

铁树本生南地，安南尤多；树高丈余，干似鳞甲，坚硬如铁，性又喜铁，故得是名。叶坚锐如针，洁滑有光，经冬不凋；惟沪地多作盆栽，专供观赏之用也。

铁树属苏铁科之苏铁属，常绿乔木也。

铁树干本粗大，坚而且重，外有旧叶痕；巢长大，小叶如针，呈羽状排列，聚生茎顶；性畏寒，沪地栽植极难开花，惟初自南地运来者，亦能生花；花单性，外无花被，雄花与雌花异株而开，雌株之叶较雄者为长大；雌花生于干颠，长三四寸，作圆羽形，由无数叶瓣构成，边缘有裸出之胚珠，黄赭色，上有绒毛；雄花生于叶之内侧，故不显著；雌花开后能结实，圆大如桃，红色，外皮光滑，实堪充食及药用；茎中可采淀粉，叶可编篮笠等。

铁树多来自闽省，性喜热而慑冷；故多作盆栽，入冬更移入室内或以稻草包扎，以防冰冻。当苗购到时，不见根叶，未种之前应先浸入清水中，经二三天然后取出，将根部用利刃完全削平，不论上盆或地栽均可；惟壅土须坚实，用力拍打，因干重易于倾倒，又因根须全无，土质坚实后，可保持水分之蒸散；至所用之土壤，即沪地之黄土亦可，略加铁屑更佳。此苗种后，难以发叶，有人见其数月或一年以上不生新叶，误以为死，而欲拔去，实则仍该时常浇以清水，经二三年始能发叶，除非见干梢上之刺物易于拔去，或干梢中心已发黑色，是为枯死之征；倘在顶部有黄色苔绒发现，即离萌发之期不远矣。夏季宜入帘棚，冬季宜入温室；肥料当待新叶萌生后，始可施之；平日置于阴处，枝叶极为苍翠，叶亦能更茂而长可达四五尺；但新来之苗易开花，若任其开花，则花后二三年内，往往不生新叶，故一见其生花，即宜剪去。性略喜潮，最好用缸栽之，缘瓦盆快干，且易为根所胀破；平时以废烂之铁皮屑堆置盆口，任其腐烂，使质渗入盆土之中，则枝叶更将翠绿而有神采也。

第七十四节 凤尾蕉

凤尾蕉系铁树之别种，并产于热地。干似棕榈，叶较铁树软且长；其种因产地而异，来自粤省者，叶长大尺左右，枝质硬直；南洋产者，叶最长不及三尺，惟枝干较柔，种较粤省者佳；沪地多作盆栽，普通土壤亦可，山泥更佳。性喜阴湿，夏宜置入帘棚中，慎防大风狂吹，烈日更不可直晒，故帘棚四周亦宜悬帘；冬宜人温室，肥料以菜粕、豆粕、人粪溺、烂鱼之汁等为适；盆栽者，面土应深，每隔一年须翻入较深之盆中，因此木根大，易向上隆起也；然其干难以高大，乃得为客室中装饰壁角之绝妙点缀品，炎夏供之有顿生清凉之意。

第七十五节 棕竹

棕竹干外包棕，棕去露干，其上生节，酷如竹竿，因名。此木为暖国之特产，我国闽、粤等省最多；沪地除园植亦盆栽之，取其常绿，兼有美姿，故为室内外点缀之妙品也。

棕竹属棕榈科之棕竹属，小本常绿苞木也。

棕竹竿细挺直，高有丈许，多株丛生。叶掌状分裂，似棕榈而形小，且较柔软，稍似竹叶，分粗细二种，以细者为贵；春夏之交，开花结实，花小，色淡黄，有雌雄株之别；子实圆而黑色，可采下播种，惟生长极缓，不及分株之速；可于五月间，将根部产生之小株，连根切下，分栽他处，或连株自盆中翻出，将土尽量洗净，以剪刀依次分开，再上盆亦可。性喜阴而畏寒，故夏置棚下而冬人温室，最为妥当。棕竹茎虽细而性韧，可作杖及伞柄等用。

第七十六节 红绿竹

红绿竹亦来自闽粤，高有三四尺；叶长八九寸，阔一二寸；繁殖极易，四月时可扦入沙中，很能活着。其种有二：一，叶作紫红色；另一，绿而略带褐色。培植则与棕竹同法。

第七十七节　桄榔

桄榔木似槟榔而光利，故名。亦为热地产物，吾国古时已有栽植；南地极为普遍，而沪上均以盆栽之，便于管理也。

桄榔属棕榈科，常绿乔木也。

桄榔干形较细，质亦坚，有铁木之称；叶作羽状复生，形修长，质较柔；花小而单性，富有汁液，可制砂糖；木之髓含有淀粉，南人作为食用，故俗呼面木；叶柄有纤维，堪编绳索，此木之用途，可谓广矣。惟沪地栽植，均作观赏用，其栽培与凤尾蕉同，故不赘述。

此木可分三种，因产地而有异，今分述于下：

（一）港粤两地产者，叶坚而细长；根部易生小枝，可取而繁殖之；叶每脱一片，干上多生一节，作淡绿色。

（二）南洋、台湾产者，干上生棕；枝叶柔垂，叶形稠密，干不易高大；此种形状最为婆娑，故称上品。

（三）闽省、粤省产者，干不生棕；叶柄挺直，叶易落下；故枝叶稀疏，不足取也。

第七十八节　蒲葵

蒲葵又称葵竹，盛夏所挥之葵扇（俗误呼蒲扇），即为此叶制成，今南地大量栽植之。

蒲葵属棕榈科之蒲葵属，常绿木本也。

蒲葵叶较棕榈叶大而厚，且叶之裂片尖锐，而棕榈之裂片则较为柔钝。蒲葵叶作掌状分裂，粤省土人用以制扇或蓑笠，更取以遮屋顶，而代瓦之用；其干质亦坚硬，可制器具。沪上栽植此木者极少见，因其枝叶蓬大，占地极多；而供以一盆时，又因巨叶四周伸出，每致遮蔽盆外他物；且沪地栽之，干未易高大，故不合观赏之用焉。

此木亦有二种：其一为粤省产者，叶柄坚硬，而叶质较薄；其二为南洋、台湾产者，叶柄短柔，叶厚且圆，色更翠绿，此种较为美观也。

第七十九节 槟榔

槟榔原产于东印度群岛，马来土人视为恩物，恒将子实细切，包于胡椒类叶中，人口咕嚼，故满口如血，齿发黑色，令人心怖也；按此物能消食，我邦人亦有常食者，并供药用。

槟榔属棕榈科之槟榔属，常绿木本也。

槟榔树形高大，有三丈许；叶亦为羽状复生，各小叶片之端平而钝，似经人齿啮或切断者；干似椰子而细，一干能结穗三四串，每串有子数百颗；食之可以强齿，且有益肾胃；故当地土著均作日常之嗜好品，犹如我人有抽烟之癖也。此木沪地难以栽植，因之亦不多见。

第八十节 花槟榔

花槟榔与桄榔极相似，惟以其叶不作羽状排列而似银杏之叶，生花叶于轴上，故其形较美，粤人称之为菩萨树。

第八十一节 珊瑚树

珊瑚树多挺生，枝干直立；叶绿而亮，终年苍翠，入冬尤绿；庭园中皆取行列之丛栽，以作装饰墙角之用。

珊瑚树属忍冬科，常绿乔木也。

珊瑚树俗呼德国冬青或法国冬青，其实吾国山野中亦多此种也。树高二丈左右，木质坚韧，多年生者，可供材用；叶对生，长椭圆形，长四寸余，阔二寸左右，质厚实，色苍绿而面深背浅，面润滑而闪闪发光，缘沿略有浅缺刻，叶柄作褐色，约长寸许；春末四月下旬，枝端簇开白色小花，花冠呈矮筒状，边现五裂；后即结果，椭圆形，深秋变赤，红若珊瑚，累累下垂，美艳悦人。性质极强，生长颇速，栽培亦易，除袋虫外，其他病虫害少见；叶片终年碧绿，又能结子，故今园家多用作墙篱，已取冬青之位而代之矣。繁殖可用扦插法，于六月初旬（黄梅季）行之最佳，若有相当之雨水，二十日左右即能生根，至

明春可以分植；至于大株移植者，其时期甚长，除冰冻天、大伏天或萌生新叶时外，不论何季均可行之，且亦未有不活；然因生长迅速，所需水分较多，施肥亦须丰多，像枝叶更臻翠绿而茂盛也。

珊瑚树大致计有三种：其一为尖叶者，易于结子；其二为子生者，叶形小而薄；其三为圆叶者，树形圆密，较尖叶为高大，生长稍弱，宜独本栽种，而状最雄伟。

据予南京某友谓："珊瑚树于南京一带，不易栽种，入冬必叶焦而枯凋。"予尝推究其源，恐该地气候较寒，或为栽于高地而未得充分之水分，致冬季抗寒力减弱，乃有叶焦枝萎之虞，又或因移植不适时期，其新根尚未发展至相当程度而已入冬季，即受寒害所致?但予确信气候较寒，对于斯树尚无大碍，谅有其他之原因在，惜不能亲往自下试验一番也。

第八十二节 枫

枫叶一经秋霜，酡然而红，灿似朝霞，艳如鲜花，杂厝常绿树中，与绿叶相衬，色彩明媚，秋色满林，大有铺锦列绣之致。

枫属金缕梅科之枫属，落叶乔木也。

枫树干高二三丈，叶略与槭相似；性状因种而异，抗力甚强，不论何地，咸能栽种；地宜高燥而向阳，于二月底至三月初间，移植最妥；四月叶虽已萌发，仍尚可迁徙，只要泥垛不失，叶均摘除，水分得充分供给，亦能栽活；秋季落叶后，不宜剪枝，否则，剪口流出树液，定致干枯，故须至发芽叶后，始可修剪，尤以大伏天行之最适。于冬季腊月中，当施以浓肥，如人粪溺、豆粕等；但四月以后施之，叶芽易焦枯，有碍观瞻。繁殖若播子与诱接法均可，普通种多用子播，不过枫能结子者甚少，且播子易变状，还是嫁接之为妥；惟嫁接仅有诱接奏效，他法难以接活，时于三月间行之最宜。

枫之品种，名目繁多，计一百余种　有吾国种者，有西洋种者，略述之于下：

（一）三角枫　干皮光滑，黑褐色，质坚而细堪供材用；四五月间，老皮剥落而生新皮，生长速抗力强，可造林或行道树。叶掌状三裂，边缘有锯齿；春日花随新叶而出，黄褐色；花后结实为球果

◇ 青枫

上有软刺；秋后叶变红而脱落，颇美观。其果入药，名谓路路通。

（二）五角枫及七角枫　五角枫叶五裂，七角枫叶七裂；子为翅果，熟后随风而飘，着地后萌芽生根，性甚强也。

（三）青枫　系子出，入秋叶仍青绿而不变，可作为砧木之用。

（四）红枫　生长速，亦子出；叶入秋变红，另有萌芽时呈红色而叶老后变成绿色者；种极普通，亦作砧木之用。

◇ 黄金枫

（五）垂枝枫　叶细若鸡爪，俗称鸡爪枫；又称平冠枫，树形平整如冠。有红绿二种，红者叶初生时鲜红，后变淡；绿者叶全绿而美艳，名种也。

（六）静涯枫　枝柔而细，叶萌生时，猩红若血，后渐转淡，夏间复红中变绿；一色数易，亦为奇品，故最合盆栽之用。

（七）黄金枫　叶薄，色黄绿若金。

（八）鸭掌枫　叶色淡绿，形大若鸭掌，因名；春日开红花，花梗细长，累累下垂，状甚美艳。

（九）猩猩红　叶绿，边红，色甚明媚。

（十）群云枫　叶淡黄色，上有黑丝。

（十一）瓜叶枫　叶形最大，培植最难。

第八十三节　盘槐

盘槐形最古朴，枝柯纠结，性柔下垂，密如覆盘；枝叶酷似槐树，惟树姿大异耳。

盘槐自古已有栽培，宅第之旁，祠堂之前，栽以成对，饶有庄严之概；考之清代野乘，凡栽种盘槐，官非至一榜以上者不可，由此借知帝制时代，政治专制之一斑矣。现今庭园中栽植普遍，竟视为必不可缺之树木矣。

盘槐子出者罕见，通常以槐树为砧木，剪盘槐之枝嫁接于槐树之上；其时期因是木发

芽较迟，大概延于三月下旬行之；惟所取砧木须拣相当粗大者，因一经嫁接后，干不易粗大，故干粗三四寸者最佳；当接活后，枝尽下垂，干即难高大矣；又选择砧木，以发育旺盛，干直而挺秀者为合格；行嫁接时，因砧木求其高，须架立绷梯，于树一丈余处锯断；砧木虽愈高愈佳，惟发育较迟，以一丈高者最适；锯断处宜光滑，乃于两侧割开皮层，将盘槐接枝之下端，削成马耳状，嵌入皮层内而两相密接之；（枝宜接二枝，盖恐一枝不活也。）外以麻皮缚扎，不紧不宽，适度为宜即成。接活后，萌芽抽枝，发育颇盛，当年即能下垂五六尺枝多弯垂，不易向外生长，故枝条纠结，当用人工以竹箍将枝撑开，俾各枝不相交错，树形得易蓬大；攀扎之法；最好顺条直理，切勿将各枝相互绞盘，当时虽觉圆整而均匀，然一入夏季，叶盛枝密，致阳光不足，反多病害而枯死者；况此弊一见，若至次年再行解开，则已不及矣。又攀扎时除将各枝加以分匀，束紧竹箍上外，应再于远近相等处，将枝剪齐；日后即枝匀叶凑，全无枯凋之患，而后逐年放大竹箍，枝条可更形蓬大焉。

盘槐嫁接之法因地而异，上述者乃为苏州法；而杭州则另有一法，砧木高约六七尺，干粗不出二寸，接活后每年将枝缚于竹竿上，任其向上挺直，故枝身成屈曲之状，而仅细枝下垂，名之为鹤颈式；惟砧木粗劣，不易再长，二三年后不加修剪，低下之枝叶，辄为上盘盖覆，日光不及处，最易枯萎；且干细，形不易蓬大，是为缺点，故今仍以苏州之伞状盘槐最风行。此外有奉化山人，将盘槐接于槐树之底干部，并以竹竿扶之，任凭上生，故形高仅三四尺，堪作盆玩；嗣在一二年间之生长期中，时时将枝攀上，及高有丈余，然后听其分枝垂下，或以竹箍扎之，惟所需时期较长耳。凡接活后之次年，如未发育茂密，而行移植，则枝叶难获多量水分，干本之一半必枯死，或仅存一皮，以赖输送养分；故移植当待发育旺盛后始可行之，即使不带泥垛，犹许栽活。盘槐抗力亦强，栽处倘高燥，肥料又多施，则树之寿长经一二百年，不足为奇也。

第八十四节　紫藤

紫藤缘木而上，条蔓纠结，与树连理，瞻彼屈曲蜿蜒之状，有若蛟龙出没于波涛间；仲春着花，披垂摇曳，宛如璎珞，坐卧其下，浑可忘世。

紫藤属豆科之紫藤属，蔓生落叶木本也。

第一项　性状

紫藤本野生，茎卷络于他物而上伸；叶羽状，对生，小叶长圆形；晚春花随新叶而发，花轴下垂，花色不一，因品种而异；轴亦有长短之别，故花朵着生数，少者二三十朵，多者七八十朵；花有酒香，开蝶形花于三月中旬，若无风吹雨打，可经二周不凋；花后结实为长荚，外披毛茸，短而密生，内含种子三四颗，形如蚕豆，荚初呈绿色，成熟时色变黑褐；果实俗呼木笔，犬吞食必致死，而人误食之，据谓有清凉之效，或患腹泻之疾。紫藤皮色作淡灰，皮之纤维可织物；有蔓殊强韧，可代绳用；木质柔而固，易遭虫蛀，然寿命甚长；性又强，生长特速，不论何地均易栽植；惟须搭以木架或栽于老树旁，任其蔓延耳。

第二项　栽培法

紫藤喜肥，叶落后施以人粪溺或豆饼，来年花必盛而耐开，色亦鲜艳也。其移植颇易，惟过大之老木，一经移植，树身易腐烂，往往仅存一皮，故不宜移作地栽；反之，若谨慎将事，移作盆栽，则苍老有劲，大可赏玩焉。地栽者以十年生而木粗二三寸径者为最宜，移植后，须将枝条一并剪除；（盖枝条系藤本而根亦为蔓性，形均长甚，起掘时须寻得其须根，若仅得主根，终难以栽活；因根须有吸水之力，若不能掘得时，则吸水力全无，水分即不能上达枝干，致有萎枯之虞；故移植以后，须剪除枝条者，乃减少其水分之蒸发，不使枝亦萎枯而已。）及嫩枝长至三四尺，仍即剪去，留数叶营呼吸已够，如此一二周过后待花蕾再发，则能开花不断，时得观赏矣！惟亦应肥料壅足，始有此效。是木繁殖法良多，不论扦插、压条、播子、嫁接等均可，但因品种之贵贱，致繁殖法亦自相异：种贱者以扦插、压条、播子等法繁殖之，而名种务必赖嫁接得荣，法以贱种为砧木，不论枝接或芽接均可；嫁接之时期稍晚，通常行于二月左右，若接后一月，不见其芽发动亦无碍，因其萌芽较迟故也。夏日幼嫩肥枝，易罹黑红色蚜虫之害，干本则易生蛀虫之卵，是时即宜加以注意，否则秋后，卵已孵化而深入干中，非用百部屑塞没蛀虫孔，或煤油将棉花蘸之，或以烟精塞没蛀孔，方能使蛀虫触之而死；至于有蚜虫着生之枝，可剪下烧却，或喷射烟精水而杀死之。

第三项　品种

紫藤品种亦伙，今择其十余种，乃曾经予手植者，摘要如下：

（一）紫藤　野生种，花紫色，轴长五六寸；性最强，香亦浓，作砧木之用。

（二）银藤　野生种，花淡白色，轴长四五寸；性亦强，干细瘦，香气馥郁。

（三）南京藤　南京山上之野生种，花色淡紫而作蓝色，形矮；数寸小株亦能开花，故可作盆栽之用。

（四）红藤　亦为野生种，花紫红色，轴短小；地栽或盆栽，均相宜。

（五）一岁藤　有白紫两种，开花甚易；花色浓紫或雪白，轴长尺许；盆栽用最佳。

◇ 紫藤

（六）麝香藤　花白色，轴长中等，香最浓烈；开花尚易，多作盆栽用。

（七）野田藤　有红白两种，轴长，花形小，颇为美观；盆地栽植，均无不可。

（八）本红玉藤　色桃红，花大，轴长中等；为盆栽用之珍品。

（九）本白玉藤　色洁白，花亦大；轴短，合盆栽用。

（十）土用藤　原产日本，花色淡紫，形大；轴长尺许，花数繁多，香气触鼻；盆栽地植皆宜。

◇ 银藤

（十一）三尺藤　花轴长达二尺左右，色青莲；盆地均可种之。

（十二）台湾藤　枝细叶小；虽为台湾原产，而沪地尚可栽植；但苗若年幼，不易开花。

（十三）野白玉藤　花初开紫红色，后变全白；轴长七八寸，花形中等，只适宜地栽。

紫藤之品种，日渐增多，此因交配得法故也：其法将欲行交配者二种，剪去花三分之二弱，于花未开之时，去其雄蕊以免自花受精，至开花达最盛之期，然后以他种雄蕊花粉，黏于此种雌蕊柱头之上，再以玻璃纸袋套之；待其结实，实不宜多留，仅剩一荚已足，且荚中欲其生子，最觉困难，故当荚生子之后，须特加保护，及霜降后叶落，子亦遂告成熟；于是乃连荚采下藏之，翌年春自荚中取出种子，色黑而有花纹，将其播于轻松之山泥中，喷足清水，专候发芽生叶可耳；然子出之苗，生长甚缓，若达开花之期，恐使人望眼欲穿，故不待二年，可将子出之枝，接于普通种之砧木上，则二三年后　即能开出奇异之花朵矣。

第八十五节 金银藤

金银藤细蔓缘篱，随处有之，池边河岸，触目皆是；春日开花不绝，一蒂四花，先白后黄，故称金银；此外，又有名鸳鸯藤、金钗股、通灵草等；清香扑鼻，殊于凡卉。

金银藤属忍冬科之忍冬属，常绿藤本也。

金银藤蔓生，附他物而上缘；藤性坚韧，外包薄皮，嫩茎作紫色；节间生叶成对，全边而卵形，初生时，背呈红暗色，面现深绿色；入冬老叶凋落，叶腋间簇生新叶，凌冬不凋，故又名忍冬。初夏，梢上叶腋，抽花蕾二枚，相并而生，蕾作紫红色；旋即开花，如长筒之状，作唇形，裂为五，花冠不整；花须生出花外，芳香甜蜜；二花一黄一白，因得是名；亦有初开时白色，后泛黄色，前开后继，此黄彼白，映以绿叶，亦甚美艳也。花开后结圆实，黑色，大如豆粒，可收而播之。花与叶干后，均可供药用，有清火解暑之功。

第八十六节 金银木

金银木性不缠绕，俗呼木本金银，又名吉利子树，落叶亚乔木也。

金银木生于山野中，干高五六尺；叶长形而细，全边，对生，上微有毛茸，色淡绿；花色与金银花相同，初白后黄，花五裂甚深，数朵丛生；花后结实为浆果，红色，略似蒲芦；性强，生长迅速，故栽培颇易，不论何地均可栽植之。

金银藤与金银木，于荒山野地均有之，惜不为人所注意；若有老桩栽之于盆，当开花之时，大可挹赏也。

第八十七节 孟刺藤

孟刺藤落叶藤本，稍具树性，若无他木可附，亦有独立挺生者；野生浙闽诸山中，人有择其多年生者，掘起作扶杖，颇饶雅致。据闻孟母尝用此杖训子，未知确否，无从考证也。

孟刺藤之干系紫褐色，作四方形，四棱上生凹槽，节间生叶；叶对生，长卵形，边无缺刻；节上生刺，与叶同生，刺尖锐，作钩状；当刺幼嫩时采下，可入药用。春分移植，性喜高燥，栽处宜略阴；春日发叶，惟其花果不见；肥料不论何种均可施用，土质以沙性最

佳。冬季略加修剪，可成独本；其干势若虬龙，亭畔池侧，作为点缀，最得清趣。繁殖于春日，将枝攀入土中，即能生根；然后剪断之，可移植他处。

第八十八节　栝楼

栝楼俗呼杜瓜，又有果蠃、瓜蒌诸名，各地均有之。其根富淀粉质，磨成粉后，洁白如雪，谓之天花粉，可调水而食之；嘉定产者尤著，装以锦盒，馈赠亲友之美品也。

栝楼属葫芦科之王瓜属，宿根藤本也。

栝楼自野生，攀缘他物而上；根直下孳，年深日久，根愈深入地心，其形亦愈大；叶掌状，沿有缺刻，如黄瓜之叶，圆形而质薄，对径有二寸余；藤茎体扁方，绿色，节间微有短根，钩附他物，蔓延极速，一年可达二三丈；夏日开花，白色五瓣，边缘细裂成丝毛状，稍有清气；果亦似黄瓜而较大，初青色，入秋泛黄，后转橘黄，内含仁，多脂，可取油；经霜后叶凋，果皮发光，日久皮渐收缩，采下阴干入药，有润肠清肺之效。根年久者，长达数尺，秋后掘起，根若香薯，将皮削去，磨粉即成天花粉，亦可入药；或调水成浆，与藕粉相同，加糖食之，甘美可口；或制糖饼，亦快朵颐。抗力极强，不论何处均可栽植；繁殖以根切块，分栽数处，自能萌叶；然生长过旺，结实极少，当于蔓生枝叶时，施行摘头，抑其生长；且多分枝头，结实可能丰多，累累欲坠，其色明媚，点缀树梢或篱落间，最为美观也。

第八十九节　藤梨

藤梨又名猕猴桃，野生山谷中，浙闽偏南诸地均有之，惜不为人所着意耳。

藤梨属猕猴桃科猕猴桃属，落叶藤本也。

藤梨蔓生，攀缘他木而上；叶互生，呈心脏形，端尖锐，边缘有刺状之粗锯齿，背披毛茸，色稍带白，叶面作绿色，质硬有光泽；五六月间叶腋抽出花蕾，瓣五片，黄绿色；果卵形，两端圆钝，寒露节果熟，皮色紫黑，浆汁甘美，内无核，故不若桃，而酷似无花果，可生食；干皮柔韧，可编绳索。其繁殖以扦插与压条最易，庭园中任何处均可栽植；若藤蔓延过盛，实不结，须将藤剪除，抑制其发育，结实可较旺也。茎干多汁，切之，液

淋漓溢出；每见樵夫农夫于渴极时，常割其茎就而饮之，足可解渴；盖乡村中人莫不视之为恩物也。

第九十节 凌霄

凌霄蔓生，附木而上，节间有吸根，着树牢固，坚不可拔；夏初梢头抽花，大若喇叭，杂缀叶间，湛绿深黄，灿烂夺目；岁久自能独立成木，亭亭如盖，尤觉可爱。

凌霄又有紫葳、陵苕、女葳等名；属紫葳科之紫葳属，落叶藤本也。

凌霄树性滋蔓，皮色深黝，恰如姜皮；根包肉质，有似兰根；茎上多节，节间生须，是乃气根；当攀援他物而上升时，气根之须即吸着他物，蔓生颇速，有至数丈者；叶复生，作羽状排列，小叶片卵形而尖，边有粗锯齿；夏秋间枝梢抽出花轴，其侧生花甚伙，厥形大，花冠为合瓣，先端五裂，作唇状，长可二三寸，色有黄赤，花朝开暮落；惟当花开之时，枝梢仍行蔓延，新梢复次第着花，故花期极长，直至霜降，花开犹不绝；花后亦能结实，为数不多；因此其繁殖以压条最为简便，活着亦易；且节节生根，可与母株剪断，而分秧他处。性喜高燥，积水低洼处，不宜栽种；除斯外，施肥若加勤，生花未有不密者也。

◇ 凌霄

凌霄之种类不一，国产外有美国种、欧洲种；而以国产者最佳，枝粗花大，色火红，花硕大；美国种，花形略小，色鲜红，枝干亦较细；欧洲种，枝细长，花形小，色亦较差；另有一种热带产者，惟为灌木性，冬季须置温室中，以免受冻，暑天开橘红色花，鲜艳可爱。

昔人咏凌霄花有云："有花名凌霄，绝秀非孤标，偶依一株树，遂抽八尺条；立根附树身，开花寄树梢，自谓得其势，无因有动摇；一朝树吹倒，摧折不终朝，寄言立身者，勿学柔弱苗。"寓意深长，尤足发人猛省也。

第九十一节 薜荔

薜荔缘壁上生，纵横萦结，望之碧叶湛然；当山雨欲来，则幽响嘁嘁，尤为有致。

薜荔属荨麻科之无花果属，常绿灌木而有藤性也。

薜荔喜近阴处，野生于山墅间。藤质坚韧，色介赤褐间；紧缘他木或石壁而上，蔓延甚速；叶对生，质厚实，圆平而劲，终年不凋；叶有大有小，有圆有尖，入冬，叶色有变赤色者，亦有青翠者；藤上有全生根者，亦有节上生根者；大别有七种之多：叶大者如瓜子，小者半之，或对生节间，或平贴他物，有专缘石壁者，亦有专附树木而上者。性喜阴湿，凡阴面处，均有此藤；惟生长不速，藤本亦难粗大，三五十年始渐成木，且从未见其开花结实。故繁殖于黄梅时，将藤剪成尺段，插入盆土中，置于阴处，不见日光，自能活着；盖节间原生有根，着土即活，蕃孳亦极速；复因其性康强，病虫害绝无，肥亦不必施用也。

第九十二节 木莲

木莲为薜荔之别种，又呼木馒头，皆自江而南之土名也；按《花镜》云："薜荔在木曰长春藤，好敷岩石与墙上；紫花发后，结实上锐而下平，微似小莲蓬；外青而内有瓤，满腹皆细子；霜降后瓤红而甘，鸟雀喜啄。"其所说稍有异，名亦不同也。

木莲属桑科之无花果属，常绿藤本也。

木莲生于山野中，蔓生颇速；藤上密布小根，宛如蜈蚣，故又有百脚蜈蚣藤之名。攀缘木石而上，干粗者径有二三寸；叶卵形，对生，质厚；春日开小花，生于囊状之花托内，形亦似无花果，色黄绿，不足观；花后结实，形小如鸡卵，子生如莲房；入夏实既丰满，采下取其子浸汁，可制凉粉，而为消暑之上品。繁殖极易，剪段插土即活，毋庸施肥。

第九十三节 彭朴

彭朴亦土名也，酷似木莲，惟果实稍有异耳。叶作凹形，质较木莲为薄，入冬叶色稍呈赤色；果形低平，其内无子，可采，囊肌亦不堪充食。

第九十四节 爬山虎

爬山虎不类花名，谅虎字系花之音误而假书；亦落叶藤本也。蔓延最速，藤质较柔，满生须根；节间生叶，其形较大，作掌状分裂，梗细长，略呈红色，边稍有缺刻，上生微毛；春夏之交开小花，不足观赏；花后结子，色绿，杂缀叶间，难引人注意。叶节生有吸根，能吸附他物而上，故凡墙壁或树木阴处，均有其迹；不数年，层层密布，时当盛暑，望之顿生凉意；而微风吹动时，作波浪起伏状，自更有清趣。此藤繁殖极易，春初将藤压入土中，即能发根；或剪段插入土中亦可；待叶出根生，可分栽他处；则不数年又成一翡翠墙，诚庭园中之妙品也。爬山虎有三种：一为经冬而即凋者；二为长青者；三为洒金者，最称名贵。

总之，观赏木种类之多，不下数百种；上述之九十四种，均属知名而经予手植者；其他多俗名，或有不知其名者；且因地而异，不相统一，故无法列入本章之中。窃意惟有赖吾国园艺界各专家协同定名，则于园艺上学术之前途，大有望焉。

第四章 宿根花卉

第一节 兰

兰即燕草，香最幽淡，迥出群卉之上，号称香祖。本生深谷，与草木为伍，初无殊异；嗣经人盛以盆盎，培以山泥，覆以纤草，百般珍惜，千种爱护，冀其向荣；但厥性素娇，柔质弱躯，恁样保爱，仅茁叶数茎，春日吐馥，亦寥寥一二剪；偏因香清气逸，终觉可珍耳。

自古至今，嗜兰者多，佳话韵事，流传不绝：如某公爱人之兰，至以己女为人媳，以易其兰；因兰而成此一段姻缘，癖尚如此诚可谓之兰迷。又兰贩某专作伪以充名种，将劣花熏以硫黄，冒称素心兰，以待善价；爱者一时失察，出重价购之，殆事后识破，贩已远扬，徒呼负负。又如某氏，不惜巨金，以易他人之名兰，然他人宁拒之而不愿割爱；氏不得已竟谋诸宵小者流，窃得畀以重赏。噫！亦虐矣！窃花虽称雅贼，但终有乖世风道德，不足为法；愚意癖兰者，不妨先行征求对方同意，彼此交换名种，互通有无，如此始不失为君子之道。

又海上巨商某氏，酷爱名兰，经多年之搜求，悉心培植，几达一二百盆之多；时有声势赫赫之获军使某，觎觊久之，拟出重价以购，倩人屡探，某氏不忍割让；一日获军使佯以拜谒为名，私率侍从多名，室车六辆，某氏不察其意，殷勤款待，未敢稍懈，宾主交谈甚洽；乃同来侍从潜入园中，将所有名兰一一移诸车上，劫之而去；园丁欲禀主人，未及启口，某氏嫌渠慢客，已叱之出，园丁再度进告，见嘉宾在座，仍只含糊其词，不便直陈；某氏初不明其意，待客出，始详全情，某氏顿时容色惨沮，徒唤奈何，由此毕生誓不栽兰。时在民国某年，适为军阀横行时代，强权霸道，一至于此。

兰呼山兰，属兰科之兰属，常绿宿根草本也。

第一项 性状

兰根系肉质，形粗而性脆，中有一筋，贯通养液，故往往根之皮肉虽断，而筋仍牵连如故；叶多数丛生，细而尖，狭而长，展高七八寸，其上叶脉平行而出（劣种则边缘粗糙），质硬而厚，色呈深绿，终年苍翠；叶丛之间，抽出花梗，旋即开花，一茎一花者称草兰，一

茎数花者称蕙兰；花之形、瓣、色、香、心，大有差异，别之要有下列五种：

（一）春兰　花开于春季三月左右，梗端放一花；产于浙、川、滇、黔诸省之山中。

（二）蕙兰　叶较草兰稍形瘦长；初夏花开，梗生数花，香逊于草兰，色亦略淡；野生于江浙之深山冷峦间，所以称之为空谷幽兰，其品名甚多。

（三）建兰　花开于夏秋之间，梗生花八九朵；产于福建，而以龙岩产者尤著；花心有荤素二种，以素心者较贵；叶柔润而形垂长，龙岩产者皆属此种；龙岩素心兰之最有名者，称为十八学士，一梗着花十八朵之多。

◇ 素心建兰

（四）川兰　产于四川省，春日开花，花梗长一二尺；叶长而柔，湛绿有光泽，梗高于叶。若花于子午时开放者，称为子午兰；花形若虎头者，称为虎头兰，又名四季兰；其他品种，亦殊繁多。

（五）箬兰　早春开花，故又名岁朝春；叶短阔，若箬叶，故得箬兰之名。

第二项　栽培法

兰虽有春兰、蕙兰、建兰、川兰、箬兰之别，培植法或稍有异，惟大致均相同，故并而述之于下：

（一）翻种　兰多作盆栽，惟因盆土有限，培植至相当时期，根即长足；故每年须加翻种，使盆土可以更新，其法如下：

【甲】时期　翻盆时期须适当，否则有害无利；春兰及川兰宜三四月间，建兰宜四五月间，蕙兰宜二三月间，秋分前后亦可；总之，于花前花后，行之最适。

【乙】择盆　盆以泥烧者为佳，形宜高深；新制者须先喷以清水而稍带湿润，旧盆当内外洗清；盆口要大，约一尺口径，底径不得过尖，约六七寸，其高约八寸；每盆可种苗草二十桩；（一桩即一芽，上生叶片五六张，下有一总根。）泥盆管理须周密，一不经意，即受旱伤；故以紫砂盆或釉盆为佳，色宜白、紫、黑等。

【丙】翻盆　翻盆每年行一次最适，若多年不翻，根已密结，不易分折；法先以竹片刀于盆之四周挖掘，翻出根窠，去其宿土，再以清水洗洁，使根全露；然后用利剪将根剪开，分作若干丛，并剪除腐根或断根；再洗净之，置于阴凉处，至少有半日阴干，若浸以

消毒药水更佳，于是才可上盆。

【丁】用土　土宜用浙之余姚或奉化金鹅山泥，色黑质松，此乃为最佳之腐殖土；惟须先筛过，大粒者用之填盆底，以利泻水，小粒者用于上层，使易着根。

【戊】上盆　盆底均有小孔，通常为三孔，或仅一大孔者亦可，而近盆底边上，仍宜钻小孔六七枚；上盆时将孔填以棕皮数层，以防蚁蚓等之侵入，上覆蚌壳，再铺火烧土或砖瓦块、木炭等均可，厚约二寸左右；其上再盖粗粒山泥一寸左右，略加捺实，借使日后灌水，免土陷落而有空隙；于是复添细土半寸，随以兰草置入（兰棵至少有三桩以上），此时须有二人，一人将兰数桩并合，另一人双手扶持之，然后并兰者将细山泥渐次均匀加入，微微悬提使根引直，及加土齐根，将盆些细摇动，俾土与根相互密切；遂再加土齐至盆口半寸处，扶持者略将兰向上拔起，则根可不致屈曲，同时以指揞土坚实之，并拨土略使坟起，盆之四周稍低，形若馒头；旋即以坑砂粉一平匙，埋入盆之四周，与土相混作为基肥；至此大部事毕，若防盆土为雨水冲损，可种以翠云草（俗呼鸡脚山草），若土质疏松而不易堆聚中央，可略喷之以水，土即凝集而易隆突；跟后乃置盆于清水之木桶中，使水徐自壁孔间渗透而向上，待透至盆面，即可置入阴凉处；自此勿淋大雨勿吹大风，一周后可置于固定之处所矣。

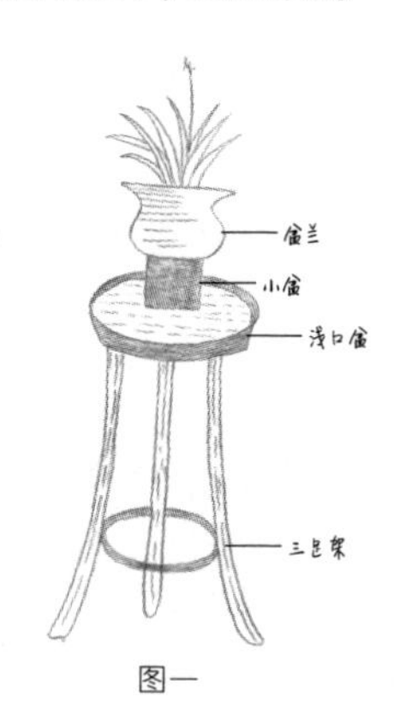

图一

（二）置所　置所之地位，东宜空旷，以引晨光，南北亦如之，以纳凉风，西临竹林或树阴，使遮日光之西射；地形毋得过狭或过阔，离竹林或树阴之东，不出三四尺者为佳，如此半阴半阳，通风透气，凉爽畅快，最合兰性；盖兰本生高山，故盆兰亦宜填高四五尺，泥地并须铺以粗煤屑；而后安置盆兰之架上，架有二式：

【甲】木架式　着地搁以木条或石条，高低两层，求其通风；架上置一浅口盆，中注以清水，再取小盆倒覆水盆中，然后将盆兰坐置于其上，如是可防蚁等之侵入。（如图一）

【乙】悬空式　木架或铁架，高四五尺，四足各套铁罐中置火油或臭药水，防蚁爬上；于是将盆兰跨悬其间，此式最佳。（如图二）

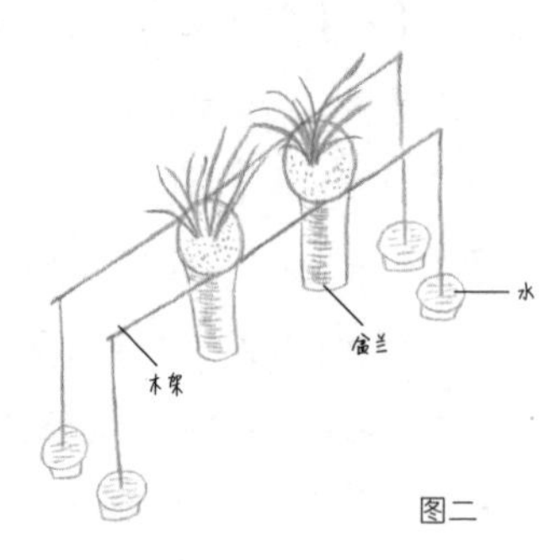

图二

盆兰通常置于帘棚下，若遇大雨急淋，受害甚大，且帘水滴入盆中，其水固定，根未有不烂者；故宜盖以蓝布幔（制

法：布质宜厚，先涂上嫩豆腐，用竹片刮平，闭塞布孔，再涂桐油三四次，以俟阴干。）打桩坚绷之，以代帘泊；桩高约丈余，如是虽遇暴风雨，亦可高枕无忧矣。蓝布虽经日晒，仍觉阴凉，惜不能全遮；故遇烈日斜射，应四周悬帘：午前垂下东南二面之帘，午后卷起之，而垂下西北二帘，如是日光庶不致射入。入冬当宜移入利用日光热之温室或草舍中，切勿受冻，舍室宜干燥，不可有水蒸气；并防檐水滴入盆中，以免根起腐烂；至三月下旬方可出屋，若此时气候尚未转和，再留置数周，亦无不可。

（三）灌水　灌水宜每日视察盆土之干湿而后定夺，不可过湿，亦不宜过干，以滋润为度；水须洁净，昔时栽兰，主用天落水与溪水，不宜以河水井水等灌浇；予则不以为然，因溪水仅山居者可得，天落水若遇天旱亦感缺乏，则当有一补救之方，始克济事，是故以自来水与河水浇之亦未尝不可；惟先一日积蓄水缸中，待污物或咸汁下沉，方可取而用之，盖兰最畏污物及含有盐性等矿物质也。灌浇之法，每于清晨或傍晚，见盆面土已干或翠云草略形柔垂，即可浇之；且因盆土隆高而质松，则非用极细喷壶喷洒之不为妥，喷时须仔细，不可多喷，更不宜喷及兰草中心，否则根易于腐烂也。每次灌水当待盆土已属湿透时方止，但自十一月后至二月下旬，浇水不宜湿透，因此时已入寒冬，仅使盆中水分，足能蒸发而不碍兰草之本身即可，且每隔三日浇一次已足；自三月初旬至六月初旬，须每日一次或隔日一次，因此季萌发新叶，盆土宜滋润，日光不宜直晒，而后新叶可以翠绿而修长；自六月中旬至九月下旬，每晨一次外，再于晚间察看一次，若盆土已干，宜再浇之，如此盆土可滋润，又可助晚间之露水，尽量而透润叶片，况此季系挺生新根之际，水分不容或缺也；九月中旬后，每日须注意盆土之干湿，干则浇之，湿则任之可也；入冬浇水虽可减省，然每日仍须注意及之。又浇水时，宜避免者，水不可直冲，否则叶沾污泥而变焦，当立即将叶背揩净为妥。

（四）遮帘　置兰之所，上均遮布幔，以防雨打；间亦有遮帘者，惟大雨须将盆兰移入室中，天晴再搬移帘下，殊感麻烦也；故盆兰置于帘棚下者，遮帘当宜密切注意之。自五月下旬至六月中旬，晨十时半至午后二时，上盖顶帘外，四周宜吊侧帘，以防日晒；六月中旬至七月初旬，气候日热，晨十时至午后四五时，统须盖帘；七月中旬至九月初旬，自晨九时至午后五六时须延长盖帘时间，以防烈日之肆虐；直至九月下旬后，盖帘时间较短，入秋愈深，日晒宜愈长；如是迤逦至十月中旬后，则不需盖帘矣。帘棚高约六尺，愈高愈佳，务必开朗；虽管理稍感不便，不能顾耳。

（五）施肥　兰性喜肥，故翻盆时，盆之四周当壅入坑砂粉三四处，但不可直触根部。

而坑砂施入之量，须视桩草之多寡而定；大概三桩兰草可壅汤匙三分之一，六桩兰草可施半匙，十桩兰草者则可施一匙。（壅后自能与山泥混成。）肥料之性宜和淡，昔人竟用燕窝和以牛骨粉等，浸渍一年，待腐熟后取而施之，是乃近于理想，过于浪费也；亦有人以浴汤水浇之，似又觉过于污秽，而豆壳或豆粕水，亦为太热之品；故以腐熟家畜等焊毛汤，浸于铁桶者，浇之乃适；尤以河蚌鱼虾类物捣烂，并经腐败者最佳；施用时取此汁二份，加清水八份，于春分后一周间或中秋后行之；此外将莴苣叶及蚕豆壳，经三月以上浸烂者，取其黄绿色之汁水二份，加水二份而施之；予尝以小虾腐烂后，浸入水中，初变红色，复转黑色，过黄梅季取其一份，和水九份，待土干时浇之，亦有效——但若腐朽时期过短，臭味浓烈，易招蝇类飞集，致受其害，还以不浇为宜。施肥期总以花谢后三星期间施之最妥；平时以河蚌鱼虾等腐熟水（洁净若清水），取其一份，和水九份，待盆土干后浇之。施肥不可过多，若夏季施之过勤，至秋季尚发秋叶，形矮而弱；则来年发春叶时，将蒙其害；如是多年之后，兰草且日渐萎缩，以至于竭亡；是故凡施肥之时间，万不可随便出之也。

（六）冬藏　兰原生山谷，本不畏寒，但移植于盆中，反养成娇性；故入冬后宜移入利用日光热之温室中，不过室内当干燥，若有水蒸气，自檐沿滴下，则兰根易烂；是以尚能置入草舍中将尤为妥善也，但亦不可冰冻，南首宜有玻璃窗，日间开之，日光可射入以取暖，冰冻天宜点灯一二盏，以增室内之热度。

（七）摘花　当抽花梗时，先辨别其大小，每盆至多留三梗，余宜摘除；花开足后亦宜摘去，以免久开而耗养分，更有碍来年之生花。蕙兰每盆初留二梗，三日后摘存一梗，待花开及最上一花时，至多留五六天，即宜拔去；拔时一手揿住根部，一手拔花梗，而不可损及根部，但若贪图便利，用剪刀剪之，则恐留底梗而仍消耗养分，故终以拔除为妥。

总之栽兰之法，管理宜周密，不可依赖园丁，事事须躬自为之。古人有养兰诀云："春不出，无霜雪冷风之患；夏不日，最忌炎蒸烈日；秋不干，多浇肥水或豆汁（予以为此季肥料不宜施，因此时根已长定，实不需肥，惟盆土宜常保滋润为要）；冬不湿，宜藏暖室或土坑内。"此确为栽兰之要旨也。

第三项　病虫害

兰之虫害较病害为烈，若管理妥善，亦可避免也。兰之害虫以介壳虫（俗称兰虱）最为普遍，群集于叶背之总脉上而吸收叶液，致叶呈焦黄之小点，此乃由于盆土过湿，空气不畅通之故；若叶背发生此虱，当用人工以刀轻刮之，再用烟精液蘸涂，可免后患。兰根

性甜，易诱蚁类，故架上之水盆，宜每日检视之；倘蚁已侵入盆土中，当用油煎物置于盆面，引其群集而杀之，设仍不奏效，当立即翻盆以除之。置所若低洼而阴湿，黄梅时蜒蚰蠕入盆中，则根叶黏着蜒蚰分泌之汁液，势必即行焦枯；故亦宜每日检视之，一见此虫立即捕去是妥。平日宜防鼠猫，若溺尿于盆中，根即腐烂；又须防蚱蜢等啮叶，而更应随时注意之。兰之病害虽少，然如叶焦黑或有焦点，根亦日渐腐烂，考其因皆由盆土过湿而起，行翻盆犹可以救之；又若叶尖稍变焦枯，此乃为盆土过干之征，灌浇时当宜经意者也。

第四项　兰品

昔人养兰，辄于花开之际，征集各家所栽心得，以作竞赛之举；当时聘请艺兰专家，品评优劣，其盛况颇为热烈也。兰通常分为四品，即梅瓣、荷瓣、水仙瓣及素心是也；更有青、红、紫、绿、黑五色之别，今姑将四品之特征，分述如下：

（一）梅瓣　外三瓣短圆，捧心起兜，而舌不伸畅。

◇ 梅瓣

（二）荷瓣　外三瓣阔大，捧心起兜。

（三）水仙瓣　外三瓣起尖瓣，端不甚圆，捧心无兜，舌下垂。

◇ 荷瓣

（四）素心　不论梅瓣、荷瓣、水仙瓣，中心与瓣均作一色，颇为名贵。

◇ 水仙瓣

另品兰之法，分为花、叶、芽、根四项，列说如下：

（一）花　花蕾初出土时，外有大硬壳包着者，谓之鸡嘴层，其层总包者谓之大衣壳；春兰之衣壳系五层，蕙兰则七至九层。当此衣壳出土仅一寸时，若壳嫩绿而透明如翡翠者，必为佳品（且壳上之脉细直而色亦明显），若脉粗而色暗，必为普通种；蕙兰之壳若为绿、白绿、红、紫、淡红等色，则均属名种也。又当花将开时尚有一层薄衣包之，谓之小衣壳，亦称肉箨，以长大者为贵；凡梅、荷、水仙诸瓣之箨，必润滑有光而质厚实，且捧心亦厚。逮花出小衣壳，谓之出壳；蕙兰之花蕾紧抱花梗，累累如珠者谓之排铃。外瓣尖尚交搭而未离，下显舌根，旁露捧心，斯时谓之凤眼；花背两边瓣，叶顶瓣者，谓之上搭；于胸下者，谓之下搭；凤眼大而上搭深，花狭而有兜，且不落肩，是为佳品。至花开足后，外三瓣谓之外瓣；中心二瓣谓之捧心；捧心中有一蕊，谓之鼻；鼻下者谓之舌。（具见上图之一）

花之三外瓣宜圆而紧，质厚而糯为贵；若边平而宽，或顶瓣独阔，边瓣则狭而薄，均非所宜。惟边瓣左右横平者，此种为一字肩，品最上；或边瓣上升，谓之飞肩，亦属上品；

若边瓣下垂，则品亦下焉。

舌以短圆为上品，尖、狭、方等属劣品；色以绿白而光匀者为佳。舌上有珠点，蕙兰以散漫者贵，不论点为淡红或深红，均须鲜明；而春兰成品者须呈一点，或元宝，或品字，或大块，俱是佳什。

鼻宜小，捧心宜结窝；若鼻大而粗，捧心裂开者，品皆劣等。

花梗以细长者为贵，大花细梗，谓之灯草梗；花小梗粗，谓之木梗。春兰梗宜细，长约六寸；蕙兰梗长约一尺，以长而直且着花七八萼者最佳，花挤紧成团者不取也；花宜高出叶上，尤多清趣。

（二）叶　叶质宜厚，柔软而短阔，叶边光滑者为佳。

（三）芽　叶芽以黄梅前后出者，粗壮有力；伏天出者次之，秋芽最劣。

（四）根　根之形，细圆为贵；若粗而方，必少佳种。

总之兰之鉴别，以花蕾之外苞衣壳，不呈尖形而元浑，色翠绿而有光泽；蕾尖亦非如笔头乃作大豆之状者，则十九为名瓣矣。

春兰之名极伙，名兰称之为仙兰：其成名者，老种如宋梅、集圆、龙字、汪字、万字、小打、哥梅、桂圆梅八品；素心如张荷素、文团素、郑同和、盖荷四品；新老种如西神梅、同绿梅、春程、春一品、绿云、杨氏素、环球荷等。

蕙兰成名者，如程梅、关顶、元字、砚字、一品、上海梅、潘绿、荡字、金岙素、大陈字，共计十品老种。

第二节　热带兰

热带兰多来自海外，花色虽较国产者为娇艳；惟芳香不浓，比之国兰相差远矣。

热带兰产殖南美及南洋等地，寄生于苔藓或树皮中；根多生自茎之诸部，吸收空气间水分，故属气根植物。叶片狭长，较国兰为短；夏初开花，与兰相若；花色颇多，因种而异。沪地亦可栽种，通常取泥烧高筒盆栽之，盆底四周附有小孔以便透水；种时先以蚌壳填没盆孔，上铺木炭（事前将灰屑等物用水洗清），厚二寸左右，再填细碎砖瓦粒寸许；然后以干苔草（英人称Moss者）代土，约铺二三寸；乃将兰草加以修剪，腐根枯叶均宜剪除；之后置兰于苔草上，复以苔草壅围，用指揿实；始可浇灌清水，充分湿透后；移入温

室，不使日晒。（若不用泥盆，则可用木条钉成小匣，或用棕线裹扎均可；惟此宜于春季行之。）日后注意灌水，当因时制宜：十一月至三月为其含蕊之期，灌水稍勤，每隔三日，浇水一次；但灌水亦不可过多，盖因此时新根及新叶尚未萌出，需水固不多也；待至四月，新叶茁生，水分才须多给；七八九三月气候炎热，盆宜置入凉阴处，需水不多；若天雨过久，不如搬入透凉处，每隔四五日灌以清凉之水，由盆面浇入，直令溢漏而出为愈；若于四五日中仍嫌水分不足，则可喷洒清水，或泼水于地面，使室中空气稍湿以润兰叶。十月后天气日寒，水分于是而减少；及入冬入温室，更常使苔土带干润可也。（室温能保持华氏五十度以上即不致受冻）厥性厌肥恶垢，无须施壅；于夏秋之间，若盆口或匣上偶生有青苔，当即洗去，以重清洁；然遇抗力特强之种，则于四五月间，可略施鱼腥液肥，但至六月不可再施，以防蝇蛆集生；故鱼腥液肥须经半年以上腐烂者，取其一二份，加水八九份，于春季时行之，方为适宜也。

第三节 菊

溯自晋代陶渊明对菊东篱，命酒独酌之后，雅人逸士，多踵其事而效之；并以陶之爱菊与周之爱莲，并为美谈。盖菊占百华中最高品秩，能傲寒霜，独矜晚节；茎疏而劲直，花稀而硕大，色美而鲜丽，香淡而清芬；故菊称逸品，良有以也。

菊属菊科之菊属，多年生之宿根草本也。

菊吾国特有之，古籍颇多记传，如《礼记·月令》载“菊有黄华”，故溯其由来，恐周秦之时已有栽培，菊之历史，不可不谓悠久焉。

◇ 菊

第一项 性状

菊为多年生根花卉，茎之高度不一，高者有丈余，低者五六寸；茎不甚粗大，下端木质化，上稍仍为草质；叶之形状，大概如羽卵，边缘有缺刻及锯齿，叶柄长，互生；花为头状花序，开时有早晚之异，故有夏菊、秋菊、寒菊之别，但以秋菊为正宗。性喜肥，又喜瘦；爱湿，亦爱干：当含苞待放之际宜肥，生长期中宜瘦；开花之时爱湿，黄梅期间爱干；盖其质素娆，必因时制宜乃妥。菊虽能傲霜，但畏冰冻，是以花谢后，宜移入帘棚内

而越冬也。

第二项 栽植法

（一）用土　菊之用土，普通以宿牛粪或糠灰，和以稻田泥而成；但当雨季时期，若栽菊于牛粪土中，易生蚀食菊根之土蚕，辄致夭折，虽甚肥沃而疏松，仍不合用也；且糠灰多加入后，盆土易干燥，初栽之时，新根难以伸长，故用牛粪及糠灰，均不甚相宜。近年来予栽菊多用腐殖土，先择地掘一潭，深约二尺。（若二尺以下有腐物须取出，此腐物虽不易晒干，可敲细研成腐状物，埋于高燥土中，日久后必能干松。）底须坚硬，以防养液之流失；于是将落叶埋入，约有半尺，加置筛过之煤屑半尺，再放水藻半尺，高出地面（或低于地面亦可）；最后以河泥厚涂之，顶上略凹陷，以便日后污水或粪溺等灌入；另以二尺余长之刀插入中层，使粪水等污物能直达底层，仍以河泥封之；一年后始可施用，事前必须加以晒曝及筛过，以干松之稻田泥（河泥冰松者亦可）二份、腐熟米糠二份、腐殖土五份、草木灰一份混合之；然后用此土栽菊，不特肥沃、清温、疏松，更无干硬、积水、生杂草及罹病虫害等之弊，且菊叶可更形碧绿而有劲也。

（二）繁殖　菊之繁殖法，最多而亦最琐屑；有扦插、分株、播子、嫁接等法，今除分株外，一一详述如下：

【甲】扦插

〔子〕时期　瓦筒菊（一株数花者）当年三月上旬至五月中旬行之；标本菊（一株一花者）于四月下旬至五月中旬行之；腊菊（一株数百余花者）来年九月中旬至十一月行之。

〔丑〕扦法　一、当瓦筒菊扦行前，将去年宿根旁所生之芽，俗称脚芽，于二月下旬施以糠水，以促其肥大；及芽已出七八片叶时，约有六寸高，乃在其长二三寸之处剪下，上附有四五叶片为度；凡清晨剪下者，可于傍晚扦之，因晨间菊苗已饱受甘露，及晚亦不碍其生机也。剪下之苗，以利刀齐末端之叶处削平，并将上生之三叶剪除；若再有过大之叶，亦可剪小之，以防苗内水分之蒸散而难活着；于是再将末端略削破皮层，可促生新根也。土以粗山泥三份、干水藻三份、粗河沙三份（若有溪沙更佳），混合而用之，成绩自佳；因此种土壤绝无肥分，但能保持湿度而反便于排水。扦插之盆当以泥盆或木箱最佳，底填以多量之煤屑，使易透水；箱高约三寸，菊苗扦入土一二寸，以清水浇足，土粒即可紧密；然后置入帘棚之内，以后略见日光，但大雨不可浸淋。若行大批扦插，当先将苗圃掘松，晒干后始可行之；苗插入之刻，预以竹签等物镂一空穴，然后拈苗置入窟内，再以手指捺紧

苗旁之土；以篷头壶喷足清水，先使土面一二寸湿透，数日之后，水分自能透至下层；若一次浇水过多，土质过于潮湿，则不合菊之所好也。扦后每晨俟露珠略干，应以清水洒之，足可供一日之蒸发；及四月时，盖帘一层，五月中旬时，另覆一层；若于五月前扦者，五月后已活着，此时可渐晒阳光，水分当逐次递减；直至见苗圃中之苗，大部已生新叶，可不遮帘矣。又扦后第四星期，苗已渐长，须摘去芽头少许；再将圃中之土，以竹刀松之；若土略干，施淡粪水少些，每三日一次；至一月后，可分栽矣。二、标本菊亦可应用上法。三、腊菊之扦法略有不同，乃于老株根旁有芽者，以利刀切下之；但不可选其过分强大者，否则扦活后，冬季或来春之际，株端复开花矣。切下之芽，不论有根与否，均可扦入盆内，及冬移入温室后即活。苗高达四五寸时，当摘去其顶端；每一盆，栽一株，以后俟新芽长至六寸左右，即可摘去全部之芽头，使各头齐平；于是下次摘头时，则新生之芽已高出摘过者诸芽；往后随生随摘，续续行之可也；但于立秋前则停止摘芽，只须摘去低矮无用之侧芽；盖此时芽已近有百数，均能欣欣向荣矣。

【乙】播子　以极细之菊子，播于肥地或盆中；地播者，当子播后，略加细土；喷以清水，上覆油纸，以保水分；再于离地面二三寸处，搭桥形之架，上盖帘卷，如有大雨，加以油纸；日中盖帘，晚间露之；早晚略喷清水，不可过湿；待子大部抽芽后，约三周左右，帘尚不可去之，雨亦不可淋；当少数菊子抽芽后，须将帘加高，使其多受日光；若子出芽，参差不齐，则子出后一周，掘起而移入瓦筒或他处，加以苗床之管理，促未出子者发芽；然至四月初旬，再有不出者，恐无生望矣。子出之苗，生长特甚，秋季同开花，花朵肥大而色美艳；惜多单瓣，是为美中不足，但至次年及第三年后，或有变形者；故于五月之时，将其芽摘下，亦可扦活；特扦活之苗，所开花色，时有不同；盖彼子出之苗，必历三年之扦插，始可确定花形。子出者多经摘头，当年不能开花，宜少摘为妙；至五月下旬，即可停止，切勿因见其茎过高而仍摘；如此则于当年内可能生花，实乃淘汰劣种之要诀也。

【丙】嫁接　五月前后可行之，其法亦易；先取艾蒿或强健之粗种菊为砧木，将砧木上部剪去，继以利刀劈开，深约半寸；再以所欲接之菊种，长约三寸，下叶剪除，两侧削成尖形，即可插入砧木劈口之内紧接之，并随手以麻皮或柔韧之稻草扎之，乃可移入较阴之处；灌水与其他管理则同，惟浇水时宜防水溅及接口上；经一过后，即可活着。又一株之上可接数种，使人惊奇不已；但此种接苗之缺点有三：一则凡经嫁接者，开花呈憔悴之态，而无精神；二则因一株上，虽放色泽不同之花朵，殊乏自然之生趣，似感过于矫作也；三即于嫁接时，若忘其种类，开花之时，花朵大小参差不一，反有碍美观；故有此等缺点，

不多采用；然若难以扦活之菊种，可行此法而得以保存也。

第三项 培养法

菊之培养法，因菊形式之不同而有异：

（一）瓦筒菊　所谓瓦筒菊，即将菊栽于三张瓦片合成之筒中（外以铅丝作箍呈无底盆状）；瓦筒三分之二埋于畦土中，三分之一露于地面，中实以制就之培养土；五月间以扦活之苗，候降雨前种于筒中；凡根有宿土者即活，于是施以淡粪水，则欣欣向荣焉。此时气候日热，灌水须谨加注意，若干湿调匀，枝叶自易茂密；平日每隔一旬，施以淡肥，而不必多施，因土中本有肥分，否则反罹病虫之害。培植之地，须空气畅通，日光充足，庶无病虫害为患。摘头亦应注意，其次数不一，视将来所需之花朵而定；直至立秋，尚可摘头一次，但于立秋后，处暑前，切不可再摘；否则花朵小而开花期延迟，或竟不能开花者，故七月初旬起，摘头已可告终。瓦筒菊宜选形矮而梗硬之种，种之最佳；若茎高性软，需赖竹竿扶直之。瓦筒之表土易为雨水及灌水时冲去，常致露出菊根，是以宜随时加土壅护为要；惟秋后茎渐长，花蕾渐见，此时须将土耙松耳。十月花蕾大若豆时，即摘去茎下端之腋蕊，仅留顶端若干大花蕾；至十月下旬，花蕾已日渐坚强，乃留其一，余者均行摘去；但若于花蕾未强时而摘存其一，如适遭虫蚀或病害，则花蕾即夭折，该枝亦告无用；而徒使吾人蒙受损失，是为艺菊者所当经意者也。此外常花蕾见后，须支竹竿，防风吹折；并俟盆土干时，施以磷肥，即将陈宿虾壳蚌蜞壳等汁灌之，可使花色鲜艳，花朵肥大，花期延长而久开不凋也。当花放三分二时，赶紧翻入泥盆或细盆之中，灌足清水，略避日光一二日，可出以供观赏矣。

（二）标本菊　标本菊即一株独放一花，专作殊赏或研摹之孤标也。当菊苗扦活后即可上盆，先于下端摘头一次，待腋芽生出，去其弱者，强芽则留之；以后再摘头一次，仍择其强者而留之，将腋出之弱枝一并去除。若摘头技术佳巧，剪端之伤痕均可长平；花蕾初留二三，余者摘去，最后存其一，以竹竿傍插而扶之；其他管理与瓦筒菊同，互可参酌也。

（三）腊菊　腊菊即一株开花数百，投西人之所好；盖取其花朵整齐，大小一律，洋洋乎能蔚为大观；然与吾国人士所谓："影怜疏处瘦，情觉淡中亲。"菊之品赏观点不同也。至其培植法，即将来年扦活之苗，一株栽一小盆，于温室中培养之；温室以利用日光热者最佳，灌以清水，不可过湿，否则枝叶瘦长而不强；每周施淡肥一次，因温室气候适中，已够发热；苗渐长大，盆亦逐渐放大；即用以前制就之肥土，并施以一二次摘头，任其分

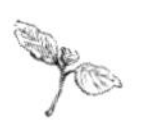

株；以后新芽长至三寸左右，即行摘去，顶头去后即生分头，一到三寸再摘去；自是一分二、二分四、四分八……芽头可逐渐增加，直使各头齐平；至下次摘头时，新生之芽已高出摘头各芽，此时再将全部之芽一并摘齐；若再有新生低芽，仍依前法行之；至立秋前约六月中旬，乃停止摘头，只将低矮无用之芽，全部剪去；随时并时将盆日渐加大，至五月底前后，乃种入适当之大盆。（若有百朵以上者，则取口径二尺最大之黄砂缸；倘有三十余朵者，则以大号腊菊盆；二十朵者，栽以中号盆。）翻盆时最宜注意气候，凡遇有大风雨，宜移入室内避之，至少经二周后，方不畏大雨；如不备而经狂暴，盆中积水可以竹扦插入盆底，使水由底罅漏尽；故初种之日，以帘物遮盖为是。摘蕾之法与瓦筒菊同，但花蕾大小务使整齐；若至十月初旬，有早开者宜套以纸罩，使其晚开，或多留花蕾，俾养分分散各蕾而大小可一致；待花蕾渐裂，每枝摘存花蕾一枚，则全盆之花朵，大小均得相等矣。扎缚亦为腊菊必需之程序，当五月中旬时，于盆之三角与中央处，插以竹竿，用棕绳扎缚而固定之，以防暴风雨之吹折；至六月前后，苗已高大，则以棕绳于四周拦之。又腊菊枝朵之攀扎，亦最感繁复，而费手续；于八月以后花蕾已见，即可将各种型式之竹架套上，择枝之长者向架外四周突出，而系于最外一边，短者则留系中部；其扎法：以棕线将菊枝活套，缓缓牵引至固定架上之铅丝旁；当花渐开放之期，乃以铅丝依次扭上花梗，先于外层入手，次及内层；每花高低作一定之标准，其距离亦使之有规定，而总以均匀整齐为美。至于扭铅丝之技术，系此中最难一事，因花梗草质而柔软，一不留意，即致折断；故绕上花梗之际，以左手按住铅丝下端，右手轻轻捺牢花梗，然后以铅丝绕于花梗之上，绕时略向下倾侧，则缠之可不损其梗叶也；又绕时切勿以铅丝向花梗硬拗，因花梗质脆，一经用力，未有不断者；补救之法，则先干燥盆土，使枝叶倒垂，脆性稍减，自较方便也。扭铅丝于架上，虽无定法；若随意捩曲，则次年解下，不免有折断或易于倾斜而不巩固者。今以图表明之：图一以十八号铅丝一尺四寸左右，扭于竹架上，余下者作扎花梗之用；图二示甲处宜特别扎紧，勿使稍有倾动；图三乃以铅丝作宽松之螺旋式上升，而扭托于花蕾之下；于是扎缚手续即告完成，只待花开而欣赏焉。腊菊在开花期中水须勤灌，弗使盆土略有干燥；否则花开决无精神，叶虽绿而下垂，是不可不注意者也。凡花朵大者，不论其为腊菊抑或标本菊，均须置有花托，则更增花之美形；花托以铅丝制就，其形如下图。（甲处搿住竹扦，花梗自乙处套入

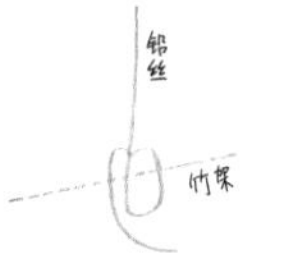

图一

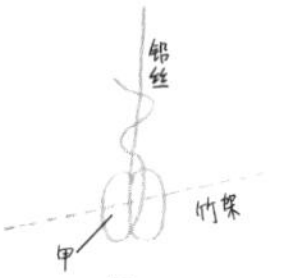

图二

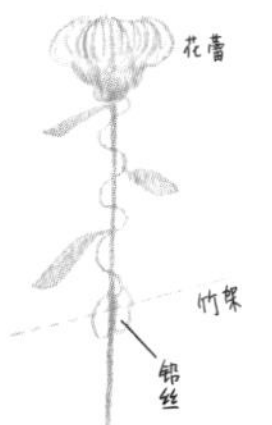

图三

即成。）

（四）悬崖菊　悬崖菊即苗形向下悬垂，其上着花较腊菊更多；因之花亦不大，通常以山菊栽培而成。欲菊枝垂下愈长，则扦插宜愈早；盖其形之下垂，全赖人工之攀扎也。培植法与他菊相同，但摘头稍有异耳：缘此菊正中之芽头不必摘去，且虽欲摘芽而每次宜留之较长；旋芽生于下端者则渐加摘除，俾分枝且增；最后将顶部及分枝再行摘之，即成为锥形。悬崖菊先于瓦筒中培植，至八月初旬翻入盆中；同时以厚篾片或粗铅丝挽俯菊株，使之斜倒；自此直至八月下旬，不再摘头；至十月上旬花蕾渐大，再以株全部向下攀垂；若顶枝特长而无侧枝分生者，则略将顶枝之头摘去，其余不必再摘；然侧枝攀垂，须于七月后行之，则无发育特大之弊也。

第四项　育种法

菊每年均有新品种出现，花形之奇特，色泽之艳丽，概由育种法生成之也。而菊之育成新种，端赖开花时之交配；其手续虽较繁复，顾甚有趣味耳。夫交配本须蜂蝶作媒，若感不足时，则由人工交配之：至交配之时期以十一月左右最适，时已寒冷，肃霜已降，故宜于棚架下行之，以御寒气；惟亦不可行于温室之内，盖温室多蒸汽，花朵易霉烂也。棚应事先筑就，坐北朝南，前高六尺余，后高三尺半，阔约六尺，顶作倾斜；上盖以稻草，雨水不致漏入；寒时四周亦以稻草围之，务使花朵不受冻害；若日光强盛，四周之稻草可去除，俾阳光能充分射入；若轻寒，则三面围草已足；只须花朵避免冰冻而未曾霉烂，成绩必佳；是故对于空气及阳光，尤宜注意也。凡菊欲行交配者，宜择最强大之标本菊，若有强大之瓦筒菊，花三四朵者更佳；交配以同种为限，即管瓣种与管瓣种相配，则能生成管瓣之奇种；而异种虽可交配，但是否能育成佳种，予迄今尚无把握。又欲行交配之菊，于大伏天时，不可再行摘头；盖所以如此者，乃使其早开而可得暖和之气候，花粉易于成熟也。当含苞待放之际，须套以玻璃纸罩，以防蜂蚁侵入；开花之时，则不可移入室内以供观赏；开花之前，则不可多灌水，仅以足资蒸发为度；然盆土又不可过干，盆宜略大而不可翻换。其厚瓣与单瓣者，可由蜂蝶作自然之交配；暮夜将蜂箱移入菊花交配处，至翌日即可行之，然不及人工交配之简便也。又千重管瓣，则非行剪瓣手续不可；因雌蕊大都生于管底中央，故花开至八分时，将管瓣剪近花心，约留瓣根二分；先试剪一二瓣，尤宜细

心剪之，察其雌蕊是否剪及；倘剪后数日，剪存之瓣痕忽又长出，须再剪之，俾稍遏阻其长势；及瓣中雌蕊透出，此时可行人工之交配，乃以鹅绒毛扎成毛笔，将雄蕊之花粉，黏于笔上，涂置他花雌蕊之上即成；花上仍复套玻璃纸罩以防蜂蝶之传染他种花粉；然后露于日中，灌水施肥，一如寻常也。雌蕊受精之后，遂能结实；至翌年一月底，见花瓣自然枯萎，此系种子成熟之征，可准备收子而播之；播子后，当年秋季，即有新奇之花可赏也。（但大都由于雌蕊下之花粉成自花受孕者。）

第五项　施肥

当菊苗扦活后之一月内，略施淡肥即够；若有老株菊花萌芽不盛者，应于三月间，补施肥料，以促其芽之萌生。至所施肥料，以陈者为宜；伏天以前，用宿粪一份，和清水九份，每周施行一次；惟浓肥切不可多施，否则茎上丛生黑色蚜虫，对于开花大有妨碍。当见花蕾大若黄豆时，则宿粪一份只需加水三份，每隔三天即施之；但粪水之效果，不及鲜鱼汁及牲畜毛肠汁之肥；故于花蕾期中，如改施鲜鱼烂成之汁等，则花朵必鲜艳而丰美；因此种肥水中，含有多量之磷质也。施肥之后，须以喷壶喷洒清水，俗呼还水；既可冲去叶上污痕，更可使根滋润。又施湿肥之前，须俟盆土干燥时行之；然施干肥如菜粕等，则干湿不论均可施之。当花放至二三分时，虽施浓肥亦不妨；故见花蕾后，施肥当加勤；不过在培养期中，肥料不可过浓，盖为防止茎过于高大，或叶脱落，或不生花蕾，以及害虫之加害也。

第六项　灌水

灌水次数当视气候而定：大概于三四月间，每隔一二日浇水一次；五月，一日浇一次；六七月，一日浇二次；倘若天气过于干燥，早晚更宜喷洒叶面，以防叶之萎缩而生叶斑病。盆土宜带滋润，而不可潮湿；若在黄梅期间，半雨半晴，盆土常湿，菊遂亦死多活少；故不论每日灌水一次或二次，必须使盆土有一时之干燥；倘盆土不干，宁可不浇；除非花蕾着生后，气候日寒而盆土不易干燥，则尚无大碍。灌水时不可将水直冲，否则污泥沾着叶上，叶易脱落，有碍美观；若栽培少数时，盆上可铺以石子及砖瓦碎片，或盖以棕皮，俾逢大雨，泥浆亦不致溅起，则当开花之际，叶色碧绿而稠密可观也。瓦筒菊栽地上，生长颇速，乃因深得地气而排水较易之故，苟气候正常者灌水稍疏无妨；然而盆菊之灌水，须

时时注意也。

第七项　花凋后管理

花萎凋后即宜脱盆落地，普通种则每一品种留二株栽地已足；若佳种必多瘦弱，当多留数株，以防冬季冻死，或来年萌芽不盛；同时并须揭以标签，注明品名，聊备遗忘。而所有花株，亦应一并剪去，留其根芽（俗称脚芽），灌以多量之清水；上盖草棚，根旁覆壅草木灰或干叶等物，以免冻害。

第八项　虫害

菊之虫害最烈，试述之于下：一、尺蠖虫体绿色，酷肖菊之叶色，难以寻觅，亦有褐色者；专食菊叶，体长约二寸，背常隆起，故呼称造桥虫；菊若于根旁发现虫粪，当检查此处直上部分之叶顶，如有被害，捕而杀之，为害尚小也。二、蚱蜢最喜咬食花蕾，尤以织布娘为害最甚。三、腊菊老干上常有蛀心虫，遇之则叶枯茎死；其端先呈萎缩，根上遗见虫粪；故随时宜检查菊干，务必获而杀之，否则枝叶尽形枯垂矣。四、若枝头倒垂，则于咬伤处可发见菊虎；为害亦烈，速将伤处削去即愈。五、蚯蚓本具翻松土壤之妙用，但钻入盆中，则有碍苗之发育；是以如于盆面发见蚯蚓粪土者，当待盆土干时，以新鲜人粪溺浇之，可将蚯蚓逐出，否则亦自死于盆内，然后灌足清水洁净之；亦有以一磅生石灰化水十磅，经一夜之沉淀，取其清液注入盆中，同样可将蚯蚓驱逐出盆，旋即以清水冲淡之；然此二法，对于菊苗之生育，终属有碍，最妥莫若翻盆直接捕出蚯蚓，重行上盆置于阴处，待其伏盆后，可让日光晒射而复苏矣。六、另有一种夜盗虫，色黑，专食嫩苗或新叶；黎明时若于根旁见有芽叶倒垂者，即经此虫之为害，当觅而杀之；若不见则再查根株附近，是否有隆起之松土，掘开而捕杀之。七、头红体黄之夜盗虫，专食地下根蒂，六七月时尚幼小，故为害不甚显著；直至八月初旬，则此虫大及一寸余，为害最剧，旬日之内，可将全盆根盘蛀食殆尽；菊苗初被加害时，尚无憔悴之状，然而至立秋后，苗突萎凋，已无法补救矣。

第九项　菊历

民国三十年秋，承淡定轩主人，赠予半园艺菊节历一帧；其中关于艺菊之道，确为多年栽培以来，心血之结晶，不胜敬佩；因录之于下，以供有渊明癖者，作为参考也。

半园艺菊节历：

立春——正月节（阳历二月四日或五日） 止肥

雨水——正月中（阳历二月十九日或二十日） 酵土

惊蛰——二月节（阳历三月五日或六日） 膏地

春分——二月中（阳历三月二十一日或二十二日） 分秧

清明——三月节（阳历四月五日或六日） 续秧

谷雨——三月中（阳历四月二十日或二十一日） 秧完

立夏——四月节（阳历五月六日或七日） 登盆

小满——四月中（阳历五月二十一日或二十二日） 摘苗

芒种——五月节（阳历六月六日或七日） 捕虫

夏至——五月中（阳历六月二十一日或二十二日） 插扦

小暑——六月节（阳历七月七日或八日） 护叶

大暑——六月中（阳历七月二十三日或二十四日） 灌水

立秋——七月节（阳历八月八日或九日） 止摘

处暑——七月中（阳历八月二十三日或二十四日） 扶干

白露——八月节（阳历九月八日或九日） 删蕊

秋分——八月中（阳历九月二十三日或二十四日） 催花

寒露——九月节（阳历十月八日或九日） 观赏

霜降——九月中（阳历十月二十三日或二十四日） 衡品

立冬——十月节（阳历十一月七日或八日） 剪干

小雪——十月中（阳历十一月二十二日或二十三日） 培根

大雪——十一月节（阳历十二月七日或八日） 避寒

冬至——十一月中（阳历十二月二十二日或二十三日） 晒阳

小寒——十二月节（阳历一月六日或七日） 浇肥

大寒——十二月中（阳历一月二十日或二十一日） 防冻

艺菊诗：

嫩芽尚怯立春寒，肥料当兹灌溉难；雨水节中惊蛰里，桃泥锄土理花坛。

晴和风日届春分，润土分秧手植勤；序至清明经谷雨，移栽莫值雨纷纷。

苗长登盆亦有期，时交立夏最相宜；提防鸦雀兼风雨，端赖棚遮细竹支。

小满风光芒种天，及时理缉计宜先；低苗旁摘高苗正，细捉虫儿干叶边。

夏至黄梅雨正浓，插扦阴湿便蓬茏；防泥溅叶砻糠护，莫烂根须细土封。

小暑炎氛大暑狂，施肥总怕有妨伤；缸边灌透河塘水，须趁晨昏气候凉。

摘苗完了立秋呈，枝干繁高爽气迎；处暑恰宜扶瘦竹，钩枝莫若用麻茎。

白露时节见蕊头，旁生剔去正中留；色浓花大无奇术，只要秋分金汁投。

留心培植愿终偿，寒露开轩满圃芳；霜降安排檐底赏，摹形揣色好平章。

立冬花萎护根芽，剪干还将腐草遮；避冻晒阳溉肥水，三冬培养不宜差。

第四节 芙蕖

溯自周茂叔著《爱莲说》以来，莲之品益高；亭亭净植，泛生池中，诵周必大“青茎翠盖元相映，缟袂霞裾各自芳”之句，令人翛然意远；而留得残荷，可以听雨，故骚人雅士，辄喜艺之。

◇ 芙蕖

芙蕖或作扶渠，又有莲、荷花、水芝、菡萏、水芙蓉、藕花、泽芝等名。《花镜》更详云：“荷花总名芙蕖一名水芝；其蕊曰菡萏，结实曰莲房，子曰莲子，叶曰蕸，其根曰藕。”

芙蕖属睡莲科之莲属，多年生宿根草本也。

芙蕖原产于热带亚细亚之印度，生浅水中；地下根茎（即藕）肥大而长，蔓延入土；根茎有节，颇为明显；每节呈圆棍状，内有纵行之管而中空；节间生根发叶，根须细长；叶圆而大，上披短绒，似甚光滑；中央下生叶梗，长二三尺，上有细刺；六七月间，节上抽出花梗，穿挺水面；梗顶开花，花形巨大而艳丽，花色淡红或白，瓣有单有重；朝放暮合，清香可人；花初开时，实已形成，待花谢后而发育，俗呼莲蓬；子形椭圆，宛如小卵，埋藏于莲房内，其数不一；莲子幼嫩时皮作鲜绿色，可采而生食之，味甚甘香，老熟后皮呈黑褐色，则须去皮而煮食之。荷之叶、梗、根茎及藕节等均堪供用，无一废弃者，故世人益珍视之。

第一项 栽培法

芙蕖有池栽、塘栽、盆栽之别，主旨各异；前二者兼生产观赏两用，后者则仅供观赏

而已，今分述如下：

（一）池栽　栽荷之池不宜过深，以五六尺为妥；于清明前后，将藕秧裹泥，节间系以稻草，悬以重物；遂至池北岸，以藕秧之端向南，而垂入池中，池水有四尺以上已足；当藕秧沉入池底，不久即抽梗发叶，惟栽处须终日有阳光，阴处则不易栽活。若池泥不肥，叶小不能生花，或花开而瘦小，则当施以追肥：法将粗毛竹中间横隔打通，插入藕节之附近，从竹筒上口灌下人粪于池土中；则叶渐可肥大，花更鲜美焉。

（二）塘栽　凡低洼之地，除种稻外亦得栽荷；所产之藕呼为塘藕，甘美而嫩脆，堪称上品。塘藕之栽培，较池栽为繁，而较盆栽为简；法于栽种之前，将塘中积水尽行泄出，加以耕耘，使土松软；然后施以绿肥，待其腐烂后，择藕秧之肥大者栽入，再行戽水即成。若以产藕为目的者，则荷花开后，不可使结实；若欲收莲子，则藕节瘦小，风味大减；故藕与莲子，不能兼获。若塘低遭淹水之劫，花叶尽行枯瘐，藕亦停止发育；该年收入，当大受打击矣。

（三）盆栽　芙蕖性喜温暖，故宜以盆栽之，虽手续较为烦琐，而管理上悉可加以人工方法，适合厥性之所好；惜盆中栽者，藕节发育有限，形亦较瘦小，不堪食用，然而花朵艳丽，大可清玩；惟盆栽不得其法，则仅生绿叶，不发花蕾，将甚为扫兴焉。栽时当于清明前后，据栽荷者谓："清明前栽之，花高于叶；清明后种之，花低于叶。"惟予屡试之，却不尽然；但早种者发育可较强健，花必高出叶上，是为必然之事；若盆土肥美，藕秧强壮，管理完善，即使清明后栽之，花亦可高出叶上；此无他，全赖栽培者经意与否也。栽荷之盆，如有大口深底之釉缸（即通常用荷花缸），则灌水一事，可较简省；若为泥烧瓦盆，水分易被吸干，偶而疏忽灌水，则荷叶有焦边之虞，颇碍观瞻。盆大概以深约一尺，口径一尺半为度；盆底先填干松土寸许，乃以肥嫩青草切细置入，厚二寸许已足，再加干松土少许；然后以藕秧放下，肥大者一二条，瘦弱者二三条；平行排列，藕梢位于同一方向，节间之芽头向上；其上盖以黏泞之醉河泥（约二寸厚薄），使凝固藕节；芽头露出泥面，藕梢略挺起，以便透气；然后置于烈日下，任其晒射；若遇天雨，移入室内。待河泥干透而龟裂成灰白色，此非但无碍藕秧之发育，且土愈干，则日后发育愈强；盖因泥性黏密，干后硬结成块，藕秧固定，虽加水后，藕秧不至浮起；且将来新叶长大，并不因风吹动而震撼藕秧，故藕根之蔓延，仍能如常也。嗣确验土面龟裂，始可注入清水，使之饱吸水分；并再稍予晒干，惟无须如第一次之干裂，仅以指按之，觉土软而不黏，即可加水；自后盆中水不可干涸，至五月中旬后，有小叶片挺出水面，须剪去之；俾日光可直射水面，借水温

而土温升高，则藕秧发育更强；于是逐步可施追肥，以螃蜞鱼虾等物壅入藕节旁，任其腐败；惟此时须注意水不可干涸，阳光应充足；新叶梗上如有蚜虫为害，即当捕杀，更取清水洗净；或用硫酸烟精液或除虫菊烟草液杀之亦可。待第三片荷叶抽出后，花蕾旋亦随之而出水面，如是即陆续抽叶开花；直至经过伏天，气候日凉，花叶亦停发，无须再施肥；十月后，水分可减少；至十一月以后，可将盆移进花房，或埋入土中，或沉置水深三尺以内之池河中，如是可安全越冬；翌年清明节前后，再行取出，依前法翻种之。盖芙蕖须年年翻种，否则花不开，叶难茂；则当赤帝行令之时，少却一消夏之妙品，殊乏清趣也。荷叶如伞，易为风吹折；故荷花缸之四周常搭有细孔，便于搭架；既以护翠盖，又得免荷梗折断之虞矣。

芙蕖之繁殖法，除分地下茎之外，更可赋以人工交配，借得新种异品；惟兹事宜于荷池中行之，若试之于盆中，则难有效果。其法当花初开时，即将莲房之黄色雄蕊，全行剪去，而将他种之雄蕊花粉，加于莲房（即雌蕊）上即成；待花谢果熟，取其莲子，栽入土中，自能发芽生叶；然而翌年尚难开花，须至藕秧肥大后，始能吐艳；顾是否能得新奇之名花，尚在未定之天也。

栽培法之精粗，大有上下；如欲得肥美之花果，则宜于翻种时，节间撒以硫黄，裹以发丝，既可防蚜虫之发生，而花叶之肥美，且大为改观焉；余如灌水时，不可将水直冲泥面，致藕根暴露于外，有碍生长；青苔野草，须时常清除等等，皆为管理时，不可不注意者也。

第二项　品种

莲之品种，据《花镜》所载，有二十二品之多，惟均已失传；现今新种虽有，亦以尚未得名而珠遗耳。兹将其常见者，分述于下：

（一）品字莲　一蒂三花，开如品字；花多白色，不能结实。

（二）并蒂莲　不论何种，如栽培得法，均可发生并蒂；花白红俱有，即一梗二花也。

（三）重台莲　花放后，心中复吐花；花白色，中有红晕；形亦硕大，惟不易结实。

（四）锦连莲　花之色白，每瓣边上，有锦斑或黄晕。

（五）五子莲　一花五心，不能结实。

（六）碧莲花　千瓣丛生，香浓而藕淳。

（七）碧台莲　白瓣上有翠点，花心内复抽绿叶。

（八）紫荷　花如辛夷而色紫，异种也。

（九）湘莲　产湘省，名闻全国；花单瓣，有深紫及白色二种；莲房丰大，莲子肥美。

（十）红放白十八　亦有标志作“十八红姐变缟娘”者，皆俗呼也。当花未放时作淡红色，放后色泛白；花单瓣，约十八片；花市上最多之，普通种也。

第三项　用途

凡芙蕖之茎根、藕节、根须、叶梗、荷叶、花朵、花瓣、莲房、莲子等，无一废物；非入药，即供食与用，其益可谓大矣。藕可生啖，又能煮食；更可以磨碎，沥去渣滓，其沉淀即藕粉，虽病人餔之而无碍；惟现令人心不古，往往以薯粉充之，故购时宜注意；最好能自制，则无此流弊也。

第五节　睡莲

睡莲日本名之子午莲，芙蕖之别种也。叶片圆润，初复开花，杂缀叶隙间，色泽绝佳；喜迎朝阳，晨开暮闭，花时望之，烂若披锦。梗柔弱无能，花叶徒蕃茂于碧水沦漪间，未能亭亭玉立；且随池水之涨退而升降，毫无气概，犹如昏昏人睡然，睡莲之名殆因此乎！

睡莲属睡莲科之睡莲属，多年生宿根草本也。

睡莲本来自海外，产温热两带。根茎短而成块，匍匐水底，深入污泥；叶若心脏形，较芙蕖为小，圆而光滑，基部缺刻甚深，缘边全整，略作波状，色有紫绿、深绿、淡绿数种；叶梗细长，面泛光泽；初夏放花，萼片黑绿色，浮水而开；花分桃红、黄、白等色，瓣八枚以上，形有尖长与圆大之别；花中雄蕊繁多，昼开（未刻）而夜合，可经一周，佳种能至二周之久，始行凋谢。凡庭园池沼中多栽之，暑夏点缀之妙品也。

◇ 睡莲

第一项　栽培法

睡莲亦有池栽与盆栽两种，栽法稍各有不同；然而目的则一，均作观赏之用也。今分述于下：

（一）池栽　于三月下旬将根茎自盆

中翻出，切取其一段，长有四五寸；初择水深二尺左右之池边种入，该处如向阳，日光透射充足，根块自会日渐长大；若池深四尺以上，日光不能及，则栽种后，往往淹毙。予尝思得一改良方法，即初以盆栽种之；至四月下旬，叶已出土，乃以绳索系盆，悬入池水中；及叶梗渐长，可将绳索放松，直至四尺左右，盆已着池底，遂尽脱绳索；并设法使盆陷入泥中，盆口低于泥面；如是叶梗更行细长而浮于水面，根亦自盆中蔓延入池土，生机可永久保持，而无淹死之弊矣。

（二）盆栽　盆栽所用之盆，以高深者为宜；盆质不论为木制，或窑瓷，或水泥胶者均可；如盆深二尺者，则底盛以肥美之醉河泥，或稻田泥等土壤，厚八寸左右；即将睡莲根块种入，略加清水二寸上下，晒之于日光；待叶生出一二片时，再行加水至七八寸；至五月中旬，水可与盆口齐，此时已达开花期；肥料不论何时均可施入，惟以螃蜞等为宜，法与芙蕖同。入冬若置诸温室中，温度常保摄氏十度外里者，仍能络续开花；故睡莲之性较芙蕖为强，而幽静雅趣亦胜之；惟睡莲仅供观赏，不堪食用，是为美中不足也。

第二项　品种

睡莲有二十余种，以色别之，有淡红、黄、白、洒金等类，而白者为普通，淡红及洒金者最名贵，培植亦不易；以瓣辨之，有尖、圆、长、阔、碎、细之异，常人难以区别也。

杭州西湖某寺池内，有黄色小花之睡莲，据谓乃宋朝遗物；该寺僧甚宝之，不肯传种于外，其鄙吝实胜王戎之鬻李钻核；然若一旦失于培护而萎死，则名种断绝，良可惜也。

第六节　水仙

水仙腊蕊素瓣，冷艳幽香；于岁暮天寒，花事岑寂之际，盛以瓷钵，满贮清水，下佐文石，供诸明窗之前，净几之上，芬芳扑鼻，清致入画；备此一丛，点缀岁朝，大为生色也。

水仙属石蒜科之水仙属，多年生球根草本也。

水仙本生暖地，大都来自崇明及厦门；地下生鳞茎，状似百合，富黏汁，含毒，发有根须；上抽叶片，叶丛生，狭长而扁平，上列平行脉，端圆钝，色泽翠绿；冬月叶心中复

抽花茎，若栽于地上，须至二月间始抽；花茎高尺许，超出叶上，茎上生蕊，外有总苞包之；苞裂花出，花六七朵，集生茎端，如伞形；花柄长有寸许，旋即开花，色白带黄，花六瓣；心中生有杯状之蜜槽，即副冠，呈金黄色；香气馥郁，惜花后多不结实也。

第一项 栽培法

岁暮花市之上，多水仙出售；此时适含苞待放之时，盛于水盆中，次第而花；然花逝而人多废弃之，殊为可惜，此乃未谙栽培法故也。夫欲栽培亦不难，当花谢后，剪去花茎，悬之通风阴处，任其风干，叶不久自枯；待九十月间可栽入砂质而性轻松之土中，土须使之肥沃，先施以基肥，如堆肥、厩肥等；每球相距三四寸，深约二三寸，待芽苗出土后，再施以人粪溺等追肥，促其繁茂。惟沪地土质黏性稍重，栽之难有成效；若彼崇厦两地，盛产水仙者，盖风土适宜致然也。

每年十一月顷，大批水仙装于竹篓中而载运来沪，价甚低廉；花肆及摊贩购后，辄加以一番扦削，即置入温室，促花早开，以作岁暮之点缀也。其扦削之法颇简，普通直生者则于球顶扦去约半寸，露出球内之叶芽，惟切勿割伤；如属蟹爪形者则以利刀削去球之半侧，略于根部留剩少许；乃以浅口木桶，将削好者置入，直形者则根向下，蟹爪形者则将未削去之一面向下；若防球根浮起，则可排紧之，然后注入清水，淹没球根；每日晒以日光，晚间去水，置入温室中可也。当初浸时，球上有胶状之黏物泌出，每隔二三日，须洗净之，于是球根自能膨大而裂开；直至二旬后，芽已长有数寸，黏物亦少，可数日一洗；如遇冰冻天，夜间宜置入温室或室内，切忌受冻，否则球根有枯僵之患；日间移置阳光下晒之，发育极速；待花蕾已透出叶间，乃可供入水盆中，以作赏玩也。

第二项 品种

水仙除厦门与崇明种以外，他地亦产，惟名不著耳。

（一）厦门种　水仙以厦门产者最佳，形横排若笔架；花朵肥大，香气亦浓烈；花有单瓣及重瓣两种，重瓣种又称玉玲珑；花心不见，花片卷皱；瓣色下见轻黄，上呈淡白；不作杯状，世人多重之。

（二）崇明种　其鳞茎较圆，形若蒜头；柱叶细长，容易倒伏，花香亦较逊；多单瓣，不及厦门种之名贵；培植尚易，惟不适沪地之土质，栽之虽能生长，然极难开花；故此种水仙，专栽于崇明，遂因地而得名也。

（三）臭水仙　形较厦门种而小，开花最迟；花白色，一茎五六枚；外有苞，故花隐于苞中而开，若将苞衣割下，可窥全豹；花不香，稍有臭气；球根扁而大，叶柔易倒伏；其培植虽不艰困，终因形姿失美，人多不取而渐行淘汰矣。

第七节　风信子

风信子变种甚多，俗呼洋水仙，又称美国水仙。花本开于春季，现多栽于盆中，置入温室，促其早放；俾于岁暮之时，与水仙同开，可得善价也。

风信子属百合科之风信子属，多年生球根草本也。

风信子原产于荷属东印度，现今美国大量繁殖之。地下鳞茎，类似蒜头，有淡绿及紫色两种；其上抽出叶片，形细长而尖，丛生；春季自叶中再生花茎，长八九寸，全轴开花；花朵数十集生茎之四周，色有白、淡红、紫、蓝等；花四瓣或六裂，筒状，酷肖小喇叭；香若酒糟，色最美艳；庭园花坛上多栽之，花开时节，恍如披锦也。

◇ 风信子

栽培法：

（一）栽植　风信子宜秋植，自十月下旬后，即可培莳；地形须高燥，土以砂质轻松者为佳；若种于黏硬土中，球根非但难以发育，且多萎缩，翌年花少而细小矣；故栽处土壤，当加意慎找。植之时每沟行距六寸，各球相间五六寸；栽种之穴深约五六寸，底部先施以堆肥等基肥，上覆薄土；于是栽入球根，其上重盖以土即成。

（二）施肥　先以豆粕或菜粕屑，于栽种前洒布土面；（若将豆粕预储于桶中，旬日即可发酵，腐烂后取出；如结成块，可打碎之；洒布土面，与土粒充分混合；再经数日，始可栽种；否则恐豆粕等发热，有碍球根之生机。）通常以肥水或浓粪作为基肥，最为妥当。予于数年前，偶闻人谓，是苗须种于砂质轻松之肥土中，则其球根极易肥大云；予乃将羊棚灰土（中杂有羊粪、灰、败草等），覆于球根上，上再盖土，然芽苗多有夭折者；后至五月初旬，掘起球根，烂者估十之六七，此乃由于掘起之时间过迟，或羊棚灰土未经发酵之故；嗣经试验，于冬季用羊棚灰或马粪盖土，即无此弊；但待至翌年二月下旬，当锄去之。球根栽入后，至十一月下旬，苗芽已出土，可用肥水施之，肥分稍浓亦无碍；唯一时

多施，根亦不能完全吸收，致残留土中而流失，故浓肥不如分数次施之；至二月下旬，苗已强盛，施肥宜勤；花开后再施一二次，以补花后之虚亏；但花落后二三旬内，不必施肥，因在此期内，发育稍行停顿；若误施之，球根反多腐烂，此须预防者也。

（三）灌水　苗如栽于地中者，则除施肥水外，不必再行灌水，非气候过旱时，方需另灌之；惟盆栽者因蕞土之间，分散量有限，灌水与施肥，自当相辅而行。

（四）繁殖与贮藏　花开时亦可行交配，然大多赖蜂蝶自然行媒。收子须待叶黄后，约四月下旬采下，阴干而贮藏之；及十月至十一月间，可播入浅沟中，自能萌芽抽叶，惟达开花之期较久。其他尚有分取球根法，当叶半枯时，即宜掘起阴干；切忌日光照射，务必贮藏背暗室隅，并须避免暑天热度过高及通风不良而潮湿之处；若于夏季，见有一二腐烂者，应立刻检出；否则日渐蔓延，腐者日多，大受损失也。又当掘起时，大球根旁辄生有小球根，可分取而作繁殖之用。

第八节　长寿水仙

长寿水仙俗呼喇叭黄水仙，原产欧洲；花色正黄，花心呈喇叭形，突出花瓣之外；花坛中不可或缺之上品也。

长寿水仙属石蒜科之水仙属，多年生球根草本也。

长寿水仙，高亦尺许；叶线形，细长若蒜，厚实而直硬；球根正圆而色淡，大者寸半左右；四月初抽出花茎，一茎一花；花五瓣，色浓黄；花心作喇叭状之突起，长有二寸余；花期较长，故宜栽入花坛，可以久玩；或散种草皮之上，或补缀小树之根侧，则一片金色，有似天然野生者；此种布置法，欧美颇为风行，大可采用；栽培法与风信子同，可酌行之。

长寿水仙亦有数种，或喇叭状之花心有长短之差，或花瓣有单重与千重之异，或色有深黄与淡黄之别，其中以长心深黄种最为名贵。

另有一种多花喇叭水仙，花形较独朵者为小；一茎生花二三朵，培植极易。再有一种小花黄水仙，形亦略似喇叭水仙，花形更较小；一茎数花，色黄尤艳；叶釉小而挺直，球根稍小，培植亦易也。

第九节　芭蕉

芭蕉展叶数尺，如张翠幕，夏日对之，顿作清凉之想；而雨滴芭蕉，淅沥清脆，更引人愁绪，不能自已；性本易生，蕉笋骈发，年余之后，自成绿天，洵夏令之佳卉也。

芭蕉属芭蕉科之芭蕉属，多年生宿根草本也。

芭蕉原生吾国，栽于热带，即成香蕉。高丈余，茎草质，直生而不分枝，外由叶柄抱护之；暮春抽叶，叶片巨大而呈广椭圆形，叶中脉粗大，两侧各出平行之肋脉；初夏叶心横出花轴，外有黄色苞衣，苞脱而花簇开；花不齐整，花丛上部属雄性，下部属雌性；结实为肉质，中含甘露；惟此时气候已寒，故贵不及长大而夭折，若于热地则自能成熟为香蕉矣。

芭蕉性喜温暖，抗力极强，惟乏耐寒力；移植自三月初至八月中均可行之，秋后则不宜移植。繁殖可用利铲切下苗芽，稍附根须，亦能栽活；但须以竹枝等物扶持之，以免为风所折断；种后将叶片一并剪去，仅留光干即可；如茎干已断，可削去其断处之上半部，新叶仍能自中心抽出而日繁荣也。秋深霜降，叶即焦枯；时当十一月中下旬，应择一晴天，用稻草包扎，以免冰冻；其法先将所有枯叶全行剪除，然后用稻草自干之基部，渐次向上包裹，厚二寸许已足；并于顶部制成帽顶式，以避雨雪之侵入；根部再盖以松土尺许，借保温暖；如是则可安然越冬，而不虞受寒；否则虽不全部冻死，明年生长瘦弱而迟缓，绿荫亦不复转浓；稻草包至翌春四月初旬，可除去之，于是新叶复自茎心挺出矣。芭蕉性喜肥，不论何时均可施之，浓淡亦不论；故施肥若勤，则生长加速而叶更苍翠，否则发育滞延而叶稍呈黄色也。

第十节　美人蕉

美人蕉闻自闽粤来，形似芭蕉而小；飐风滴雨，亦有幽致；花有鲜红者，故又名红蕉。花期久长，自春至秋，络绎不绝，而于夏季尤盛；色最冶艳，炎夏之美花也。

美人蕉属芭蕉科之芭蕉属，多年生宿根草本也。

美人蕉生暖地，今各地均栽之。形高者五六尺，矮者尺许；茎自土中匍枝繁生，即节根间上抽叶茎也；先发一叶，叶柄硕长；叶中复抽新叶，初卷后舒，叶作长椭圆形；色有绿，

亦有绿中带紫者；叶上中脉粗大，侧出平行支脉。夏初叶心抽出花梗，外有苞数十，鳞次相包，其端呈黄色；苞脱花放，形如蛱蝶；花自下向上陆续开后，花复抽新叶，叶间又唾花；故直至深秋，花敷展不绝。花后亦能结实，可取而播之，新种由此得也。

美人蕉性喜温暖，故自三月以赴，伏天而止，均可移植；惟最妥时期，以三月为宗；其法将根掘起，切断而分栽之，上须附有芽头一二并带随根须，始可栽活；及五月中旬，新芽已出土，则施以肥水；栽处之土以肥松是取，地形稍低湿亦可，惟不宜积水；如是以后，略加灌溉，自能开花向荣也。抗力极强，绝少病虫害；但于冬季须特加留意，凡栽处西北向者御以稻草，根上加松土四五寸，或草木灰二三寸；再压土寸许，若将马粪壅之更佳；亦有于冬季将根块掘起，而藏于温室中者，是则不免有腐烂之患，不足取法。至若舍移植而欲得新种，则当于开花时行以人工交配；然所结之子，须求于夏末秋初之间成熟；否则果实未及成熟而天已寒，全功尽弃矣。结实后叶间再有花开，即宜剪去，以免其耗竭养分。

第十一节 姜花

姜花之叶，酷似美人蕉，常人难加区别也；花形较小，白色而有芳香；两花相比，美人蕉仅有色而无香，而姜花则有香无色，俱为美中不足；其栽培法亦与美人蕉同，爰不赘述。

第十二节 菖蒲花

菖蒲花为玉蝉、蝴蝶、鸢尾、燕子、溪荪诸花之总称也。叶长如剑，犹如菖蒲；花色娇丽，形若蝶翅；栽诸花坛，最为相宜；当花盛开之时，和风吹拂，翩翩欲飞，甚为生动也。

菖蒲花属鸢尾科之鸢尾属，多年生宿根草本也。

第一项 品种

菖蒲花之品种繁多，今一一述之于下：

（一）玉蝉花　初夏已放，每一花梗着花三四朵；色泽之姣艳，花头之硕大，为他种所不及；花有紫、青、皂、红、黄等色，且多成复色，如白中有红青、红中有紫白等斑点；

而每年又有新异品种之生成，故色泽之变化，幻奇莫测也。

（二）蝴蝶花　集花五六朵于一梗，次第而开，花头稍小，色泽亦较简单；花心上有鸡冠状之突起，瓣之边缘有毛状之锯齿，犹如蝴蝶之状，其得名因此。

（三）鸢尾花　俗称紫蝴蝶，初夏开花，色仅有紫白两种；每一花梗上生花三朵，形较玉蝉花为小；花瓣上无毛状之锯齿，与蝴蝶花之差别，在此而已。

（四）燕子花　生于池沼湿池，抗力最强；每梗之花计四五朵有白、红、紫等色；花形较小，瓣狭长而尖；花则迟开，与玉蝉花不同。

（五）溪荪　花之基部内面，有网状美色斑纹，形似玉蝉而小；但一为山中之野生种，而玉婵乃经人工栽培后之品种也。

◇ 鸢尾花

第二项　性状

菖蒲花入春抽叶，叶有剑脊，高尺余，形长亦如剑，上有平行脉；夏初叶心抽出花梗，于梗顶着花；花盖六瓣，分作二层，外层三瓣之形大而垂下，内层三瓣则形小而向上；花后有结实者，或有不结实者，因种而异；实长寸许，外壳不平，中纳子实无数，可取而播之。

第三项　栽培法

菖蒲花抗力强，培植尚易，今分述如下：

（一）移植　每年三月下旬新芽出土，五六月间已抽花梗；叶至深秋始枯，斯时固可行移植；惟移植后数月，不再发育生长，故以三月初旬至四月中旬间，移植较妥；株每隔八寸栽一穴，深以三寸许为宜，先加土少些；待发芽后，将土锄松，再盖土一层，与地面相齐。

（二）栽处　此花不论何种土壤，均可栽种，惟以砂质壤土为最宜；地形低湿无所恐，而以不积水为佳。

（三）施肥　性喜肥，故未种之前，土中先须施以基肥，如堆肥、豆粕、菜粕等，与土相混，然后始行栽植；待苗出土至二三寸时，宜时常更以肥水灌溉，如是既可启沃，又

可代水；及届开花时，施肥尤宜注意；于是直至七月初旬，花事已过，当再加施，以补开花期之耗损；嗣越冬而至翌春二月，若不移植，可以陈宿之浓粪或豆粕屑等和土壅之；然如冬季能预以马粪壅之，则可保暖而兼有肥效，自愈为适宜也。

（四）灌水　其性又好湿润，若栽处高燥，灌水切勿疏忽；尤以夏季烈日当空，灌水不足而辄致叶焦，殊损花之美观；如盆栽则于炎夏每日需灌水三次，如地栽则视栽处之地势及阳光照射之情形而有异；总之使土常保湿润，是为要旨。

（五）交配　欲得新品种，非行交配法不可；但其花大都在梅雨期盛开，且花中雌蕊难以识别，致交配手续亦大异于他种；通常为省烦起见，惟利用蜂蝶等昆虫，作自然之媒介；遇雨则以笠帽盖之，工作可称简便矣。事后，盆栽者置入温室中最妥，借防腐烂；至八九月子实已老，即收取之；待诸翌春三四月播入肥土，上用芦席盖于土面；约经二周，常揭席检视，是否有芽出土之象；如已有一部分发芽者，即将席架高二三寸；及晚揭去盖物，任其承受露水，日间时时再以清水喷之；至芽大部分已出土三寸时，可将席离去；是后常施肥水，勿任野草蔓延；并略以干细之肥土，覆上半寸，俾弱小之苗芽，生长有力也。

（六）剪花法　当花盛开时，实不忍任之日晒夜露，摧残其寿命；竟曷如剪而插诸胆瓶中，作为案头清玩，则朝夕相对，正足以怡情也。至若大批栽植之花圃园场，更可剪而售之花市，顿增收入一注；惟剪花不得其当，则携运时途中之颠簸，将大受损伤；盖是花花瓣薄嫩，一经相擦，即成焦烂，故当于花开二分时即行剪下。剪取花梗不可过于低矮，至少须留花下底叶四五张，俾让其继续发育；否则非特不能保持原苗之大小，且因叶部猝被剪伤，根部自受影响而驯致萎缩，能毋憾乎！

第十三节　菖兰花

菖兰又名唐菖蒲，花期颇长，夏初着花后，入秋尚频频而开；叶长如剑，花似漏斗，花色有红、白、黄、紫等，五光十色，美艳绝伦，亦夏花中之佼佼者。

菖兰属鸢尾科之唐菖蒲属，多年生球根草本也。

菖兰自根底至叶顶，高有二尺余；根扁圆若荸荠，大者径二寸，周六寸零；其旁能生小球，具有新陈代谢之作用；故取其小球，可作繁殖之用。叶如菖蒲，长有二尺，阔寸许，色翠绿；初夏叶间抽出花梗，高出叶尖；梗上着花无数，自下而上，接续开放；花六瓣，呈

喇叭形；花颜不一，色泽明媚而夺目。

栽培法　于三四月间，将拧下之小球种入肥美土中，土以砂性者为佳，地形不宜过于低湿，土深约半寸，每球相隔半尺；至五月中旬，苗长数寸，可渐行施肥，不拘何种肥料均可施之，惟以快速性者更属有效；入夏当能开花，若球根过于瘦小，则仅发叶而不生花，如是非养二三年，始能开花；殆十月花已凋萎，叶逐变枯黄，如欲掘起而分球者，或栽处改种他物而须迁去者，则可择一天晴土干之日行之；球根掘出后，下垫以芦帘等物，待其阴干乃置入竹制或木制之容器中，内填实干草，放于干燥温暖处，勿使冰冻，翌年春当取出种之。不过以分球根繁殖者，则难得新种异品，花之形色，一仍如旧；故冀佳种，非行交配法不可，惟叶与花梗以瘦长故，极易欹倒，是宜交配前用竹竿扶直之为要；法于六月中旬，花开最盛时，将同一花梗上瘦弱之花，一并剪去，留强壮者七八朵，半开时剪尽花中雄蕊；及开即以其他佳种雄蕊之花粉，加于此待交之雌蕊上，外罩以袋，如是交配手续已成；直待叶干枯黄后可剪下，取出果实中之子，扁圆而细薄，至翌春三月即以播种可也。

第十四节　小菖兰

小菖兰亦为俗称，多年生球根草本也；叶如门冬草，惟色较淡，质亦薄，花如小喇叭，芳香若兰，故得是名。

小菖兰性喜温暖，土中球根大者若拇指，小者如绿豆，有长圆等形；叶细长，长约六七寸，阔只三四分，披生两侧；其培植于温室中者，入秋花茎自叶中抽出，十一月间花开；一茎八九花，茎之着花处，横生成一字，花向上而开，状若小喇叭；花单瓣，内生花蕊，形有大有小，有黄、白、紫诸色，香甚馥郁；如温度适当，花可开至三四月间，花期颇长矣。

栽培法　四五月间花已萎凋，叶渐现枯黄，可将球根自盆中倾出，分其大小，风干后储之；直至八月下旬，再携出以浅盆栽种，土择肥而质松者最妙，深挖一寸至一寸半为标准；种后未见苗芽出土，不必施肥，至苗长一寸左右，可渐施之。至九十月间虽有浓霜，仍可置于室外，若恐过寒或冰冻，当置入室中；即或叶变红色，亦不碍其生机，且如是反使叶矮而直，合于盆用；盖过早移入温室，花亦未见早开，徒然促叶瘦长，花茎则柔弱无能，致易罹蚜虫之害；是故通常多听其经历风霜，以充沛其力，于十一月初旬，始置入高热之温室中，至迟十二月中旬已能开花矣。盆中架以竹架，纵横为半尺左右，中以线网张之；乃将苗叶拦入网眼中，扶持之而不使倒伏。当移入温室后，可加重肥分，及见花蕾，方停施之；温室中约室温七八十度之间，最易开花。花如不剪去，均可结实，待叶枯后采下，入秋播种；二年后能开花，原色或异色不一定，故种类之多，由是而来；凡三月初旬后盆中不必灌水，或将盆倾侧，或盆与盆重叠，然后可倒出盆土，而将球根贮藏也。

第十五节 大丽花

大丽花来自海外，一名天竺牡丹，俗称洋菊；花期久长，自夏至秋，连绵不绝；一茎数蕊，花色绚烂，灼灼照人，而诸色交错，尤极艳丽；炎夏溽暑，赖此点缀，景不致寂寞矣。

大丽花属菊科之大丽花属，多年生块根草本也。

大丽花亦作大理花，系英名（Dahlia）之译音，南美墨西哥原产；根大成块，宛如番薯；春日茎自根上抽出，高有四五尺，中空，有绿紫诸色；茎上生叶，叶羽状复生，每片小叶作卵形；五月开花，周围皆舌状花冠，中部则筒状；亦有冠全部为舌状者，有如秋菊，故又称大丽菊；花直至八九月渐止，后复抽茎，至九月再行开花，而十一月始尽；若移入温室内，仍能开花，故欲其终年吐艳，全在管理得法也。花色不一，有红、黄、橙、白、紫、褐等单色，并有洒金等复色；花形有大小，瓣状有参差，又作单瓣及重瓣之分；故种类复杂，品名繁多，不亚于菊。兹列其瓣之类别如下：

（一）匙形瓣　外瓣重叠于内瓣之上，瓣片挺直，茎质亦属硬性，状呈羹匙形；花形有大小两种，大者五寸径以上，小者径二三寸里外。

（二）舌状瓣　瓣狭而细长，形如鸟舌；花形最大，仿佛菊花；茎虽高，其质则柔。

（三）筒状瓣　瓣如竹叶，边缘稍些卷起，花大有六七寸径。

（四）单瓣种　上列三种，均为重瓣；而单瓣种之花瓣，仅有一层，形不甚大，三寸左右，最易培植。

大丽花性畏潮湿，喜干好肥；抗力亦强，培植尚易；今将栽培法分述如下：

（一）定植　择一高燥耐土质轻松之处，先施以基肥，如腐殖土、腐熟之牛马粪、草木灰等，以改良黏土之性质；惟施于沙土中，则当夏季之时，土易干燥，灌水须勤；如是约经一月，时已四月，迟至五月下旬，可掘一穴，穴深二三寸，遇雨不致积水者为佳；然

后取块根栽入，其芽头向上，芽稍低地面；顾此时勿将土覆没，及至五月中旬，苗已长大，渐耙松而盖平其四周之土；即在苗芽之旁，竖一竹柱，可代标记，日后并作为护柱之用；竖柱时，当勿使竹柱插伤块根，此乃切须注意者也。定植应待天晴而土干之日行之，种下随略将土坚实，勿留空隙，使根块与土粒密合，发育自可期诸旺盛；种后转瞬，已入雨季，气候潮湿，不必灌水：如气燥日烈，间日灌水一次，以润土粒，借助芽苗之发育可也；但灌水后土易坚硬，宜将土时加耙松，上盖稿草或水藻，以保持土中水分，则更为妥善。每穴之距离殊无定率，需视根块之大小及发育之难易而定：大抵一球一芽者，每隔三尺至三尺半；若数块根合栽者，须在三尺半以上；如块根为数过多，当夏季特盛时，常因过密而相挤轧，致有萎死或腐烂者；故以块根二三枚合栽一穴，最为适当。

（二）施肥与灌水　若栽处土质已极肥美者，栽后施肥可稍减少，否则当加施以补其不足；肥料以陈宿粪水或菜豆粕汁最佳。当芽长至五寸许时，芽头已极粗强，乃将根旁之土耙松，取肥水一份，掺水四份，待土干时每间三日施行一次，如是既富肥分，又可省却灌水之工作；及花蕾渐发，可再加浓肥分；然如连朝淫雨，即应改施干肥，以豆粕或菜叶等腐熟土壅于根际，每二十余日而行一次。嗣至七八月时，气候日燥，花叶难免有下垂或萎缩者，则于每晨五时前施以肥水，花可全行开放；八月以后，花已过期，而呈衰弱之状，当将茎叶剪短，仅留尺许，并耙松根土，每隔三日施以浓肥，于是赖肥分之供给，至九月复能发第二次花，且花之肥美不减于第一次也。

（三）繁殖　大丽花之繁殖，有播子、扦插、分根三法；三者中以播子与扦插较难，分根为最易，兹分述于下：

【甲】播子法　自五月下旬至七月初旬，为花粉交配之最适期；过此或九月初中二旬亦可行之。当花盛开时，将中心之小花瓣，全行剪去，容花蕊露出，便于接受花粉；另选他类佳种之花粉，粘于其上，外套以蜡纸袋即成。大率夏季行交配者，则至九月前后可收子，而初秋交配者，须待霜降叶枯时始可收取；其中以秋季之子实较为有效，盖因夏季行交配者，入秋后枝叶发育仍盛，且根上复生新茎，老茎往往全行枯黄而衰颓，子实当亦不能告熟矣。初秋时将新茎之花，加以交配，正气候日和，易起作用，惜结子殊属不易；故若一株上生有数花，则交配后，勿使再行开花，以免耗其养分；至初冬摘收时，花子尚难干燥，须置于日光下晒之，待花瓣干松，始可储藏。于是直至翌年五月初旬，播子地上；播后，灌足清水；初以草帘盖之，见芽出土，将遮物提高；渐可施以肥水，间日行之；待苗高二寸许，移栽盆中，不时施以肥水；至八寸左右，每株相距尺半，重栽之地上，最为

稳妥；否则直接分植亦可，惟多夭折耳。

【乙】扦插法　于四月上旬或中旬，芽已有八寸左右，当芽心尚未空虚时采下；其上长有四节，将底部齐节处剪平，剪刀须锐利，则剪面可平滑，再修去叶片二节；然后插入清洁黄砂或轻松土中，先以细竹竿引成一孔，继将插穗插入，深约二寸左右；随即喷洒清水，盖以厚帘，以避日晒；日后每晨只用喷雾器洒水，砂土不可过湿也。如插穗能保持三四星期之久而不变形色，则活着可操左券；若于二三星期后插穗虽仍青秀，然有倒伏者，则土中部分已腐烂，当剔去之，而免延及旁株之虞；至如已插活者，则于四星期后，可稍近日光，六星期后乃得分植；惟分植之时，适值伏天，须有遮阴之设备也。

【丙】分根法　此法最为简便，当栽种前，以利刃将每球之上有一二芽头者切下（通常每一大球可分成四五株以上）；于早春时行之，径可栽入土中矣。

（四）管理　栽后宜注意杂草之蔓延，其根际之土，常加耙松即自免。春季气候温时，可施肥或灌水；七月后气温日高，若烈日未坠而逢雨淋，根块及茎干极易腐烂；故于阳光之下，最不宜灌水或行施肥。当茎高二尺许，须用竹竿扶持之；盖茎系草本，质柔易折，不如扶之为妥也。当第一次花谢后，须将老茎剪去，留一尺已足；惟茎多空心，雨水侵入后，每易致腐烂；故顶端塞以旧棉，或包之以布更佳。八九月间，根上复抽新茎；若施肥不足，茎细花弱，毫不足观；故剪去老茎以后，施肥不可俭省也。十一月后霜渐下降，茎亦老枯，应将块根掘起，藏于干燥之温室内；然如栽处高燥而向阳，尤以西北两方地形高者，则可不必掘起，只稍于根际加壅肥土，亦不致冻死。

（五）贮藏　块根掘起后，将茎叶完全剪去，仅留其近根处三四寸即够；择一北高南低和暖之处，将土掘松，乃置块根于其上，稍稍风干之；而后藏于木箱或竹筐中，内护以干草等，勿受湿气，或藏于室内及不冰冻处亦可。

（六）病虫害　当四五月间，芽苗初出土，高仅及半尺，茎叶柔弱无能；是时最易为地蚕、夜盗虫、金龟子等所害，故一见当宜捕杀之。凡连日阴湿，叶部即萎垂，日后必全株枯死，虽立即连根拔起，块根已起腐烂，此乃为大丽花之青枯病；如果其病已发生，该处即不宜再栽此花；是以平日务使栽处排水便利，少施氮素之肥料；栽前并将块根浸于石灰波尔多液中，先行消毒，则可防患未然也。

（七）盆栽　大丽花之矮生种，亦可盆栽；盆以泥制者最妥，对径及高度须十寸以上；底用碎砖多方搭填，以砂质壤和腐熟土种之，借利泻水。如早种者须置入温室中，免受早春晚霜之害，平日须注意灌水，必俟水分确干，于朝夕盆土凉却时行之；施肥与地栽同，惟

浓淡稍酌量而已；如是倘管理完善，冬季亦能发花，终年可供赏玩也。

第十六节　玉簪花

玉簪花名见本草，又有白萼、白鹤仙等名；柯高二三尺，绿叶团团有尖，类小甘蕉；花如玉搔头，故得是名。花内玲珑而外莹润，开时微绽，中吐黄蕊；香气清芬，冠于夏花；插入胆瓶中，晴窗对之，可以忘倦。

玉簪花属百合科之紫萼属，多年生宿根草本也。

交春二月，玉簪抽芽，喜丛生；叶纵尺许，圆大而端尖，自中心叶脉侧分支脉，色为翠绿，叶柄硕长，叶面披蜡质白粉；夏初叶间抽出圆茎，上有细叶，中出白花十数枚，每枚长二三寸，未开时蕊如玉簪；雄蕊有六，总状花序，花盖六片，相互结合，香气不外溢，嗅之清芬异常。

玉簪于三四月间可掘起而分栽之，每株相距四寸，深约四寸；当苗长至八九寸时，亦可移植；种后一旬，稍可施肥；抗力极强，培植亦易。据闻凡栽玉簪之处，蛇虫远而避之；未知确否，无从证实也。

第十七节　紫萼花

紫萼酷似玉簪，惟花色稍与不同，花期略有早晚耳。

紫萼属百合科之紫萼属，多年生宿根草本也。

紫萼高二尺许，叶自地下茎丛生；叶广卵形，全边，亦若玉簪，难以区别；初夏叶心抽出花轴，其上着花，花紫色，惟形稍小；点缀庭园中之假山石隙，最相宜也。

第十八节　荷包牡丹

荷包牡丹，叶类牡丹，花若荷包，故得是名；一称鱼儿牡丹，又呼铃儿草；春日萌发新芽，弱枝嫩叶，不胜风日；中心抽细茎，花生茎末，全条十余朵，翩翩下垂，状如小囊；

若栽培于庭园，亦春花中之艳品也。

荷包牡丹属罂粟科之荷包牡丹属，多年生宿根草本也。

荷包牡丹原出朝鲜，早春自宿根发芽，高仅一尺内外；叶酷似牡丹，羽状细裂，最末之裂片，略带楔形；四月间抽出花梗，开总状花，其上着花十余枚，累累相比；色桃红，娇艳绝伦，花重因而倒悬，花梗亦不胜重荷而倾斜；萼二片，早落，花瓣四片，二大二小，作荷包状；如施肥稍勤，花更茂密。性喜高燥，栽处宜高；其繁殖可于早春未发芽前分根，或于黄梅时行扦插，活着极易也。

第十九节　百子兰

百子兰俗称百子莲，实则不然；盖其叶若兰而不似莲，花类喇叭亦不似莲；不知百子莲之名，由何而来耶？故老友于伯循先生促予改称百子兰，似觉妥善多多；盖其时予适谬任花树业委员会主席，于君过誉予为园艺先进，谓当由予倡议，则登高一呼，众山响应，或较为易也云。

百子兰属石蒜科之百子兰属，多年生球根草本也。

百子兰原生热地，温带亦偶产；地下球根大小不一，极难肥大，上抽叶片，下生根须；叶片厚实而有光泽，阔约寸半，长有尺余；春季自叶中抽出花茎，粗达一寸，高出叶顶；花生于顶茎，一朵以至三四朵，视球根之大小而定；花头甚大，形若喇叭；色颇浓艳，有红、白、紫诸色，十有余种；球根大者径及四寸以上，需时极久，小者仅一寸左右；一球发一花茎，大者或有二茎；花后少见结实，故无从播子，惟赖人工分根以传种耳。

百子兰性喜温暖，须备温室，方便种植；露地虽可栽种，惟越冬时，难免损失也。故通常以盆栽为多，于二三月间着手翻盆，将腐根一并剪除；用腐殖土和入轻松土培之，砂土则更佳；若沪地土质作栽，发育将较差耳。一盆栽一球，四寸大之球根当承以口径八寸左右之深瓦盆，或十寸左右之浅瓦盆亦可；种后虽准施肥，但还是清灌为妥；且新种之盆土不宜过湿，须隔三数日灌水一次；至四月中旬，叶高数寸，才可移出室外，每日灌水一次，并时常以肥水施之；斯际即如施浓肥，亦无大碍，盖四五月间已能开花矣。如更欲促花早开者，当于秋季将球根略放冰箱内，稍受寒冷之刺激，使叶焦枯；乃再翻盆，置入高温之温室中；则于二三月间，亦能开花，可得善价。如任其自然开花者，则当叶枯后，叠置盆

于花房中，无须灌水；至二三月间，翻盆后渐行灌之；如是，手续较简，而花至四五月始开焉。花后，夏间灌水须勤，每日早晚各一次；秋后灌水减少，数日一次；入冬可经一二旬不灌水，亦不碍其生机。繁殖当于翻盆时，分取其球根旁萌出之小球，移栽他盆，自能萌叶；惟须经以二三年，球根已肥大，始能开花也。

第二十节　君影草

君影草即日本之铃兰，西人称之为Lily of the valley，意谓谷中幽花也。花香馥郁，形态矮小，堪作盆栽；当供之案头时，满室生香，大可清玩也。

君影草属百合科之君影草属，多年生宿根草本也。

君影草原产欧亚两洲之山谷中，尤以蒙古为最盛，现今世界各处则均有栽培。草系地下生根茎，其上抽叶二三片，作长椭圆形，叶脉平行，长有五六寸，色翠绿；夏初花梗自根茎中抽长，由叶间斜出，高与叶齐，或高过叶上；当花未开时为绿色，后转白色；一梗缀小花十余朵，钟形下垂，婉若铃串；花有异香，清芬扑鼻，犹如兰蕊，故有铃兰之名。

◇ 君影草

君影草不畏寒暑，抗力特强；蔓延亦速，培植极易；今将其栽培法分述于下：

（一）土壤　土质不拘何种均可，惟以砂质壤土更佳，因其原栽于砂土中，较为适合本性也。

（二）分植　于秋后至三月下旬，将根掘起，拍去宿土；各株留以二三芽，每隔半方尺栽一株；如培植得宜，不三年即能长满全圃。

（三）施肥　新经移植或分植后之一月内，除灌以清水外，不论春秋均不宜施肥；当俟年首一月后，时届新春，嫩芽正出土，于是可用肥水，如菜粕水或草汁一份，加清水四份，每周施以一次；及芽已透土，肥水可加浓至二份，每间三数日一次，直见花梗抽出时始止；然后再待花毕谢，则可施陈粪水，促其根之旺生；入秋叶萎，另壅以菜粕、豆粕等；冬季如以马粪壅之更佳，盖此时施以浓肥亦无碍，且来春发花必盛焉。

（四）管理　于早春未萌新芽之前，地面先铺以麦秆一层，厚约一寸；日后芽头自会挺

出，花梗亦能畅发；而且此时即遇大雨，叶与花均不致沾着污泥。如花有一二朵已开，即可采下，以供瓶插，然随意采摘，辄使花梗半断，不堪插瓶；故须以拇指与食指作钳状，直下花梗，使两侧之叶片遇指而展开，乃可捏住花梗底部向上拔之，则梗自根茎坼出，梗长而堪供用矣。凡欲促花早开，则于十一月顷将根掘起；择其肥而强者，上有芽头二三枚，外裹以物；先置于冰箱内，称受寒意；再种入盆，取苔草代土；然后置诸温室，每日灌以温水，室温常保八十度左右；则经三周，已能开花，采下而售高价。又若欲延长其开花日期，则于花初开稀少时拔起，着地置于阴处；再以无底孔之盆将花覆没之，不见日光，约一旬左右，待花市上此花已谢，当可取出更求善价而沽也。

第二十一节 草紫阳花

草紫阳花俗称草绣球，花大若绣球，枝干草质，故得是名。

草紫阳花属虎耳草科之草紫阳属，多年生草本也。

草紫阳花生于山地，此乃予游莫干山时发现其地颇多野生者；始知吾国亦有此种，惟种类不多耳。草茎高有一二尺，近土处稍呈木质；叶互生作广椭圆形，边缘有缺刻；四五月间茎稍着花，各花微小，有瓣四片，攒簇如绣球；花形分二种，一作球状，天蓝色；另一种仅球周小花一圈，中部已变成花蕊，予私称之为单瓣；其花期甚长，约在二周以上，如不为风雨所摧残，可达三周之久。性喜肥湿，故俗呼水壶芦；此苗除叶部外非属草本，因入冬后叶虽焦枯，而枝干仍活；翌春二月下旬枝上复发新芽叶，根部则再生小枝，竟致形逐年增大而似丛生木矣。繁殖法以扦插最便，于五月前后将无花之枝剪成短段，长约四寸，剪去叶片；扦入泥土或黄沙中，每日早晚灌水二次，上盖帘箔，不二旬已生根；三四旬后可去帘，每日仍需灌水，至七月中旬乃施以肥水；于是待冬令掘起而藏入温室中，然若有干草等物盖覆保护，亦可留诸露天；或则假植草室中，次年三月后即可栽植于圃中。

此苗在欧美培植极盛，不下数十种之多；花有紫、红、青诸色，并有浓淡之别；且丛生之外，尚有蔓生者；而吾国仅得二种，即球形及单瓣是也。

第二十二节 郁金香

郁金香俗称旱荷花，花似荷，斯别名之由来也。早春开花，花色靡丽，惜无芳香；且不耐开，经二日即行凋谢，是为美中不足。

郁金香属百合科之山慈姑属，多年生球根草本也。

郁金香高仅尺许，茎作球形，埋没于土中，外披褐色之薄膜；叶自茎端抽出，作广披针形，叶绿色中稍呈白色。春季三四月间抽出花梗，顶上吐花一大朵；花瓣共六片，亦有重瓣者，单生而向上开放，状若一碗；有红、黄、紫、白以及洒金等色，美艳绝伦，莫可比拟。

郁金香最合花坛中栽植，取其形态低矮，开花一致；且色泽明显，适宜于点缀也。土取砂质，使排水便利，则球根不易腐败；九十月间即可栽入土中，每球相距四五寸，深约三四寸，不得过深；寒临后，上覆以马粪最佳，如是，肥暖俱备，当可安然越冬，无冻腐之患。翌春二三月萌发新叶，旋即开花；花后待叶稍黄，即宜掘起，阴干而藏于燥风处；俟至九十月再行栽入土中，下届春季，自能开花如常矣。

第二十三节 革命花

革命花系土名，水生草类也。据乡人谓，此花在昔从未见过，自共和革命以来，池塘中茁生极多；且蔓延甚速，初生于浙之奉化，旋飘游各地，现则处处皆有之。又闻自袁世凯上台后，始有此花；未知此两说确否，无从考证也。

革命花为一年生之宿根草本，高约七八寸，浮游水面，根不着泥；茎叶肥大，而内充空气，故能浮游水上，不致下沉。叶圆而肥，色黄绿，于伏天开蓝色小花，簇生叶间；花密集成串，长达四五寸，色甚明媚，凭水泛开；可撩起以栽于水盆，不必加土，置诸阴处，花可经一周而不凋；花后仍投入池内，翌年即长满一池，此花栽培，洵花中之最简便者也。

第二十四节 兔耳花

兔耳花又称仙客来，即西名Cyclamen之音译，产自波斯；花开四瓣，厥状奇特，犹似

◇ 兔耳花

兔耳，故得是名。

兔耳花属樱草科之兔耳花属，多年生球根草本也。

兔耳花球茎多扁圆，生于土中，顶部露出土面；其上抽叶，叶梗细长，丛生于球茎上；叶圆如心脏形，色绿中含红褐；叶面光滑，背后生毛，其叶酷似虎耳草。冬春之间，叶丛抽出花茎，顶上生花；花四瓣，有红、白、紫诸色；花开时，瓣卷而向上，花心向下，形态奇异，颇饶兴趣。

栽培法　兔耳花本生热地，故宜盆栽而不宜地栽，且须置入温室内；其繁殖法以播子为最简，寻常于秋后将子撒播黄沙或肥土中，深约二分，灌足清水；是后土略行干燥，再注以水，稍使土滋润，不必浇足；盖土如过湿，子即有腐烂之虞；至九月间，子已全部发芽，当年仅生一叶；如栽于肥美土中，每球相距一寸许，当年能长数叶，球根可大如拇指；惟达开花之期甚长，对于时间上颇不经济，故普通又以宿球根种之：其法于立秋后，天气日凉，将盆移放透风不晒日光之处，稍灌清水；待叶芽渐长，可陈于日光下，灌水加多，约至九月下旬乃施肥水；此花切忌着霜，宜在霜降前后移入温室中，至十一月花始开；新春前后，花渐结实；五六七月时，发育已停，其叶遂枯，灌水当减少；或将盆安置地表，使得地气，惟日光不可照射，亦毋需水分；待至下半年，可再依法管理之。

第二十五节　慈姑

慈姑或作茨菰、藉姑，又名白地栗、河凫茈；吾国自古已有栽培，且现今农家视为副产品，以代粮食之用也。

慈姑属泽泻科之慈姑属，多年生球根草本也。

慈姑原产东亚，生于水田中；春夏之间自地下块茎抽出支茎，潜伏土中；支茎长约一二尺时，其末端乃肥大成球茎，此即慈姑也；入冬慈姑发育更形肥大，顶部发生尖芽，而蔓延他处；芽旋挺生成叶，其端尖，基部如燕尾分而为二，致呈戟形或箭形，故又称英雄结。

叶柄肥大，长二三尺；入秋由叶间抽出花茎，长有三尺余；开小白花，花冠三瓣，各小花聚集成圆锥状；一花穗上具雌雄二花，花后大抵不能结实；故其繁殖法，只将其球茎分栽，无不活着，冬日可掘取之；慈姑形椭圆，外皮光滑，呈淡黄色或淡蓝（青白）色，肉质致密，可供食用。

慈姑性喜温暖，凡肥沃之水田或稻田，均可栽之；当于五月上旬，择其发育充实者为最佳；每株相距二三尺，田中积水须浅；发芽后宜行除草、施肥、中耕，并注意水之深浅，不应太深，以浅为宜；自十月下旬起，已可采掘，直至翌年四月发芽前，可随时挖取以食；性喜绿肥，不拘何种嫩草埋置根旁，无不相宜。

第二十六节　花慈姑

花慈姑多栽于盆中，亦能生慈姑，惟不堪食用；其花雪白而形硕大，颇为美艳，现今皆作点缀婚嫁之必需品。

花慈姑性喜温暖，畏水湿，好肥；入冬须移入暖房中，以避冰雪；交春可移置帘棚下，不使烈日照射，以防叶片焦枯；春夏之际，叶间抽出花梗，顶上生花；花瓣奇特，初时如牛耳，后似瓦片；花心蜡黄，颇有华贵雍容之态，故用作新嫁娘装饰，极为相宜；花贩伪称为百合花，以取祥瑞之意，实有误也。秋时将老球风干，去其外皮，须根用利刃削去，置于温室，则花期可早也。

第二十七节　莼

莼一作莼菜或淳（莼）菜，又有茆、水葵、露葵等名；生湖泽河流等浅水中，江南都产之。春夏之交，莼丝密茂，（嫩茎未叶者称稚莼，叶稍舒长时称丝莼，老则谓之块莼。）叶底生长津翳，迤涎寸许，白如水晶；莼羹之妙，正在此日，吴越人嗜食之，故袁中郎有云：“香脆柔滑，略如鱼髓蟹脂，而轻清远胜其品，无得当者：惟花中之兰，果中杨梅，可以异类作配。”信非虚誉也。

莼属睡莲科之莼属，多年生宿根草本也。

莼生池沼中，蔓延颇速；叶茎柔嫩肥软，被以黏液（一种滑洁而透明之分泌物）；地下

茎潜伏土中，节间生细长梗，上达水面，复生叶片；片呈肾脏形，一如盾状，厥色紫褐；夏日叶腋抽出花梗，出水面而开赤褐色小花，花冠三瓣，萼三片，雄蕊紫赤，数繁伙，不足观赏。嫩叶即供食用，秋日能更生之；闻浙江萧山之湘湖，产量甚多云。

凡莼生清水中者，啖之则味清而隽美；如生于污浊之池，根蔓易烂，食时带淤泥之气，风味大减焉。其繁殖于春季三月，可掘起根茎，分栽他处，蔓延当更速达。煮莼之法，先将水煮沸，加入鲜味；然后将莼菜长者，断之入锅；一沸即可，多煮则减味；惟莼专可滚汤，而非烧炒之菜也。

第二十八节　芋

芋一名蹲鸱，种类不一；兹所述者，系专指青芋而言，即俗称芋奶或芋头之一种也。按是物本生热地，而今大江南北事园圃者，亦均有栽植；其中尤以浙苏所产，品质最为优良；当蒸煮伴食时，糖洎盐蘸，风味别具，乃点缀中秋不可或缺之佳品也。

芋属天南星科之芋属，多年生球根草本也。

芋可栽培水田中，亦有栽于水中者，高四五尺；茎为圆块球状（小者即芋艿，大者曰芋魁），肉多而色白，满含黏性，富淀粉质，埋存土中；叶自根茎中出，叶柄长大，呈绿色或暗紫色；叶硕大作圆盾形，似荷叶而长，面甚光滑，基部裂开；花茎自叶心抽出，花开黄褐色，单性，花后不见结实；叶梗折断时，有液泌出，沾着淡色衣上，难以洗涤；故凡于芋田内工作者，须更换黑色旧衣为妥焉。

（一）栽培法　芋喜温和气候，当于清明节前后，栽诸肥土中；尤以稻田作成高畦，最适栽芋。芋种须择充分成熟者，入冬掘起，藏于向阳亢燥处以越冬；待栽种前取出，不可失候；每株相距二尺许，毋太轧拢；栽后常加中耕、除草工作，施以豆粕、人粪溺等追肥；苗幼时施肥宜淡，亦不妨稍疏；嗣经黄梅将根旁之土耙去，稍露细根，曝以日光，再壅以土，待旁芽茁时，乃可施厚肥；且其时最喜肥湿，晚间宜戽水注入沟中，水位高于畦面等，天晓则将水放去；如天旱无雨，每隔三四日应照此灌水一次，直至秋凉为止；但因是而若叶片过密，又当加以摘除为妥，否则芋头殊难肥大也。

（二）品种　古时已有芋六种：紫芋、青芋、白芋、真芋、连禅芋、野芋是也，然野芋有大毒，不可食；今以紫香梗芋最佳，产于苏浙各地；而桂省之香芋头，亦颇著盛誉云。

第二十九节 百合

百合品名繁伙，有摩罗春、重迈、中庭等称；一茎上抽，四旁出叶；叶微似竹，惟无接柄；花生茎端，有白、黄、洒金诸色；每坼一蕊，香气清馥；故花可以点缀花坛，或清供案头；抉其茎又可以充食而补益人身，诚色香味三者俱备之佳卉也。

百合属百合科之百合属，多年生球根草本也。

百合原产东亚，山地中有野生者，亦有栽培者；高至二三尺，茎为鳞状，隐埋土中；各片互相叠合，故得百合之名。叶茎自鳞茎中抽出，上出叶片，互生，呈披针形；茎上有光滑者，有密生白毛者；初夏茎梢开花，花大而丽；冠瓣六片，色泽不一；瓣有挺直者，有反卷者，各尽状态，因种而异也。花中雄蕊为六，药胞作丁字形，雌蕊一柱头三裂；花后亦能结子，形甚细小。然不能用以繁殖；通常取其珠芽，则繁殖最速；珠芽于六七月顷，发生于茎之叶腋间，色深紫，栽一年后即成小百合；入秋地下鳞茎已甚肥大，肉质厚腻，以外皮白色者，味更隽美。

（一）栽培法　百合性喜温燥，以金陵地区而上之气候为适；普通栽处宜砂质壤土，取其肥沃而排水佳良，质地轻松也。广莳之期约于九月顷，取珠芽充分成熟者，每隔三四寸栽之；翌秋掘起，已成小百合，再栽二年即成大百合矣；此时每球距离当加宽，约以一尺半为最妥；栽后须注意除草中耕，施以人粪溺、堆肥、菜粕，并洒布石灰波尔多液，以防病虫等害。若望其迅速生长而不以繁殖为目的者，则将叶腋间之珠芽，从早摘除，以省养分；八月后可随时采掘百合，惟最妥还是待茎叶黄枯，生长已充实时掘取之。

（二）品种　百合除鳞茎供食用外，尚有以观花为目的者，故品名亦异，今分述如下：

【甲】白花百合　以南京所产者最佳，花白色；地下鳞茎肥大，外皮白净，肉质丰满而细腻；风味殊美，绝无苦味，且耐贮藏。

【乙】车百合　茎高二三尺，叶亦作披针形，基部轮生，而上端互生；茎端分歧二三梗而开花，色黄赤，上有暗紫斑点，瓣向外翻卷；鳞茎瘦小，不可食，仅作观赏之用也。

【丙】天香百合　茎有四五尺高，花大形，白色而内有红暗之斑点，瓣尖略形外卷；地下鳞茎尚可食用，花则亦可供观赏也。

【丁】鹿子百合　高有二三尺，地茎黄色，味苦，不堪啖食；惟花甚美艳，形大，色淡红，瓣上有鲜红之突起；花常向侧面，瓣自基部反卷向外，瓣尖反卷更烈，花须细长而突出于外。

【戊】麝香百合　高亦二三尺，夏初开花；花为白色，形若喇叭，长有五寸许；香气浓馥，市上最多此种。

【己】渥丹百合　茎高尺许，地下茎为百合属中最小者；花作赤色，向上开放，只供观赏之用。

【庚】卷丹百合　产于湖南，浙省亦有；高四五尺，花密集茎节，不下三四十朵；花色橙黄，有暗紫小点；各瓣反卷，向下开放；鳞茎短而扁，普通所食，多属此种。另有一小种卷丹，茎更矮小，花亦小；而形色则皆同，最适盆栽也。

【辛】山丹百合　一名连珠，亦呼红百合，日本所称姬百合是也。据李时珍云："山丹颇似百合，小而瓣少，茎亦短小；其叶狭长而尖，颇似柳叶，与百合迥别；四月开红花，六瓣，不四垂，亦结小子；燕齐人采其花跗未开者，干而货之，名为红花菜。"惟其地下鳞茎颇小，似卵形而数个相集合，不堪食用。

【壬】甜百合　湖南产，茎高盈尺；地茎色黄形小，煮而啖之，味甚甘美，故名。初夏每节开一花，为数不下三四十；花作火黄，瓣稍向外卷，色最浓艳，花期甚长。本园此种，乃湖南友人所赠；某年予有一英友凯士伟（W.J.Keswick），于返国前来真如敝园辞行；予乏嘉礼以馈，乃赠以百合六种，每种六枚；凯氏欣然领之，携诸返国；加以合理之栽培，欣欣繁荣；翌年春乃将此种参加伦敦莳花大会，竟荣获金牌首奖，凯氏益护爱之。旋该氏复行来华，方抵沪埠，即专踵道谢；据谓会中人士，误以为此名种必出自日本；凯氏乃严加声明，此种确系中国友人所赠；各会员闻之，殊为惊讶而深加敬佩；后在英京某大报刊载此名种之来历，凯氏即出示该文，并盛赞其花之优美；此实为敝园之荣，亦稍可与吾国争光也。

【癸】花百合　四川所产，花有红、黄、洒金等色，颇为名贵。

第三十节　萱草

《花镜》载："萱花种宜下湿地，长苞丛生，茎无附枝，繁萼攒连，叶弱四垂；花初发如黄鹄嘴，开则六出，色黄微带红晕，朝放暮蔫。"其所云甚是也；此外萱花可玩可餐，叶色青翠，足堪述者尚多。萱古又作谖字，示却忆之义，故有忘忧、疗愁、宜男等异名。

萱草属百合科之萱草属，多年生宿根草本也。

萱草原产东亚，野生山中；茎不甚高，有二尺许；叶自根出，丛杂而生，狭长如带；

初夏时叶间抽出花梗，顶上着生数花，色有黄赤、紫、黄等别，朝开暮谢；花及嫩芽，可采而晒干，即俗称金针菜，可供食用；至若任其结实，子黑而有光泽；入冬叶即枯萎，翌春复发，新叶，仍茂密如昔也。

萱草性甚强顽，不畏寒暑，低湿阴处，亦能生长；惟地形过于低洼，有积水之患者，自不宜栽种。春初抽发新叶时，可掘起宿根而分栽之，极能栽活；每株距离以稀为妥，则新根及新枝更可迅速蔓延，翌夏开花繁盛；花采后，当剪去花梗，以减消耗；肥料不拘何种均可施用，惟施肥过勤，则徒长枝叶而不抽花梗。每隔四五年，根株已遍布全圃，当再掘起，整理老根而分栽之。

第三十一节　菱

菱一作芰，又有水栗、沙角等名，盛产于浙苏；色或青或红，实新秋之鲜品。

菱属芰科之芰属，一年生草本也。

菱生温暖地，根潜土中，上抽细茎；茎顶拓叶，漂泊水央；叶略呈三角形，边有缺刻；叶柄长，中部膨大成浮囊，蹿于水面；入夏开小白花，四瓣，单生于叶腋间；果实为坚闭果类，有角状突起；角有四枚者、三枚者、二枚者，大小不一；腐去外壳，其种子即芰实（俗称菱），良堪供食。

（一）栽培法　新春向市上购得老菱，或自苏嘉一带觅到良种更好。盛诸蒲包内，浸于河池之向阳处；至清明前后撩起，已有白色之幼芽发生；即用黏泞河泥包之，晒干后投入池中；每隔一丈掷以一菱，若恐中途受损，则二枚亦佳；当年内蔓延极速，九月后可陆续采撷矣。池不宜过深，以五尺最为恰合；池中浮萍水藻，须时加打撩，勿使旺生，惟此工作，非赖熟练者不克胜任之。（普通农家多用轮殖法，上年种菱，下年养鱼；如此，鱼可增池肥，菱可绝野种也。）

（二）品种　菱有二角、三角、四角等形，称曰菱角；其种即因角之多寡，形之大小，以及色之不同而分别：

【甲】野菱　野生湖塘中，形小而角尖；嫩者色青，老者色黑；幼嫩时可剥而生啖，清馡悦口；老熟后则煮食，亦甚甘香。乡人取而曝干，磨细成粉，制糕饼以代粥饭，兼可备岁歉之需焉。

【乙】家菱　凡经人工栽培者，实之形较大，角软而脆；家菱中又因各地各种，可分

成下列之数种：

一、红菱　色最艳丽，二角；肉嫩，堪生食。

二、乌菱　旧历重阳后收取，形特长，壳坚色黑；风干食之，大快朵颐。

三、沙角菱　四角而形小，刺尖锐；生食甘嫩，熟食干香；沪地小贩叫卖者多是种。

四、馄饨菱　角圆而形大，果实丰满；肉糯，耐人大嚼。

五、折腰菱　苏州产之，都二角。

六、芰　三角或四角者，称之为芰，但多混称为菱；形有大有小，如圆四角菱，其实漫大，角无刺；浙省产之，风味亦佳。

第三十二节　芡

芡亦水中生，姑苏之名产也；其实称为芡实，俗呼鸡头，又有乌头、雁头等别名。据《本草纲目》李时珍云："芡三月生叶，贴水大于荷叶；皱纹如縠，蹙衄如沸，面青而背紫。其茎长至丈余，中有孔附丝，嫩者剥皮可食。五六月生紫花，花开向日；结以苞，外有青刺如刺猬及栗球之形；花在苞顶，仿佛鸡喙与猬喙。剥开内有红色软肉裹子，累累如珠玑；壳内白米，状如鱼目；深秋老时，农氓收蓄芡子，善藏之以备歉荒。"①

芡属睡莲科之芡属，一年生水草也。

芡性喜温暖，好肥，栽于二三尺深之塘田最宜。春分后二日，取老芡实种于田中；待新叶出土，略注入水；后叶渐形扩大，大者其对径二尺；茎叶上满布芒刺，甚为异突；叶形圆阔若盾，浮于水面；叶脉凸起，且生皱折；夏月花梗抽出水际，顶端着一花；萼片厚实，开花紫色，日放晚萎；花后，结刺球，状若鸡头，内有指头大圆子数十枚，内含仁实，去壳可以鲜食；或干而贮之，兼可入药。其地下茎，亦作食用，大有利也。

第三十三节　茭苣

茭苣原称菰，又有蒋、茭白、茭笋等名；而茭白一名，实指菰之新芽也。叶长如剑，

①所述内容与现今流行版本有出入。——编者注

四五月时中心抽白薹，大若小儿臂，软白中有黑脉；用以佐饭，清嫩可口，确为夏秋之隽品。

茭苣属禾本科之茭苣属，多年生宿根草本也。

茭苣原产台湾，现江南及两浙间皆盛栽之。生于浅水田中，高五六尺；每年春季由地下宿根萌芽成叶，新芽如笋；叶狭长而端尖，叶脉平行；八九月间，叶之中心抽出肥大嫩茎，长有六七寸，色雪白而中有黑丝，此即茭白；肉质肥嫩，用以供食；夏秋之交，梢上开花，作大圆锥状；花单性，上部着雄花，下部着雌花，亦能结细小种子，曰菰米，亦称雕胡或安胡米，可煮饭云。

春季四五月间，栽茭苣于肥沃水田中；取其萌生之小芽，每株相距三四尺，插入另一田中；再行灌水，深有数寸已足；性最喜肥，故日后须灌人粪溺，并芟除野草；九十月后可采取之，老叶亦同时刈去。又有一说，凡老枯之叶，不宜用铁镰刈之；应择一干燥之日，以火焚烧，否则明年苣肉现黑色云；总之，老叶刈去后，可利来年之发育，则为定论也。如是栽三四年，老棵已衰；须翻种一次，收量当复大增。亦有早种茭苣，春初即行分种于水田间，五六月中即可采食者。

第三十四节　荸荠

荸荠一作葧脐，更有芍、凫茈、地栗、乌芋诸名；据吴瑞云：“小者名凫茈，大者名地栗。”啖之清嫩甘美，颇饶佳味。

荸荠属莎草科之乌芋属，多年生球根草本也。

荸荠生于池沼，茎高三尺许；土中生扁圆形球茎，即为荸荠，有黑色及深褐色两种；叶出土面，叶形已变作管状，又似席草而中空；色葱绿，碧嫩可爱；花穗长寸许，聚于茎端，形如笔头；花开细小，不足观赏。秋末掘其球茎，可生食或熟食（足以化痰润喉）；而以荸荠筐悬于风檐间，日后自干，皮皱易剥，啖之更为甘美；且其味一变为嫩而软，实驾于生食及煮食之上也。初春以荸荠秧莳干秧田，待发芽至四五寸后，分取其苗；移栽于水田中，每株相距一尺见方；施肥以人发壅于株旁，最有成效，或施豆粕等亦可；自十一月至翌春二三月间，可随时挖掘之。

第三十五节　草莓

草莓来自北亚美利加，状若吾国之杨梅；惟果上有芝麻状小粒，啖之窸窣有声，俗称为外国杨梅。厥形亦似木莓，然此种为草本，因得是名。

草莓属蔷薇科之蛇莓属，多年生宿根草本也。

草莓原产于北美之中南部，温带地方最适栽种；冬季气温较高处，叶片仍常保青翠，寒冷处不免有枯叶，及翌春复发新叶；茎匍匐地面，其上抽叶；由小叶三片合成，边有缺刻，面呈浓绿色，背生密毛，色亦较淡；当春季未发新叶时，中心已孕花蕊；待新叶萌发，花梗亦出，先端分歧，着生数花；花白色，雌雄蕊颇伙；果经月余而熟，柔软多汁，富于芳香；色系红、紫、黄、淡红数等，形亦不一，具圆、扁、三角等形；成熟时期有迟早之差，且有四季草莓，自春至秋陆续出花果者，均因品种而异也。其种子生于果面，形甚纤小，状若芝麻，难以播种；故繁殖多取其新生匍匐之茎而成幼苗，最为简便也。

栽培法　当春季三四月时，气候转暖，可将去年之老株移植圃上；土质以排水便利者为佳，若过分高燥或低湿，均非所适；每株相距二三尺，取其新发之匍匐，宜以浅为贵；种时剪去老叶，随后灌水留意，经一周即活；渐可施肥，如堆肥、菜粕、人粪溺等速效性者，促其生育旺盛；开花时地面株旁，当敷以麦秆或稻草，以防泥浆沾污果叶。如欲得丰裕果实，则于夏季蔓生之小株，全行剪除，使老株可含多量之养分，来年结果，满而硕大；如欲行大量繁殖，则任其蔓延新株可也。果实至五六月间即告成熟，然亦稍有参差。天气若逢过旱，待地温低时戽水入田，则可滋润土面；惟此宜于半夜中行之，翌晨四时前将水泄出，勿使积水；否则烈日照炙，草莓易被蒸死，是须注意及之。

第三十六节　秋海棠

秋海棠异名断肠花、相思草，幽姿冷艳，娇冶柔媚，几非尘埃中物；性特喜阴阒之地，无处不种；晓风凉露，一抹轻红，真同美人倦妆，不觉情之欲移也。

秋海棠属秋海棠科之秋海棠属，多年生草本也。

秋海棠形体矮小，高仅尺许；茎草质，多汁液，稍呈红色；叶为心脏形而端尖，叶脉中肋之两侧作不等形，叶片上略有毛茸；秋月，叶腋间抽出花梗；陆续开花，直至霜降后

茎叶渐凋时止，故花期甚长；花多淡红色，亦有白色者；花单性，而雌雄同生一株，雌花子房平滑，分三室而似三翼，雄花则独体雄蕊；花瓣为四，无香，惟色殊艳丽也。

秋海棠性喜阴湿，畏寒，故宜作盆栽；惟于夏秋间亦可作墙阴阶除之点缀，入冬只须掘起而藏诸温室中。三四月最适移植，深约一二寸，每株相距尺余；栽处日光不宜直射，土质以肥沃之沙质壤土为佳；灌水毋需过勤，如水分积储不散，茎易腐烂，故土常带滋润为度；平时施以富有铁磷质之肥水，则花开不绝，且永保娇艳之色。其繁殖以扦插最便，当于初春择强枝剪断之；长约二三寸，扦入沙土中，活着极易；或摘取绿叶而行扦插，亦能生根也。

第三十七节　竹节海棠

竹节海棠俗名也，来自热地；茎叶及花均呈赤色，花亦四瓣；所奇者每生一叶，犹如一节，故呼之为竹节海棠。花开于叶腋间，多数小花集生一簇，色彩鲜红；如气候温暖，抽茎发叶颇为迅速，花开即不断；花亦有雌雄之别，雌花凋谢后，其子细小，可取而播之；惟达开花之期，非经一二年不可也。故通常以扦插繁殖之，每年三四月间将老枝剪成四寸长之小段，扦入黄砂或黄泥中，经三四周即活；二个月后即可分种盆内，土以培养土最佳，俾排水便利也；种后将盆移入温室，不必施肥；约至十月中旬，可渐施肥水，促其向荣；是后不论何季，只待盆土已干燥及枝叶茂盛时，均可施肥；但盆土未干，或茎叶不密，或有霉烂者，或新翻盆者，皆切忌施肥。此本若培植得宜，虽十易寒暑，非特不死；且成一枝叶繁密之大盆栽，着花累累，蔚成大观焉。

竹节海棠约有二种：

（一）茎干粗壮，叶广而肥，叶面光滑；花头大，色殊美艳。

（二）叶形小，且叶面之上多白点，花亦次之。

第三十八节　猪耳海棠

猪耳海棠亦下俚之称也，盖厥叶硕大如猪耳，花则类似海棠，遂不幸而得斯陋名。此花来自热带，品种颇多，约二三十种恐犹匪啬。叶作紫色，质厚实而肥壮，颇为美观；叶之

背面生有肉毛，犹似小根，着土自能紧实；花小不甚丽，故仅观叶之用。其繁殖有扦插及分株二法，惟扦插以叶扦最便，法将老叶剪下，大者可分剪数片，其上须附有叶脉，根即由此伸出根须，否则难以活着；如叶形小者，可以奎全叶扦入土中，生根更易；行时于初夏最妥，直至九十月间亦可扦活，惟有温室之设备始可。扦插用土以黄砂或山泥为佳，如用田泥则不易生根，且致腐烂；扦后灌水不宜过湿，早晚以喷雾器喷洒之，滋润泥土足矣。夜阑乃移出室外，使饱受露珠；如斯经二周后始能生根，三旬即可分栽之。

第三十九节　瓜子海棠

瓜子海棠酷似竹节海棠，而形则小其数倍；花丛生叶腋间，花瓣小若瓜子，故呼之为瓜子海棠，茎叶均作绿色，稍带红色；花颜大多为绛赤，鲜艳无比。性亦喜热，立冬后宜入温室；十二月起即能开花，繁缛不绝，至翌春三月间而止。其繁殖以播子为君，扦插虽可，惟难活也；当花后即结实，至四五月已成熟，外作三翼形；子极微小，可播于细黄砂中；播毕将播子盆浸入水桶中，使水由盆孔渗上，然后置于阴而带温之地，不久自出；待子叶二片分开后，可用移植钳夹取而分栽小盆中，自是茎叶则渐行茂盛矣。

第四十节　灯笼海棠

灯笼海棠又名吊钟海棠，产于南美；花状奇特，其梗细柔而花向下垂，故得灯笼、吊钟等名。

灯笼海棠属柳叶菜科之灯笼海棠属，多年生草本也。

灯笼海棠高有尺许，茎细而硬，形如细竹；厥色红褐，叶对生节间；叶作尖卵形，质地光滑，色绿带红；叶柄幼嫩时，亦呈淡红色；夏初五月开花，迄九月始已；花萼成筒状，先端分裂四片，色分红白二种；花瓣有紫、红、白等色，亦有复色者；雌蕊细长突出花外，状颇别致。惟培植不易，十月后须移入温室；温度宜高，则花犹能开放，直可至翌春四月；但于三月后气温已暖，温室窗户须启，任风畅通。俟届大伏及秋季，培植将尤难，即五、六、七、八四个月，当置于透风背阴处；盆土则干后灌以清水，勿使过干或过湿，仅能保持茎中水分已足；因在此四月中，茎叶之发育已告停顿；于是至八月以后复告旺盛，可施以肥

水，灌水亦应稍勤，则无一不告繁荣也。其繁殖于入九月间行之，以扦插最便；亦可播子，只费时较久耳。

第四十一节　石菖蒲

菖蒲自古已栽，人多酷爱之；其于端阳佳节与艾同悬檐前者，即白菖，谓有辟邪之效。而蒲之细叶者，即石菖蒲；种诸盆中，嵌以文石，蓄以清水，青翠迎人，洁净有趣；如供之书斋案头，顿添逸致，诚为炎夏消暑之妙品也。

菖蒲品名繁多，按李时珍云："菖蒲凡五种，生于池泽；蒲叶肥根，高二三尺者，泥菖蒲白菖也；生于溪间，蒲叶瘦根，高二三尺者，水菖蒲溪荪也；生于水石之间，叶有剑脊，瘦根密节，高尺余者，石菖蒲也；人家以砂栽之，一年至春剪洗，愈剪愈细，高四五寸，叶如韭、根如匙柄粗者，亦石菖蒲也；甚则根长二三分，叶长一寸许，谓之钱蒲也。"[①]所云甚多，惟现今多爱石菖蒲；盖其叶细而形矮，堪栽盆中，朝夕可把玩也。至于其他品种，多栽水泽边，人多不取之。

石菖蒲属天南星科之石菖属，多年生宿根草本也。

石菖蒲有地下茎，匐匍而蔓延；其上抽叶，细长如剑，长有尺许；叶色翠绿而无中肋，质柔嫩而光滑，稍具特殊清气；夏秋之交，亦能开花；形小而色淡黄，花盖六片，为肉穗花序，殊不足观赏。

石菖蒲不论栽于土中、砂中、棕中、石中均可，惟置所须常阴也。于三四月间将苗掘起或翻出盆中，除去腐败之根茎，并择粗壮之茎剪成半寸许；另取一盆；满盛以泥（用山泥最佳），稍灌以水，略带湿泞；盆土中央宜隆起，四周稍低致成一馒头形；乃以钳子将已剪段之根茎，先行嵌入盆之四周，渐延及中心（嵌入须井井有条）；种毕后连盆浸于水中，使水由盆底渗透而上；藏于阴处，晚则露之；露时当察天气，防勿为雨淋打；则叶绿而茂密，生气必能蓬勃；惟泥种者一不经意，即有叶焦根腐之弊，虽不全死，终乏美观矣。故有种于棕皮之法，先将棕皮卷束，乃以剪段之根依次嵌入卷隙中；然后置入帘棚下，填以水盆，任其吸收；如此即受雨淋，亦无大碍；待蒲叶茂盛后，可由盆中取出，悬挂高处，则更为雅观。

---

①所述内容与现今流行版本有出入。——编者注

石菖蒲性喜阴湿，无须施肥，最宜养于沙石浅水中；昔人有种菖蒲之诀云：“春迟出（春分方出），夏不惜（四月十四日菖蒲生日，用竹剪去宜净，切不爱惜），秋水深（深水养之），冬藏密（须藏密室）。”又有忌诀云：“添水不换水（添之虑其干，不换存其元），见天不见日（见天沾雨露，见日恐焦枯），宜剪不宜分[频剪则叶细（或逐叶摘剥更妙），分多则叶粗]，浸根不浸叶（浸根则润，浸叶则烂）。”此两诀针对其窍，诚为栽种石菖蒲之至理名言也。

第四十二节　书带草

书带草即麦门冬之细叶者，其名见于《群芳谱》，如云：“书带草丛生，叶如韭而细，性柔韧，色翠绿鲜妍；出山东淄川县城北黉山郑康成读书处，名康成书带草。”此说是否确实，无从考证也。

书带草属百合科之书带草属，多年生常绿草本也。

书带草茎伏于土中，形甚低矮；叶狭而长，仿佛书带，因是得名。叶长约尺许，青翠可爱，隆冬不凋；夏日花茎自叶丛中出，顶上开花；花形细小，色淡紫，六瓣，为总状花序；实圆而色蓝紫，大如豆粒，堪作繁殖之用。

人家庭院中，多栽之庭砌阶沿间，故又有沿阶草之名。性甚强，随处植之，均能向荣；如树多阴浓，叶更为苍翠，不数年已繁密异常；惟易诱招毒虫之来集，是以宜于盛夏时期常加清扫为妥。通常以分株繁殖最速，如栽植多年后，当感异常茂密，或叶多呈衰黄之色，即宜行分株；法于春分前后将老叶全行剪除，仅留叶根已足；并壅以菜粕、豆粕等肥，自能更新，繁荣如昔。书带草除地栽外，盆栽亦宜，披拂四垂，堪供清玩。

第四十三节　吉祥草

吉祥草自古已盛栽之，取其瑞兆也。故《群芳谱》云：“吉祥草丛生，不拘水、土、石上皆可种，花紫蓓，结小红子。”又按李时珍云：“今人种一种草，叶如漳兰，四时青翠；夏开紫花成穗，易繁，名吉祥草。”

吉祥草属百合科之吉祥草属，多年生宿根草本也。

吉祥草生自暖湿地，茎矮小，匍匐于地面或土中，处处有叶丛生，其下复生多数细根；叶仿佛幽兰，狭而尖，长尺许，上有平行脉，四时长青；晚夏花茎自叶间抽出，其上着花成穗状，瓣被六裂，内白外紫，两性花及单性雄花相杂而生，稍有清香。花后结赤黑色之小浆果，老熟后播之自出，惟其成长时期颇久，故通常以分株作繁殖也。

吉祥草性喜阴润，人家庭园中多与万年青并植；惟以盆栽者居多，取其管理较便耳。夏置帘棚下，不使日晒；每日灌以清水，毋得过干；若干之一日，叶尖变焦，殊有碍观瞻；冬季则灌水稍可疏忽，主要之事还以置入温室中最妥。肥料亦即于腊冬时施之，不拘何种肥料均可；如逾此而于萌发新叶时施肥，则叶易焦黄；故凡种植者不可不知之，且引以为戒也。

第四十四节　万年青

万年青一名千年蒀，吴俗弗论大户小家，十九多喜栽植于庭园之间，谓可召置吉象；绿叶青秀，终年湛然，结子殷红，经冬不凋，故有是名。

万年青属百合科之万年青属，多年生宿根之常绿草本也。

万年青亦生自暖地山中，形多矮小；茎生土中（无地上茎），叶厚而大，丛生其上；叶色深绿，长一尺有余，作披针形；春末自叶丛中央抽出花轴，高约三四寸，簇生细花，白色带绿；花后结小实，初绿后红，亦有黄色者；其形不一，有浑圆、尖圆、棱角诸形，随种而异；以故叶色亦无一定，有全绿、镶边、大小斑条等，变化颇多。

万年青性喜阴，沪地多盆栽；土宜砂性，春分可分栽之。灌水不需过勤，常带干性，最为适合。置所宜于阴燥而不受雨淋之处，且当开花之时，更切勿为雨所打；否则子未易结，人罔知其故，犹以为天氛所致也。施肥不必过多，如施以犬粪，子多丰满而有光泽，色彩更为鲜艳云。

第四十五节　蓬莱蕉

蓬莱蕉俗称龟壳山草，叶碎若龟壳；又呼电网兰，盖厥根气生，细长如线也。

蓬莱蕉属天南星科之蓬莱蕉属，多年生常绿草本也。

蓬莱蕉生于热带，如南美、非洲等地均产之；沪地亦可栽植，惟赖温室之设备耳。根细长，叶片广大，茎上多节；节间生气根，着土即定，遇水延长更速，可达丈余。五六月间，茎梢膨大，抽出花梗尺许，上即开花。色初呈淡黄而微绿，后变蓝褐色；花甚耐开，其状酷似去壳之玉蜀黍。

普通多栽蓬莱蕉于盆中，土须砂质；夏宜置诸池边，上有树月荫更佳；因此气根可伸入水间，生长更速；然无池者，盆中常宜灌水，盖厥性喜湿而不餍足也。施肥须入冬后行之，肥料以迟效性者（如菜粕、豆粕等），作为基肥；若施用速效性者，叶易焦黄，有失观瞻。寒露时节即须移藏温室，以免受寒；室中温度能常保华氏五十度左右，则叶仍可青翠如常。其繁殖以分茎最便，法于春夏之交，将茎节稍加剖切，其上即发根须；然后剪段而分栽之，未有不活者。

第四十六节　蕨

蕨类植物品种颇多，总称山草；再依其形而呼之，如雉尾山草、芝麻叶山草等；故其名目随形而殊，易地而异也。

蕨属羊齿科之蕨属，多年生草本也。

蕨生山野中，随在有之；而以雉尾山草，又称凤尾山草最为普遍；茎长，匍匐地下；叶羽状复生，长有三四尺，分生小叶无数，边缘有缺刻；夏初叶背缘边生有囊群繁殖器，内生胞子，分散于地，自能萌芽；故漫山遍野，均有其迹，繁殖之速，可谓至矣。

沪地多栽入盆中，以山泥种之最佳；初栽不宜施肥，自五月至九月宜置帘棚下，勿受大雨淋打，否则叶易倒伏而腐烂；直至十一月后须入温室，盆土不得过潮或过阴；惟此际可频频施以肥水，施时切勿污及叶片，则叶常保青翠而茂密。另有所谓芝麻叶山草者，叶细小若绒，色淡绿，未见花果，故以分株繁殖之；但此种于盆栽中，往往有叶一二片变成扁形之雉尾，若不立即剪除，则全盆不久均变成雉尾；然因是而发育特速，抗力加强，培植亦易也。

更有一种大叶狼鸡豹山草，野生于深山阴崖，亦属蕨类之一；高有七八尺，根块肥大，可掘起而作山粉（供食用及糊料）；茎粗若拇指，色深褐，中空而有一细长之筋；叶是二三尺，作羽状复叶，绿色；当其芽萌出之际，外形俨被物蔽（人或误认为初生无叶），状若

如意（又似鼈脚，江西谓之蘿）。外披绒毛，质颇柔嫩，可摘而为囊；叶终年常绿，如冬季寒风狂吼之时，则叶亦有焦枯者。是草浙东诸深山均产之，性喜阴湿，畏风吹日晒，故若移作盆栽，极难培植；予曾自山间移之来沪，栽于木盆中，壅以砂土，夏入帘棚，冬置温室，尚能常保青翠；惟沪地风土究与山地大不相同，致日渐缩小，不若昔日之高大而茂盛矣。

予幼年时，居于山间，尝躬自助母舅制造山粉；每值九十月间，狼鸡豹草之生长已告停顿，养分均汇集根中，此时最宜掘取；当遗乡人入山谷之幽邃处寻觅，其根块大者数十斤，小者亦数斤，根愈大愈佳；于是持归而洗净之，剪除根须，去其污物，复切成小块，捣烂成浆，置入布袋，漂洗于缸中；然后浸经一夜，粉质全行沉淀，泄出上液，随见厚浆；乃覆以绢布，用纸包干灰盖之，吸去水分，晒干即成山粉；乡人多购以作馈礼之上品，且病人亦可食之，功同藕粉也。

第四十七节　美人粉

美人粉亦属蕨类，出山薮烟峦间，一野生草也。惟于沪地培养，非仅冬入温室，夏置帘棚，不使日晒，不受冻害，即认事完；还得平时之悉心保护，加意灌溉而后可，然亦可谓娇养极点矣。

美人粉系多年生宿根草本，茎细弱，作紫褐色，高不盈尺；叶质薄弱，秾绿色，其形不一，因种而各异：有大如瓜子者、有小若绿豆者、有似撒扇者、有尖圆形者等等；如栽植得法，叶终年常绿，丰姿楚楚；若不经意，则多呈萎焦，且茎干稀疏而毫无生气，有碍观瞻，曰美而反丑也。

在沪地一带多将此草作为盆栽，盆土宜用利于排水之砂质土，置所须居透空气而无烈风处；若有薄飔轻吹，则正投其所好，最属得宜。日光仅于早晚微弱时稍可晒之，夜间宜令饱受雾露；惟大雨不可冲淋，否则叶焦茎萎，美观毫无，有失栽培之旨。当冬日置温室时，应避日光直晒之向，且空中湿气不可过重；然性又喜阴湿，于生长期内，水分宜充足，虽每日灌水二次亦不碍；因盆土稍行干燥，其叶即焦黄矣。施肥固以冬季最妥，但效验不著；若于三、四、五数月中施以肥水，则叶片青翠，惟每次施肥须待盆土稍干时行之。予培植多年，未见开花结实；仅其叶背之边缘常可发现小粒胞子，待叶老坠下，自能萌芽；

若于七月时用盆播子，亦易发芽，顾予则任其叶落，待子出后掘起而分栽之；再者：予以此草除播子繁殖外，尚可分株，需时反较短也。

第四十八节 芦笋山草

芦笋山草，又有吕宋山草、龙须菜、文竹、石刁柏诸名；来自欧陆，掘取嫩茎，堪为庖厨之上品；外人最爱嗜，拱若珍物也。

芦笋山草属百合科之天门冬属，多年生草本也。

芦笋山草性丛生，茎圆柱形，高有四五尺；分歧繁多，上有细刺，尖锐无比。叶小而退化，形成膜质之鳞片，颇不明显；叶腋间抽出绿色小枝，狭细如丝，似呈叶状。六月间梢上开小花，色淡黄带绿，单性而雌雄异株；花梗极长，与垂垂之花相连。春末夏初，地下宿根抽发嫩茎，有苞为淡紫色，肉作淡黄色，质柔软而富养分；可供食馔，西餐多用之，风味颇佳。

芦笋山草不拘地栽或盆栽，两相宜之；惟地栽者，立冬节后茎叶全枯，必待翌春再行萌发；盆栽者可移入温室内，茎叶得永保苍翠。凡地栽者，栽以四五年后，高有一丈左右；于时雌株始能结实，大如豌豆，初呈绿色，入秋变红，内含黑色种子；早春可播之入土，旋即发芽，一年内高仅三四寸；嗣后积日累月，茎渐高大；而质甚细软，易为风吹折，须以竹竿扶直之。盆栽者待至夏季，拆下温室之玻璃，代以帘箔，通风透气，最适其性；冬季则需温暖，如能保持摄氏四十度以上，即无阳光透射，亦可维絷原态；但不易高大，四五年生者高不及三四尺，盖茎受盆土之限制，根须不能充分蔓延也。地栽之处如土质肥松，则芦笋萌出特多，且粗壮而肥美，足以大快朵颐。肥料各种随便，不论何时均可施之；繁殖除播子外，当可分株，其时期宜于早春。此草枝叶婆娑，轻绡婉曼，苍翠迎人，别具幽致；故现鲜花扎缚成束，作新嫁娘手中之点缀品，实最为相称。

第四十九节 天门冬

天门冬俗名门冬山草，古尚有天虋冬、月景山草、满冬、髦颠蕀等名；据李时珍曰：“草之茂者为虋，俗作门；此草蔓茂而功同麦门冬，故曰天门冬。”

天门冬属百合科之天门冬属，多年生半蔓性草本也。

天门冬茎细柔，卷络他物而上，稍有蔓性；根块形肥大，攒簇而生，堪入药用。叶于春季萌发，微细如鳞；枝自叶腋抽出，细而尖长，绿色如叶形，故称叶枝；夏日开花，形小，往往二三朵丛生；有花柄，淡黄白色；花后结实大如豌豆，初绿后泛黄，熟则变红；杂离叶间，宛若珊瑚珠，色泽明媚，最为可人。

天门冬于沪地多盆栽，冬入温室，夏置帘棚，栽培法大致与芦笋山草相同。又形亦与上类相似，粗视之或以为一物；惟天门冬茎质稍坚，挺生向上，每叶腋所出之枝，仅一枚至三枚，宛如叶状，尖而细长，若曲针然；而芦笋山草则茎柔，不能上生，叶腋所出之枝，为数甚多，状虽亦如叶，耐形甚细小；然此两者之异处，常人难以区别也。

第五十节　吊兰

吊兰根叶均似兰，多栽盆盎中；因花梗横伸倒偃，宜悬空凭虚，故得吊兰之名。

吊兰属百合科之吊兰属，多年生宿根草本也。

热地山野中，辄逢此兰；性喜温湿，终年常绿；根肉质似兰，叶亦似之；夏秋之交，叶间抽出细梗，斜袅盆外，不得不悬挂空中，以节地位；其端开花，并生小苗，着土即活，或可剪下分栽；花作白色，形极细小，花冠单瓣，亦能结实。

吊兰之于沪地，只作盆栽；厥性喜阴而好温，故夏宜入帘棚，冬宜藏温室；盆土则常保滋润，肥料则稍加施用，自能繁荣无虑也。叶有大小两种，色有全绿与绿白相绞者两种。

第五十一节　蔺

蔺似莞而细，又称灯心草；吴人多栽之，取瓤（指茎心）为灯炷点燃用（亦应用于外科），故得是名；细茎绿润，瓤虚而白，兼可织草席及蓑衣也。

蔺属灯心草科之灯心草属，多年生宿根草本也。

蔺生山野湿地，亦能生于泽畔池中；茎高达四五尺，细圆而长，中空有白髓；叶紧生茎之基部，状如鳞片，殊异于寻常之叶。夏日上部之茎，离梢半尺处，侧生花梗，分歧繁多；上攒簇黄绿色小花，细碎不足观；花后亦不见结实，故其繁殖以分根最便，栽于池沼

或盆盎内均可；池水不宜过深，以一二尺者为佳；如淫雨连绵，池水大涨，淹没茎叶，则有腐烂之虞；故宜先栽秧于盆，然后投入池中，当水泛涨时，可擢而垫起之，自无此弊矣。盆栽用土原以河泥为佳，惟日后茎甚粗长，不甚雅观；还是权用普遍泥土，以根块密栽之，则叶细小而短，盆供颇有清趣。

藺有三种：一、普通种，叶色全绿；二、每隔寸许有黄色一段，黄绿两色，段段相间；三、绿色中有白丝道纹，错杂其间，色泽亦颇明显也。

第五十二节 蒲苇

蒲苇为水中植物，多年生宿根草本也。厥叶高而狭，秋初刈下，干后可编蒲包；花如烛状，土名水烛，晒干若鹅绒，可实枕心。

蒲苇之叶多绿色，惟以边镶白色者为佳；河池中多野生，惜无人注意之耳。移种除池栽外，兼作盆栽，培植极易；于二三月间将根掘起，大如半掌，以河泥或田泥种于盆中；盆以一尺深之高度，口径十寸阔者最宜；初秭时须俟土稍干，始可加水，俾根能固定；至孟秋满盆皆叶，高已四五尺矣；斯时倘移入室内，大有趣味；或将此苗连盆埋入小池之一角，但切勿使根向盆蔓延，则叶挺出水面，直堪与芙蕖一争短长。入冬如不移置于室，可埋入土中，深约半尺，亦足以防冰冻也。

第五十三节 仙人花类

仙人花类植物，似草非草，似木非木，形态奇特，异于众花；且不分茎叶，生长迟缓，几终年如常者。品种繁伙，约有一二千种，名目复杂，不胜枚举，惟多以仙人两字冠诸首，像其形而接称于下；故品名之多，花样百出，令人难辨，犹如身堕五里雾中也。（按此科植物，除供观赏用，亦充药用。）

仙人花类，中文正称“仙人掌科”，系双子叶植物离瓣类之一科；原生于热带及亚热带地，多年生植物也。形状特殊，有圆形球状、扁平形盆状、细长形柱状、多角形菱锥状、尖刺形栉齿状、硬叶形片状等等；大者如小山，小者不盈握。其生叶者甚稀，况茎叶亦难以区别；色有绿、白、赤诸种，惟以绿色者居多；茎肉质，上或生短刺者，或出长针者，或

为平滑者，或作觚脊者，或有毛茸者等。花两性，多整齐，然不能开花者亦有；花序通常由一花或二花为组，萼片及冠瓣划分不明；雄蕊数多，雌蕊由四至八个之结合心皮而成；花色颇为浓艳，有赤、白、黄、青、紫、褐等色。花形若喇叭，大小各具；瓣有单重与千重，梗有长短及粗细；花后结实属浆果，亦有不能结实者，故此类繁复极矣。

培植之法，就沪地而言，因其性之喜炎热，好干燥，故终年置于温室内，固定不移也。盆以泥制者为佳，土宜采用砂质；通常于细黄砂八份中加入山泥二份，求其排水得以便利。初种者灌水不宜直冲，应将盆浸入水盆中，使水徐徐自盆孔透入；水须清洁，勿让污物或青苔混入，盖沾着茎叶，极易腐烂。自后灌水当待盆土极度干时浇之，即使干以一二日，亦无所碍；苟不慎湿以一二日，则易腐烂也；缘是灌水千万勿滥，务必适可而止；且灌时须将喷水壶于盆之四周徐徐注入，切忌触及土面之茎叶。置处有永置于温室中者，或廊檐下者；惟以透空气，晒日光而不被淋雨为原则。施肥亦可疏忽，或于三四月略施草汁、鱼腥汁等稀薄液，至八九月间再施之。其繁殖方法亦颇奇特，当三月前后，可将母体上割下一部、一枝、一叶、一片、一爿、一球、一块，扦入土中，土稍湿润，极易生根；然除此扦插繁殖外，亦有行嫁接者。总之，此类植物之栽培方法，固不大难，第灌溉以“宁干不宁湿”为要着也。

仙人花类植物品名繁多，通常所见者：如仙人花、仙人掌、仙人球、仙人山、仙人鞭、仙人拳、仙人蛇等，均揣摹彼物状态，随意拟之，初无一定之法则也。

第五十四节　姜头山草

姜头山草产于闽粤，原为寄生植物也；叶类石斛，狭而厚，种不止一；根若棕毛，有粗如小指者蔓延较速，有形扁如姜块者生长略缓，其名亦即从此。当初运来沪时，事先取干苔草扎成小球，中充以木炭；球束之大小不拘，但一端应系一钩，以便日后悬挂之用；然后将此山草依次包于球上，用棕丝轻轻绁牢；随即浸入清水中，使其饱吸水分；约一刻钟，乃出而悬诸帘棚下可也；惟上项手续，于四五月间行之最佳。自是新叶渐发，覆满一球，亦颇具美观。施肥宜冬季行之，用草汁为妥；并须藏于温室中，切忌受冻；夏秋尤忌日光之晒射，否则叶片易变焦黄也。

第五十五节 蝙蝠兰

蝙蝠兰亦属热带寄生植物，叶似蝙蝠之翼，因此得名；但此种并非兰属，而实为羊齿科植物之一种，其叶若鹿角，故又名鹿角羊齿；俗称荷叶山草，则以茎类荷叶，而复授是名。

蝙蝠兰属水龙骨科之鹿角羊齿属，多年生常绿草本也。

蝙蝠兰之根茎依附他物而上，其形已变常态；茎成薄片，其上抽叶，每茎生三四至八九叶不等；叶淡绿色，长达尺许，上端有二三深缺刻，颇似鹿角。四五月间发生新叶，入夏亦有衰老而脱落者；及秋茎片蔓延，待至冬季变成黄褐色。沪地亦可栽植，法于四五月间将茎用干苔草包扎，另取棕皮系住而钉于他物之上，如木板树干等均可；继以木板全部浸入清水中，停五分钟取出稍干，再经沤十分钟使水充分吸入；末了，乃悬挂木板于预定处所，往后灌水亦同此法。其繁殖以分株最简捷，当秋季时又生新茎，大于老者，二年后即可迁离而蕃息矣；手术略如前，乃将茎叶剪下，以棕衣棕缕包之缚之，不使脱落为佳；然后用水浸透，取出钉于木板上即成。

第五十六节 晚香玉

盛夏之时，花事稍稀，惟有晚香玉独吐清芬；花白如玉，亭亭素艳；剪而插瓶，香溢一室，顿消溽暑；入夜芳意尤浓，故又得月下香、夜来香诸名。（但夜来香别有其物。）

晚香玉属石蒜科之晚香玉属，多年生宿根草本也。

晚香玉有鳞茎潜伏土中，状如葱蒜，下端生根，其上出地上茎而抽叶；叶互生，狭长而尖，约有尺许，质软略下垂，色淡绿；夏初叶间有一茎挺出，生长颇速，待高至一二尺时，上梢着花，茎亦不再伸长；旋于茎下部之花先行开放，作疏穗状排列，花被六瓣，筒状，长而弯曲如小喇叭，芳香刺鼻；花自下而上陆续吐艳，花后凋谢，鲜能结实。若剪而供瓶，当花萎凋后，须倾去瓶中贮水；否则臭气四溢，因花茎内多黏汁，极易腐败也。

晚香玉性好肥喜湿，宜地栽；每年须分植，时于阳春三月间行之；施以浓肥，则茎叶秀发，青翠可人，花亦繁茂；若施肥稍惰，或土质欠佳，或栽入盆中，虽叶茂密而花多不开，殊失栽培之旨。花至秋始止，叶亦渐行枯老，可一并剪去之；入冬后宜掘起而藏于温

暖处，若仍留诸地中，须以马粪或肥松土盖覆其上，防其冻害；俟至翌春，藏收者可栽入圃中；留地越冬者亦须掘起，再行分植；盖不如此，花多不发，吾人不得强违也。

第五十七节　岩桐花

岩桐花产于南美热地，沪上多呼克落雪，系音译而来。

岩桐花属苦苣苔科之大岩桐属，多年生球根草本也。

岩桐花茎不甚高，仅六寸许；叶丛生，作圆卵形而端尖，背面则密生毛茸；春夏之交，叶丛中抽萌花梗，顶开喇叭形花，向上而放，有紫、红、淡红等色；花瓣厚实如堆绒，并具斑点，颇为浓艳；花后亦能结子，可取而播之。

因花本生热地，性特喜温暖；沪地栽植即使妥备温室，还感不易，况风土远有关系乎？如欲播子，须于秋季行之；苗至一寸左右，即可分栽小盆；十二月后改换大盆，此时温室中之温度应达华氏六十度以上，并逐施肥水；至翌年二月再换较大泥盆，然宜避日照。于是四月左右已能开花；花经谢后，宜剪去花梗；待叶凋坠，乃需移至暖处以越冬矣。此花除播子繁殖外，尚可扦插，时当花殒初才，取其叶片插入细砂中，不久自会生根也。

第五十八节　石腊红

石腊红乃由英文名（Geranium）音译而得，未免题不切义也。

石腊红属牻牛儿科之天竺葵属，多年生木本状草本也。

石腊红日本名天竺葵，来自欧非。茎草质，高约尺许；叶作圆心脏形，上披短毛，边缘为钝锯齿，裂口甚浅；叶多绿色，亦有黄边、白边等种。自春至秋，陆续自叶间抽出花梗，梗端开小花成簇，色深红、白、淡红、橙黄、洒金等不一；瓣四五片，甚广阔，内藏雄蕊二十，亦有重瓣者；各花攒聚成团，犹似绣球，而花蕾下向，系其特征；花期颇长，遇霜冷始萎。花后亦有结实者，可收而作繁殖之用，惟发育较慢耳；是故园家多行扦插，取其当年即能开花也。

栽培法　四月可将新枝剪下，每隔四寸有奇剪成一段，扦入土中，惟以砂土为最佳；随即灌足清水（自后无须再浇），中午时盖帘二三小时，然不盖帘箔亦可，只不可任雨淋打是

◇ 石腊红

要；至梅雨期，约在五月中旬已长新叶五六片，当可掘起，移植盆中，用培养土种之。初种时盆宜小，以后宁再放大；且新迁脱力，尤该置入室内，避免日晒及雨打，非待一周后始可移出于阳光之下。冬季如入温室，亦能开花，再者又可以防冰冻；而乘兹时期，正施肥绝好之机会；肥料不论何种，亦不拘浓淡均可，如施以富有磷铁等质之肥水，则花色更为秾艳而犹如堆绒也。如是一年既往，管理较难：若盆土干后，立宜灌水；花落后应将花梗剪去，不使结子，免耗养分；又若三四年生之苗，则于六、七、八、九四个月中愈难治理，因茎易腐烂，必置于透风嫩日而不受暴雨淋打之处乃免，俟梅雨过后，并得直曝阳光下；盖不慎置入阴处一二日或一周之久，叶多发黄，如欲摘去，则仅存茎端之叶片，有碍观瞻；故此花不宜久置阴处，宜多晒日光，殆为定论矣。又凡新叶发出，可将老叶摘去；若叶大而密，则无妨摘去一二，俾其花朵更肥大也。

第五十九节　一品红

一品红俗呼象牙红，又称猩猩木。叶色翠绿，上有红络；顶叶则殷红若血，西俗圣诞节点缀之妙品也。

一品红属大戟科之大戟属，多年生草本也。

其种来自热带，沪地栽培须有温室。茎叶肥大，茎干上梢属草质，近土处则呈木质化；叶片作令箭形、梭形等，绿色，上披毛茸；晚夏早秋之际，茎梢抽出如叶形花瓣，先绿而后变黄，或砂红、淡红、桃红诸色，因种而异焉。花之中心着生淡黄色雌蕊，中有蜜槽，状如小杯，此乃引诱昆虫以作授粉之媒介也。

一品红栽培尚易，惟须赖温室之设备，以抵御冬季寒气之侵凌也。时当四月，将昨年之老枝剪下，行扦插以作繁殖；初即直接将枝斜插盆土中，无须遮帘，但灌水务须充分，二阅月后，已可活着，亟宜翻种或换盆；逮至伏天，不论老枝或扦活之新枝，概加以剪短，俗称摘头；此摘下之新枝仍可扦插，不过初剪下时，伤口有乳液泌出，须待干后，始可行之；且

于兹盛夏，灌水要勤，盆土常保湿润，否则有脱叶之虞，綦碍观赏也。至若茂密之株，应以竹竿疏匀之，借免低矮小枝被挤而死；俟届十月初旬乃移入温室，时枝梢渐变形色者，即为花也。嗣后室温须保持华氏五十度以上，水分忌过与不足，管理力求得宜，花方能盛开，而花朵肥大，花期亦长，皆其余事焉。自十月下旬至翌年二三月，花程完时，当将全株尽行剪去，并停止灌水，妥置于干燥和暖之处；如是至四月中浣，即复可剪下，续行扦插，而老株犹能发芽，竟以成大株。施肥不宜过早，盖恐株徒长而反损其美，大概于九月中旬起可渐施之；至十月而加施浓肥，则花朵腴硕，定能预期。凡花开至八分时，可剪下供瓶赏，枝长短不拘，视各人所需而抉择；至于剪断处有乳汁泌出，试以烈火烧焦数寸，然后养入水瓶中，经过一宿而移往花市，则花叶均不易萎缩；惟仍应留于温室，切不可受冰冻，否则全枝立即枯萎，大失美观矣。

第六十节　老少年

老少年之命名，或取义晚达，饶有意致；原称雁来红，李时珍曰："雁来红茎叶穗子，并与鸡冠同。其叶九月鲜红，望之如花，故名，吴人并呼之为老少年。"又有十样锦、少年老、雁来黄诸名，均属一种，惟叶色稍不同耳。

老少年属苋科之苋属，一年生草本或多年生宿根草本也。

老少年有两种，即吾国产及越南产也；前者为一年草本，后者为多年生宿根草本。吾国种高有二尺许，叶柄甚长；叶尖长如苋，形状若菱，两端锐而中膨大；茎草质，叶密生于其上；新叶作绿色，入秋色起变化，有红、黄、蓝、绿、紫等斑纹，娇艳可爱。花小，单性，不足观赏；集生叶腋间，后结黑子，可取而以旃繁殖。越南种高仅半尺，惟性丛生；叶色只有红绿两种，八月后红者变赤，绿者稍作鲜黄；叶细小，繁密异常，专合花坛栽植。总之，是草系观叶类植物；尤其入秋凉后，红黄相间，殊为明媚；而鲜妍绝伦，适合欧美式庭园之点缀，诚无上珍品也。

老少年之栽培，极为简便；当春季四月左右，随取子播入盆中或直播土中均可。苗出一周，渐施肥水；二周后即可定植，生长颇称速达；施肥宜勤，则茎粗叶肥，形亦壮佼；入秋叶色转变，绚烂夺目，更大有可观。暨临霜降，茎叶始枯，然子已告熟，可收而待诸翌年再播；至若越南种，性最畏寒，故未届霜降，即宜掘起上盆以藏室。于是一俟冬尽春

回，即可翻种于高燥而温暖之圃上；五月可行分株，萌芽抽叶，生长旺盛；不一周当摘而扦之，二周后再摘，且重行分株，数量定可大增；其扦插法亦甚省事，摘芽长者二寸，打入土中，灌水盖帘，经一周即生根；乃稍施淡肥，再越二周，摘新苗再扦之，但此应于夏季行之最妥。新苗定植圃中后，莫善常加修剪，使平整划一，则远视之，颇似绒毯；惜斯苗于九十月间最易腐烂，是须加注意者也。

附录一 宿根花卉与草花栽培法

宿根花卉与草花之花色极为鲜艳，叶片亦甚青翠，偶尔涉目，固自令人可爱，然而予对此，殊无好感；盖厥性柔弱，不耐挫折，一经霜打，茎叶无不凋萎，须至来春，重新繁荣；且栽培者在此一年中，悉心培植，不能稍懈，如栽培得法，则翠翠红红，五光十色，如告失败，必待下岁再番栽植，始能弥补往年之缺点也。又况吾国人士之评赏花卉，最重花品而不重花色，故对于草花只供观赏，素不值品第；以致爱好者寥寥，因而栽培亦多以花木为主，即间或采拾数种，原不过点缀阶沿径畔，聊增色彩而已。

宿根花卉与草花之栽培法，理想上似较木本者为便，然实际上决非如是之简单；且宿根花卉与草花亦稍有差异，不容混为一谈，今特分述于下：

（一）宿根花卉之栽培法　所谓宿根者乃指球根花卉及多年生草花而言，前者亦为多年生草花，惟其地下根茎特形肥大，内贮养分，其形不一，而地上茎每多于冬季死亡；后者之地下根除有多年生存之能力外，其地上茎叶虽入冬枯萎，然翌春仍能萌芽抽叶，继续吐艳，如是年年繁缛络绎，能生存多年；其栽培法颇琐碎，可得而举要领者，有如下列之五项：

【甲】繁殖　有分根、扦插、播子三种，通常于春季行之，其详法见上编第三章四季作业之春之一节中。惟扦插一法除枝扦外，尚有叶扦一法，宿根花卉应用最广；此法乃利用叶片边缘发生之不定芽及根，而另成一新苗，其时期于梅雨季中行之最适；先择叶片厚实而挺秀者，斜插砂土中，距离则并无一定，视叶之大小而断，务使彼此不相交接为标准；若有长叶柄者当剪去之，短者留之，叶片大者可分剪二三小片而扦之；扦后宜置温室中阴处，勿任日晒，并用细孔喷雾器喷足清水，使砂土常保滋润；同时空中亦须有相当之湿气，故于最初一周内，每日喷水二三次，每次宁喷以少许，不求甚多；夜间复露诸屋外，使饱受露水；如是经过一旬或至二周，叶间倘萌幼芽，即属扦活之象。嗣后乃可稍见日光，引其发生抗力；盖过于爱护，永置阴处而不晒日光，则苗徒长而柔弱无能，将来于分栽时，恐反难生长；且此时水亦不必多喷，只令表土不干为度，如水分过多，反有促成腐根之患，是则应加考虑者也。（接凡作大量之繁殖，如菊、秋海棠、岩桐花等，多适用此法。）

【乙】用土　宿根花卉盆栽或地栽均可，栽植处以砂质而排水优良之壤土为佳。

【丙】栽植　凡地栽者，在栽植前宜充分耕锄，松碎土块；且施入堆肥、草木灰、菜粕

等迟效性肥料，与土尽量拌和。种之时，如宿根花卉以覆没宿根为度；若为球根花卉，筑窝亦不宜过深，通常约球根直径之二三倍；若欲以繁殖为目的者，则更宜浅植，俾子球易于生成，可备作大量之繁殖；惟如行深植，手球之生成自较少，而母球易肥大，开花能旺盛也。地栽最后课目，为土上须敷设稻草；以避日光；一待芽出，又亟须除去，以受日光是要。至盆栽者，手续可略省；只于选择花盆大小时，稍估视球根或根株之大小，即得定夺之；盆以泥烧者为佳（切戒用瓷盆或紫砂盆），盆底洞孔当填以瓦片；上置粗粒土一层，再上覆培养土半盆；嗣乃以球根或根株置入，随加培养土距盆口一寸至半寸为止；并将盆周匝摇动，以充实根间之空虚；于是边补缺土，边灌清水，俟水足透而置放阴处可也。

【丁】施肥　如土中已施基肥者，则于生长时期不必再施肥；可待见花蕾后，补施稀薄之菜粕汁液，促其肥大；或施以富有磷钾质之肥料，则花开浓艳而茂盛，更将美不胜收矣。

【戊】管理　茎叶一经霜打，色必变黄而枯凋；故如球根花卉或珍贵之宿根花卉，即宜掘起不使受冻；掘起后先须置诸透风而干燥之阴处，二三日后即可阴干；如有子球，当自母球上割下，与母球一并埋入干燥砂中，以待来春之栽种。又球根花卉于开花后，除欲取其子而繁殖外，其花梗均应剪去，毋任结子，免损养分也。

（二）一二年生草花之栽培法　一年生草花于栽培上须有精密之管理，如灌水、施肥、杀虫三项工作，尤为重要；倘稍疏忽，则花不密，叶亦不盛，一年之光阴全告废弃，殊可惜也。兹述其一般之栽培法如下：

【甲】繁殖　以播子为主，每年通常可分二期，即春播与秋播是也；春播于江浙一带大抵始自二三月间，秋播者大抵适于八九月间，亦有数种草花不论何时均可播者。凡春播之开花期约在夏初左右，秋播则须越冬季而至春夏间才开；如欲腊尽春初切花者应入温室，缘是以春季播之较为安全；但有数种草花须行秋播，其生育方能茂盛；故不论春播抑或秋播，当就各草花之特性而定也。至于播种方法，亦视草花性质之强弱与种子之大小贵贱等，可分直播及床播两种；前者将种子直接播入园圃中，即不再移植；而后者须先播于苗床中，待萌芽后而另行移植之。播种方式有撒播、条播、点播诸法，可由栽培者随意决定之。

【乙】用土　草花亦有盆栽与地栽之别，惟用土则一；大率培以肥沃之腐殖土，最为适合。

【丙】栽植　凡栽处之土，每次种时，须加翻松；若定植于花坛中，更宜筑畦，大小不一，惟畦面稍应高出地面四五寸，以免积水之患。草花栽植，须作一定之距离，其大小当审草花之形态而定；若距离一律，则井井有序而不紊不乱，有如图案，极为美观。至盆栽

先则栽入小盆中，嗣后苗渐长成，当逐步将盆扩大；若懒于翻盆而将小苗栽入大盆中，则苗小盆大，土中水分不易蒸发，常有烂根之虞。

【丁】施肥　草花多喜肥，故定植后，若土质肥沃，施肥容可较少；如土质瘠薄，则每隔一周，即应施以稀薄之菜粕水，或陈宿之人粪溺等追肥，以促其繁荣。

【戊】管理　开花时如行人工交配，则可得新种之希望，然管理更需周密也。采收种子当待诸种实充分成熟后，方为有效。至若如何交配，如何采收，以及贮藏等方法，俱于上编中详述之，故不另赘矣。

总之，宿根花卉及草花素不为予所重，盖因培养花卉之得失，至多一年半载，自再可以着手研究；虽然，予语如斯，意亦非尽然，而果鄙薄草花也。盖若盆栽古木，形态苍奇，年代古远，非旦夕间物；设不悉心培育而致聋椏者，不可再得，抑宁止抱憾弥深耶？又若果木，佳种既难获得，且难培植，须待五六年后方能结实，而始辨其真伪，故贸然从事，佳种极易夭折，或所得已非佳种美品；如欲再行栽种，复需五六年之久，既费光阴，又损地力；而况人生有限，虚掷光阴，岂不惜哉！故予尝以古木喻诸君子，千载难逢；草花犹如姬妾，一时殊秀；因此予固爱古木，实亦喜草花，诚如昔人“鱼与熊掌，皆予所欲也”之谓也。而草花之色泽鲜艳，形状奇特，品种繁多，有非木本花卉所能及者；彼欧美人士对于草花，甚为爱好，努力从事以培植之，亦即由此；故草花虽命暂，第其独具娇色，究属庭园中不可或缺之点缀品也。

今将各种多年生宿根及一年生花卉之栽培法，列表于下：

一、多年生宿根花卉

品名	性状	繁殖方法	繁殖时期	栽植距离	茎叶高度	开花时期	花色	越冬方法	别名	其他
蓬蒿菊	畏寒	扦插	春	盆栽	二三尺	春夏	白	置温室中		
康乃馨	喜暖	播子 扦插	春	一尺	一尺半	终年	红·白·黄	置温室中		
香草	叶有香气	扦插	春	盆栽	一尺	夏	粉红	置温室中		
剪秋罗	喜燥	分株	春	一尺	尺许	春	橙白	壅肥土		

剪春罗	喜燥	分株	春	一尺	尺许	秋	橙白	壅肥土		
蜀葵	形高	播子	春	二尺	六尺	六七月	红·黄·白	入冬秆枯上覆肥土		栽墙壁或篱前
秋葵	花色鲜艳	播子分株	春	二三尺	三四尺	秋	红·白	入冬秆枯上覆肥土		
虎耳草	蔓生极速	分株	春	不定	五寸	夏	粉红	覆草		盆栽入冬置温室中
君子兰	畏寒	分株	春	盆栽	一尺	春	红·白	置温室中		
地丁花	喜暖	分根	春	半尺	四五寸	一月	蓝	置温室中		
剪夏罗	性燥	分株	春	一尺	四五寸	五六月	橙红	壅肥土		宜盆栽
松叶扶子	畏湿	分株	春	五六寸	四寸	春夏	红·白	壅肥土		
鹅郎花	花耐开	播子分根	春	尺许	尺许	终年	红·黄·白	置温室中	猩猩菊	
金莲花	蔓生	扦插	春	六寸至尺	八九尺	五至十月	红·黄	置温室中	寒荷	
三节兰	常绿	分根	春	不定	尺半	夏秋	雪青	壅肥土		
除虫菊	不畏寒	扦插播子分根	春	一尺	尺半	五六月	黄·蓝	壅肥土		

二、一年生花卉

品名	性状	播子时期	播子方法	栽植距离	茎叶高度	开花时期	花色	别名	其他
蝴蝶花	形矮	六七月及九月	撒播于苗床或盆中	五六寸	七寸	十月至翌年三四月	紫·白·黄	三色堇	
千日红	花耐开	春季	撒播于苗床或盆中	一尺至尺半	二尺	初夏至晚秋	红·白		切花及盆栽
凤仙花	性强	三四月	播于苗床	一尺二三寸	二三尺	六至九月	红·白·淡红·紫		盆栽及阶前

牵牛花	茎蔓性	四五月	播于苗床	不定	丈许	六至十月	红·白·紫·蓝·黄	喇叭花	盆栽
鸡冠花	性强	三四月	撒播	尺许	低六七寸高三尺	六至九月	红·白·黄		盆栽及阶下
虞美人	喜肥	春秋	撒播	七八寸	尺半	五六月	紫·红·白		
半支莲	形矮	四月	撒播	七八寸	四五寸	七至九月	红·黄·白·紫等	松叶牡丹	
石竹	茎生节	春秋	撒播	八寸一尺间	一尺余	五至十月	淡红·红·白等		切花及盆栽
花豌豆	茎蔓性	暖地秋播寒地春播	直播土中不再移植	六寸	四五尺	四至六七月	红·白·淡红·紫·褐等	香豌豆花	切花用
茑萝	茎蔓性	四月	撒播	尺许	丈余	六至十月	红	游龙草	延篱用
波斯菊	分株繁殖	四月	撒播	二尺半	五六尺	九至十一月	红·白·淡红·紫		
一串红	畏寒	三四月	撒播	尺半	二三尺	整秋	红	脂唇花	扦插亦可
蒲包花	畏寒	十月	撒播	不定	一尺	早春	黄·橙·紫		宜盆栽
夜会花	性特强	四月	撒播	一尺	三四尺	八至十月	红·白		
含羞草	茎有刺	四月	撒播	一尺	一二尺	八至九月	粉红		
向日葵	形高	三四月	撒播	二尺	七八尺	六至九月	黄		
飞燕草	花美	春秋	撒播	二尺	一二尺	六七月	青·白·淡红等		切花用
龙口花	花形特殊	春	撒播	一尺二三寸	二尺许	五至十一月	红·黄·白·橙·褐等	金鱼草	切花用
翠菊	喜湿	春秋	撒播	一尺半	尺许	春播九月秋撒五月	红·白·黄·蓝	蓝菊	盆栽及切花
日日草	花期长	春	条播	尺半以上	一尺六寸	夏秋间	红·白		
万寿菊	喜肥	春	撒播	尺许	一尺	整秋	黄金		切花用

金盏花	花期长	春秋	撒播	半尺	一尺	四至十一月	黄	长春花	切花及盆栽
矢车菊	耐寒力强	春秋	撒播	一尺	尺半	春播者夏五月始	蓝·白·红		切花用
蛇目菊	性强	春	撒播	尺半	一二尺	六至七月	红·橙·黄		切花用
霍香蓟	喜暖	四月	撒播苗床	尺余	尺许	六至十月	紫·白·淡红	胜红蓟	切花及花坛用
蓼花	性喜肥湿独生	春	撒播	小者三尺大者丈许	小二三尺大者丈余	夏秋	白·红		
牛膝花	性喜阴	春	撒播	三尺	四五尺	夏	粉红		枝可入药

附录二 种植入门问答

问一：譬如种植一株树，或者一株花，如何能使之必然生活，而且会发荣滋长？

答：如果这一株花或树，得来时并无重大损伤；且出土未久，未曾枯槁；依法种植，断无不能生活之理。

问二：如何说是依法种植？

答：第一须择天晴之候，泥土干燥，深耕浅种；如有多枝，勿使分枝之处埋入土内；将泥土桩实，浇足凉水；这水要使地下之土与盖上之土，和花树之根结成一体；是之谓依法种植。

问三：依理想而论，种植花树，自以阴雨之天为宜；为何舍此不取，反要选择天晴之日？

答：烈日之下，种植固非所宜，然须择晴天的早上或晚上；因为在雨天，如果泥土一经雨淋，容易成块，种植之后，不能与花树之根及加入之土融和凝结，以致中多空隙，根须不但不能发达，且易腐蚀；所以必求天晴之日，将干泥粉碎，加入根之四周，使无一处空隙；然后灌之以水，则花树之根始能与泥土融成一片，和土中原生之树毫无异样；是以种树必得趁晴天，就为此也。

问四：然则晴雨变测，非人人能够观察；敢问有否简易经验之术，以资借镜？

答：气候之道多端，本书虽已于上编首章内详细道及，恐怕还是难罄其说；今姑且摘录《广阳杂记》中一段，倒可以概括一切地作顿党的答复，记云："余在衡久，见北风起，地即潮湿，变而为雨，百不失一；询之土人云，自来如此；始悟风水相逆而成雨，燕京吴下水皆东南流，故必东南风而后雨；衡湘水北流，故须北风也。然则诸山之背向，水之分合，支流何向，川流何向，皆当案志而来，汇为一则；则风土之背正刚柔，暨阴阳燥湿之征，又可次第而求之矣。"①

问五：深耕浅种之说，如何解释？

答：所谓深耕，即是种树之穴，必须掘之稍深，较种下之树根越一倍；种时仍将掘出之松泥，填入穴内，中部稍稍高起，这就指浅种；继乃将树根安置妥帖，而旋转一周，使泥土与根相和洽；然后四周再加泥土，让其与穴外原有之泥土相和洽；于是稍加坚实，再

①所述内容与现今流行版本有出入。——编者注

浇足水，是谓深耕浅种。

问六：所以必须深耕浅种之理由安在?

答：花树之发达与否，全靠乎根，假使根须不能发达，花树亦不能发达；泥土较下之层，不能时常翻掘，泥土较为坚固；倘然种植时仅掘至应种之下度而止，则根须不易发展，花树即不能繁荣，此为必须深耕之理由。

问七：既深耕矣，深种有何妨碍，何以必须浅种?

答：花与树之呼吸，在枝干与叶；如人之有口鼻，人苟闭塞口鼻，必至窒息；使花与树之枝干，深陷土内，亦必至窒息；虽不即死，决不能发达，终至渐渐而丧亡，此即不可深种之理由；所以断断不可种至分干之上，只好爪根与畦面齐平，或至多种深原泥垛一寸即可矣。

问八：种植花树方法，除以上七项外，尚有其他不可不知的条件否?

答：尚有三端，不可不明白：第一，种植花树的地位；第二，种植后的浇灌干湿；第三，每年施肥料的时期和浓淡。三端缺一，不能使种后之花树延长生命，而且也不能发达。

问九：如何是地位，地位又应当如何?

答：地位向有两种，一种是方向，一种是高低。

问十：方向应当如何?古人说是向阳的好，是否的确?

答：这是不差的，但是也有较为喜阴的花木；即使喜阳的花树，长久晒在烈日之下，亦非所宜；尤其是新种植下的花树，更怕阳光，所以最好在半阴半阳之处。

问十一：高低又怎样解释?

答：花和树果然有喜干的，也有喜湿的；但是即使喜湿的花树，如时常听其浸在水内，除浮萍水草等外，决不能耐；所以种植花树之地，必较平地为高，使大雨之后，无积水之患；再者，凡是喜湿的花树，遇天时干燥当儿，宁可及时浇水为宜，总不可种植于低湿之处也。

问十二：请问浇灌时的干湿如何?

答：浇灌必依天时的干湿而定，这是人人所知道的；风和日暖，雨水调畅的时候，可以不必浇灌；天晴较久，夜无露水，间日浇灌；炎夏烈日，每日浇灌，或晨夕各一次浇灌；至于或多或少，亦以干燥之程度而定；而浇灌必须在日尚未出，或日已没落时，地面热气全消，方为有益无害；不然，郁热之气，蕴蓄于根，易致腐烂。又假使在干湿难定的时候，则自以较干为宜，常言道“湿不如干”，乃经验之谈也。

问十三：请语施用肥料之时期和浓淡，如何方称适当?

答：花树施用肥料，因各种花树生长时期，各有先后而不同，详论已见《花经》专论；然就普通而言，以立冬之后与立春之前，最为适宜；余则皆为追肥，花卉更属例外；因诸凡花树，咸在将发萌芽和初萌芽时，吸收肥料，可以助其滋长发荣也。但施用肥料，必须在天晴之后；若在雨天肥料随流水而去，不但效用全无，且雨时根须已湿，加以肥料沾着易致腐烂。至于肥料浓淡，以及肥料多少，通常树艺家又有一常语曰“湿不如干，肥不如瘠”；如此观之，施肥不若淡而次数多为妙，湿时施干肥，干时施液肥可也。

问十四：所云树艺家之名言，“湿不如干，肥不如瘠”。以常人理想而论，似乎相反，请问理由安在?

答：此理甚易明白，所谓湿干肥瘠，皆是过分而言；因为过干如经发觉，可以立刻浇灌而使之湿，过湿则不能立刻使之干也；肥瘠亦然，过瘠可加肥料，过肥不能由花树中已吸收之肥料设法取出也；盖一则能补救，一则不能补救，此其理之一。过干过瘠之弊，花树枝叶至多暂时憔悴，一经发觉，实时浇水、上肥，尚易补救；过湿过肥，其病先在于根，根已腐烂，枝叶尚繁茂，及至根部腐烂殆尽，枝叶变化，补救已无及矣，此其理之二。故兹二语，为树艺家之至理名言，不可不信服耳。

问十五：除以上各问答外，尚有树艺方面不可不知之事理否?

答：尚有一端为树艺入门不可不知者，余常谓培植花树，与教育儿童无异；教育儿童的最要条件，为多注意，少干涉；假使少注意，而多干涉，不但于儿童身心上无益处，反多弊害也；对于种植花树亦然，一花一树，既经依法种植之后，须时时留意；有无害虫孳蔓，或风吹、雨打、日炙、霜侵，以及其他之摧残否，有则及时补救之；余如切不可时常移植，攀折摇动，使之不能安定等等；如此则自然枝叶茁发，花果定可预卜丰饶；而所谓树艺入门，亦尽于此矣。

附录三 瓶插养花法

凡折取花草者，除装束花圈等用外，大多作瓶插欣赏之用；惟欲瓶花久置不萎，应先施以特种方法，而后乃可插于瓶水中养之，兹举其通常所行而又简易之法如下：

（一）热汤法　如凤仙花、夹竹桃、飞燕草类，当花采下时，须先将折口于沸汤中浸片时，然后再以清水养之。

（二）盐汲法　如大丽花、美人蕉类，宜豫浸折口于食盐水中少时，方得再养以清水。

（三）烧烂法　如菖兰、奇开太丽斯类，可先以折口在炭火上或酒精灯中烧之，于是复插于水瓶，花必延放不已。

（四）酒精渍法　又大丽花等，亦可稍浸于酒精些时，以代盐汲法。

（五）砂沥法　又大丽花如在朝或晚摘者，水中必撮和黄砂，方能长久。

（六）薄荷瀹法　如香水草仅水养极难，倘先浸折口于薄荷油中少顷，则自较为良矣。

（七）明矾瀸法　即将花预于插瓶之前，浸入明矾水中少时可也。

（八）椒染法　如花菱草类撷取后，经时即凋者，暂时可以番椒剪汁浸之；或直接插番椒中，然后移养水瓶亦宜。

跋语

杨跋

种植专门学也，而又普遍之事业也。凡牧夫樵子，白叟黄童，均宜详知，且宜使其易知之。近世科学昌明，然读农书者，殊苦其不能深入下层；其精密处，且恐使下层不易造及；今于黄子《花经》则得之矣。黄子本其所嗜，积其经验，而又参合古今中外，笔之于书；不范于科学，而自成为专学。夫莳花不过园艺之一门耳，园艺不过农科之一种耳；顾农之精微，莫过于莳花，知莳花而农业可概观乎。上编通论，农之道备矣；且又精而显，密而易，是可作平民经济术观，勿仅以《花经》二字目之，而与陈氏《花镜》等论也。

中华民国三十一年之中秋节　横云山人识

周跋

夫莳花栽木，人生之乐事也；是故骚人墨客，无不与花木为缘。至若涉园成趣，赏百卉之争妍，凭槛低回，览万花之竞秀；灿烂若云霞，绚丽如披锦，而妙香馥郁，清气袭人，既可忘忧，又可养性，其裨益有不可胜言者。黄岳渊老伯有鉴于斯，辟园于沪滨之真如，拓地百亩有余，以锄以溉，朝斯夕斯；不畏风雨，不避霜雪，不辞劳瘁，不惮艰辛，终日与花木为伍，蟊蠹为敌；每当春秋佳日，花事敷荣，浓绿扶疏，醉红撩乱，五光十色，诚洋洋大观也；此中乐趣，洵非南面王所能易已。然栽植一道，殊非易事，若贸然为之，鲜克有成；而岳渊老伯则于此道，固三折其肱者，盖从事园艺，已数十年于兹，此道中人，无不以泰斗目之。积数十年之经验，正复非易，若不笔之于书，以广流传，宁不可惜！爰应同好者之请，将其历年来莳花栽木之心得，一一口述，而嘱愚笔录之，再参阅其园事日记，而汇集之；自顾才疏学浅，未克胜任，乃承不弃葑菲，敦促者再，因不得不勉为其难，费时一年有余，幸能汇集成册；并蒙逸梅伯及家君详加审阅，予以订正，而谬讹之处，仍所难免，尚希海内有道不吝指教，是为至幸。

民国三十一年立秋日　周铮跋于香雪园之南荣

钱跋

对于园艺，我是门外汉；然而，不知怎的倒颇喜于欣赏；正像不善为文的读者，却深深地爱抚着人家的文艺作品一样。但这倒是需要的，因为“士为知己者死，女为悦己者容”。培植者的苦心，正为鉴赏者而“化”的；不过，所望培植者之最后标的，不只是只供一二人之玩好，而是“有目共赏”，属于大众的。

在这样的时代里，而有情于花木，似乎有“玩物丧志”与“逃避现实”之嫌；但从来就有“格物致知”的说数。中国自来的文人，往往喜欢把一件事物，或一样东西来“人格化”了！且每每喜欢在自然的万物中，渗进以一己的主观，如屈原之以香草美人自比，林逋之梅妻鹤子；梅之为“花魁”，牡丹之为“国色”，兰乃“空谷佳人”，菊是“东篱逸士”，而松、柏、竹，又为“岁寒三友”，这不过是略举其例而已。所以在“板荡”底时候，就有“疾风知劲草”的“忠臣”之流出现了。

至于我的爱好花木，却不为这些传统的思想所囿。所谓：“天心一例赐培栽”，花木之于人类，恰如阳光之普照大地，不分畛域彼此；既不善对富贵者献媚态，也不会对贫贱者作骄容，是既普遍而又平民化的。

战前，在故乡底时候，是常爱到离家三里之遥的黄园去逛逛的。主人岳渊丈，早年为同盟会会员，和我的父亲是同志；诚如他在自叙中所说：“昔年致力革命，为革除国家之蠹；今日致力园艺，为革除花木之蠹。”所谓“十年树木，百年树人。”治国治圃，其义皆一；而且其效如“立竿见影”，尽一分力，即有一分收获，丝毫假借不得；决不会有“种瓜得豆，种豆得瓜”的因果倒置之理：现在能有这样的收获，即可推想当初是经过了无穷的挫折与努力而得到的；忽视了背面的努力，而徒羡于表面的成功，当然是不行的。

战事发生之后，对于黄园，的确勾引起不少怀念；所以当得到黄园于租界内筹辟分场的消息之后，就很使我鼓舞。去年底秋天，在参观黄园分场菊展的时候，碰到了岳渊丈，知道他正在从事《花经》一书的著述，并且以花木写生的一事见托。讲到这个，又不免使我底脑海里飘起一些过去的回忆来了：“二三童子喜涂鸦，学作丹青惜未佳。”这是我大哥给予我们的——余者指我的兄弟——幼稚作品底定评。那时候，孩子气重，只是随便涂涂而已；后来在学校里，也时时欢喜在课余之暇，临摹古人的画本，为了个性所趋，渐渐地使我对于翎毛花卉，特别感到兴趣；到现在也有了十多个年头，而可痛的是大哥，他已经作了古人。然而“涂鸦”却始终是“涂鸦”而已，“佳”亦始终未见其“佳”也！好在我本

来没有准备以此作为终身事业，所以也就随它。现在接受了这写生的嘱托，便不免既感且愧地勉为其难，因为我觉得写生的终不似天然色摄影的来得逼真。

于是，每隔上几天，便带了纸笔颜色之类到园里去写生；在园里不过是初步的手续——起稿和配色；回到家里，再画正初稿，然后敷粉设色。工作的进行，已有一个年头了！这期间虽差不多整日价与群花相对，而实际上却是“借酒浇愁愁更愁”，总免不了有些消极倾向，而况成绩又是如此之平凡与贫乏。搁上笔之后，露出来底一丝苦笑，虽然这苦笑后面的阴影是个被疾病境遇磨缠得永永地沉郁着的年青人底心；然而在这一年的岁月中，常得徘徊在花香绿荫之下；如今追忆起来，心中的沉郁稍可消淡，有时竟能引起一些乐趣，这何尝不是花木所赐与的呢！

一九四二年八月十八日 钱辅乾

周跋

一般人的见解，以为栽培花卉，无非是文人雅士的事；而这里的所谓“事”者，实在不过是“玩玩”而已；事实上栽植花木，确有利人富国之道，并且可以调节生活，精神上得到一种安慰；但是因为栽培者有了这种玩玩的态度，不去作科学上的研究，以致造成吾国目前园艺事业的落后的局面。虽则像洛阳牡丹、扬州芍药，早就名闻天下；又像山东曹州牡丹、掖县月季、费县金银花和青岛崂山的铃兰、山百合等优良品种，都是古来名产；然而经过了这许多年代，非但依旧只有这几种，并且因为栽培者墨守陈法，使各品种的优良特性，渐渐地消失；而所谓名产呢，也不过是存下了一个虚名。回顾外国的许多园艺家，他们却渡洋过海地到我国来研究、搜集标本，探求优良的品种，作为他们改进园艺事业的根据和参考。近来外国所育成的许多优良品种，中间有不少是由中国的原种改良而成的：单就日本来说，他们的园艺事业的发展，本只是最近几十年来的事情，但是他们在世界园艺事业的无论哪一方面，都占着相当重要的地位，甚而至于有人称它为“世界园艺之王”；虽则这种说法，未免过甚其词，然而他们的那种努力苦干的精神，的确是值得钦佩的；他们的成就，完全是在于把园艺当作一种专门的学问，用现代的科学方法去研究它，并且除了学者们专心去研究之外，还有社会上的一般人士的提倡。说到科学的研究，如苏联大科学家派扶洛夫（Pavlov）氏曾经这样地告诫他的学生说：“我们必须要尽一生的精力，去从

事于科学的研究，即使我们能活上两世，也决不嫌多；所以研究科学一定要有坚忍的毅力，狂热的心情，无论在工作或研究中，应该注意到各种事实，把它们汇集起来，加以整理，因为事实之于科学家，犹如空气之于人类，没有事实，我们只能得到架空的‘理论’……不要让骄矜蒙蔽了你的心，否则，别人确切的意见，必定被你固执的见解所摒弃，如此你也就不愿去接受别人的忠告和援助，因之失去了客观的态度……”由此可见科学家对于科学研究应该持有怎样的态度。日本也因为有终身从事于研究工作的专家，所以才能造就他们在科学界的地位；关于花木的试验和研究的团体，在日本是到处都有，像爱兰会、大丽菊研究会、山草同志会，等等；至于一般社会的提倡，最普遍的是插花，事实上他们早已把插花列入妇女教育的必修科目中去了；其他像研究报告书的发表，花卉园艺专门书籍的发行，出版各种园艺杂志、手册等，真是层出不穷；对于知识程度稍低的农民，则利用各种简单的图表，指导他们从事各种科学的栽培法，病虫害的防除法；总之，他们从各方面着手进行，通力合作，才造就了他们在世界上的地位。我国却不然，从事于园艺者的雅士风度，到底阻碍了园艺事业的进展；其间虽则也曾有少数的专家在研究着，但是多数抱着“秘而不宣”的主义；他们因为要避免营业上的竞争，至今还守着“传子不传女”的成例；加之科学水平的低落，所以我国园艺事业的范围，终归局促于一隅；讲到书籍方面，更是贫乏得可怜，虽然书局里也曾经出版过几本专集，但是有系统地论述园艺的参考书，简直可说没有；在这种场合，《花经》的出版，实在是极其需要的。这本书是站在科学研究的立场上，打破历来的成见，根据三十多年的实际经验而编著成的；于气象、土壤、肥料、病虫害，以及各项作业，各种花卉果木与栽培方法等的基本知识都论述到了；对于有志于园艺者，不能不说是一种很好的参考材料。讲到园艺的一般的研究，可以从调查工作开始：调查花木的品种、特性、自然环境、病虫害情形，及一般的栽培法等；进而作品种比较，施肥、修剪、整枝、繁殖等的试验；再进一步就可以注力于品种改良的试验，只要顺次不乱地研究下去，决不会没有成就的。总之，我们对于园艺，应当用一种科学的眼光去看它，从研究中间得到身心的乐趣，至少也得在雅士风度中，带有一点研究科学的精神，那么我国的园艺事业，才会有发展的希望。

中华民国三十一年八月　周国燊

关于上海书店出版社版《花经》的再版说明[1]

·《花经》的初稿·

《花经》一书是我在抗战爆发的次年（1938年）年初开始撰写的。那时战事日趋恶化，日寇已打过长江，真如的黄园农场被日军侵占，全家被迫逃难到市区的租界内居住。三弟德明参加了上海大学生抗日义勇军，开赴内地前线，消息杳然。老小众口生活全靠大弟德行一人的月薪维持。国难家难交加，闲着会使我更加抑郁，我就借此业务的空隙开始执笔回忆自己过去的园林实际经验，历时一年余，正拟续写盆栽和造园的设计时，浙江兴业银行和赵氏地产公司委托我折建李公祠花园，撰写暂搁。

·《花经》的出版·

1945年抗战胜利后，我父亲把我写成的草稿，三大本，约二十余万字，再用他老人家三十多年积累的种树栽花的经验加以修改和添补。请了二位南通学院肄业的学生、一位会画画的青年誊抄、画插画和编订，并由一位报社的记者和编辑进行文字的修改，历时约二年半，最后出巨款交某印书局排行，不料该局宅迁，纸张、锌板分散和失落，真有停板之危。后有上海新纪元书店愿负责印刷，才印出千册，各分一半，给书商五百本《花经》作为印书的补偿和报酬。

◇ 初版《花经》

《花经》出版后不久，全国解放，我把应分得的五百本《花经》著作从书商处运回家中储藏。

①本文是上海书店出版社再版时作者黄德邻写的再版说明，当时出版时没有收录。本次新星出版社再版经黄德邻之子黄成彦先生授权特别收录，以飨读者。——编者注

在史无前例的“文化大革命”中被查抄，该科技著作竟作“黑书”论处，全部被抄走，送造纸厂。我一本未剩，现手头的一本还是向朋友暂借的。

·《花经》的内容·

该著作的内容是我父亲和本人在私人农场里废寝忘食地工作几十年的宝贵实践的概括，也是园林技术管理和操作的综述。对大地栽培——造林和种果园、庭园建设——种树布景以及家庭点缀——盆栽和养花等园林的主要方面都有精辟的论述。

《花经》按花木的栽培、养护、管理和育种等方法分成上、下二编，上编是总论，五章，125页。下编是分论，四章，442页。它的内容无论对园林的初入门者，还是对有一定知识的专业科技人员都有参考价值。

近年来，外地和上海出版的同类书籍和小册子，有的仍以《花经》作为参考书。

《花经》中记载的很多树种现已失传了，在目前国内的园艺资料中也未记载过，因此，重新出版《花经》对促进我国的园林事业必有积极作用。

·《花经》的遗漏·

由于实践在前，回忆在后，因此在《花经》的编写过程中难免有遗漏。后我又因业务繁忙，再没工夫补充遗漏的内容。抗战前，我亲自从日本高价引进大量奇种异木的植物试种，如金边泰山木、金银边棕竹、银边罗汉松、花叶山茶、花叶杜鹃、镶边银杏、花叶豆植冬青、金银边刺桂、镶边丝兰，等等；这些植物虽都属病态遗传种，但具有极高的观赏价值，现在我国仅存下最后三种了。此外，像皱叶常青珠栗和常绿乌木现在全国只珍存一棵了，其他各种早已物尽各失了，关于这部分内容当初编写时遗漏了。

我国和欧美的各各种树，例如金钱松、南洋杉、二种天女花、三种鹅掌楸、多色七叶树，还有美国朋友赠送的红杉和我从日本引种的吊钟花等，在抗战前我早已引种到上海，并且生长良好，这些内容也漏编了。

现在被视作名贵的君子兰，其实在抗战前，我已大量栽培过，全都是大花种，小花种

属淘汰品种。

我亲手成功地栽培和引种过数目众多的园艺植物品种，上面列举的一些品种仅是编写《花经》中遗漏的一部分内容。现唯因我年老体弱，力不从心，无能力一一补充再版。

·《花经》再版的动机·

绿化造林是四个现代化建设的需要，也是四个现代化建设的组成内容。《花经》的再版必将促进发展我国的园林事业。

目前，政治安定，文化复兴，广大群众在物质生活上不断获得改善的同时，种树养花的人也越来越多，美好环境逐渐地成为群众生活的需要和自觉行动。群众对观赏树木和花卉的需求创新中国成立以来的最高水平，当然迫切需要有专著能够指导他们的实践。

第一次出版的《花经》现在最多只有五百本传阅于民间，远不能满足群众的要求。因此常有人问起：“《花经》什么时候再版？”

最近，上海书店出版部正巧来与我联系再版一事，我欣然答应。能在我有生之年把经验贡献给广大群众，利国利民，真是莫大的好事！我愿与出版部门大力协作，更正原版中的个别印刷错误，协助重绘原版中不清晰的插图。

黄德邻

一九八四年四月

出版说明

本书是以新纪元出版社1949年版为底本编辑而成，新星出版社曾于2018年出版过该书影印版。虽然印量不多，但很快就销售一空。有很多读者还打来电话，告诉我们重新出版《花经》意义非凡。影印版《花经》的出版虽然有着不小的意义，但对于编辑来说也存在些许遗憾。由于时代所限，初版《花经》为繁体竖排版图书，不符合当今读者的阅读习惯，同时书中存在一些格式错误、校对错误等。我们希望这本有着深厚底蕴的图书能够让更多的读者阅读到，包括青少年读者，这就需要消除阅读障碍。

为此，经过出版社的重新策划，我们决定出版简体横排版《花经》，并将书中部分黑白插图升级为彩色插图。插画师比照黑白插图重新用彩铅手绘彩色插图，并新绘部分插图。我们又对内文重新进行审校，主要做了以下几点处理：第一，删减了原书文前几十幅显示效果不好的黑白插图，用彩色插图取代并插入对应的正文中。第二，消除部分编校错误、格式错误，并美化版式。第三，对于原版错漏之处添加编者注予以提示。另外，由于初版年代较久，书中不免出现大量的古词和生僻字、异体字等，大多不影响阅读，本次对个别影响阅读之处做了修改。为了不破坏这种年代感，我们在出版过程中尽量多就少改，以保持原汁原味。

黄岳渊之孙、黄德邻之子黄成彦老先生及家人为本书顺利出版付出大量心血，在图书出版过程中，黄老先生给予我们诸多帮助，并提供了大量珍贵资料，这也让本书可以更加丰满地展示给读者朋友。

《花经》是一本底蕴深厚的专业园艺百科全书，从1942年的油印试读本到1949年新纪元出版社正式出版，再到1985年上海书店出版社版，直至本次重新编辑出版，都是对《花经》这部经典园艺之作的延续。由于编校能力所限，书中难免还会存在各种错漏，还请读者朋友多多理解，不断批评指正。

新星出版社　2024年4月

图书在版编目（CIP）数据

花经：简体彩图版 / 黄岳渊，黄德邻著．-- 北京：新星出版社，2024.6
ISBN 978-7-5133-5620-6

Ⅰ．①花… Ⅱ．①黄… ②黄… Ⅲ．①花卉－观赏园艺②园林树木－观赏园艺 Ⅳ．① S68

中国国家版本馆 CIP 数据核字 (2024) 第 077050 号

花经（简体彩图版）

黄岳渊 黄德邻 著

责任编辑 杨 猛　　**监　制** 黄 艳
策　划 姜 淮　　**责任校对** 刘 义
责任印制 李珊珊　　**封面设计** 冷暖儿

出 版 人 马汝军
出版发行 新星出版社
（北京市西城区车公庄大街丙 3 号楼 8001　100044）
网　址 www.newstarpress.com
法律顾问 北京市岳成律师事务所
印　刷 河北尚唐印刷包装有限公司
开　本 710mm×1000mm　1/16
印　张 24.75
字　数 460 千字
版　次 2024 年 6 月第 1 版　　2024 年 6 月第 1 次印刷
书　号 ISBN 978-7-5133-5620-6
定　价 128.00 元

总机：010-88310888　传真：010-65270449　销售中心：010-88310811